Sie helfen dir beim Lösen der Hausaufgaben und beim selbstständigen Lernen. Viele Übungsaufgaben festigen die neu erlernten Inhalte.

Differenzierung
Die Symbole vor den Aufgabenziffern kennzeichnen drei unterschiedliche Niveaustufen: ○ leicht, ◒ mittel und ● schwer.

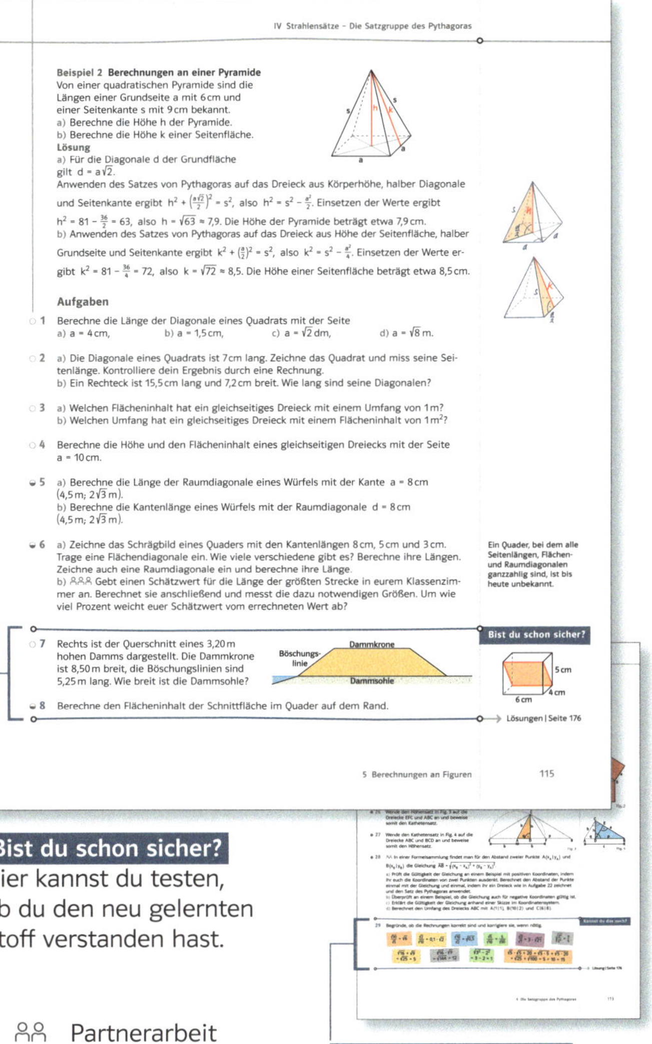

Bist du schon sicher?
Hier kannst du testen, ob du den neu gelernten Stoff verstanden hast.

Partnerarbeit

Gruppenarbeit

Kannst du das noch?
Hier kannst du bereits Gelerntes wiederholen. Immer wieder findest du hier auf dem Rand auch Hinweise, wo du im Buch nachlesen kannst, wenn du etwas nicht mehr genau weißt.

Sichern

Auf vielen Seiten kannst du dein Wissen wiederholen und überprüfen. Das hilft dir bei der eigenen Selbsteinschätzung und zeigt dir eventuelle Lücken auf.

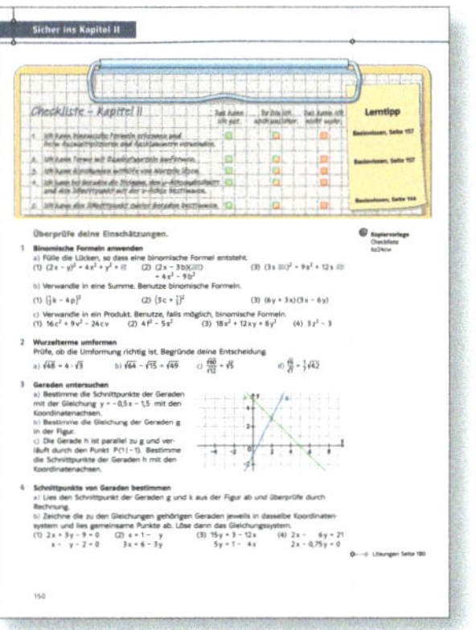

Die Seiten **Sicher ins Kapitel** helfen dir, das Wissen aufzufrischen, das du für den neuen Lernstoff benötigst.

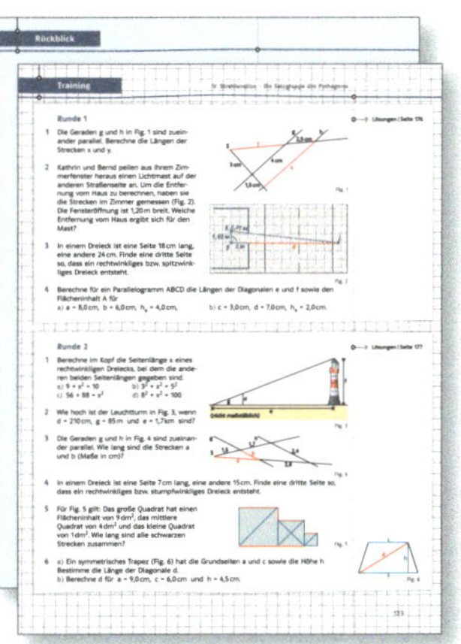

Die beste Vorbereitung für die Klassenarbeit: **Rückblick**, eine Seite zum Nachschlagen, **Training**, zwei Runden zum Üben.

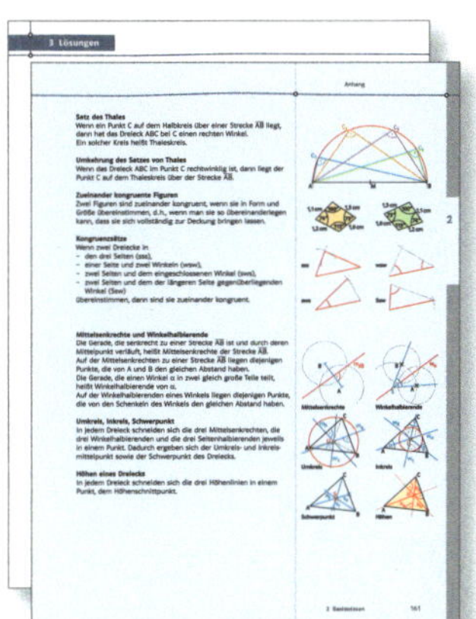

Im **Basiswissen** findest du früheren Lernstoff zum Nachschlagen und Wiederholen.

Lösungen findest du im Anhang am Ende des Buches, damit du dich bei den Aufgaben zur Selbstkontrolle überprüfen kannst.

Zusatzmaterialien zu diesem Band für Schülerinnen und Schüler:
- Arbeitsheft Lambacher Schweizer 9 (ISBN 978-3-12-733546-0)
- Arbeitsheft Lambacher Schweizer 9 mit Lernsoftware (ISBN 978-3-12-733545-0)
- Lösungen (ISBN 978-3-12-733543-9)

Dr. Theophil Lambacher (13.04.1899 – 14.12.1981) und **Wilhelm Schweizer** (11.11.1901 – 23.07.1990) lehrten beide Mathematik an der Schule. Theophil Lambacher wurde danach Oberschulamtspräsident und Ministerialrat am Kultusministerium, Wilhelm Schweizer arbeitete als Schulleiter, Fachleiter am Seminar und Dozent an der Universität. Der erste Band des Lambacher Schweizer erschien 1946: Lambacher Schweizer Mathematik für höhere Schulen, Mittelstufe 1. Teil enthielt auf 91 Seiten Algebra und Geometrie für die Klasse 7.

1. Auflage 1 10 9 8 7 | 2026 25

Autorinnen und Autoren: Manfred Baum, Martin Bellstedt, Dr. Dieter Brandt, Heidi Buck (†), Dr. Detlef Dornieden, Christina Drüke-Noe, Prof. Rolf Dürr, Harald Eisfeld, Prof. Hans Freudigmann, Inga Giersemehl, Dieter Greulich, Prof. Dr. Heiko Harborth, Dr. Frieder Haug, Edmund Herd, Prof. Dr. Stephan Hußmann, Thomas Jörgens, Thorsten Jürgensen-Engl, Andreas König, Prof. Dr. Timo Leuders, Prof. Dr. Detlef Lind, Prof. Dr. Hinrich Lorenzen, Prof. Dr. Reinhard Oldenburg, Rolf Reimer, Dr. Günther Reinelt, Kathrin Richter, Dr. Wolfgang Riemer, Hartmut Schermuly (†), Reinhard Schmitt-Hartmann, Michael Schmitz, Ulrich Schönbach, Raphaela Sonntag, Andrea Stühler, Oliver Thomsen, Dr. Peter Zimmermann

Redaktion: Melanie Müller, Heike Thümmler
Mediengestaltung: Heike Freese

Layout: Petra Michel, Essen
Umschlaggestaltung: Petra Michel, Essen
Illustrationen: Uwe Alfer, Waldbreitbach
Satz: Satzkiste GmbH, Stuttgart
Druck: Himmer GmbH Druckerei, Augsburg

Printed in Germany
ISBN 978-3-12-733541-5

Lambacher Schweizer

9

Mathematik für Gymnasien – G9

Niedersachsen

bearbeitet von

Manfred Baum
Hinrich Lorenzen
Michael Schmitz
Oliver Thomsen

Ernst Klett Verlag
Stuttgart · Leipzig

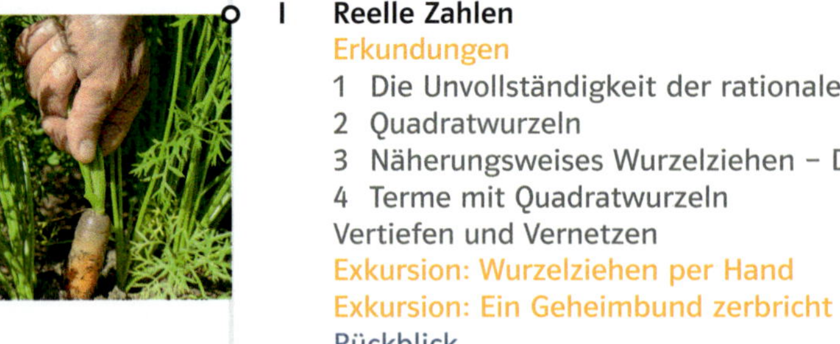

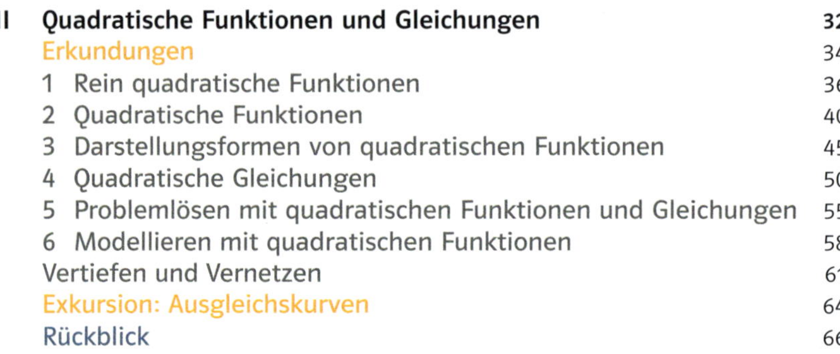

Anhang

Gesamtübersicht der Codes
yt86fu

Dieses Kapitel wird in erweiterter Form auch im Schülerbuch für die 10. Klasse vorhanden sein. In Klasse 9 werden nur die Betrachtungen an rechtwinkligen Dreiecken aufgenommen. Es liegt im Ermessen des Lehrers, ob er das Thema Trigonometrie bereits in Klasse 9 anfängt oder erst komplett in Klasse 10 unterrichtet.

I Reelle Zahlen

Die ganzen Zahlen hat der liebe Gott gemacht, alles andere ist Menschenwerk.

Leopold Kronecker (1823–1891)

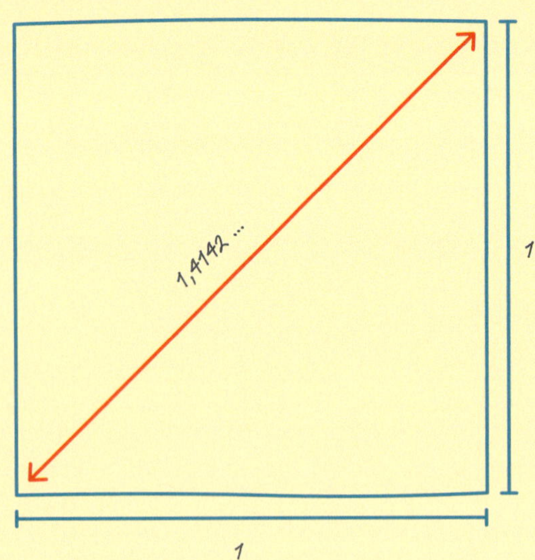

Das kannst du schon

- Zahlen als Dezimalbrüche und Brüche schreiben
- Mit rationalen Zahlen rechnen
- Natürliche, ganze und rationale Zahlen voneinander unterscheiden

Sicher ins Kapitel I
Seite 149

Das kannst du bald

- Irrationale Zahlen von rationalen Zahlen unterscheiden
- Näherungswerte für Quadratwurzeln bestimmen
- Mit Quadratwurzeln rechnen
- Terme mit Quadratwurzeln umformen

Unendlich Langes

Lerneinheit 1
Seite 8

Forschungsauftrag 1
Das Multiplizieren von periodischen Dezimalbrüchen gelingt nicht direkt. Deshalb wandelt man sie von der Dezimaldarstellung in Brüche um. Die Brüche können dann wie üblich multipliziert werden. Das Ergebnis kann dann wieder in Dezimaldarstellung geschrieben werden. Berechne das Produkt von $0,\overline{8}$ und $0,\overline{27}$.

$0,\overline{1} = \frac{1}{9}$ also: $0,\overline{2} = 2 \cdot 0,\overline{1} = \frac{2}{9}$

$0,\overline{01} = \frac{1}{99}$ also: $0,\overline{13} = 13 \cdot 0,\overline{01} = \frac{13}{99}$

Erinnerung:
Für 0,222... schreibt man $0,\overline{2}$; gesprochen „0 Komma Periode 2".

Forschungsauftrag 2
Zwei „unendliche" Zahlen in Dezimaldarstellung sollen addiert werden. Eine „listet" nach dem Komma „alle" natürlichen Zahlen auf, bei der zweiten sind Nullen eingeschoben:
0,123 456 789 101 112 131 415 16 … und
0,102 030 405 060 708 090 100 110 … .
- Beurteilt Carlas Aussage. Was findet ihr über die Summe heraus?
- Fasst zusammen, was ihr über das Rechnen mit Zahlen in Dezimaldarstellung gelernt habt.

0,123456… plus
0,102030… ?
Oje, entweder ich kann nicht mehr addieren oder diese Summe gibt es überhaupt nicht!

Carla

Quadratisches

Lerneinheit 2
Seite 12

Ein Quadratpuzzle
Das Rechteck rechts ist in viele kleine Quadrate eingeteilt.
- Findet mithilfe der angegebenen Flächeninhalte alle weiteren Flächen und auch die Seitenlängen der Quadrate heraus.
- Konstruiert weitere dieser Rechtecke und lasst eure Mitschüler die Flächen und Seitenlängen aller Quadrate ermitteln.

Quadraten auf der Spur
Übertragt die Figur ins Heft. Bestimmt möglichst genau die Längen der Seiten und Diagonalen sowie die Flächeninhalte aller roten und blauen Quadrate.
Tragt die Größen in eine Tabelle ein.

rote Quadrate			blaue Quadrate		
Seite	Fläche	Diag.	Seite	Fläche	Diag.

Überlegt, wie sich die Tabelle fortsetzen lässt. Beschreibt möglichst viele Zusammenhänge zwischen den Werten.

Der „Wurzel“ auf den Grund gehen

Lerneinheit 4
Seite 20

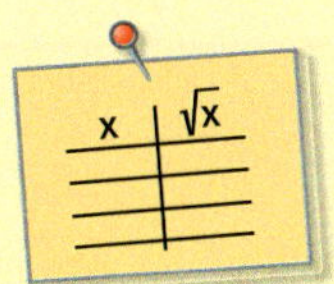

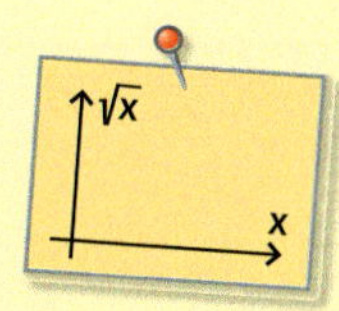

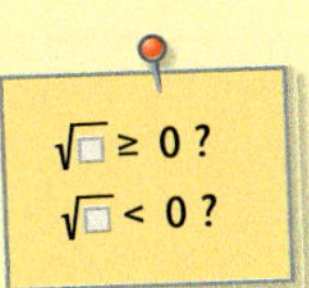

Was bedeutet die [√]-Taste?

- Versucht gemeinsam in kleinen Gruppen, mit der Wurzel-Taste [√] eures Taschenrechners möglichst viel über das Rechnen mit Wurzeln herauszufinden. Gebt zu euren Beobachtungen Beispiele an. Die Notizen auf den Kärtchen geben euch einige Anregungen.
- Tragt eure Beobachtungen über das Rechnen mit Wurzeln zusammen und haltet sie in übersichtlicher Form fest, z.B. auf einem Plakat. Präsentiert der Klasse eure Ergebnisse in einem Kurzvortrag.

Messen mit „freiem Fall“

Lerneinheit 4
Seite 20

Bei einer Klassenfahrt ans Meer sollen die Schülerinnen und Schüler die Höhe einer Klippe ermitteln. Sie lassen von oben einige Steine ins Wasser fallen und messen mit einer Stoppuhr die Fallzeiten in Sekunden.

3,5	3,7	3,7	3,5	3,8	3,6	3,6	3,5	3,0	3,5
3,8	3,6	3,4	3,5	3,5	3,6	3,8	3,4	3,6	3,7
3,8	3,6	3,4	3,6	3,6	3,6	3,5	4,0	3,8	3,5

Der freie Fall

… Aus gleicher Höhe fallen alle Körper gleich lang, wenn man unberücksichtigt lässt, dass sie von der Luft unterschiedlich stark abgebremst werden. Man kann die Ausgangshöhe h in Abhängigkeit von der Fallzeit t ungefähr so bestimmen: $h = 0{,}5\,g\,t^2$. Hierbei wird t in Sekunden und h in Metern gemessen, g ist die sogenannte Gravitationskonstante **(Fallbeschleunigung)**: $g \approx 9{,}81\,m/s^2$ …

Fig. 1

Forschungsauftrag 1:

- Wie hoch liegt die Klippe über dem Meer? Ermittelt in Gruppen die Höhe mithilfe des Hinweises aus Fig. 1 und schätzt ab, wie genau euer Ergebnis ist.
- Erläutert euren Lösungsweg und vergleicht die Ergebnisse.

Forschungsauftrag 2: Höhen selbst bestimmen

- Sucht an eurem Schulgebäude eine Stelle, deren Höhe ihr ermitteln wollt (z.B. die Fenster im dritten Stock). Bestimmt in kleinen Gruppen, z.B. mithilfe eines Tennisballs und seiner Fallzeit, die Höhe so genau wie möglich. Führt dazu mehrere Messungen durch.
- Stellt euer Vorgehen und euer Ergebnis vor. Wie könnt ihr die Ergebnisse überprüfen?

Hinweis zu Auftrag 2: Achtet auf eure Sicherheit! Sperrt den Bereich ab, in dem der Messgegenstand auftrifft, und verwendet einen Kopfschutz!

Forschungsauftrag 3: Wie lang wäre eine 1-Cent-Münze unterwegs?

- Wenn man vom Kölner Dom eine 1-Cent-Münze fallen ließe, nach wie vielen Sekunden würde diese wohl unten auftreffen?
- Sucht euch weitere Sehenswürdigkeiten aus und ermittelt anhand ihrer Höhe die geschätzte Fallzeit der Münze.

Kölner Dom	157,38 m
Eiffelturm	300,5 m
Empire State Building	381 m
Kolosseum	48 m

1 Die Unvollständigkeit der rationalen Zahlen

Elisabeth schreibt die Anfänge von Zahlen in Dezimaldarstellung mit unendlich vielen Stellen auf. „Da sind Regelmäßigkeiten zu erkennen“, sagt sie schmunzelnd zu Herbert. Als der die Regeln erkennt, überlegt er, ob es vielleicht rationale Zahlen sind.

Bislang sind verschiedene Zahlenmengen bekannt. Die Menge der natürlichen Zahlen ist die Menge $\mathbb{N} = \{0; 1; 2; 3; 4; 5; \ldots\}$. Nimmt man zu den natürlichen Zahlen noch deren Gegenzahlen hinzu, so erhält man die Menge der ganzen Zahlen $\mathbb{Z} = \{\ldots; -3; -2; -1; 0; 1; 2; 3; \ldots\}$. Diese Menge erweitert man wiederum zu der Menge der rationalen Zahlen $\mathbb{Q}$, welche alle Zahlen enthält, die sich als Bruch schreiben lassen. Jede rationale Zahl lässt sich auch als Dezimalbruch schreiben.

	Zahlbereich
$\mathbb{N}$	**Natürliche Zahlen** z. B. 0; 7; 120
$\mathbb{Z}$	**Ganze Zahlen** z. B. −15; 7; 0
$\mathbb{Q}$	**Rationale Zahlen** z. B. −2; 7; −0,25; $\frac{2}{7}$

Statt Zahlenmenge kann man auch Zahlbereich sagen.

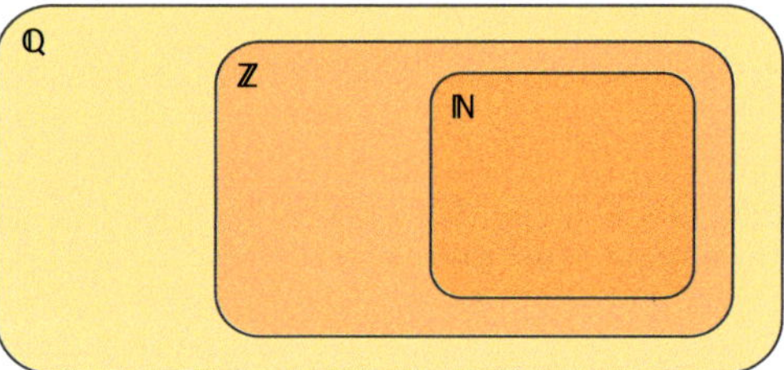

Jede natürliche Zahl ist auch eine ganze Zahl. Jede ganze Zahl ist auch eine rationale Zahl. Man schreibt dafür $\mathbb{N} \subset \mathbb{Z} \subset \mathbb{Q}$.

$A \subset B$ bedeutet: A ist eine Teilmenge von B, d. h., alle Elemente von A sind auch Elemente von B.

Betrachtet man die Zahlengerade, so gehört zu jeder Stelle auf dieser Geraden genau eine Zahl. Wählt man zwei rationale Zahlen a und b aus, so findet man zwischen diesen Zahlen, auch wenn sie sehr dicht beieinanderliegen, immer noch eine weitere rationale Zahl c.

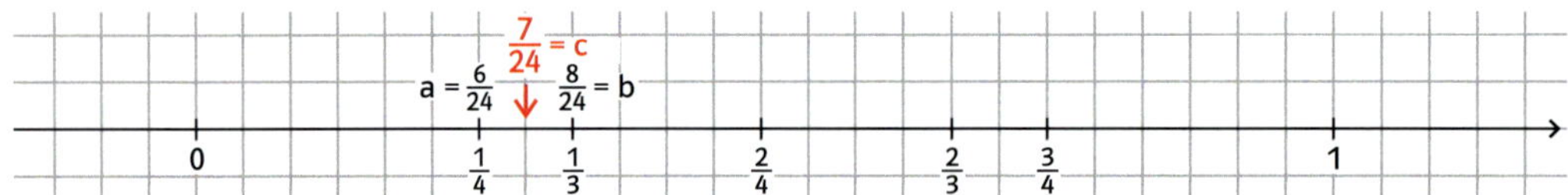

Mit demselben Argument findet man auch zwischen a und c eine weitere rationale Zahl. Damit liegen zwischen zwei rationalen Zahlen, egal wie dicht sie beieinanderliegen, sogar unendlich viele weitere rationale Zahlen. Man könnte annehmen, dass jede Stelle auf der Zahlengeraden eine rationale Zahl ist. Im Folgenden wird gezeigt, dass dies aber nicht der Fall ist.

Jede rationale Zahl kann man bekanntlich als Dezimalbruch schreiben. Diesen erhält man z. B., indem man den Zähler durch den Nenner dividiert. Bei dieser Divison erhält man entweder einen abbrechenden Dezimalbruch (Beispiel: $\frac{3}{4} = 0{,}75$) oder aber einen nichtabbrechenden, aber immerhin periodischen Dezimalbruch (Beispiel: $\frac{3}{7} = 0{,}\overline{428571}$).

Es gibt aber (unendlich viele) Zahlen, deren Dezimaldarstellungen nicht abbrechend und auch nicht periodisch sind. Ein Beispiel ist 0,101 001 000 100 00…, wobei man sich die Zahl entsprechend dem Muster fortgesetzt denken muss. Diese Zahl kann nicht als Bruch geschrieben werden. Könnte man dies, so wäre nach dem vorigen Absatz die Dezimaldarstellung nämlich abbrechend oder periodisch. Die Zahl 0,101 001 000 100 00… ist damit nicht rational.

Von solchen nicht rationalen Zahlen gibt es auf der Zahlengeraden unendlich viele. Man nennt diese Zahlen **irrationale Zahlen**. Diese liegen in den Lücken, die die rationalen Zahlen lassen, wenn man sie auf der Zahlengeraden einträgt. Die Menge der rationalen Zahlen ist also in diesem Sinne unvollständig.

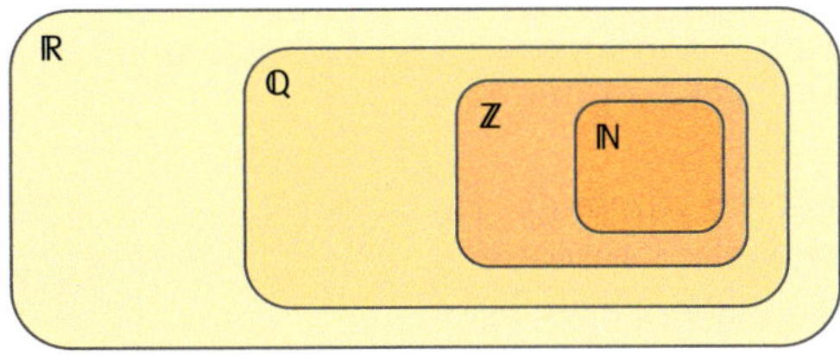

Fügt man zu den rationalen Zahlen die irrationalen Zahlen hinzu, so erhält man die Menge der reellen Zahlen $\mathbb{R}$. Die Menge der reellen Zahlen füllt die Zahlengerade vollständig aus. Jede rationale Zahl ist damit auch eine reelle Zahl. Die reellen Zahlen, die nicht rational sind, sind die irrationalen Zahlen. Es gilt $\mathbb{N} \subset \mathbb{Z} \subset \mathbb{Q} \subset \mathbb{R}$.

Es gibt Zahlen, deren Dezimaldarstellung nicht abbricht und nicht periodisch ist. Solche Zahlen lassen sich nicht als Bruch schreiben. Man nennt diese Zahlen **irrationale Zahlen**. Fügt man zu der Menge der rationalen Zahlen $\mathbb{Q}$ die Menge der irrationalen Zahlen hinzu, so erhält man die Menge $\mathbb{R}$ der **reellen Zahlen**.

Beispiel 1 Periodische Dezimaldarstellung
Bestimme die Dezimaldarstellung der Zahl $\frac{5}{6}$.
Lösung
$5:6 = 0{,}8333\ldots = 0{,}8\overline{3}$
Die Dezimaldarstellung der rationalen Zahl $\frac{5}{6}$ ist nicht abbrechend, aber (gemischt) periodisch.

Beispiel 2 Zwischenwerte finden
Bestimme drei rationale Zahlen, die zwischen $\frac{5}{6}$ und $\frac{7}{8}$ liegen.
Lösung
Man erweitert die Brüche so, dass sie einen hinreichend großen gemeinsamen Nenner besitzen.

$\frac{5}{6} = \frac{40}{48} = \frac{80}{96}$ $\qquad$ $\frac{7}{8} = \frac{42}{48} = \frac{84}{96}$

Damit liegen z. B. die rationalen Zahlen $\frac{81}{96}$, $\frac{82}{96}$, $\frac{83}{96}$ zwischen $\frac{5}{6}$ und $\frac{7}{8}$.

Beispiel 3 Dezimaldarstellung fortsetzen
Die Dezimaldarstellung der Zahl 1,123 456 789 101 112 131 4… ist nicht abbrechend, sie folgt aber einem bestimmten Muster. Setze die Dezimaldarstellung bis zur 30. Stelle hinter dem Komma fort und entscheide, ob die Zahl rational ist. Begründe.
Lösung
Die Dezimaldarstellung wird gebildet, indem man die natürlichen Zahlen der Reihenfolge nach notiert.
1,123 456 789 101 112 131 415 161 718 192…
Die Dezimaldarstellung ist nicht abbrechend und nicht periodisch, die Zahl ist daher nicht rational. Sie ist irrational.

Aufgaben

○ **1** Bestimme die rationale Zahl, die in der Mitte von 1,2 und $\frac{17}{5}$ liegt.

○ **2** Gib drei rationale und drei irrationale Zahlen zwischen $\frac{1}{6}$ und 0,1617 an.

○ **3** Die irrationale Zahl 1,213 213 321 333… hat nach der ersten „Einundzwanzig" eine Drei, nach der zweiten „Einundzwanzig" zwei Dreien und so weiter.
a) Schreibe diese Zahl mit ihren ersten 25 Kommastellen auf.
b) Erfinde selbst drei weitere irrationale Zahlen.

◒ **4** In das Mengendiagramm wurde die Zahl −3 eingetragen. Die Zahl −3 gehört zur Menge ℤ der ganzen Zahlen, aber nicht zur Menge ℕ der natürlichen Zahlen. Übertrage das Mengendiagramm in dein Heft und ordne die folgenden Zahlen ein:
$\frac{4}{87}$; 1,569; −3; 1297; 6,010 010 001…; 2,456 756 7567…; $\frac{6}{2}$.

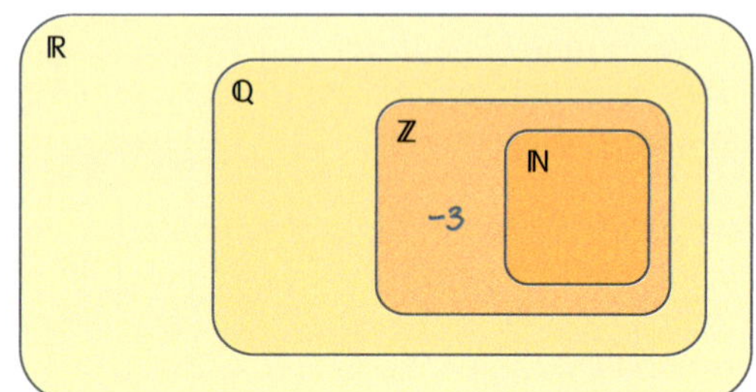

◒ **5** Bestimme die Dezimaldarstellung der folgenden Zahlen.
a) $\frac{4}{5}$ b) $\frac{13}{4}$ c) $\frac{4}{13}$ d) $\frac{16}{65}$ e) $\frac{3}{17}$ f) $\frac{5}{11}$

Kopiervorlage Mengendiagramm c323x2

Bist du schon sicher?

○ **6** Setze die folgenden, nicht abbrechenden Dezimaldarstellungen einmal so fort, dass die dargestellten Zahlen rational sind, und einmal so, dass sie irrational sind.
a) 3,523 333… b) 1,272 272 22… c) 0,862 662 662… d) 5,780 278 027…

○ **7** Übertrage die Tabelle in dein Heft und vervollständige sie.

Die Zahl	… ist eine natürliche Zahl,	… ist eine ganze Zahl,	… ist eine rationale Zahl,	… ist eine irrationale Zahl,	… ist eine reelle Zahl.
$\frac{5}{2}$					
−8,0					
$9,1\overline{17}$					
4,131 331 333…					
3,121 212 12…					

○ **8** Gib drei rationale Zahlen und drei irrationale Zahlen zwischen $\frac{1}{6}$ und 0,167 an.

◒ **9** Trage die Zahlen aus Aufgabe 5 in ein Mengendiagramm ein.

→ Lösungen | Seite 166

◒ **10** Betrachte die irrationalen Zahlen 0,101 001 000 100 001… und 0,010 110 111 011 110…
a) Formuliere das Konstruktionsprinzip der beiden Dezimaldarstellungen.
b) Begründe: Die Summe der beiden Zahlen ist eine rationale Zahl.
c) Erfinde selbst zwei weitere irrationale Zahlen, deren Summe eine rationale Zahl ist.

◒ **11** Denke dir eine natürliche Zahl aus, die keine Quadratzahl ist. Bestimme die Zahl auf zwei Nachkommastellen genau, die quadriert die gedachte Zahl ergibt. Nenne deinem Partner die Zahl mit beiden Nachkommastellen. Findet er deine Zahl heraus?

12 Entscheide, ob es eine Zahl mit den geforderten Eigenschaften gibt. Gib gegebenenfalls eine solche an.

Die Zahl	... ist eine natürliche Zahl,	... ist eine ganze Zahl,	... ist eine rationale Zahl,	... ist eine irrationale Zahl,	... ist eine reelle Zahl.
	nein	ja	nein	nein	ja
	nein	nein	nein	ja	ja
	nein	ja	ja	ja	ja
	ja	ja	nein	nein	ja
	ja	ja	ja	nein	nein

13 a) Bestimme die Dezimaldarstellungen der Zahlen $\frac{3}{17}$ und $\frac{11}{17}$.
b) Begründe: Die Periodenlänge der Dezimaldarstellung von $\frac{13}{17}$ kann höchstens die Länge 16 haben.
c) Gib die Dezimaldarstellung von $\frac{13}{17}$ an.
d) Vergleiche die Ziffernfolge der Dezimaldarstellungen der Zahlen $\frac{3}{17}$, $\frac{11}{17}$ und $\frac{13}{17}$. Wie hättest du aus der Rechnung zur Lösung von Teilaufgabe a) die Dezimaldarstellungen von $\frac{11}{17}$ und $\frac{13}{17}$ sofort angeben können?

14 Petra behauptet: Wenn ich zwei irrationale Zahlen addiere, so erhalte ich eine irrationale Zahl. Beweise oder widerlege diese Behauptung.

15 Wahr oder Falsch? Begründe.
a) Es gibt unendlich viele Stellen auf der Zahlengeraden, die nicht für rationale Zahlen stehen.
b) Jede irrationale Zahl hat eine irrationale Gegenzahl.
c) Zwischen zwei reellen Zahlen gibt es immer eine weitere reelle Zahl.
d) In der Mitte von zwei irrationalen Zahlen liegt stets eine irrationale Zahl.
e) Es gibt eine kleinste positive reelle Zahl.
f) Es gibt keine reelle Zahl, die nicht irrational ist.

16 a) Zeige: In der Mitte zwischen zwei rationalen Zahlen liegt stets eine rationale Zahl.
b) Zeige: Addiert man zu einer rationalen Zahl eine irrationale Zahl, so erhält man eine irrationale Zahl.

17 **Wie liegen die Zahlen auf der Zahlengeraden?**
Jan markiert auf der Zahlengeraden die Stellen 0 und 2, ihre Mitte und dann immer die Mitten aller neu entstehenden Abschnitte. Er meint: „Wenn ich endlos so fortfahren würde, träfe ich ‚alle Punkte' auf diesem Geradenabschnitt!" Hat Jan recht? Begründe deine Entscheidung.

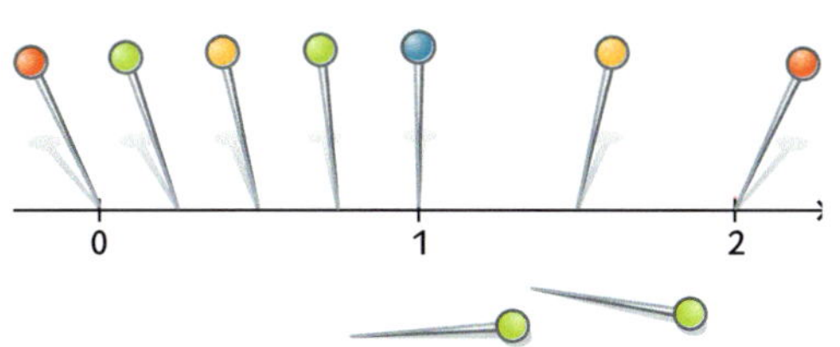

Kannst du das noch?

18 Gegeben sind die Punkte A(−2|3), B(−4|1), C(−2|−3), D(3|1) und E(5|3).
Gib alle möglichen Koordinaten für einen Punkt F an, sodass die Dreiecke ABC und DEF kongruent sind.

19 Konstruiere das Dreieck und entnimm deiner Zeichnung die fehlenden Seitenlängen und Winkel.
a) $a = 6\,cm$; $\beta = 95°$; $\gamma = 46°$ b) $a = b = 5\,cm$; $\gamma = 70°$ c) $a = 5\,cm$; $c = 3\,cm$; $\alpha = 40°$

Lösungen | Seite 166

2 Quadratwurzeln

Die Fliesenschneidemaschine in der Abbildung hat eine Schnittlänge von 495 mm. Kann man damit quadratische Fliesen mit einer Kantenlänge von 35 cm diagonal schneiden?

Ein Quadrat hat den Flächeninhalt $1\,cm^2$. Will man die Länge x seiner Diagonale bestimmen, so kann man wie folgt vorgehen: Man teilt zwei solche Quadrate (Fig. 1) entlang ihrer Diagonalen.
Die vier entstandenen Dreiecke kann man zu einem großen Quadrat (Fig. 2) zusammenlegen. Dessen Seiten sind genauso lang wie die Diagonalen der kleinen Quadrate. Sein Flächeninhalt beträgt $2\,cm^2$.

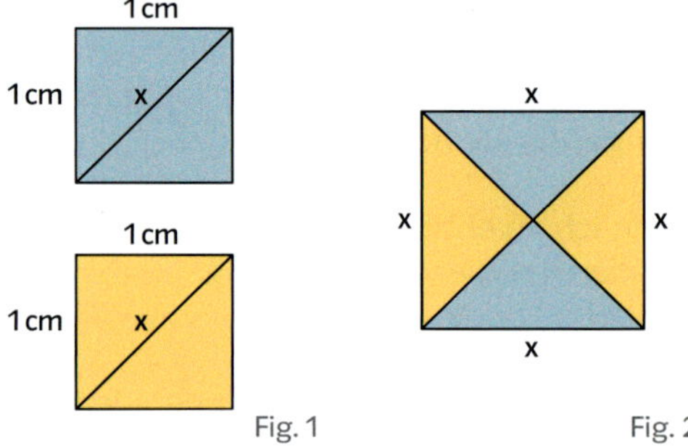

Fig. 1 Fig. 2

Gesucht ist also eine Zahl x, für die $x^2 = 2$ gilt. Durch systematisches Probieren findet man Näherungswerte für x.

$1^2 = 1$	und $2^2 = 4$,	also gilt	$1 < x < 2$.
$1{,}4^2 = 1{,}96$	und $1{,}5^2 = 2{,}25$,	also gilt	$1{,}4 < x < 1{,}5$.
$1{,}41^2 = 1{,}9881$	und $1{,}42^2 = 2{,}0164$,	also gilt	$1{,}41 < x < 1{,}42$.

$x^2 = 2$
$x \approx 1{,}41$

Man nennt diese Methode **Intervallschachtelung**, da mit jedem Schritt der Bereich (das Intervall), in dem die gesuchte Zahl liegt, weiter eingegrenzt wird.

Mit dieser Methode kann man x so genau bestimmen wie man möchte. Man erhält dabei „immer mehr" Stellen hinter dem Komma, jedoch lässt sich keine Periode erkennen. Die gesuchte Zahl x ist vermutlich kein abbrechender und auch kein periodischer Dezimalbruch und somit auch keine rationale Zahl.

Dass diese Vermutung tatsächlich richtig ist, zeigen die folgenden Überlegungen: Wäre die Zahl x rational, so könnte man sie als vollständig gekürzten Bruch $\frac{p}{q}$ schreiben.
Die Zahl x ist keine natürliche Zahl, deshalb ist der Nenner des Bruches $\frac{p}{q}$ ungleich 1.
Quadriert man $\frac{p}{q}$, so erhält man $\left(\frac{p}{q}\right)^2 = \frac{p}{q} \cdot \frac{p}{q} = \frac{p \cdot p}{q \cdot q}$. Der Bruch $\frac{p \cdot p}{q \cdot q}$ lässt sich ebenfalls nicht kürzen und sein Nenner ist ungleich 1, da $q \neq 1$ ist.

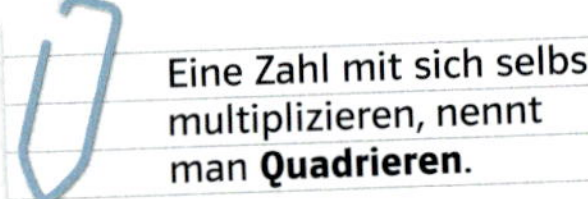

Wegen $\frac{p \cdot p}{q \cdot q} = x^2$ bedeutet das aber, dass x^2 keine natürliche Zahl ist. x^2 kann also nicht gleich 2 sein. Die Annahme, dass die Zahl x rational ist, muss falsch sein. Damit ist sicher, dass die Dezimaldarstellung von x nicht abbrechend und nicht periodisch ist. Man kann die Zahl x in dezimaler Form daher niemals genau aufschreiben. Um x trotzdem exakt angeben zu können muss man eine Schreibweise für diese Zahl einführen: Die positive Zahl, deren Quadrat 2 ist, wird mit $\sqrt{2}$ (gelesen: Quadratzwurzel aus 2) bezeichnet.

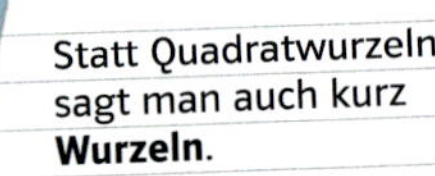

Diese Überlegungen lassen sich verallgemeinern: Ersetzt man die Zahl 2 durch eine beliebige natürliche Zahl a, so erhält man die Gleichung $x^2 = a$.
Ist a eine Quadratzahl, so ist $\sqrt{a}$ eine natürliche Zahl. $\sqrt{4} = 2$, $\sqrt{9} = 3$ usw.
Ist a keine Quadratzahl, so ist $\sqrt{a}$ keine natürliche Zahl.
In diesem Fall ist $\sqrt{a}$ eine irrationale Zahl.

Für $a \geqq 0$ wird mit $\sqrt{a}$ die nichtnegative Zahl bezeichnet, deren Quadrat a ergibt.
$\sqrt{a}$ ist also die nichtnegative Lösung der Gleichung $x^2 = a$.
Aus negativen Zahlen a kann man keine Quadratwurzel ziehen.
Die Wurzel aus einer natürlichen Zahl a ist natürlich, wenn a eine Quadratzahl ist, ansonsten ist die Wurzel aus einer natürlichen Zahl irrational.

Statt „Berechne den Wert der Wurzel!“ sagt man auch kurz „Ziehe die Wurzel“.

Demnach scheint das Wurzelziehen die Umkehrung des Quadrierens und das Quadrieren die Umkehrung des Wurzelziehens zu sein. Das stimmt aber nur mit Einschränkungen, wie die folgenden Beispiele zeigen.

	Quadrieren	Wurzelziehen
a	a^2	$\sqrt{a^2}$
4	16	4
2	4	2
0	0	0
−2	4	2
−4	16	4

	Wurzelziehen	Quadrieren
a	$\sqrt{a}$	$(\sqrt{a})^2$
4	2	4
2	$\sqrt{2}$	2
0	0	0
−2	nicht definiert	nicht definiert
−4	nicht definiert	nicht definiert

Also gilt nur für nichtnegative Zahlen a, dass das Wurzelziehen das Quadrieren von a rückgängig macht. Allgemein gilt, dass die Wurzel aus dem Quadrat von a gleich dem Betrag von a ist. Für nichtnegative Zahlen a macht das Quadrieren das Wurzelziehen aus a rückgängig.

Erinnerung:
$|a|$ ist der Betrag von a, also der Abstand der Zahl a von der Zahl Null auf der Zahlengeraden.

Für alle a gilt: $\sqrt{a^2} = |a|$

Für $a \geqq 0$ gilt: $(\sqrt{a})^2 = a$

Beispiel 1 Wurzeln rechnerisch bestimmen
Bestimme die Wurzel.
a) $\sqrt{169}$ b) $\sqrt{12{,}25}$ c) $\sqrt{\frac{49}{121}}$ d) $-\sqrt{0{,}64}$

Lösung
a) $13^2 = 169$, also gilt: $\sqrt{169} = 13$.
b) $3{,}5^2 = 12{,}25$, also gilt: $\sqrt{12{,}25} = 3{,}5$.
c) $\left(\frac{7}{11}\right)^2 = \frac{7 \cdot 7}{11 \cdot 11} = \frac{49}{121}$, also gilt: $\sqrt{\frac{49}{121}} = \frac{7}{11}$.
d) $0{,}8 \cdot 0{,}8 = 0{,}64$, also gilt $-\sqrt{0{,}64} = -0{,}8$.

Beispiel 2 Wurzel näherungsweise durch Intervallschachtelung bestimmen
Bestimme mit der Methode der Intervallschachtelung einen Näherungswert für $\sqrt{8}$ auf vier Nachkommastellen genau.
Lösung
Durch systematisches Probieren findet man nacheinander
$2 < x < 3$; $2{,}8 < x < 2{,}9$; $2{,}82 < x < 2{,}83$;
$2{,}828 < x < 2{,}829$; $2{,}8284 < x < 2{,}8285$
und $2{,}82842 < x < 2{,}82843$.
Damit erhält man $\sqrt{8} \approx 2{,}8284\ldots$

Aufgaben

○ **1** Entscheide ohne Taschenrechner, welche Wurzeln natürliche Zahlen sind.

a) $\sqrt{1}$ b) $\sqrt{3}$ c) $\sqrt{64}$ d) $\sqrt{400}$ e) $\sqrt{4000}$ f) $\sqrt{40\,000}$
g) $\sqrt{120}$ h) $\sqrt{12\,100}$ i) $\sqrt{169}$ j) $\sqrt{1000}$ k) $\sqrt{\frac{100}{4}}$ l) $\sqrt{\frac{600}{12}}$

○ **2** Bestimme die Quadratwurzel im Kopf.

a) $\sqrt{64}$ b) $\sqrt{121}$ c) $\sqrt{144}$ d) $\sqrt{256}$ e) $\sqrt{625}$ f) $\sqrt{900}$
g) $\sqrt{8100}$ h) $\sqrt{3600}$ i) $\sqrt{1024}$ j) $\sqrt{810\,000}$ k) $\sqrt{1\,000\,000}$ l) $\sqrt{10^{10}}$

○ **3** Berechne im Kopf.

a) $\sqrt{\frac{1}{4}}$ b) $\sqrt{\frac{1}{9}}$ c) $\sqrt{\frac{64}{9}}$ d) $\sqrt{\frac{9}{100}}$ e) $-\sqrt{\frac{16}{25}}$ f) $\sqrt{\frac{49}{16}}$
g) $\sqrt{\frac{25}{16}}$ h) $\sqrt{\frac{36}{10\,000}}$ i) $\sqrt{\frac{121}{100}}$ j) $\sqrt{\frac{144}{49}}$ k) $\sqrt{\frac{32}{50}}$ l) $\sqrt{\frac{48}{75}}$

Kopiervorlage
Zusätzliches Übungsmaterial
9r9ph7

○ **4** Berechne im Kopf.

a) $\sqrt{0{,}01}$ b) $\sqrt{0{,}09}$ c) $-\sqrt{0{,}16}$
d) $\sqrt{1{,}21}$ e) $\sqrt{0{,}81}$ f) $-\sqrt{0{,}25}$
g) $\sqrt{0{,}0004}$ h) $\sqrt{6{,}25}$ i) $\sqrt{4{,}41}$
j) $-\sqrt{0{,}0036}$ k) $\sqrt{0{,}000\,016}$ l) $\sqrt{0{,}000\,000\,01}$

○ **5** Überschlage im Kopf: Zwischen welchen beiden natürlichen Zahlen liegt die Wurzel?

a) $\sqrt{45}$ b) $\sqrt{220}$ c) $\sqrt{350}$ d) $\sqrt{500}$ e) $\sqrt{750}$ f) $\sqrt{10^3}$

○ **6** Ordne den Wurzeln die Kärtchen zu. Benutze nicht den Taschenrechner.

a) $\sqrt{\frac{9}{4}}$ b) $\sqrt{\frac{16}{9}}$ c) $\sqrt{\frac{64}{49}}$ d) $\sqrt{\frac{169}{144}}$ e) $\sqrt{\frac{25}{4}}$ f) $\sqrt{\frac{121}{49}}$

B $1{,}\overline{142857}$

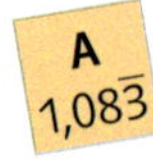
A $1{,}08\overline{3}$

F $1{,}\overline{571428}$

D 1,5

C 2,5

E $1{,}\overline{3}$

○ **7** Ordne der Größe nach. Beginne mit der kleinsten Zahl.

a) $\sqrt{2{,}9}$; 1,7; $1{,}70\overline{3}$; $\frac{109}{64}$ b) $1{,}\overline{5}$; $\frac{5}{3}$; $\sqrt{2{,}5}$; 1,6 c) $\frac{3}{10}$; $0{,}\overline{3}$; $\frac{1}{3}$; $\sqrt{0{,}09}$; $\sqrt{0{,}1}$

○ **8** Bestimme mit dem Taschenrechner einen Näherungswert. Gib die ersten vier Intervalle einer dazugehörigen Intervallschachtelung in der Form $a < \sqrt{x} < b$ an.

a) $\sqrt{50}$ b) $\sqrt{0{,}4}$ c) $\sqrt{2{,}7}$ d) $\sqrt{1{,}22}$

Beispiel zu Aufgabe 8:
$\sqrt{10} \approx 3{,}162\,277\,66$
(i) $3 < \sqrt{10} < 4$
(ii) $3{,}1 < \sqrt{10} < 3{,}2$
(iii) $3{,}16 < \sqrt{10} < 3{,}17$
usw.

◒ **9** Zu welcher natürlichen Zahl x^2 wird hier die Wurzel x gesucht? Gib einen Näherungswert für x mit sechs Nachkommastellen an.

a) $2 < x < 3$
$2{,}6 < x < 2{,}7$

b) $4 < x < 5$
$4{,}4 < x < 4{,}5$

c) $8 < x < 9$
$8{,}2 < x < 8{,}3$

◒ **10** Bestimme den Wert des Terms. Begründe, warum man dazu den Wert der Wurzel nicht berechnen muss.

a) $\sqrt{25}^2$ b) $\sqrt{2{,}21}^2$ c) $(-\sqrt{9})^2$ d) $\left(-\sqrt{\frac{6}{11}}\right)^2$ e) $\sqrt{(-15)^2}$ f) $\sqrt{-15^2}$

11 Wie lang sind die Seiten eines Quadrats mit dem gegebenen Flächeninhalt?
a) $12{,}25\,\text{m}^2$ b) $5\,\text{m}^2$ c) 10,10 ha d) $900\,\text{cm}^2$ e) $0{,}009\,\text{m}^2$ f) $1\,\text{km}^2$

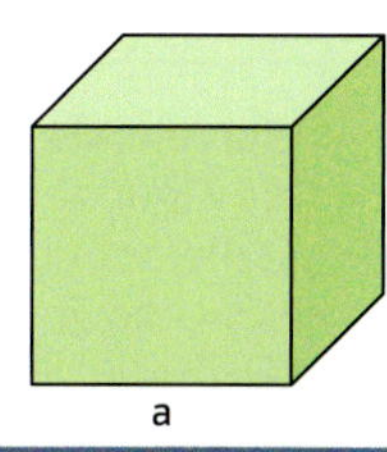

12 Wie lang ist die Kante eines Würfels mit dem angegebenen Oberflächeninhalt?
a) $150\,\text{cm}^2$ b) $0{,}96\,\text{dm}^2$ c) $800\,\text{m}^2$ d) $1050\,\text{mm}^2$ e) $3{,}3\,\text{dm}^2$ f) $0{,}06\,\text{m}^2$

Bist du schon sicher?

13 Zwischen welchen beiden natürlichen Zahlen liegt die Wurzel?
a) $\sqrt{45}$ b) $\sqrt{150}$ c) $\sqrt{410}$ d) $\sqrt{930}$

14 Berechne.
a) $\sqrt{81}$ b) $\sqrt{0{,}01}$ c) $(\sqrt{1{,}7})^2$ d) $(-\sqrt{3})^2$

15 Gib die Lösung der Gleichung an.
a) $x^2 = 9$ b) $x^2 = 0{,}09$ c) $x^2 = 0{,}0009$ d) $x^2 = 0{,}009$

Lösungen | Seite 167

16 Johanna besitzt 127 CDs. Sie will von diesen CDs die quadratischen Cover in Form eines großen Quadrats an die Wand heften. Ist das möglich?
Wenn nein, gib die größte mögliche Anzahl ihrer Cover an, die sie in Form eines Quadrats anordnen kann. Wie viele Cover liegen bei diesem Quadrat an jeder Seite?

17 Ein quadratischer Bauplatz ist $841\,\text{m}^2$ groß. Er soll mit einem Bauzaun umgeben werden. Für die Einfahrt sollen 4 m frei bleiben. Wie viele Meter Zaun benötigt man?

18 Gib an, für welche x die Gleichung erfüllt ist.
a) $x^2 = 169$ b) $x^2 = 0{,}09$ c) $x^2 = 8{,}41$ d) $x^2 = 1$
e) $x^2 = 0$ f) $x^2 = -2{,}25$ g) $x^2 = \frac{81}{256}$ h) $x^2 = 0{,}0144$
i) $x^2 - 12\,100 = 0$ j) $-x^2 = -10{,}89$ k) $x^2 + 289 = 0$ l) $-x^2 = 0$

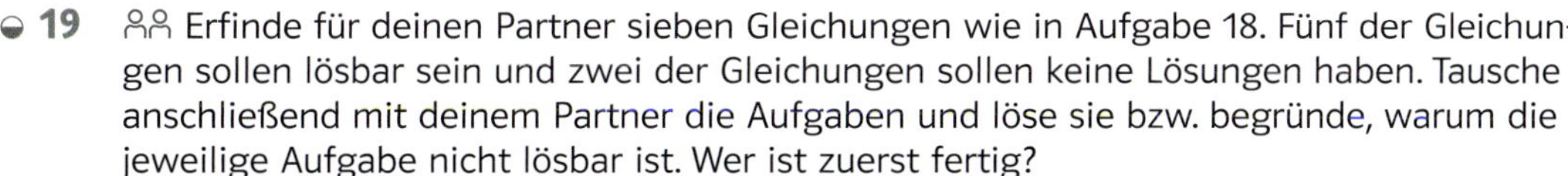

19 Erfinde für deinen Partner sieben Gleichungen wie in Aufgabe 18. Fünf der Gleichungen sollen lösbar sein und zwei der Gleichungen sollen keine Lösungen haben. Tausche anschließend mit deinem Partner die Aufgaben und löse sie bzw. begründe, warum die jeweilige Aufgabe nicht lösbar ist. Wer ist zuerst fertig?

20 Setze die folgende Gleichungskette fort. Wie lautet die erste Gleichung, die lösbar ist?
$x^2 + 7 = -2$, $x^2 + 7 = -1$, $x^2 + 7 = 0$, $x^2 + 7 = 1$, $x^2 + 7 = 2$ …

21 a) Wie musst du a wählen, damit die Gleichung $x^2 = a$ zwei Lösungen hat?
b) Finde je ein Beispiel, bei dem die Lösungen rationale bzw. irrationale Zahlen sind.

22 Welche dieser Wurzeln $\sqrt{0{,}01}$; $\sqrt{0{,}0001}$; $\sqrt{0{,}1}$; $\sqrt{0{,}001}$ kannst du im Kopf bestimmen, welche nicht? Schreibe für deinen Partner eine Regel auf, nach der man solche im Kopf lösbaren Aufgaben stellen kann. Tauscht eure aufgestellten Regeln aus und überprüft sie an Beispielen.

Info

Wurzeln als Streckenlängen konstruieren
Die Figur zeigt, wie man zeichnerisch die Stelle auf der Zahlengeraden konstruieren kann, die zu der reellen Zahl $\sqrt{2}$ gehört. Man trägt dazu die Länge einer Strecke mit der Maßzahl $\sqrt{2}$, in diesem Fall die Diagonale eines Quadrats mit der Seitenlänge 1, von Null aus auf der Zahlengeraden ab. Dieses Abtragen kann mit dem Zirkel erfolgen. Zu jeder reellen Zahl gehört genau eine Stelle auf der Zahlengeraden.

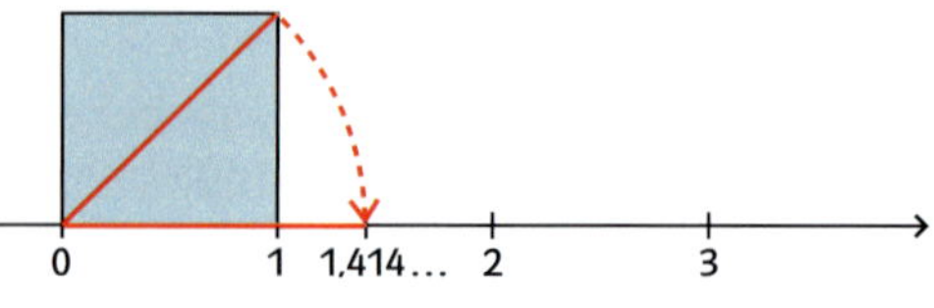

23 a) Wie lang ist die Diagonale eines Quadrats mit der Seitenlänge 3 cm?
b) In Fig. 1 in der Info-Box wurde gezeigt, wie man $\sqrt{2}$ auf der Zahlengeraden findet. Finde durch eine ähnliche Zeichnung den Punkt, der zu $\sqrt{32}$ gehört.

24 Auf Seite 12 wurden zwei Quadrate mit der Seitenlänge 1 cm zu einem großen Quadrat zusammengelegt, dessen Seite eine Länge von $\sqrt{2}$ cm hat. Auf diese Art kann man den Wert von $\sqrt{2}$ geometrisch konstruieren.

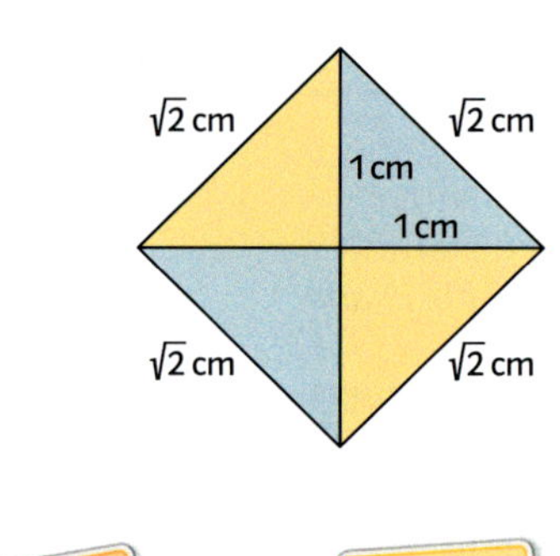

a) Wende dieses Verfahren auf zwei Quadrate mit der Seitenlänge 2 cm an. Welchen Wurzelwert kannst du auf diese Art konstruieren? Prüfe deinen Wert mithilfe des Taschenrechners.
b) Schätze zunächst, welchen Wert die Wurzeln auf den Kärtchen etwa haben. Konstruiere die Wurzel mithilfe des obigen Verfahrens. Überprüfe anschließend dein Ergebnis mit dem Taschenrechner.

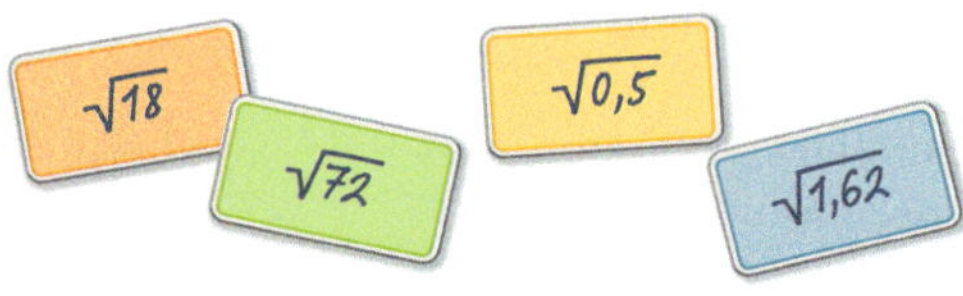

c) Welche Wurzeln lassen sich mit diesem Verfahren leicht geometrisch konstruieren? Begründe und nenne drei weitere Beispiele.

25 a) Schätze zunächst die Länge der Diagonalen und bestimme sie anschließend mithilfe einer Intervallschachtelung auf drei Nachkommastellen genau.
b) Gib die fehlende Zahl im Kästchen an und überprüfe dein Ergebnis mithilfe einer Konstruktion in deinem Heft.

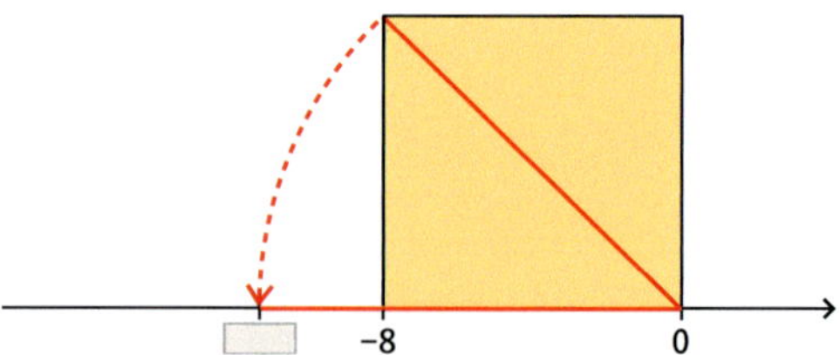

Kannst du das noch?

26 Die Strecke $\overline{AB}$ ist Durchmesser eines Kreises. Berechne die Winkel.
a)
b)

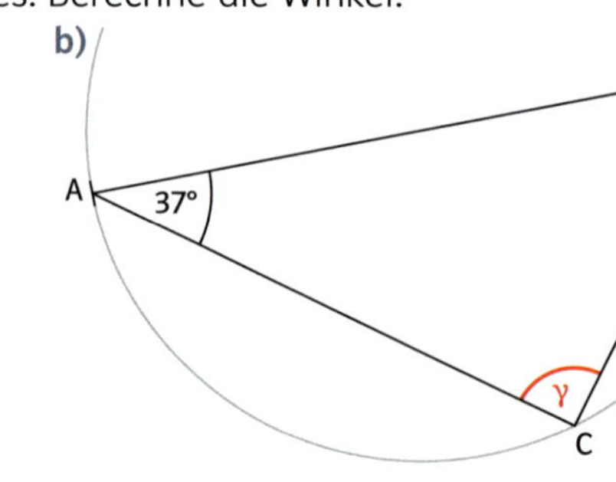

Lösung | Seite 167

3 Näherungsweises Wurzelziehen – Der Heron-Algorithmus

Quadrate zeichnen – das ist nicht schwer! Manche Bedingungen lassen sich aber gar nicht so einfach erfüllen.

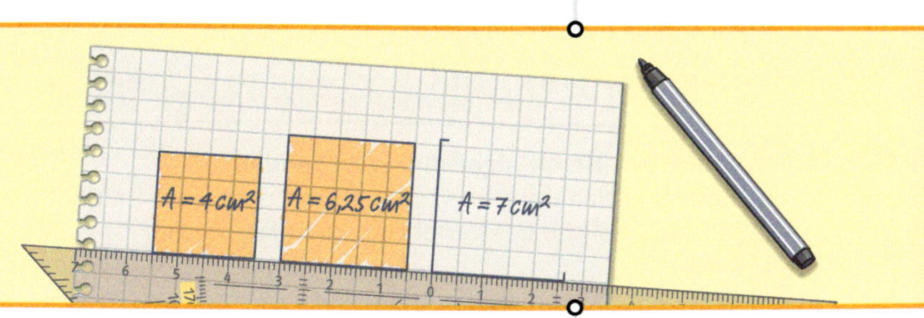

Ein Quadrat mit dem Flächeninhalt $25\,cm^2$ lässt sich leicht zeichnen, da die Seiten eines solchen Quadrats

$\sqrt{25\,cm^2} = 5\,cm$ lang sind.
Schwieriger wird es bei einem Quadrat mit dem Flächeninhalt $12\,cm^2$, denn seine

Seiten haben die Länge $\sqrt{12\,cm^2}$.
Das gesuchte Quadrat lässt sich aber schrittweise aus einem flächeninhaltsgleichen Rechteck annähern.
Man beginnt zum Beispiel mit einem Rechteck, das die Seitenlängen 2 cm und 6 cm hat.
Im zweiten Schritt wählt man als neue Seitenlänge den Mittelwert von 2 cm und 6 cm, also $\frac{1}{2} \cdot (2\,cm + 6\,cm) = 4\,cm$.
Die andere Seite des Rechtecks ist dann $12\,cm^2 : 4\,cm = 3\,cm$ lang. Der Unterschied der Seitenlängen beträgt jetzt nur noch 1 cm.

3,46 cm
3,5 cm
4 cm
6 cm
2 cm
3 cm
3,43 cm
3,46 cm

Schritt	Seite x	Seite y
1	$x_1 = 6\,cm$	$y_1 = 2\,cm$
2	$x_2 = \frac{1}{2} \cdot (6\,cm + 2\,cm) = 4\,cm$	$y_2 = 12\,cm^2 : 4\,cm = 3\,cm$
3	$x_3 = \frac{1}{2}(4\,cm + 3\,cm) = 3{,}5\,cm$	$y_3 = 12\,cm^2 : 3{,}5\,cm \approx 3{,}43\,cm$
4	$x_4 = \frac{1}{2}(3{,}5\,cm + 3{,}43\,cm) = 3{,}465\,cm$	$y_4 = 12\,cm^2 : 3{,}465\,cm \approx 3{,}463\,cm$

In weiteren Schritten kann man dann Rechtecke konstruieren, deren Flächeninhalt genauso groß ist, bei denen aber der Unterschied der Seitenlängen immer kleiner wird.
Auf diese Weise erhält man schon im vierten Schritt für die Seitenlänge des gesuchten Quadrats und damit für den Wert von $\sqrt{12}$ den Näherungswert 3,46. Durch Fortsetzen des Verfahrens werden weitere Nachkommastellen ermittelt.
Dieses Verfahren zur näherungsweisen Berechnung von Quadratwurzeln geht auf Heron von Alexandria zurück und heißt daher **Heron-Algorithmus**.

Heron von Alexandria gilt als der bedeutendste Vertreter der angewandten Mathematik und Technik in der griechischen Antike. Er entdeckte auch viele physikalische Prinzipien. Man nimmt an, dass er im ersten Jahrhundert nach Christus gelebt hat, weil er in einer Arbeit die Mondfinsternis von 62 n. Chr. beschreibt.

Mit dem Heron-Algorithmus kann man die Quadratwurzel aus einer beliebigen Zahl a näherungsweise bestimmen. Dazu stellt man sich a als Flächeninhalt eines Quadrats vor. $\sqrt{a}$ ist dann die Seitenlänge des Quadrats. Man wählt nun für das Startrechteck die Seitenlängen x_1 und $x_2 = \frac{a}{x_1}$ und verallgemeinert die oben gezeigte Tabelle.
Der Unterschied von x_n und y_n wird bei jedem Schritt geringer.
Daher reicht es aus, die Werte von x_1, x_2, x_3, … mit der Formel $x_{n+1} = \frac{1}{2}\left(x_n + \frac{a}{x_n}\right)$ zu berechnen, die durch wiederholte Anwendung immer genauere Näherungswerte für $\sqrt{a}$ liefert.

Schritt	Seite x	Seite y
1	x_1	$y_1 = \frac{a}{x_1}$
2	$x_2 = \frac{1}{2}\left(x_1 + \frac{a}{x_1}\right)$	$y_2 = \frac{a}{x_2}$
…	…	…
n	$x_n = \frac{1}{2}\left(x_{n-1} + \frac{a}{x_{n-1}}\right)$	$y_n = \frac{a}{x_n}$
n + 1	$x_{n+1} = \frac{1}{2}\left(x_n + \frac{a}{x_n}\right)$	$y_{n+1} = \frac{a}{x_{n+1}}$

Näherungswerte für $\sqrt{a}$ kann man nach Vorgabe eines Startwertes x_1 mit dem **Heron-Algorithmus** berechnen. Dabei gilt $x_{n+1} = \frac{1}{2}\left(x_n + \frac{a}{x_n}\right)$ für $n = 1; 2; 3; \ldots$.
Mit wachsendem n nähert sich der Wert von x_{n+1} dem Wert von $\sqrt{a}$ immer mehr an.

Beispiel Den Heron-Algorithmus anwenden
a) Berechne Näherungswerte für $\sqrt{8}$ mit dem Heron-Algorithmus.
b) Veranschauliche das Verfahren durch Rechtecke.

Lösung
a) Startwert: $x_1 = 4$. Damit erhält man $x_2 = 3$; $x_3 = 2{,}833\ldots$; $x_4 = 2{,}828\,43\ldots$
(Taschenrechnerwert: $\sqrt{8} = 2{,}828\,427\ldots$)
b) Startrechteck: Seitenlängen 4 cm und 2 cm (Fig. 1). Nach zwei Schritten erhält man ein Rechteck mit den Seitenlängen 2,83 cm und 2,82 cm. Die Seite des gesuchten Quadrats ist also zwischen 2,82 cm und 2,83 cm lang.

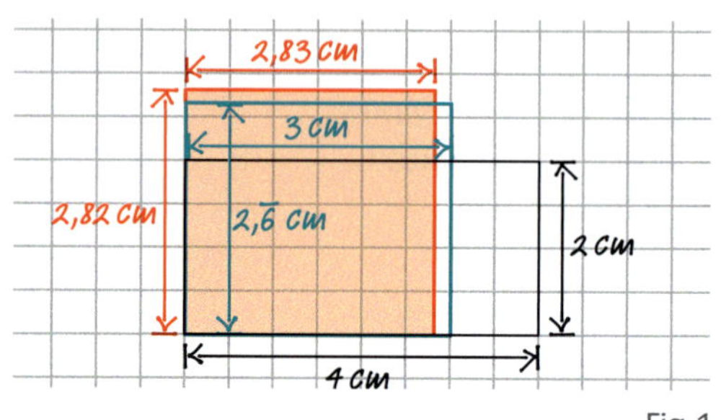

Fig. 1

Benutzt man ein Tabellenkalkulationsprogramm, so kann man leicht beliebige Startwerte testen und Wurzeln auf jede gewünschte Genauigkeit berechnen lassen.

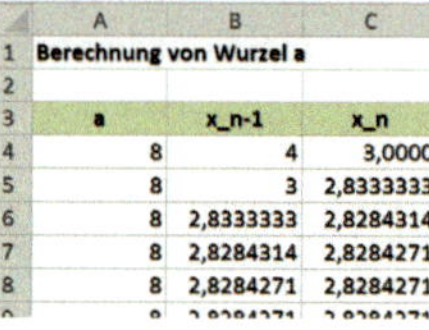

	A	B	C
1	Berechnung von Wurzel a		
2			
3	a	x_n-1	x_n
4	8	4	3,0000
5	8	3	2,8333333
6	8	2,8333333	2,8284314
7	8	2,8284314	2,8284271
8	8	2,8284271	2,8284271

Aufgaben

○ **1** Berechne mit dem Heron-Algorithmus Näherungswerte für $\sqrt{a}$. Veranschauliche das Verfahren durch Rechtecke. Wähle als Startwert einen Teiler von a.
a) $a = 6$ **b)** $a = 10$ **c)** $a = 19$ **d)** $a = 36$

○ **2** **a)** Mathis hat sich bei der Berechnung von $\sqrt{2}$ nach dem Heron-Algorithmus zwischendurch einmal auf dem Taschenrechner vertippt und ohne zu verbessern weitergerechnet. Kommt er trotzdem zum richtigen Ergebnis?
b) Teste die Auswirkungen eines Tippfehlers am Beispiel der Berechnung von $\sqrt{3}$.

◒ **3** Tina und Tim wollen einen Näherungswert für $\sqrt{2}$ bestimmen, der auf vier Dezimalen genau ist. Tim verwendet das Verfahren von Seite 12 mit den Startwerten 1 und 2, Tina den Heron-Algorithmus mit dem Startwert 2. Untersuche, wie viele Schritte Tina bzw. Tim jeweils benötigen.

Bist du schon sicher?

○ **4** Bestimme mit dem Heron-Algorithmus einen Näherungswert für $\sqrt{37}$.

◒ **5** Untersuche, wie viele Schritte man beim Heron-Algorithmus jeweils durchführen muss, um $\sqrt{37}$ auf 4 Nachkommastellen genau zu bestimmen, wenn man als Startwert die folgende Zahl wählt.
a) 6 **b)** 12 **c)** 100 **d)** 1000

Lösungen | Seite 167

◒ **6** Begründe: Wenn man mit dem Heron-Algorithmus einen Näherungswert für $\sqrt{3}$ bestimmen will und dabei eine rationale Zahl x_1 als Startwert benutzt, dann sind alle berechneten Näherungswerte x_n ebenfalls rational.

◒ **7** Untersuche, ob man mit dem Heron-Algorithmus auch dann einen Näherungswert für $\sqrt{a}$ bestimmen kann, wenn man eine negative Zahl als Startwert verwendet.

◒ **8** Ist es vorteilhaft, beim Heron-Algorithmus stets mit 1 als Startwert zu beginnen?

Info

Durchführung des Heron-Algorithmus mit dem Computer

Mithilfe eines Tabellenkalkulationsprogramms kann man den Heron-Algorithmus schnell von einem Computer durchführen lassen.
Im ersten Schritt (Zeile 4) wird in Zelle B4 die Zahl a, aus der die Wurzel gezogen werden soll, eingegeben (hier: 8) und ein Startwert für die erste Seitenlänge gewählt (hier: 1). In Zelle D4 wird die zweite Seitenlänge des Rechtecks berechnet. In der zweiten Rechenzeile (Zeile 5) wird die Schrittnummer um 1 erhöht, der Flächeninhalt beibehalten, die neue Seitenlänge x_2 als Mittelwert aus x_1 und y_1 berechnet und zu diesem die zweite Seitenlänge y_2 ermittelt.
Da sich diese Berechnungen nun von Zeile zu Zeile wiederholen, kann man die Formeln einfach kopieren. Die berechneten Werte zeigen, wie schnell sich die Seitenlängen bei Wiederholung der Rechenschritte der zu bestimmenden Zahl $\sqrt{a}$ annähern.

Tabellenblatt mit angezeigten Formeln

	A	B	C	D
1	Berechnung der Wurzel aus a			
2				
3	Schritt Nr. n	Flächeninhalt a	Seitenlänge x_n	Seitenlänge y_n
4	1	8	1	=B4/C4
5	=A4+1	=B4	=(C4+D4)/2	=B5/C5
6	=A5+1	=B5	=(C5+D5)/2	=B6/C6
7	=A6+1	=B6	=(C6+D6)/2	=B7/C7
8	=A7+1	=B7	=(C7+D7)/2	=B8/C8
9	=A8+1	=B8	=(C8+D8)/2	=B9/C9
10				

Tabellenblatt mit berechneten Werten

	A	B	C	D
1	Berechnung der Wurzel aus a			
2				
3	Schritt Nr. n	Flächeninhalt a	Seitenlänge x_n	Seitenlänge y_n
4	1	8	1	8
5	2	8	4,5	1,777777778
6	3	8	3,138888889	2,548672566
7	4	8	2,843780728	2,813156416
8	5	8	2,828468572	2,828385678
9	6	8	2,828427125	2,828427124
10				

Interaktives Üben
Heron-Algorithmus mit dem Computer
p24rx2

9 Berechne mit dem Heron-Algorithmus $\sqrt{7}$ auf 5 Nachkommastellen genau. Wähle als Startwert zunächst die 1, dann die Zahl 7 und schließlich die Zahl 700. Runde, sobald sich die ersten 6 Nachkommastellen nicht mehr verändern. Wie viele Schritte benötigst du jeweils?

10 Berechne den Wert der Wurzel mit dem Heron-Algorithmus auf 6 Nachkommastellen genau. Benutze dazu ein Tabellenkalkulationsprogramm. Kontrolliere dein Ergebnis mit dem Taschenrechner.
a) $\sqrt{13}$ b) $\sqrt{30}$ c) $\sqrt{1000}$ d) $\sqrt{3300}$

11 Martina hat beschlossen, immer mit dem Startwert 1 zu beginnen. Noah beginnt immer mit dem Startwert 1000.
a) Untersuche mithilfe eines Tabellenkalkulationsprogramms, welchen Einfluss die Wahl des Startwertes hat.
b) Wie würdest du den Startwert wählen, wenn du mit möglichst wenigen Schritten einen guten Näherungswert für $\sqrt{a}$ erhalten willst?

Kannst du das noch?

12 Wahr oder falsch? Begründe.
Zwei gleichschenklige Dreiecke sind kongruent, wenn sie übereinstimmen
a) im Winkel an der Spitze, b) in einem Schenkel und der Basis,
c) in allen drei Winkeln, d) in der Basis und dem Winkel an der Spitze.

13 Zeichne ein gleichschenkliges Dreieck ABC mit der Basis $\overline{AB}$, den Basiswinkeln α und β und dem Winkel γ an der Spitze C.
a) $\overline{AB} = 5\,cm$; $\alpha = 50°$ b) $\overline{AC} = 4\,cm$; $\gamma = 130°$ c) $\overline{BC} = 6\,cm$; $\gamma = 60°$

Lösungen | Seite 167

4 Terme mit Quadratwurzeln

Wie wurden die Werte der Terme im Kopf berechnet?

$\sqrt{3} \cdot \sqrt{27} = 9$
$\sqrt{8} \cdot \sqrt{12{,}5} = 10$
$\sqrt{40} : \sqrt{10} = 2$
$\sqrt{15} : \sqrt{5} = \sqrt{3}$
$\sqrt{22500} = 150$
$\sqrt{1690} = 13 \cdot \sqrt{10}$

In Lerneinheit 2 wurden schon die folgenden Termumformungen für Terme mit Wurzeln begründet, die den Zusammenhang von Wurzelziehen und Quadrieren beschreiben:

Für alle a gilt: $\sqrt{a^2} = |a|$ Für $a \geqq 0$ gilt $(\sqrt{a})^2 = a$

Bei Berechnungen können auch kompliziertere Terme mit Wurzeln vorkommen, wie etwa $\sqrt{a^2 b} \cdot \sqrt{b}$. Es gibt für einige Wurzelterme Umformungen, mit denen die Terme in wertgleiche Terme umgeformt werden können. Dadurch kann die Berechnung teilweise erheblich vereinfacht werden.
Es gilt zum Beispiel:

$\sqrt{16} \cdot \sqrt{9} = \sqrt{16 \cdot 9}$, denn $\sqrt{16} \cdot \sqrt{9} = \sqrt{4^2} \cdot \sqrt{3^2} = 4 \cdot 3$ und $\sqrt{16 \cdot 9} = \sqrt{4^2 \cdot 3^2}$
$= \sqrt{(4 \cdot 3)^2} = 4 \cdot 3$

$\sqrt{16} : \sqrt{9} = \sqrt{16 : 9}$, denn $\sqrt{16} : \sqrt{9} = \sqrt{4^2} : \sqrt{3^2} = 4 : 3$ und $\sqrt{16 : 9} = \sqrt{4^2 : 3^2} = \sqrt{(4 : 3)^2} = 4 : 3$

$6 \cdot \sqrt{7} - 4 \cdot \sqrt{7} = (6 - 4) \cdot \sqrt{7} = 2 \cdot \sqrt{7}$

$\sqrt{3}(\sqrt{27} + \sqrt{3}) = \sqrt{3}\sqrt{27} + \sqrt{3}\sqrt{3} = \sqrt{81} + \sqrt{9} = 9 + 3 = 12$

Bemerkung:
Man schreibt meist $a + \sqrt{x}$ anstatt $\sqrt{x} + a$ und $a\sqrt{x}$ anstatt $\sqrt{x}\,a$. Das ist bei handschriftlichen Aufzeichnungen sicherer (sonst könnte a plötzlich auch unter das Wurzelzeichen „rutschen").

In einem Term wie $\sqrt{16}$ heißt die Zahl unter der Wurzel (hier 16) **Radikand**.
Manchmal lässt sich der Radikand so in ein Produkt zerlegen, dass wenigstens einer der Faktoren eine Quadratzahl ist. Dann lässt sich die **Wurzel teilweise ziehen**. So gilt beispielsweise $\sqrt{75} = \sqrt{25 \cdot 3} = \sqrt{25} \cdot \sqrt{3} = 5 \cdot \sqrt{3}$.

$\sqrt{a}\sqrt{b} = \sqrt{ab}$ für $a, b \geqq 0$ (Multiplikationsregel)
$\frac{\sqrt{a}}{\sqrt{b}} = \sqrt{\frac{a}{b}}$ für $a \geqq 0$ und $b > 0$ (Divisionsregel)
$\sqrt{a^2 b} = \sqrt{a^2}\sqrt{b} = |a|\sqrt{b}$ für $b \geqq 0$ (teilweises Wurzelziehen)

Beachte:
Ein Team mit Quadratwurzeln ist nur definiert, wenn keiner der Radikanden negativ ist.

Die Multiplikations- und die Divisionsregel kann man nicht auf die Addition und die Subtraktion von Wurzeln übertragen.

$\sqrt{9} + \sqrt{16} \neq \sqrt{9 + 16}$, denn $\sqrt{9} + \sqrt{16} = 3 + 4 = 7$, aber $\sqrt{9 + 16} = \sqrt{25} = 5$.

$\sqrt{16} - \sqrt{9} \neq \sqrt{16 - 9}$, denn $\sqrt{16} - \sqrt{9} = 4 - 3 = 1$, aber $\sqrt{16 - 9} = \sqrt{7}$.

Im Allgemeinen gilt $\sqrt{b^2 + c^2} \neq b + c$, denn $b^2 + c^2 \neq (b + c)^2$.

Beispiel 1 Produkte und Quotienten mit Wurzeln
Schreibe unter eine Wurzel und berechne.
a) $\sqrt{15} \cdot \sqrt{120} \cdot \sqrt{0{,}5}$ b) $\frac{\sqrt{18} \cdot \sqrt{2}}{\sqrt{144}}$

Lösung

a) $\sqrt{15} \cdot \sqrt{120} \cdot \sqrt{0{,}5} = \sqrt{15 \cdot 120 \cdot 0{,}5}$
$= \sqrt{900} = 30$

b) $\frac{\sqrt{18} \cdot \sqrt{2}}{\sqrt{144}} = \sqrt{\frac{18 \cdot 2}{144}} = \sqrt{\frac{1}{4}} = \frac{1}{2}$

Beispiel 2 Aus Quadraten die Wurzel ziehen
Forme in einen Term ohne Wurzelzeichen um.

a) $\sqrt{(-6)^2}$ b) $\sqrt{(r+s)^2}$ c) $\sqrt{25x^2y^2}$ d) $(\sqrt{4x})^2$

Lösung

a) $\sqrt{(-6)^2} = |-6| = 6$

b) $\sqrt{(r+s)^2} = |r+s|$

c) $\sqrt{25x^2y^2} = \sqrt{25}\sqrt{x^2}\sqrt{y^2} = 5|x||y|$

d) $(\sqrt{4x})^2 = 4x$ für $x \geqq 0$

Beispiel 3 Anwenden der Regeln bei mehrschrittigen Termumformungen
Forme um, indem du ausklammerst oder ausmultiplizierst.

a) $\sqrt{x} + \sqrt{xy}$ b) $\sqrt{xy} + \sqrt{xz}$ c) $(2-\sqrt{3})^2$ d) $(5-\sqrt{3})(5+\sqrt{3})$

Lösung

a) $\sqrt{x} + \sqrt{xy} = (1+\sqrt{y})\sqrt{x}$

b) $\sqrt{xy} + \sqrt{xz} = (\sqrt{y}+\sqrt{z})\sqrt{x}$

c) $(2-\sqrt{3})^2 = 4 - 4\sqrt{3} + (\sqrt{3})^2 = 4 - 4\sqrt{3} + 3 = 7 - 4\sqrt{3}$

d) $(5-\sqrt{3})(5+\sqrt{3}) = 5^2 - (\sqrt{3})^2 = 25 - 3 = 22$

Aufgaben

○ **1** Schreibe unter eine Wurzel und berechne ohne Taschenrechner.

a) $\sqrt{2}\cdot\sqrt{32}$ b) $\sqrt{48}\cdot\sqrt{3}$ c) $\sqrt{45}\cdot\sqrt{5}$ d) $\sqrt{32}\cdot\sqrt{8}$
e) $\sqrt{4{,}9}\cdot\sqrt{10}$ f) $\sqrt{50}\cdot\sqrt{0{,}5}$ g) $\sqrt{8}\cdot\sqrt{4{,}5}$ h) $\sqrt{160}\cdot\sqrt{2{,}5}$
i) $\sqrt{30}\cdot\sqrt{12}\cdot\sqrt{2{,}5}$ j) $\sqrt{10}\cdot\sqrt{0{,}4}\cdot\sqrt{36}$ k) $\sqrt{\frac{1}{8}}\cdot\sqrt{2}\cdot\sqrt{\frac{98}{2}}$ l) $\sqrt{\frac{1}{5}}\cdot\sqrt{\frac{2}{25}}\cdot\sqrt{\frac{5}{8}}$

○ **2** Berechne geschickt im Kopf.

a) $\sqrt{250}:\sqrt{10}$ b) $\sqrt{108}:\sqrt{3}$ c) $\sqrt{2}:\sqrt{8}$ d) $\sqrt{12}:\sqrt{48}$
e) $\sqrt{7}:\sqrt{\frac{7}{64}}$ f) $\sqrt{7}:\sqrt{\frac{64}{7}}$ g) $\sqrt{\frac{14}{30}}:\sqrt{\frac{35}{12}}$ h) $\sqrt{\frac{5}{7}}:\sqrt{\frac{7}{20}}$
i) $\sqrt{\frac{8{,}1}{10}}$ j) $\sqrt{\frac{2{,}25}{0{,}09}}$ k) $\sqrt{\frac{0{,}04}{1{,}21}}$ l) $\sqrt{\frac{3{,}63}{0{,}03}}$

Beispiel zu Aufgabe 2:
$\sqrt{8}:\sqrt{\frac{32}{9}} = \sqrt{8:\frac{32}{9}}$
$= \sqrt{8\cdot\frac{9}{32}} = \sqrt{\frac{9}{4}} = \frac{3}{2}$

○ **3** Schreibe einfacher.

a) $\sqrt{(-8)^2}$ b) $\sqrt{(a-b)^2}$ c) $\sqrt{10\,000}$ d) $\sqrt{10^5}$

Kopiervorlage
Zusätzliches Übungsmaterial
e94wf7

○ **4** Vereinfache.

a) $\sqrt{32}:\sqrt{8}$ b) $\sqrt{98}:\sqrt{2}$ c) $\sqrt{180}:\sqrt{5}$ d) $\sqrt{52}:\sqrt{0{,}13}$
e) $\sqrt{8a^2+a^2}$ f) $\sqrt{10b^2-b^2}$ g) $\sqrt{100x^2+21x^2}$ h) $\sqrt{168x^2+156x^2}$

○ **5** Ziehe teilweise die Wurzel. Der verbleibende Radikand soll möglichst klein sein.

a) $\sqrt{99}$ b) $\sqrt{600}$ c) $\sqrt{80}$ d) $\sqrt{800}$ e) $\sqrt{8000}$ f) $\sqrt{675}$ g) $\sqrt{216}$ h) $\sqrt{2048}$

○ **6** Zerlege den Radikanden in ein Produkt von Quadratzahlen. Berechne so die Wurzel.

a) $\sqrt{1089}$ b) $\sqrt{4225}$ c) $\sqrt{576}$ d) $\sqrt{1296}$

7 Klammere aus und vereinfache. Ziehe gegebenenfalls zunächst teilweise die Wurzel.

a) $4 \cdot \sqrt{2} + 8 \cdot \sqrt{2}$ b) $10 \cdot \sqrt{5} - 11 \cdot \sqrt{5}$ c) $\sqrt{3} \cdot 9 - 6 \cdot \sqrt{3}$ d) $\sqrt{10} \cdot (-3) - \sqrt{10} \cdot 7$
e) $10 \cdot \sqrt{2} - 3 \cdot \sqrt{8}$ f) $0{,}5 \cdot \sqrt{40} + 3 \cdot \sqrt{90}$ g) $2 \cdot \sqrt{27} - 3 \cdot \sqrt{12}$ h) $2 \cdot \sqrt{45} - \sqrt{20} \cdot 3$

8 Multipliziere aus und vereinfache den Term so weit wie möglich.

a) $\sqrt{2} \cdot (\sqrt{8} + \sqrt{2})$ b) $\sqrt{3} \cdot (2\sqrt{3} - \sqrt{2})$ c) $\sqrt{3} \cdot \left(\sqrt{133} + \frac{2}{\sqrt{3}}\right)$ d) $\sqrt{5} \cdot \left(\sqrt{20} - \frac{1}{5}\right)$
e) $\frac{1}{\sqrt{5}} \cdot (5 - \sqrt{10})$ f) $(18 + 6\sqrt{18}) \cdot \frac{1}{\sqrt{6}}$ g) $\sqrt{10} \cdot (2\sqrt{1{,}6} - \sqrt{4{,}9})$ h) $\sqrt{\frac{1}{2}} \cdot (\sqrt{0{,}72} - \sqrt{0{,}08})$

9 Welche der Wurzeln in Fig. 1 sind ganzzahlige Vielfache von $\sqrt{2}$; $\sqrt{3}$ bzw. $\sqrt{5}$?
Beantworte die Frage ohne Zuhilfenahme des Taschenrechners. Begründe deine Antwort.

$\sqrt{50}$ $\sqrt{108}$
$\sqrt{72}$ $\sqrt{300}$
$\sqrt{125}$ $\sqrt{200}$
$\sqrt{48}$ $\sqrt{128}$
$\sqrt{45}$ $\sqrt{80}$

Fig. 1

Bist du schon sicher?

10 Vereinfache so weit wie möglich.

a) $\sqrt{25} \cdot \sqrt{36}$ b) $3 \cdot \sqrt{11} \cdot \sqrt{11}$ c) $\sqrt{2} \cdot \sqrt{32}$
d) $\frac{\sqrt{3} \cdot \sqrt{9}}{3}$ e) $\frac{\sqrt{49} \cdot \sqrt{25}}{\sqrt{0{,}25}}$ f) $\frac{\sqrt{10 \cdot 2{,}16}}{\sqrt{2{,}16} \cdot \sqrt{2{,}5}}$

11 Schreibe als Ausdruck mit möglichst kleinem Radikanden.

a) $\sqrt{1000}$ b) $\sqrt{98}$ c) $\sqrt{54}$ d) $\sqrt{1800}$ e) $\sqrt{500}$ f) $\sqrt{18\,000}$

12 Vereinfache so weit wie möglich. Ziehe ggf. dabei teilweise die Wurzel.

a) $5 \cdot \sqrt{3} - 2 \cdot \sqrt{3}$ b) $7 \cdot \sqrt{5} - \sqrt{5} \cdot 6$ c) $11 \cdot \sqrt{2} - \sqrt{200}$
d) $-2\sqrt{5} + \sqrt{20}$ e) $\sqrt{12} + 3\sqrt{27} - \sqrt{48}$ f) $\sqrt{45} - 3\sqrt{5} - \sqrt{80}$

→ Lösungen | Seite 168

13 Vereinfache und bestimme ohne Taschenrechner mithilfe von Fig. 2 einen Näherungswert. Überprüfe mit dem Taschenrechner, ob deine Ergebnisse stimmen können.

a) $7\sqrt{3} + 4\sqrt{3}$ b) $\sqrt{2} - \sqrt{3} + \sqrt{2}$ c) $\sqrt{72} + 2\sqrt{8}$ d) $4\sqrt{50} - \sqrt{98}$
e) $\sqrt{\frac{1}{2}} - \sqrt{\frac{9}{2}}$ f) $\sqrt{2} + \sqrt{8} - \sqrt{32}$ g) $(\sqrt{12} + \sqrt{75})\sqrt{3}$ h) $\frac{\sqrt{12}}{\sqrt{3}} - \frac{4\sqrt{3}}{\sqrt{12}}$
i) $7(\sqrt{28} - \sqrt{63})$ j) $\sqrt{6}(\sqrt{3} - 2\sqrt{6}) + 3(\sqrt{6} + 2\sqrt{3})$

$\sqrt{2} \approx 1{,}4$
$\sqrt{3} \approx 1{,}7$
$\sqrt{5} \approx 2{,}2$
$\sqrt{6} \approx 2{,}4$
$\sqrt{8} \approx 2{,}8$
$\sqrt{11} \approx 3{,}3$

Fig. 2

14 Richtig oder falsch? Korrigiere, wenn nötig. Für die richtigen und falschen Rechnungen erhältst du jeweils eine Aussage.

K $\frac{\sqrt{30}}{\sqrt{5}} = \sqrt{6}$

S $\frac{\sqrt{2}}{\sqrt{10}} = 0{,}1 \cdot \sqrt{2}$

O $\frac{\sqrt{10}}{\sqrt{2}} = \sqrt{0{,}5}$

L $\frac{\sqrt{5}}{\sqrt{10}} = \frac{5}{\sqrt{50}}$

N $\frac{\sqrt{3}}{\sqrt{7}} = 3 \cdot \sqrt{21}$

A $\sqrt{\frac{3^4}{2^4}} = \frac{9}{4}$

I $\sqrt{16} + \sqrt{9} = \sqrt{25} = 5$

R $\sqrt{16} \cdot \sqrt{9} = \sqrt{144} = 12$

CH $\sqrt{3^2 - 2^2} = 3 - 2 = 1$

T $\sqrt{5} \cdot \sqrt{5 + 20} = \sqrt{5 \cdot 5} + \sqrt{5 \cdot 20} = \sqrt{25} + \sqrt{100} = 5 + 10 = 15$

15 Auf Seite 20 wurde an einem Beispiel gezeigt, dass die Gleichung $\sqrt{a + b} = \sqrt{a} + \sqrt{b}$ nicht erfüllt ist. Eine der beiden Ungleichungen $\sqrt{a + b} < \sqrt{a} + \sqrt{b}$ bzw. $\sqrt{a + b} > \sqrt{a} + \sqrt{b}$ ist jedoch für alle positiven Zahlen a und b erfüllt. Überlege dir, welche der beiden Ungleichungen erfüllt ist. Denke dir für deinen Partner eine Erklärung aus, warum diese Ungleichung erfüllt ist. Die Zeichnung kann dir hierbei helfen.

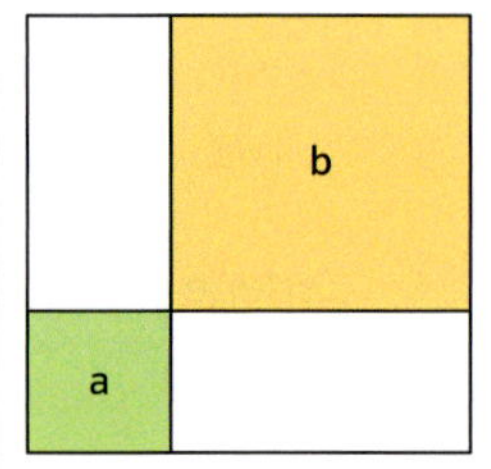

16 Wurzelterm-Domino

a) Setze die Dominosteine zusammen. Übertrage den leeren Dominostein in dein Heft und beschrifte ihn so, dass du eine geschlossene Kette erhältst.

b) Entwirf selbst ein solches Domino-Spiel auf Karten und lass es deinen Partner lösen.

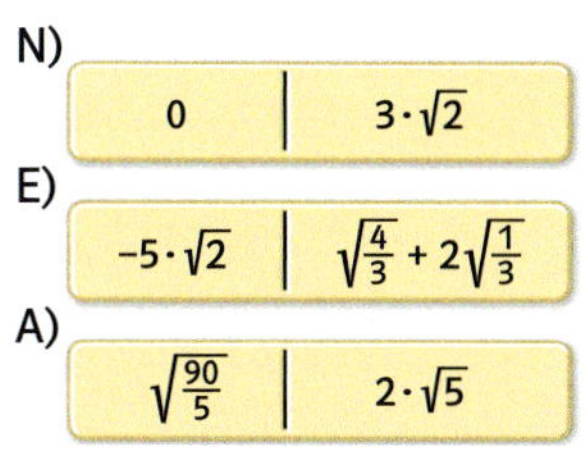

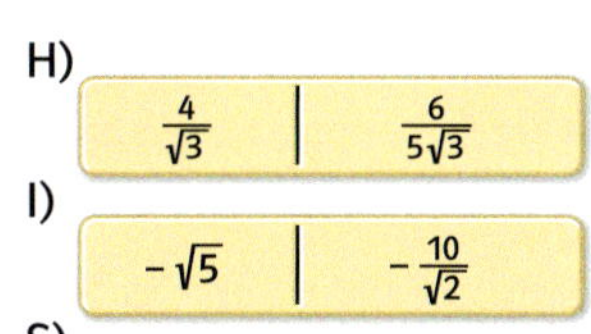

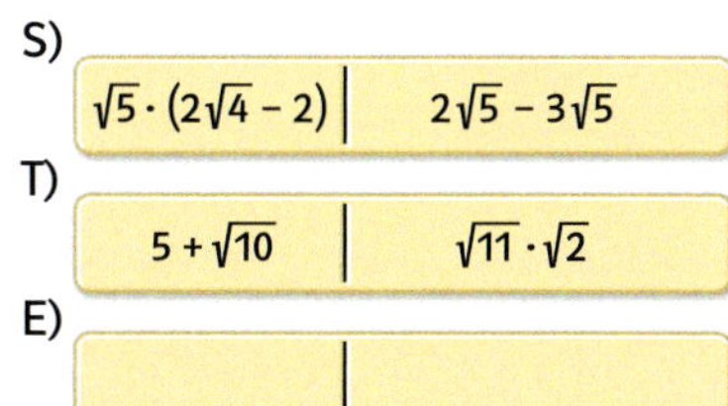

Tipp:
Wenn ihr mit N anfangt, ergibt sich ein Lösungswort. Wenn ihr alle Dominos einsammelt, könnt ihr sie in der Klasse als Übungsmaterial einsetzen.

17 Susan hat für die Werte 1, 2, 3 und 4 komplizierte Terme aufgestellt.

a) Welcher Term gehört zu welchem Wert? Jeder untersucht zwei Terme und stellt seinem Partner die Rechnungen vor.

b) Konstruiert selbst einen komplizierten Term mit einem einfachen Ergebnis und notiert den Term und das Ergebnis auf zwei Seiten eines Kärtchens. Mischt die Kärtchen und teilt sie als Übungsaufgabe wieder aus.

I. $\frac{\sqrt{75}-\sqrt{48}+\sqrt{27}}{2\sqrt{3}}$

II. $\frac{\sqrt{27}\cdot 4+\sqrt{48}}{2\sqrt{12}}$

III. $\frac{\sqrt{8}+2\sqrt{2}-\sqrt{18}}{\sqrt{2}}$

III. $\frac{\sqrt{4}\,(\sqrt{18}+\sqrt{27})}{\sqrt{8}+\sqrt{12}}$

18 Setze die fehlenden Ziffern ein und bilde das Lösungswort.

a) $\sqrt{\square 44} = 2^2\cdot 3$
b) $\sqrt{2\square 6} = 8\sqrt{4}$
c) $\sqrt{\square 1}\cdot\sqrt{49} = 8^2 - 1$
d) $\sqrt{361} - 14 = \sqrt{1\square 5}:\sqrt{5}$
e) $\sqrt{1\square 5}:\sqrt{35} = \sqrt{3}$
f) $\sqrt{484} - \sqrt{28\square} = 2\cdot\sqrt{4} + 1$
g) $\sqrt{196} - \sqrt{\square 6}\cdot\sqrt{4} = 2$
h) $3\sqrt{\square}\cdot\sqrt{24} = 6^2$

19 Setze für a die Zahlen 1, 4 und 9 in alle drei Terme ein. Was fällt dir auf? Bestätige deine Vermutung durch geeignete Umformungen der Terme.

(1) $\frac{\sqrt{a}}{2} + 3 + 4{,}5\cdot\sqrt{a}$
(2) $\frac{3\sqrt{a}+5a}{\sqrt{a}}$
(3) $\frac{5\sqrt{a}}{2} + 1{,}5$

20 Vereinfache, wenn möglich (a, b > 0). Prüfe dein Ergebnis durch Einsetzen von Zahlen.

a) $\sqrt{\frac{a^2}{4}}$
b) $\sqrt{\frac{64}{b^2}}$
c) $\sqrt{a^2\cdot b^2}$
d) $\sqrt{a^2+b^2}$
e) $\sqrt{a^3\cdot b^4}$
f) $\sqrt{a^2-b^2}$
g) $\frac{\sqrt{a^2}}{\sqrt{a}}$
h) $\frac{\sqrt{y^3}}{\sqrt{y^5}}$
i) $\sqrt{\frac{1}{a^2+b^2}}$
j) $\sqrt{\frac{a^3}{ab^2}}$

Info

Manchmal braucht man keinen Taschenrechner

Den Wert von Termen mit Quadratwurzeln im Nenner kann man manchmal schneller im Kopf überschlagen als mit dem Taschenrechner bestimmen, zum Beispiel

$\frac{1}{\sqrt{2}} = \frac{1\cdot\sqrt{2}}{\sqrt{2}\cdot\sqrt{2}} = \frac{\sqrt{2}}{2}$. Dieses Vorgehen nennt man auch **Rationalmachen des Nenners**.

Wenn man weiß, dass $\sqrt{2}\approx 1{,}4$ ist, dann weiß man auch, dass $\frac{1}{\sqrt{2}}\approx\frac{1{,}4}{2}$ und somit $\frac{1}{\sqrt{2}}\approx 0{,}7$ ist. Es ist also manchmal sinnvoll, Brüche mit Quadratwurzeln im Nenner so zu erweitern, dass im Nenner keine Quadratwurzeln mehr auftreten.

21 Welcher grüne Term ist wertgleich zu welchem gelben Term? Begründe durch geeignete Termumformungen.

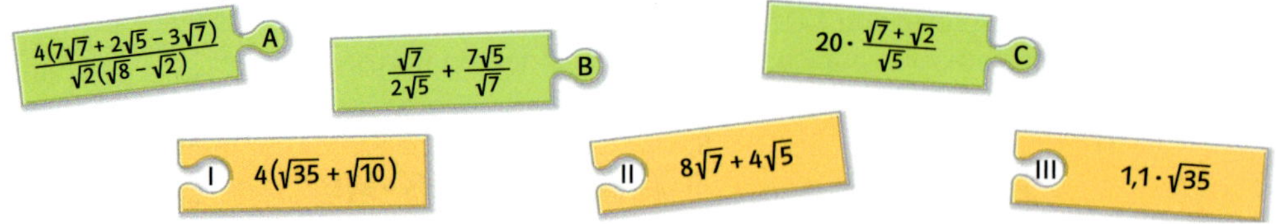

22 Du bestimmst die Näherungswerte für die Teilaufgaben a) bis e) im Kopf mithilfe von Fig. 1, dein Partner bestimmt sie mit dem Taschenrechner. Bei den Teilaufgaben f) bis j) geht ihr umgekehrt vor. Bei welchen Teilaufgaben ist der Taschenrechner ganz bestimmt nicht nötig?

a) $\frac{4}{\sqrt{2}}$ b) $\frac{15}{\sqrt{5}}$ c) $\frac{7}{(2 \cdot \sqrt{7})}$ d) $\frac{6}{\sqrt{6}}$ e) $\frac{(5 \cdot \sqrt{8})}{\sqrt{32}}$

f) $\frac{6}{\sqrt{3}}$ g) $\frac{33}{\sqrt{11}}$ h) $\frac{12}{(2 \cdot \sqrt{12})}$ i) $\frac{13}{\sqrt{13}}$ j) $\frac{(3{,}2 \cdot \sqrt{63})}{\sqrt{7}}$

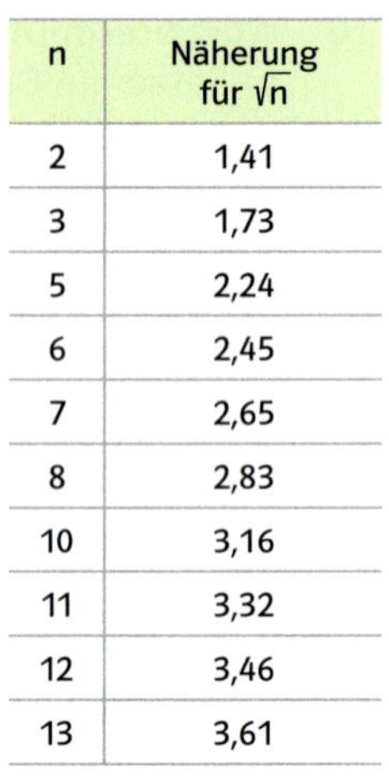

n	Näherung für $\sqrt{n}$
2	1,41
3	1,73
5	2,24
6	2,45
7	2,65
8	2,83
10	3,16
11	3,32
12	3,46
13	3,61

Fig. 1

23 a) Marla hat eine Skizze gezeichnet und behauptet: „Jetzt habe ich gleich drei Dinge gezeigt: $\sqrt{27} \cdot \sqrt{3} = 9$ und $\sqrt{27} : \sqrt{3} = 3$. Außerdem ist die Diagonale eines Quadrats mit dem Flächeninhalt $3\,\text{cm}^2$ genau $\sqrt{2 \cdot 3}$ cm lang. Begründe Marlas Behauptung mithilfe der Skizze.
b) Roland hat mit dem Taschenrechner gerechnet:
$\sqrt{5} \cdot \sqrt{80} \approx 2{,}236 \cdot 8{,}944 = 19{,}998\,784$.
Zeige mithilfe einer Skizze, dass das Ergebnis exakt gleich 20 ist.

24 Bilde mit den Zahlen einen Term, der den angegebenen Wert hat. Jede Zahl soll genau einmal vorkommen.
a) 3 b) 0 c) 1 d) $\frac{4}{\sqrt{3}}$

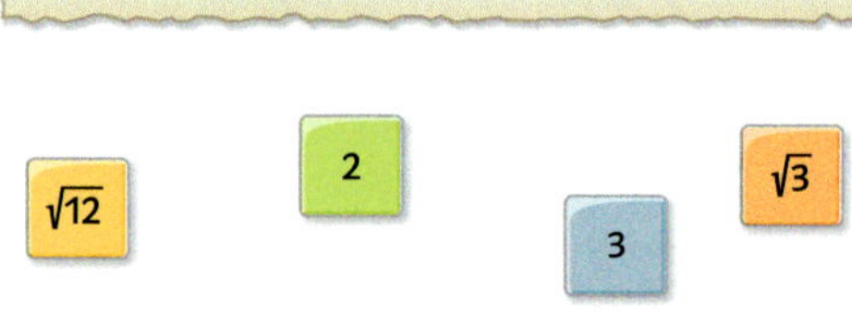

25 Die Skizze zeigt drei Würfel. Eine Seitenfläche des großen Würfels ist doppelt so groß wie eine Seitenfläche des mittleren Würfels. Eine Seitenfläche des kleinen Würfels ist halb so groß wie eine Seitenfläche des mittleren Würfels. Die Oberfläche des großen Würfels beträgt $120\,\text{dm}^2$. Wie lang ist die eingezeichnete Kriechspur der Schnecke?

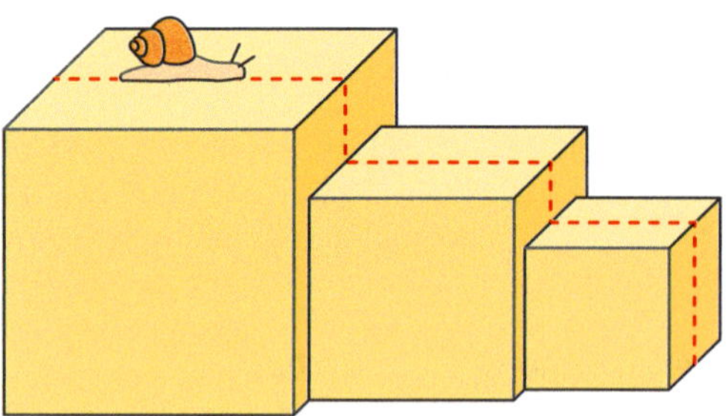

Kannst du das noch?

26 Die zwei Dreiecke sind zueinander kongruent. Gib die fehlenden Größen an.

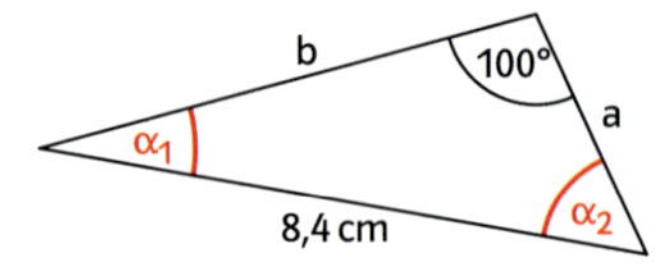

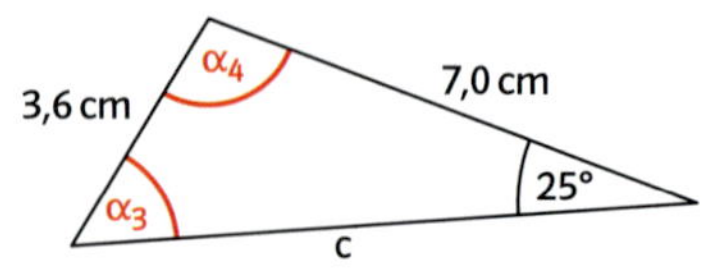

Lösung | Seite 168

1 **Eine Zahl geht auf Reisen ...**

Vorschrift	Zahl	Zahlbereich	Term
Denke dir eine positive Zahl.	7	$\mathbb{N}, \mathbb{Z}, \mathbb{Q}, \mathbb{R}$	x
Quadriere die Zahl.	49	$\mathbb{N}, \mathbb{Z}, \mathbb{Q}, \mathbb{R}$	x^2
Dividiere durch 16.	$\frac{49}{16} = 3{,}0625$	$\mathbb{Q}, \mathbb{R}$	
Ziehe die Wurzel.			
Addiere 1.			
Verdopple.			
Subtrahiere die Hälfte der Ausgangszahl.			
Ziehe die Wurzel.	1,4142...		

a) Übertragt die Tabelle in euer Heft und ergänzt sie.
b) Wählt andere Ausgangszahlen. Vergleicht eure Ergebnisse und überprüft, ob die Reise immer durch die gleichen Zahlenbereiche geht.
c) Wählt eine Zahl, mit der die Reise möglichst lange in den natürlichen Zahlen verläuft.
d) Notiert eine Begründung, weshalb die Zahlenreise immer bei $\sqrt{2}$ endet, und stellt diese einer anderen Gruppe vor.
e) Entwickelt selbst eine Zahlenreise, bei der man das Endresultat voraussagen kann.

2 Wahr oder falsch? Begründe.
a) Alle Differenzen von natürlichen Zahlen sind natürliche Zahlen.
b) Alle Wurzeln aus natürlichen Zahlen sind irrationale Zahlen.
c) Die Wurzel aus jeder Quadratzahl ist eine natürliche Zahl.
d) Das Quadrat einer irrationalen Zahl ist eine irrationale Zahl.
e) 1,8 und $\sqrt{1{,}8}$ liegen beide zwischen 2 und $\sqrt{2}$.
f) $(1 + \sqrt{2})$ ist eine irrationale Zahl, deren Quadrat ebenfalls irrational ist.
g) Es gibt unendlich viele Zahlen, deren Wurzel kleiner bzw. größer als die Zahl selbst ist.

3 **Kurz nachdenken**
a) Finde zunächst je zwei Zahlen für a, sodass die Gleichung eine Lösung (zwei Lösungen) hat. Verallgemeinere.
b) Für welche Zahlen a zwischen −20 und 20 hat die Gleichung ganzzahlige Lösungen?
(1) $x^2 + a = 5$ (2) $x^2 - a = 5$ (3) $-x^2 + a = 5$ (4) $-x^2 - a = 5$

4 Finde im Kopf eine Lösung.
a) $\sqrt{x} = 10$ b) $\sqrt{x} = 2{,}5$ c) $\sqrt{x} = \frac{1}{2}$ d) $\sqrt{x} = -4$
e) $\sqrt{x} = 0$ f) $\sqrt{x} - 3 = 5$ g) $\sqrt{2x} = 1$ h) $\sqrt{2x} = \frac{1}{2}$

5 Vereinfache die Terme so weit wie möglich durch Ausmultiplizieren.
a) $(3 - \sqrt{2})^2$ b) $\left(\frac{1}{2} - \sqrt{8}\right)\left(\sqrt{8} + \frac{1}{2}\right)$
c) $(4\sqrt{5} + 5\sqrt{3})(5\sqrt{3} - 4\sqrt{5})$ d) $(10\sqrt{10} - 5\sqrt{5})(10\sqrt{10} + 5\sqrt{5})$

6 Bestätige durch eine Rechnung, dass der Term $\frac{-2\sqrt{27} + 3\sqrt{3} + \sqrt{75} \cdot 7}{\sqrt{12}}$ den Wert 16 hat.

7 Erläutere die Fehler in den Rechnungen A bis D. Korrigiere.

A

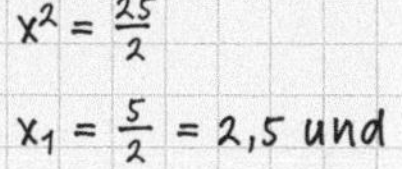

B

$x^2 = \frac{121}{25}$ | $\sqrt{\ }$
$x = \frac{11}{5} = 2{,}2$

C

$x^2 = 5a$
$x_1 = -\sqrt{5}a$ und
$x_2 = \sqrt{5}a$

D

$\frac{x^2}{4} = 2$
$\frac{x}{4} = \sqrt{2}$,
also $x = 4\sqrt{2}$

8 In die Rechnungen haben sich einige Fehler eingeschlichen. Korrigiere die Fehler und formuliere jeweils einen kurzen Merksatz, mit dem man solche Fehler vermeiden kann.

I. $5\sqrt{77} - 9\sqrt{44} = 35\sqrt{11} - 36\sqrt{11} = -\sqrt{11}$

II. $\sqrt{45} + 2\sqrt{2} = \sqrt{45} + \sqrt{4} = \sqrt{49} = 7$

III. $\frac{\sqrt{15}}{\sqrt{45}} = \frac{\sqrt{3} \cdot \sqrt{5}}{\sqrt{9} \cdot \sqrt{5}} = \frac{1}{3}$

IV. $\frac{\sqrt{14}}{\sqrt{7} + \sqrt{28}} = \frac{\sqrt{2} \cdot \sqrt{7}}{\sqrt{7} + \sqrt{4} \cdot \sqrt{7}} = \sqrt{2} + \frac{\sqrt{2}}{2} = \frac{3}{2}\sqrt{2}$

9 Ein quadratischer Bauerngarten wird mit Natursteinen eingefasst und die 2 m breiten Wege mit Buchsbaum eingesäumt.
a) Die 5 cm breiten und 20 cm langen Steine werden nahtlos aneinandergefügt. Das Werk sagt bei den Maßen eine Genauigkeit von ± 3 % zu. Wie viele Steine werden voraussichtlich benötigt? Gib eine Mindest- und eine Höchstmenge an.
b) Die Buchsbaumpflanzen werden im Abstand von 10 – 15 cm gesetzt. Wie viele Pflanzen sollten bestellt werden?

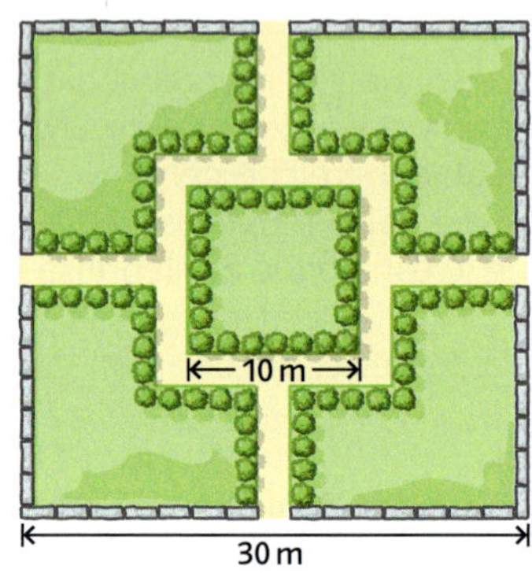

10 Aus den Diagonalen d_1 und d_2 der Quadrate Q_1 und Q_2 wurde das Rechteck ABCD konstruiert.
a) Bestimme den Flächeninhalt des Rechtecks ABCD durch Zerlegung in Teilflächen.
b) Bestimme die Längen von d_1 und d_2 auf zwei Nachkommastellen genau mithilfe einer Intervallschachtelung.
Berechne mit diesen Näherungswerten den Flächeninhalt. Vergleiche mit dem Ergebnis aus Teilaufgabe a).

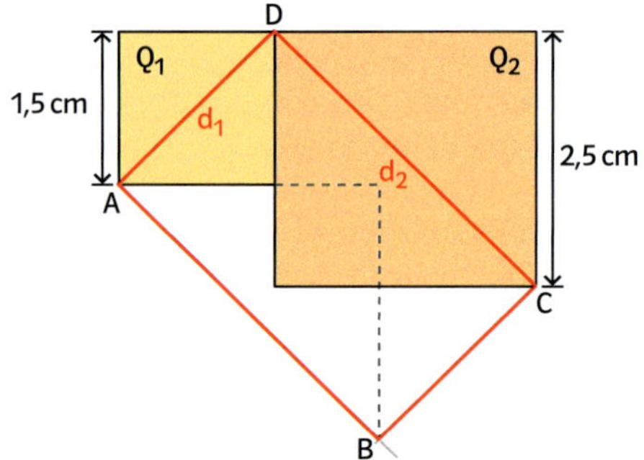

11 a) Wie müssen die Länge a und die Breite b eines Rechtecks gewählt werden, damit beim Halbieren zwei Rechtecke des gleichen „Formats“, also mit dem gleichen Seitenverhältnis, entstehen?
b) Die bekannten DIN-Formate bei Schreib- oder Zeichenpapier (etwa DIN A4) entsprechen der in Teilaufgabe a) genannten Vorschrift. Miss die Seiten eines Heftblattes. Vergleiche mit dem Ergebnis in a).
c) Ein Rechteck des Formats DIN A0 hat den Flächeninhalt $1\,m^2$. Wie groß ist der Flächeninhalt beim Format DIN A1 (DIN A2, …, DIN A5)?
d) Berechne die Seitenlängen eines Rechtecks mit dem Format DIN A0.
e) Wie lang sind die Seiten eines DIN-A5-Blattes? Berechne auf zwei Arten.

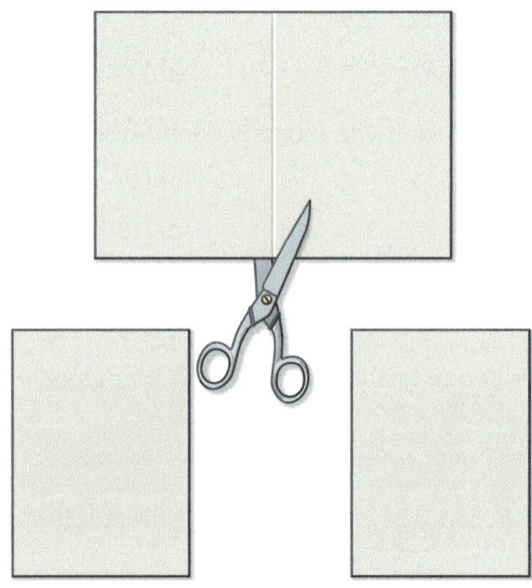

Wurzelziehen per Hand

Wurzeln kann man mithilfe eines Taschenrechners ohne Mühe so genau berechnen, wie es der Taschenrechner erlaubt. Mit einem PC sind noch genauere Werte möglich. Intervallschachtelungen liefern theoretisch beliebig genaue Wurzelwerte. In der Praxis ist die Rechnung aber mühsam. Deshalb musste man noch vor nicht allzu langer Zeit, als es weder Taschenrechner noch Computer gab, nach einigermaßen brauchbaren schriftlichen Rechenverfahren suchen.

Bei **Wurzeln aus natürlichen Zahlen** kann man wie folgt vorgehen:

Will man zum Beispiel $\sqrt{139\,876}$ berechnen, so stellt man zunächst fest, wie viele Stellen der Wert der Wurzel hat: $10\,000 < 139\,876 < 1\,000\,000$, daher liegt $\sqrt{139\,876}$ zwischen 100 und 1000, ist also dreistellig. In diesem Fall kann man schreiben:

$\sqrt{139\,876} = 100 \cdot a + 10 \cdot b + c.$

Dabei sind a, b und c die Ziffern der gesuchten Zahl.

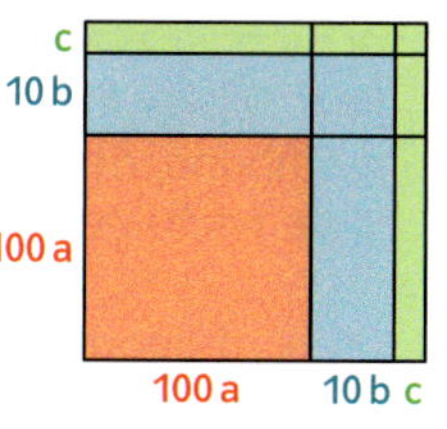

Fig. 1

Mithilfe von Fig. 1 erkennt man:

$$\begin{aligned}139\,876 &= (\sqrt{139\,876})^2 = (100\,a)^2 + 2 \cdot 100\,a \cdot 10\,b + (10\,b)^2 + 2 \cdot (100\,a + 10\,b) \cdot c + c^2\\ &= (100\,a)^2 + (2 \cdot 100\,a + 10\,b) \cdot 10\,b + (2 \cdot 100\,a + 2 \cdot 10\,b + c) \cdot c\\ &= a^2 \cdot 10\,000 + (2 \cdot 10\,a + b) \cdot 100\,b + (2 \cdot (100\,a + 10\,b) + c) \cdot c\end{aligned}$$

Um a, b und c zu berechnen, muss man zunächst a so groß wählen, dass beim Subtrahieren des ersten Summanden von 139 876 keine negative Zahl entsteht (1). Dann wählt man b so groß, dass sich beim Subtrahieren des zweiten Summanden vom Rest keine negative Zahl ergibt (2). Wendet man das Verfahren zur Berechnung von c an, wird der Rest null (3).

(1) $139\,876 - a^2 \cdot 10\,000$ bleibt für $a^2 \leqq 13$ positiv. Das bedeutet $a = 3$ und damit $139\,876 - 3^2 \cdot 10\,000 = 49\,876$.

(2) Damit $49\,876 - (2 \cdot 10 \cdot 3 + b) \cdot 100\,b = 49\,876 - (60 + b) \cdot 100\,b$ positiv bleibt, muss auf jeden Fall $498 - (60 + b) \cdot b$ positiv werden. Das ist für $b \leqq 7$ richtig. Man wählt also $b = 7$ und damit $49\,876 - (60 + 7) \cdot 7 \cdot 100 = 49\,876 - 469 \cdot 100 = 2976$.

(3) $2976 - (2 \cdot (100 \cdot 3 + 10 \cdot 7) + c) \cdot c = 2976 - (740 + c) \cdot c$. Dies ergibt für $c = 4$ null.

Fig. 2 zeigt, wie man die Schritte (1) bis (3) als abgekürzte schriftliche Rechnung aufschreiben kann. Dabei teilt man von den Einern beginnend immer Blöcke mit zwei Ziffern ab. Die gedruckten Zahlen und die Pfeile erläutern, wie die einzelnen Zahlen zustandekommen. Die Nebenrechnungen sind nicht aufgeschrieben.

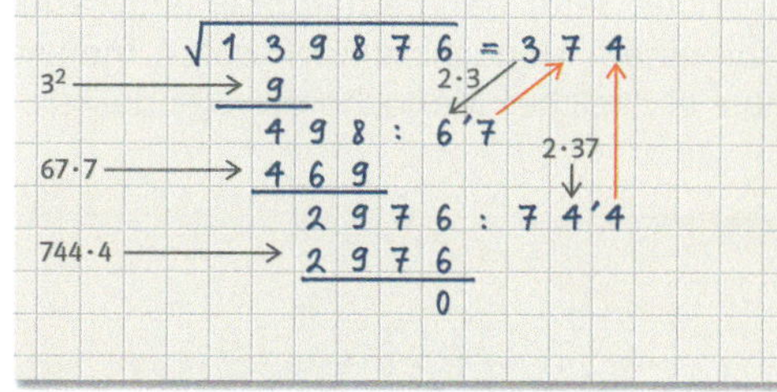

Fig. 2

1 Vergleiche die Rechnung in Fig. 2 mit den oben beschriebenen drei Rechenschritten.

2 Berechne nach diesem Verfahren $\sqrt{70\,140\,625}$.

3 Berechne $\sqrt{5}$ auf drei Nachkommastellen genau.

Dieses Verfahren kann man auch dann anwenden, wenn der Wert der Wurzel eine irrationale Zahl ist. Man schreibt die Zahl mit Komma und hängt paarweise Nullen an. Im Ergebnis setzt man das Komma an der entsprechenden Stelle.

Ein Geheimbund zerbricht

Vor etwa 2500 Jahren gab es im südlichen Italien einen ganz besonderen Geheimbund. Er ist heute bekannt unter der Bezeichnung „die Pythagoreer". Dieser Bund wird nach einem Mann namens Pythagoras benannt. Er war der Gründer dieses Geheimbundes.

Pythagoras von Samos
(etwa 580 – 500 v. Chr.)

Pythagoras wurde um 580 vor Christus auf der Insel Samos geboren. Er besuchte zu Studienaufenthalten längere Zeit Ägypten und Mesopotamien. Anschließend ließ er sich in Kroton nieder, das damals politisch zu Griechenland gehörte. Auf Kroton wurde er zum Gründer eines Kreises von wohlhabenden Wissenschaftlern. Dieser Kreis entwickelte sich immer mehr zu einer Art Geheimbund, der Philosophie studierte, politisch aktiv war und auch viele wichtige Forschungen zur Mathematik betrieb.

Die Pythagoreer hielten fest zusammen, jeder konnte sich auf die anderen verlassen. Andererseits waren die Pythagoreer auch sehr hochnäsig. Sie hielten sich für etwas Besonderes und blickten zum Beispiel auf Handwerker und Bauern arrogant herab.

Es ist fast unglaublich, aber diese anscheinend so verschworene Gemeinschaft ist wegen einer irrationalen Zahl zerbrochen. Dies kam so: Man bearbeitete früher vorwiegend geometrische Probleme. Die Pythagoreer waren fest davon überzeugt, dass die Welt auf einer Art Harmonie der Zahlen aufgebaut ist. Sie untersuchten zum Beispiel, welche Töne gut zusammenpassen. Hierzu verglichen sie die Töne, die man mit gleichartigen, aber verschieden langen Saiten erzeugen kann.

Sie stellten fest, dass die Töne gut zusammenklingen, wenn die Längen der Saiten im Verhältnis ganzer Zahlen stehen. Das heißt, teilt man die Länge einer Saite durch die Länge einer mit ihr gut klingenden Saite, dann erhält man eine rationale Zahl. Dies kannst du mit einem Monochord nachprüfen. Vielleicht besitzt deine Schule ein solches Monochord, frage deinen Musiklehrer danach.

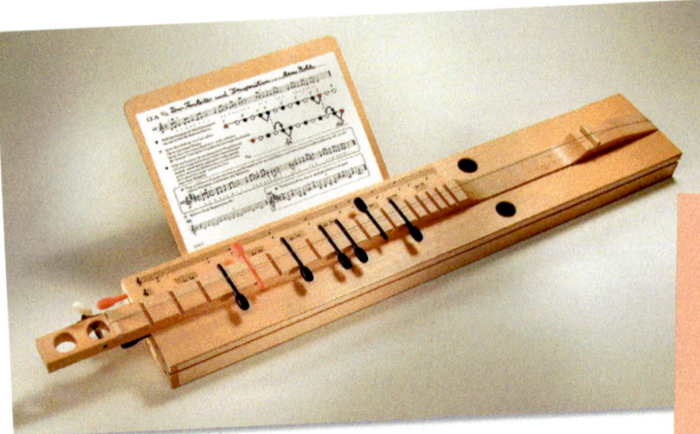

Die Töne passen gut zueinander, wenn die jeweiligen Saitenlängen in einem der folgenden Verhältnisse stehen:
2:1 Heute nennt man so ein Tonintervall Oktave.
3:2 Heute nennt man so ein Tonintervall Quinte.
4:3 Heute nennt man so ein Tonintervall Quarte.

„Das Wesen der Welt besteht in der Harmonie der Zahlen, das heißt, man kann die Welt mit Verhältnissen ganzer Zahlen ausdrücken – das ist ein göttliches Prinzip." So oder so ähnlich dachten die Pythagoreer. Ihr göttliches Prinzip bedeutete auch, dass es nur rationale Zahlen geben kann, denn ein Verhältnis ganzer Zahlen kann stets als Bruch geschrieben werden.

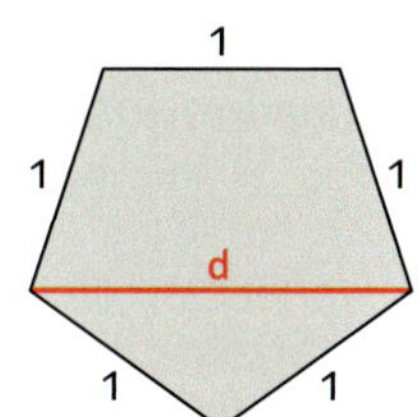

Im regelmäßigen Fünfeck mit der Seitenlänge 1 haben die Diagonalen die Länge $d = \frac{1 + \sqrt{5}}{2}$. Diese „Goldene Zahl" kommt in Kunst und Mathematik vielfach vor.

Das Verhängnis begann nach dem Tode von Pythagoras. Er starb etwa 500 v. Chr. Der Geheimbund bestand jedoch weiter. Er hatte als Geheimzeichen ein Pentagramm (Fig. 1), also ein regelmäßiges Fünfeck.

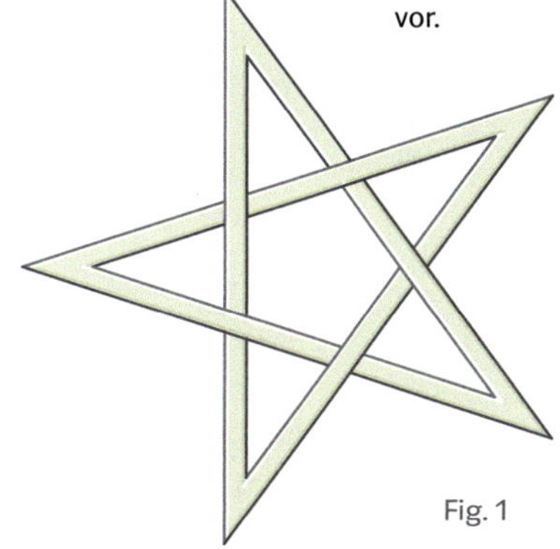

Fig. 1

Viele Jahre nach dem Tod von Pythagoras untersuchte der Pythagoreer Hippasos solche regelmäßigen Fünfecke und stellte fest, dass das Verhältnis einer Diagonale und einer Seite eines Fünfecks nicht mit ganzen Zahlen ausgedrückt werden kann. Wir würden heute sagen, dieses Verhältnis ist eine irrationale Zahl.

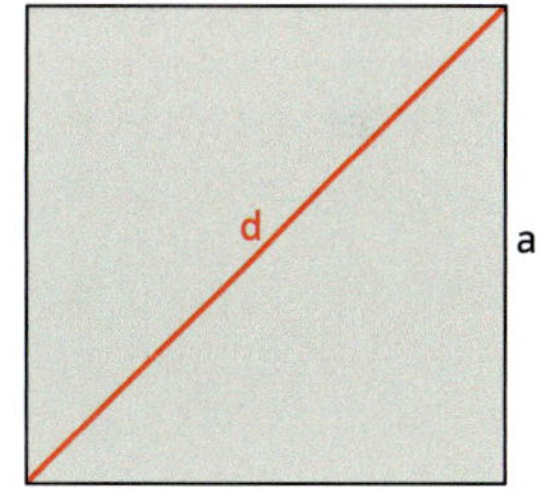

Der Nachweis, den Hippasos am Fünfeck durchführte, ist für dich noch etwas schwierig. Bei einem Quadrat jedoch kannst du es. Begründe: Das Verhältnis der roten Diagonale und einer Seite des Quadrats ist eine irrationale Zahl.

Hippasos teilte seine Entdeckung Leuten mit, die nicht zu den Pythagoreern gehörten. Einige der Pythagoreer empfanden dies als Gotteslästerung und ärgerten sich maßlos über Hippasos. Es gibt nun verschiedene Überlieferungen, wie es weiterging. Eine davon berichtet, dass Hippasos bei einem Schiffsunglück ums Leben kam. Seine Gegner sollen hierin die Strafe der Götter gesehen haben. Sicher überliefert ist, dass sich die Pythagoreer in zwei Gruppen aufspalteten, die Akusmathiker und die Mathematiker. Die Akusmathiker beharrten auf der alten Lehre. Die Mathematiker betrieben Geometrie im Sinne von Hippasos, ohne sich an die alte Lehre zu halten.

Die Bezeichnung Akusmathiker kommt von akuo (griech.) – ich höre. Ihre Lehre bestand aus Sprüchen, die nicht begründet wurden. Die Bezeichnung Mathematiker kommt von manthano (griech.) – ich lerne, verstehe. Ihre Lehre baute auf formalen Schlüssen und Begründungen auf. Sie fühlten sich als die wahren Nachfolger von Pythagoras und empfanden die Akusmathiker als Schwätzer.

Irrationale Zahlen
Eine irrationale Zahl ist eine Zahl, deren Dezimaldarstellung weder abbricht noch periodisch ist.

$\frac{3}{4} = 0{,}75$ und $\frac{2}{7} = 0{,}\overline{285714}$ sowie $\sqrt{6{,}25} = 2{,}5$ sind rational. $0{,}101101110111110\ldots$ ist irrational.

Quadratwurzeln
Für $a \geqq 0$ wird mit $\sqrt{a}$ die nichtnegative Zahl bezeichnet, deren Quadrat a ergibt.
$\sqrt{a}$ ist also die nichtnegative Lösung der Gleichung $x^2 = a$.
Wurzeln aus natürlichen Zahlen sind entweder auch natürlich oder aber irrational.

$\sqrt{16} = 4$
$\sqrt{1024} = 32$; $\sqrt{\frac{4}{9}} = \frac{2}{3}$

$\sqrt{16}$ ist natürlich, $\sqrt{17}$ ist irrational.

Näherungsweise Bestimmung von Quadratwurzeln mit dem Heron-Algorithmus
Nach Vorgabe eines Startwertes x_1 ist
$x_{n+1} = \frac{1}{2}\left(x_n + \frac{a}{x_n}\right)$ für $n = 1, 2, 3, 4, \ldots$
ein Näherungwert für $\sqrt{a}$.
$\sqrt{a}$ kann auf diese Art beliebig genau angenähert werden.

$a = 7$
Mit $x_1 = 3$ erhält man
$x_2 = 2{,}66666$
$x_3 = 2{,}64583333$
$x_4 = 2{,}645751312$
TR – Wert: $2{,}645751311\ldots$

Termumformungen von Wurzeltermen
Multiplikationsregel
$\sqrt{a}\sqrt{b} = \sqrt{ab}$ für $a, b \geqq 0$

Produkte von Wurzeln
$\sqrt{2} \cdot \sqrt{18} = \sqrt{2 \cdot 18} = \sqrt{36} = 6$

Divisionsregel
$\frac{\sqrt{a}}{\sqrt{b}} = \sqrt{\frac{a}{b}}$ für $a \geqq 0$ und $b > 0$

Quotienten von Wurzeln
$\frac{\sqrt{72}}{\sqrt{8}} = \sqrt{\frac{72}{8}} = \sqrt{9} = 3$

teilweises Wurzelziehen
$\sqrt{a^2 b} = \sqrt{a^2}\sqrt{b} = |a|\sqrt{b}$ für $b \geqq 0$

Teilweises Wurzelziehen
$\sqrt{50} = \sqrt{25 \cdot 2} = \sqrt{25} \cdot \sqrt{2} = 5 \cdot \sqrt{2}$

Zahlbereiche

Natürliche Zahlen $\mathbb{N}$	(z.B. 0; 2; 45; 1024)
Ganze Zahlen $\mathbb{Z}$	(z.B. −12; −5; 0; 2)
Rationale Zahlen $\mathbb{Q}$	(z.B. −5; −3,41; 0; 2; $\frac{11}{13}$)
Reelle Zahlen $\mathbb{R}$	(z.B. −5; 0,2; $\sqrt{2}$; 1,10110111011110 …)

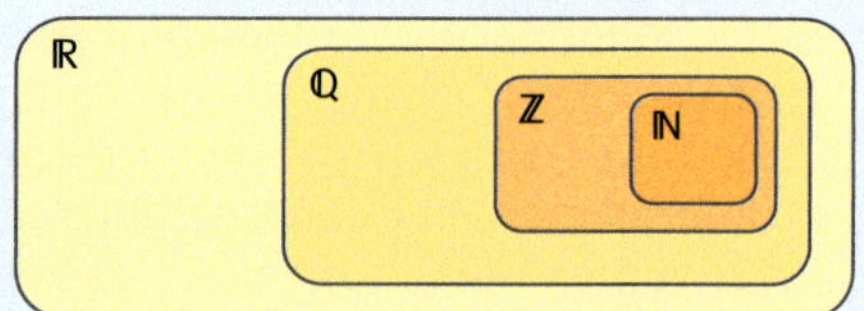

Runde 1

Lösungen | Seite 168

1 Bei der Dezimaldarstellung 1,305 003 000 5… stehen nach den Ziffern 3 und 5 jeweils Nullen. Die Anzahl der Nullen nimmt jeweils um eins zu.
a) Schreibe die ersten 25 Nachkommastellen dieser Dezimaldarstellung auf.
b) Begründe: Hätte man unendlich viel Zeit zum Aufschreiben, so erhielte die Dezimaldarstellung unendlich viele Stellen nach dem Komma. Die so dargestellte Zahl ist jedoch keine rationale Zahl.

2 Bestimme die Seitenlänge eines Quadrats mit dem Flächeninhalt $5\,cm^2$. Gib die Seitenlänge näherungsweise in Dezimaldarstellung mit drei Stellen nach dem Komma an.

3 Ist die Aussage wahr oder falsch? Begründe deine Antwort.
a) Es gibt Zahlen, die man in dezimaler Darstellung, aber nicht als Brüche schreiben kann.
b) Es gibt Zahlen, die man als Brüche, aber nicht in dezimaler Darstellung schreiben kann.

4 Ein Quadrat hat eine Seitenlänge von 6 cm. Bestimme mithilfe des Flächeninhalts die Länge der Diagonale d (vgl. Fig 1).

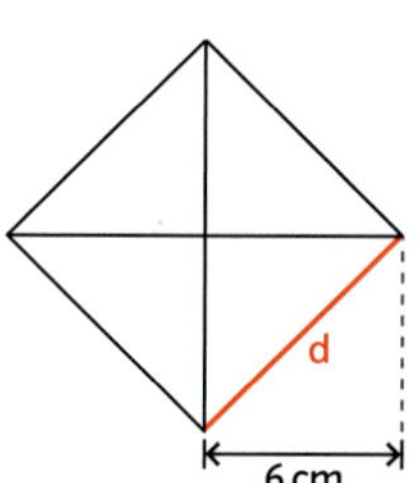

Fig. 1

5 Vereinfache zuerst und bestimme dann auf zwei Stellen hinter dem Komma den Wert des Terms.
a) $7\sqrt{13} - 13\sqrt{325}$
b) 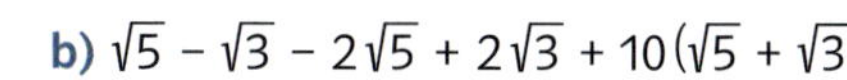 $\sqrt{5} - \sqrt{3} - 2\sqrt{5} + 2\sqrt{3} + 10(\sqrt{5} + \sqrt{3})$

Runde 2

Lösungen | Seite 168

1 Stelle die Zahlen auf der Zahlengeraden dar.
a) $1,\overline{5}$; $\frac{5}{3}$; $\sqrt{2,5}$; 1,6
b) $\frac{3}{10}$; $0,\overline{3}$; $\frac{1}{3}$; $\sqrt{0,09}$; $\sqrt{0,1}$

2 Gib eine Zahl an, die
a) eine rationale Zahl und gleichzeitig keine ganze Zahl ist,
b) eine ganze Zahl und gleichzeitig keine natürliche Zahl ist,
c) eine Bruchzahl und gleichzeitig keine positive Zahl ist,
d) weder eine positive noch eine negative Zahl ist,
e) eine reelle Zahl, jedoch keine rationale Zahl ist.

3 Vereinfache durch Ausklammern.
a) $11\sqrt{5} - 3\sqrt{5}$
b) $0,1\sqrt{7} - \sqrt{7}$
c) $\frac{3}{5}\sqrt{2} - \frac{1}{2}\sqrt{2}$

4 Vereinfache die Terme durch teilweises Wurzelziehen und Ausklammern.
a) $\sqrt{28} + \sqrt{245}$
b) $\sqrt{0,48} - \sqrt{0,03}$
c) $\sqrt{a^2 b} + \sqrt{a b^2}$

5 In der Figur ist die Diagonale eines Quadrats die Seite des nächstgrößeren Quadrats.
a) Bestimme Flächeninhalt und Seitenlänge der ersten sieben Quadrate.
b) Wie groß ist der Flächeninhalt des n-ten Quadrats? Wie lang müsste man eine Seite des n-ten Quadrats zeichnen?

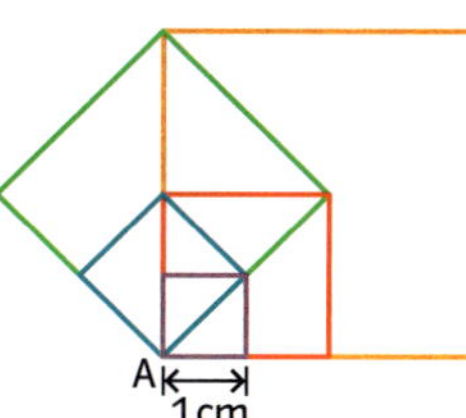

II Quadratische Funktionen und Gleichungen

Das kannst du schon

- Binomische Formeln benutzen
- Mit Quadratwurzeln rechnen
- Gleichungen durch Wurzelziehen lösen
- Eigenschaften von Geraden erkennen und beschreiben
- Gemeinsame Punkte von Funktionsgraphen bestimmen

Sicher ins Kapitel II
Seite 150

Das kannst du bald

- Eigenschaften quadratischer Funktionen allgemein beschreiben
- Den Verlauf von Parabeln beschreiben
- Parabeln strecken und verschieben
- Quadratische Gleichungen lösen
- Realsituationen mithilfe von Funktionen beschreiben
- Sachprobleme mithilfe quadratischer Funktionen lösen

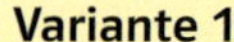

Quadratische Muster erzeugen

Variante 1

Mit farbigen Plättchen sollen quadratische Muster erzeugt werden.

Lerneinheit 1
Seite 36

Nummer	1	2	3	4	5
Muster					
Gesamtanzahl der Plättchen	1	4			
Anzahl der hinzugekommenen Plättchen	–	3			

- Übertragt die Tabelle in euer Heft und füllt sie aus.
- Aus wie vielen Plättchen besteht Muster 10? Wie viele Plättchen kommen hinzu, wenn man Muster 11 legt?
- Wie viele Plättchen benötigt man für Muster 100? Wie viele Plättchen kommen bei Muster 101 hinzu?
- Findet eine Formel, mit der man die Anzahl der neu hinzukommenden Plättchen berechnen kann, wenn man das Muster mit der Nummer n zum Muster mit der Nummer $n + 1$ ergänzt.

Variante 2

x	$10 - x^2$
0	
0,5	
1	
1,5	
2	

- Übertrage die Wertetabelle in dein Heft und fülle sie aus.
- Berechne die Werte des Terms auch für negative Werte von x und halte sie in der Wertetabelle fest. Was stellst du fest?

- Leon behauptet, dass man einen Halbkreis erhält, wenn man die Wertepaare grafisch darstellt. Sarah widerspricht Leon. Finde Argumente sowohl für Leons Behauptung als auch für Sarahs Widerspruch.
- Skizziere den Graphen zu der Wertetabelle. Berechne dazu noch weitere Wertepaare.
- Skizziere auch den Graphen zu dem Funktionsterm $f(x) = x^2$. Benenne Unterschiede und Gemeinsamkeiten der beiden Graphen.

Leon:

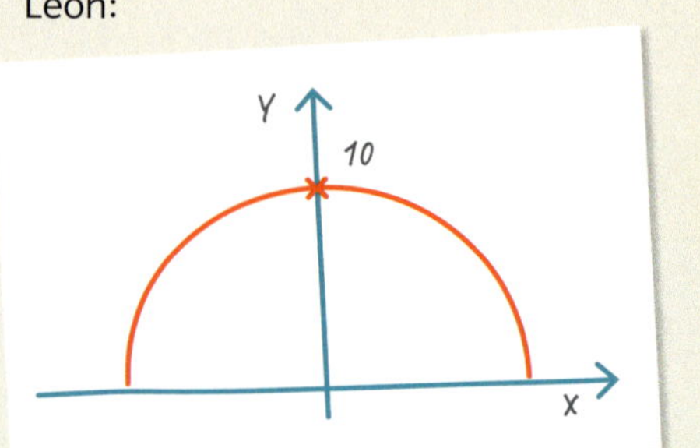

Technische Hilfsmittel – Werkzeuge

Lerneinheit 2
Seite 40

In Klasse 7 wurden bereits Zuordnungen mithilfe eines Tabellenkalkulationsprogramms dargestellt. Auch mit dynamischer Geometriesoftware (DGS) zum Zeichnen von Figuren im Bereich der Geometrie wurde schon gearbeitet. Die meisten DGS-Systeme können auch Graphen erstellen (plotten).

Macht euch mit der DGS, die ihr benutzt, vertraut. In welches Fenster kann man die Funktionsgleichungen eingeben? Welche Besonderheiten muss man dabei beachten? Wo erscheint der Graph? Wie lässt sich der Graph beschriften? Kann man die Farbe des Graphen ändern?

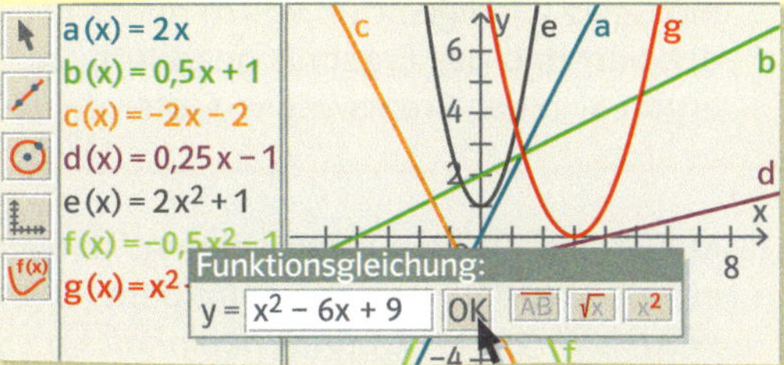

Forschungsauftrag 1:
Lineare Zuordnungsvorschriften untersuchen
Gegeben sind die Geraden mit der allgemeinen Zuordnungsvorschrift $x \mapsto mx + n$.
- Versucht, zu diesen Geraden die Zuordnungsvorschrift aufzustellen. Kontrolliert mit einem Funktionsplotter.
- Untersucht mithilfe weiterer Beispiele den Zusammenhang zwischen der Lage des Graphen und den Zahlenwerten für m und n. Formuliert eine Regel.

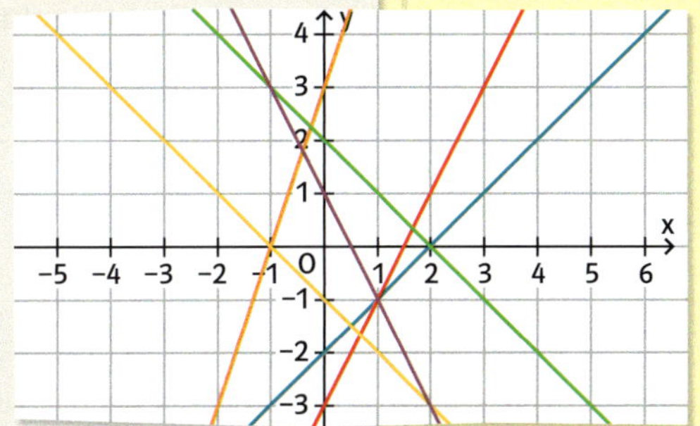

Forschungsauftrag 2:
Lineare Zuordnungsvorschriften aufstellen
Gegeben sind die Punkte $A(0|2)$ und $B(2|4)$ der linearen Zuordnung mit der Zuordnungsvorschrift $x \mapsto mx + n$.
- Versucht, die Zuordnungsvorschrift aufzustellen. Kontrolliert mit einem Funktionsplotter.
- Untersucht weitere eigene Beispiele und beschreibt, wie man mithilfe von zwei Punkten einer Geraden die entsprechende Zuordnungsvorschrift aufstellen kann.

Forschungsauftrag 3:
Quadratische Zuordnungsvorschriften untersuchen
Gegeben sind die Graphen mit der allgemeinen Zuordnungsvorschrift $x \mapsto a(x - d)^2 + e$.
- Versucht, zu diesen Graphen die Zuordnungsvorschrift aufzustellen.
- Kontrolliert eure Ergebnisse mit einem Funktionsplotter.
- Untersucht mithilfe weiterer Beispiele den Zusammenhang zwischen der Lage des Graphen und den Zahlenwerten für a, d und e. Formuliert eine Regel.

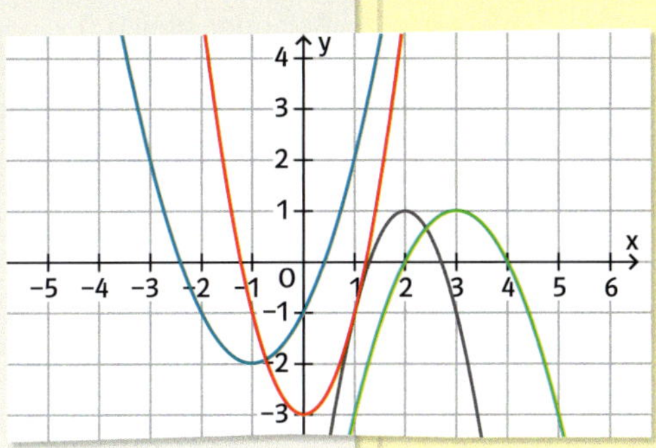

1 Rein quadratische Funktionen

In der Fahrschule lernt man: Wenn man die Geschwindigkeit (in km/h) durch 10 dividiert und das Ergebnis quadriert, so ergibt sich der Bremsweg in Metern.

Man betrachtet die Funktionen A: *Kantenlänge eines Würfels (in cm) → Flächeninhalt einer Seitenfläche (in cm²)* mit dem Funktionsterm $A(x) = x^2$ und O: *Kantenlänge eines Würfels (in cm) → Oberflächeninhalt (in cm²)* mit dem Funktionsterm $O(x) = 6 \cdot x^2$.
Es handelt sich nicht um lineare Funktionen, denn wenn man die Kantenlänge verdoppelt, dann verdoppeln sich die Funktionswerte nicht. Der doppelten (3-fachen, 4-fachen, n-fachen) Seitenlänge wird der vierfache (9-fache, 16-fache, n^2-fache) Flächeninhalt zugeordnet. Man nennt sie **quadratische Funktionen**.

Kantenlänge x (in cm)	**1**	**1,5**	**2**	**2,5**	**3**
A (x) (in cm²)	1	2,25	4	6,25	9
O (x) (im cm²)	6	13,5	24	37,5	54

Diese Regel gilt für jede Funktion f, deren Funktionsterm die Form $f(x) = a \cdot x^2$ besitzt, sofern der Faktor a eine von Null verschiedene reelle Zahl ist. a kann auch negativ oder nicht ganzzahlig sein. Losgelöst vom Sachzusammenhang kann man für x beliebige reelle Zahlen einsetzen. Beispielhaft wird die Funktion f mit dem Funktionsterm $f(x) = 0{,}5 \cdot x^2$ betrachtet.

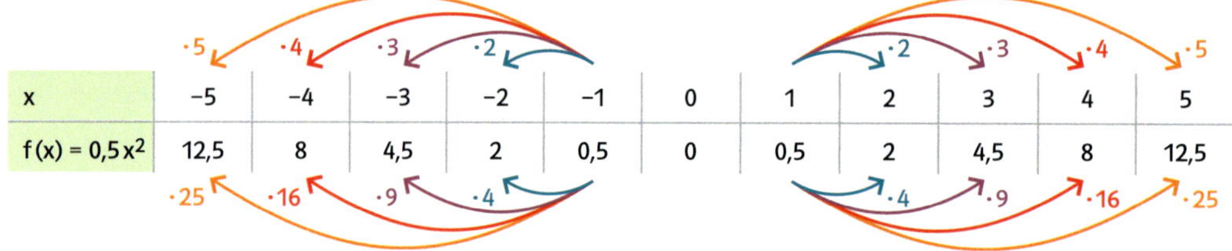

x	−5	−4	−3	−2	−1	0	1	2	3	4	5
$f(x) = 0{,}5x^2$	12,5	8	4,5	2	0,5	0	0,5	2	4,5	8	12,5

Aus der Tabelle liest man ab: $f(-1) = f(1)$, $f(-2) = f(2)$ usw. Für Funktionen mit Funktionstermen der Form $f(x) = a \cdot x^2$ gilt stets $f(-x) = f(x)$, weil $a \cdot (-x)^2 = a \cdot x^2$ ist. Die Graphen dieser Funktionen sind daher symmetrisch bezüglich der y-Achse. Man nennt sie **Parabeln**.

Ist der Faktor a positiv, so sind alle Funktionswerte größer oder gleich 0. Die Parabel ist nach oben geöffnet. Ist a negativ, so sind alle Funktionswerte kleiner oder gleich 0. Die Parabel ist nach unten geöffnet.

An der Stelle 0 hat f den Funktionswert 0. Die Parabel verläuft also durch den Punkt (0 | 0), den **Scheitelpunkt**. Er ist der tiefste Punkt des Graphen, falls $a > 0$ ist, und der höchste Punkt des Graphen, falls $a < 0$ ist.

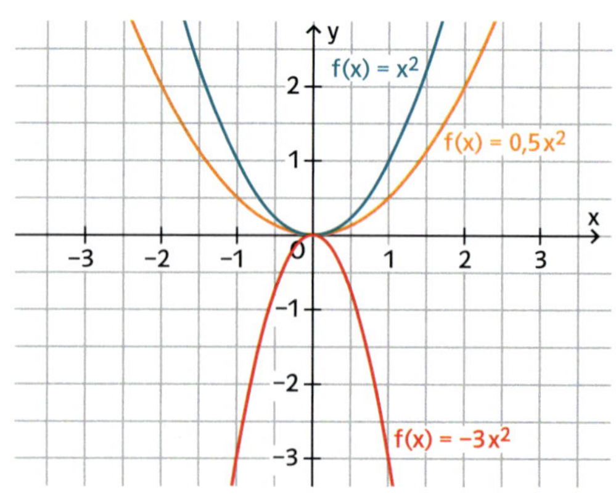

Man nennt Funktionen mit Funktionstermen der Form $f(x) = a \cdot x^2$ (mit $a \neq 0$) **rein quadratische Funktionen**. Die Graphen dieser Funktionen heißen **Parabeln** und sind symmetrisch bezüglich der y-Achse. Den höchsten oder tiefsten Punkt einer Parabel nennt man **Scheitelpunkt**.

Ist $a > 0$, so ist die Parabel nach oben geöffnet und der Punkt $(0|0)$ ist der Scheitelpunkt.
Ist $a < 0$, so ist die Parabel nach unten geöffnet und der Punkt $(0|0)$ ist der Scheitelpunkt.

Der Graph der Funktion f mit $f(x) = x^2$ heißt **Normalparabel**.

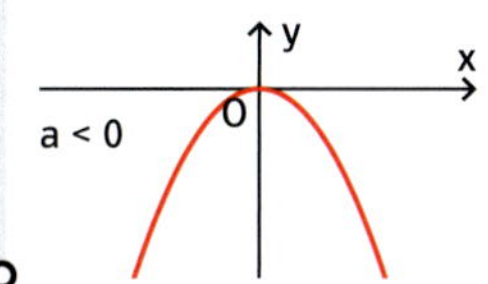

Man kann sich noch genauer überlegen, wie der Faktor a den Verlauf der Parabel beeinflusst. Dazu vergleicht man die Graphen der Funktionen f, g und h mit $f(x) = x^2$, $g(x) = 0{,}5x^2$ und $h(x) = 3x^2$.
Es gilt $f(2) = 4$. Die Normalparabel verläuft also durch den Punkt $P(2|4)$.
Es gilt $g(2) = 0{,}5 \cdot f(2) = 2$. Der Graph von g verläuft also durch den Punkt $Q(2|2)$.
Allgemein gilt $g(x) = 0{,}5 \cdot f(x)$, d.h.: An jeder Stelle x ist der Funktionswert von g halb so groß wie der Funktionswert von f.
Es gilt $h(2) = 3 \cdot f(2) = 12$. Der Graph von h verläuft also durch den Punkt $R(2|12)$.
Allgemein gilt $h(x) = 3 \cdot f(x)$, d.h.: An jeder Stelle x ist der Funktionswert von h dreimal so groß wie der Funktionswert von f.

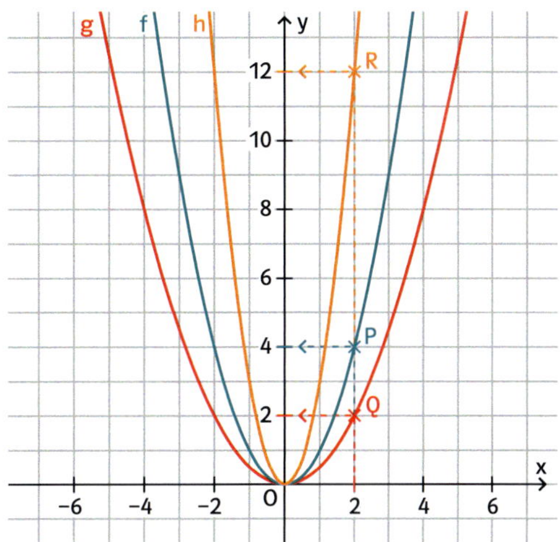

Man erkennt, dass der Faktor a eine Stauchung bzw. Streckung der Normalparabel in y-Richtung bewirkt. Für den Graphen einer Funktion der Form $f(x) = a \cdot x^2$ gilt:
Ist $|a| > 1$, so ist die Parabel in y-Richtung gestreckt, das heißt, sie ist enger als die Normalparabel.
Ist $|a| < 1$, so ist die Parabel in y-Richtung gestaucht, das heißt, sie ist weiter als die Normalparabel.

Beispiel 1 Punktprobe

Liegen die Punkte $P(5|10)$ und $Q\left(-2\middle|-\frac{8}{5}\right)$ auf der Parabel der Funktion f mit $f(x) = \frac{2}{5}x^2$?
Lösung

Es gilt $f(5) = \frac{2}{5} \cdot 5^2 = \frac{2}{5} \cdot 25 = 10$. Also liegt $P(5|10)$ auf der Parabel.

Es gilt $f(-2) = \frac{2}{5} \cdot (-2)^2 = \frac{2}{5} \cdot 4 = \frac{8}{5}$. Also liegt $Q\left(-2\middle|-\frac{8}{5}\right)$ nicht auf der Parabel.

Dass Q nicht auf der Parabel liegen kann, lässt sich auch ohne Rechnung zeigen: Die Parabel ist wegen des positiven Faktors $\frac{2}{5}$ nach oben geöffnet und kann daher keine negativen Funktionswerte annehmen.

Beispiel 2 Bestimmung eines Funktionsterms
Bestimme die rein quadratische Funktion, deren Graph durch den Punkt $A(1|2)$ verläuft.
Lösung
Der Funktionsterm besitzt die Form $f(x) = ax^2$. Damit $A(1|2)$ auf dem Graphen liegt, muss $f(1) = 2$ gelten. Das bedeutet $a \cdot 1^2 = 2$, also $a = 2$. Der Funktionsterm lautet $f(x) = 2x^2$.

Aufgaben

○ **1** Zeichne den Graphen der Funktion f mit

a) $f(x) = 3x^2$, b) $f(x) = -2{,}5x^2$, c) $f(x) = -x^2$, d) $f(x) = \frac{3}{5}x^2$,
e) $f(x) = 0{,}1x^2$, f) $f(x) = -4x^2$, g) $f(x) = -1{,}2x^2$, h) $f(x) = 10x^2$.

○ **2**  Überlege dir drei Funktionsterme zu rein quadratischen Funktionen und tausche sie mit deinem Partner aus. Zeichnet die zugehörigen Graphen und überprüft eure Ergebnisse anschließend gemeinsam.

○ **3** Welche der Punkte liegen auf der Parabel mit dem Funktionsterm $f(x) = 2{,}5x^2$?

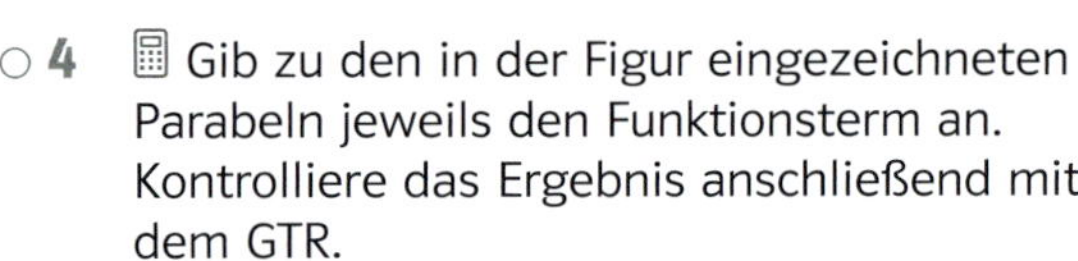

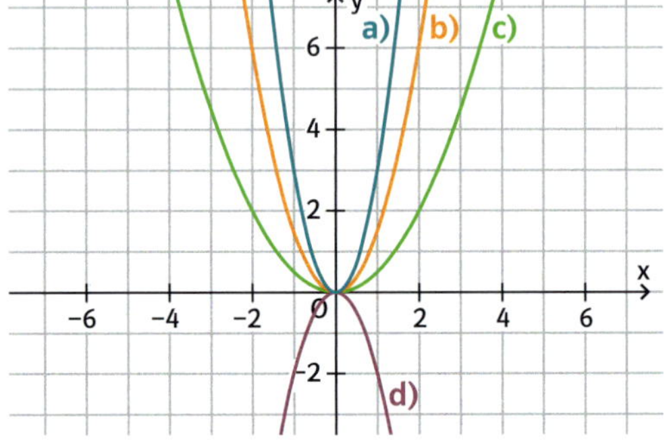

○ **4** Gib zu den in der Figur eingezeichneten Parabeln jeweils den Funktionsterm an. Kontrolliere das Ergebnis anschließend mit dem GTR.

○ **5** Der Punkt P liegt auf dem Graphen der Funktion f mit $f(x) = \frac{3}{4}x^2$. Bestimme die fehlende Koordinate.
a) P(4 | b) b) P(−1 | b) c) P(a | 0) d) P(a | 3)
e) P(−1,5 | b) f) P(10 | b) g) P(a | 27) h) P(a | 12)

○ **6** Der Graph einer rein quadratischen Funktion verläuft durch den Punkt P. Bestimme den Funktionsterm und zeichne anschließend den Graphen.
a) P(1 | 3) b) P(−1 | −2) c) P(2 | 1) d) P(2 | −2)
e) P(3 | 27) f) P(−3 | −6) g) P(4 | 2) h) P(−4 | −5)

Bist du schon sicher?

○ **7** Zeichne den Graphen der Funktion mit

a) $f(x) = 2x^2$, **b)** $f(x) = -2x^2$ **c)** $f(x) = -\frac{1}{2}x^2$ **d)** $f(x) = \frac{5}{4}x^2$.

○ **8** Überprüfe, welche der Punkte G(3 | −36), $A\left(1\middle|\frac{5}{2}\right)$, S(1 | 4), T(2,5 | 1), P(2 | 8) und R(10 | −50) auf dem Graphen mit dem angegebenen Funktionsterm liegen.

a) $f(x) = 2x^2$ **b)** $f(x) = -0{,}5x^2$ **c)** $f(x) = 2{,}5x^2$ **d)** $f(x) = -4x^2$

Die Punktbezeichnungen der Teilaufgaben von Aufgabe 8 ergeben eine europäische Hauptstadt.

→ Lösungen | Seite 169

◒ **9** Können die angegebenen Punkte auf dem Graphen einer rein quadratischen Funktion liegen?
a) P(2 | 0,4), Q(−3 | 0,5) b) P(−1 | 3), Q(5 | 75), R(11 | 360)

◒ **10** Beschreibe, wie sich der Funktionsterm einer rein quadratischen Funktion bestimmen lässt,
a) wenn der Funktionswert an der Stelle 1 bekannt ist,
b) wenn der Funktionswert an einer beliebigen Stelle bekannt ist, die von null verschieden ist.

11 Vervollständige die Aussagen über den Graphen einer Funktion f mit $f(x) = ax^2$.
a) Wenn a positiv ist, dann gilt für die zugehörige Parabel: Je größer a ist, desto …
b) Wenn a negativ ist, dann gilt für die zugehörige Parabel: Je größer a ist, desto …
c) Wenn a positiv ist, dann ist der Scheitelpunkt der … Punkt der Parabel.
d) Wenn a negativ ist, dann ist der Scheitelpunkt der … Punkt der Parabel.

12 Der Querschnitt einer Dachrinne hat die Form eines oben offenen Quadrats mit der Seitenlänge 1 dm. Wenn viel Regen fällt, läuft die Rinne manchmal über. Sie soll deshalb vergrößert werden.
a) Wie würde sich das Fassungsvermögen der Regenrinne ändern, wenn man die Höhe und die Breite verdoppeln würde?
b) Welche Höhe und Breite müsste die Regenrinne haben, wenn ihr Querschnitt weiterhin quadratisch bleibt und sich das Fassungsvermögen der Rinne verdoppelt?

13 Die Höhe eines Turms kann man mithilfe einer Uhr bestimmen. Für die Fallzeit t (in s) in Abhängigkeit vom Abstand h von der Turmspitze (in m) gilt näherungsweise die Gleichung $h(t) = 5t^2$.
a) Wie hoch ist der in Fig. 1 abgebildete Turm?
b) In welchen Höhen befinden sich das obere und das mittlere Fenster?
c) Wie lange würde ein Stein vom Eiffelturm in Paris fallen?
d) Begründe, warum sich diese Methode nicht zur Höhenbestimmung eines Tisches eignet.

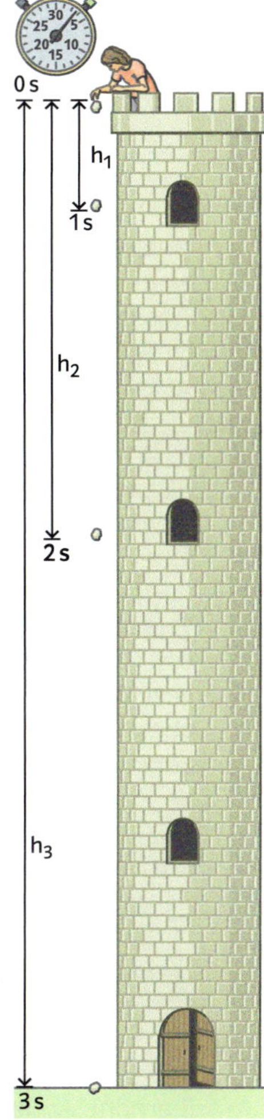

Fig. 1

14 Der Wasserstrahl in Fig. 2 hat die Form einer Parabel.
a) Der Strahl trifft 5 m von Kerstins Fuß entfernt auf den Boden. Wie hoch hält Kerstin das Schlauchende?
b) In welcher Entfernung von Kerstins Fuß trifft der Strahl auf, wenn sie das Schlauchende 1,80 m hoch hält?
c) Erfinde weitere Aufgaben zu dieser Situation und tausche sie mit deinem Partner aus. Kontrolliert eure Ergebnisse anschließend gemeinsam.

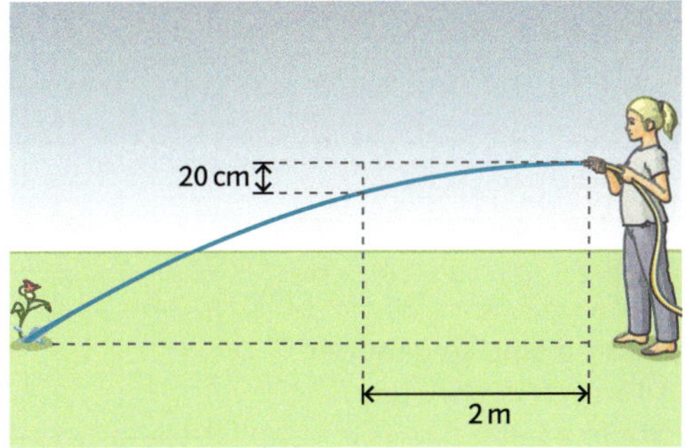

Fig. 2

15 Hängt eine etwa 1 m lange Schnur an der Wand so auf, dass die beiden Enden auf gleicher Höhe befestigt sind. Der Schnurverlauf lässt sich durch eine Parabel annähern. Bestimmt anschließend in einem selbst gewählten Koordinatensystem den zugehörigen Funktionsterm. Kontrolliert eure Ergebnisse anschließend an der Schnur.

Kannst du das noch?

16 Forme die Terme durch Anwenden der binomischen Formeln in ein Produkt um.
a) $a^2 + 2ab + b^2$ b) $c^2 - 2cd + d^2$ c) $x^2 - 4x + 4$ d) $9x^2 + 30x + 25$

17 Bestimme den Funktionsterm der Geraden,
a) die durch den Punkt $A(2|-2)$ verläuft und die Steigung $m = -\frac{1}{2}$ besitzt,
b) die durch die Punkte $P(4|1)$ und $Q(-2|-1)$ verläuft,
c) die durch den Ursprung $O(0|0)$ des Koordinatensystems verläuft und die Steigung $m = \frac{3}{2}$ besitzt.

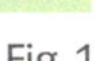
Lösungen | Seite 169

2 Quadratische Funktionen

Der Wasserbogen hat ungefähr die Form einer Parabel. Denkt man sich die x-Achse eines Koordinatensystems auf Höhe des Wasserspiegels, ist der Scheitelpunkt der Parabel aber nicht der Koordinatenursprung.

Bisher wurden rein quadratische Funktionen betrachtet. Die zugehörigen Graphen sind Parabeln, deren Scheitelpunkt im Ursprung liegt. Es werden jetzt verschiedene Normalparabeln betrachtet, bei denen der Scheitelpunkt nicht im Ursprung liegt.

Verschiebung der Normalparabel in y-Richtung

Der grüne Graph ist gegenüber der blau gezeichneten Normalparabel um 2 nach oben verschoben und hat den Scheitelpunkt S(0 | 2).

x	−3	−2	−1	0	1	2	3
$f(x) = x^2$	9	4	1	0	1	4	9
	+2	+2	+2	+2	+2	+2	+2
$g(x) = x^2 + 2$	11	6	3	2	3	6	11

Alle Funktionswerte von g sind gegenüber denen der Funktion f mit $f(x) = x^2$ um 2 erhöht. An jeder Stelle x gilt $g(x) = f(x) + 2$, also $g(x) = x^2 + 2$.

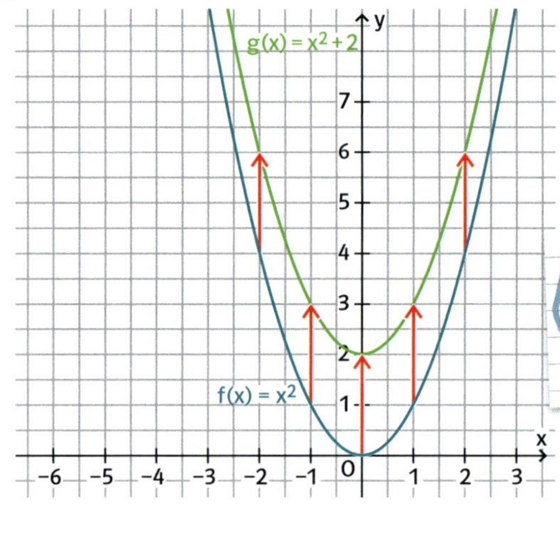

Bei einer Verschiebung einer Parabel in y-Richtung bleibt die x-Koordinate des Scheitels gleich.

Es ist auch $g(x) = f(x) + 2$.

Verschiebung der Normalparabel in x-Richtung

Der grüne Graph ist gegenüber der blau gezeichneten Normalparabel um 3 nach links verschoben und hat den Scheitelpunkt S(−3 | 0).

x	−3	−2	−1	0	1	2
$f(x) = x^2$	9	4	1	0	1	4
$g(x) = (x + 3)^2$	0	1	4	9	16	25

Der Funktionswert, der von f an der Stelle 2 angenommen wird, wird von g bereits an der um 3 kleineren Stelle −1 angenommen. Dies gilt an jeder Stelle x. Der Funktionsterm lautet $g(x) = (x + 3)^2$.

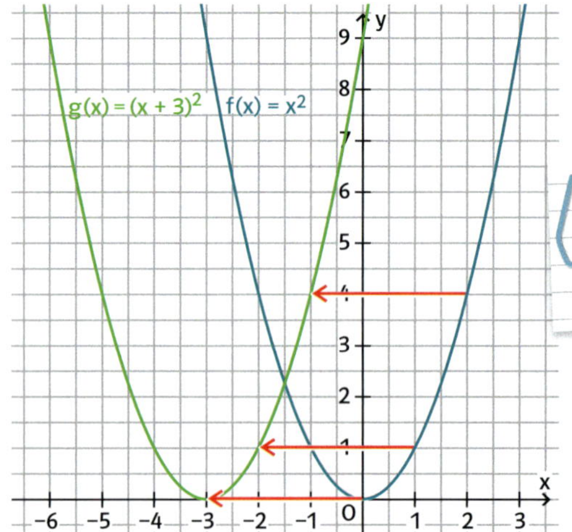

Bei einer Verschiebung einer Parabel in x-Richtung bleibt die y-Koordinate des Scheitels gleich.

Es ist auch $g(x) = f(x + 3)$.

Verschiebung der Normalparabel in x- und y-Richtung

Der gelbe Graph ist gegenüber der blau gezeichneten Normalparabel um 2 nach oben und um 3 nach links verschoben und hat den Scheitelpunkt $S(-3|2)$. Der Funktionsterm lautet $h(x) = (x + 3)^2 + 2$.

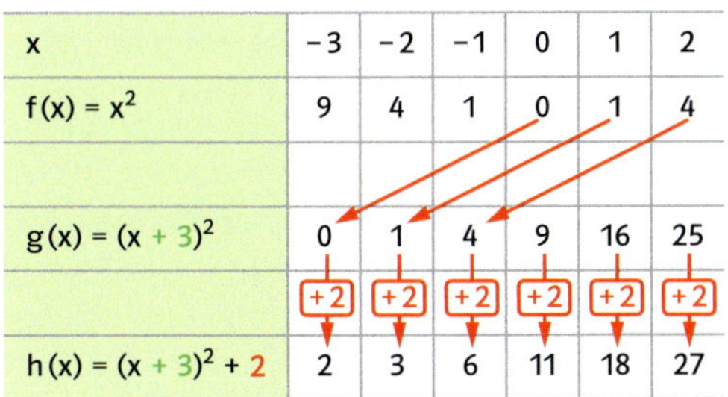

x	−3	−2	−1	0	1	2
$f(x) = x^2$	9	4	1	0	1	4
$g(x) = (x + 3)^2$	0	1	4	9	16	25
	+2	+2	+2	+2	+2	+2
$h(x) = (x + 3)^2 + 2$	2	3	6	11	18	27

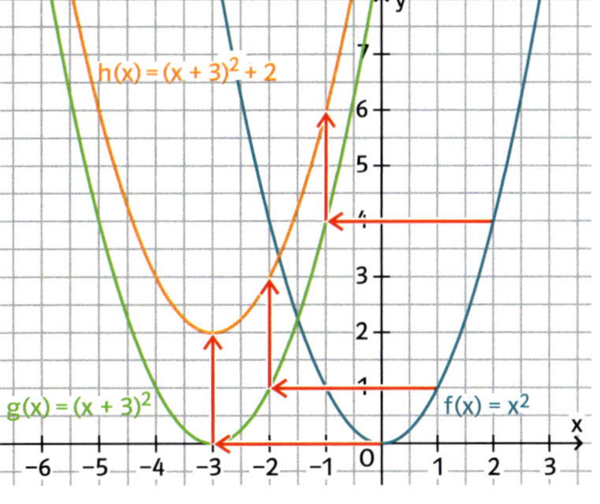

Es ist auch $h(x) = f(x + 3) + 2$.

Verschiebung einer beliebigen Parabel in x- und y-Richtung

Verschiebt man den Graphen der Funktion f mit $f(x) = 0{,}5x^2$ um 3 nach links und um 2 nach oben, so erhält man den Graphen der Funktion h mit $h(x) = 0{,}5(x + 3)^2 + 2$.

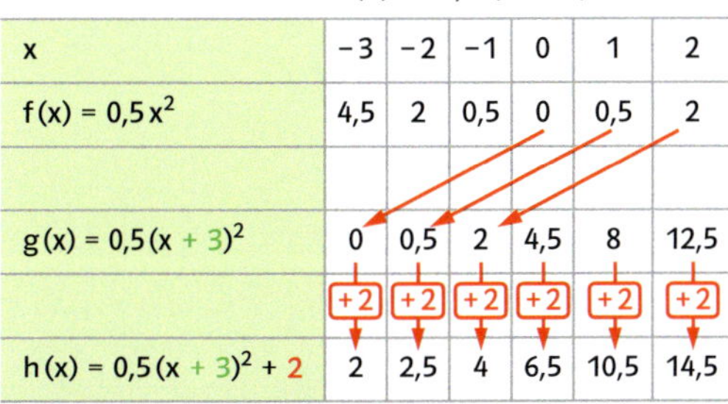

x	−3	−2	−1	0	1	2
$f(x) = 0{,}5x^2$	4,5	2	0,5	0	0,5	2
$g(x) = 0{,}5(x + 3)^2$	0	0,5	2	4,5	8	12,5
	+2	+2	+2	+2	+2	+2
$h(x) = 0{,}5(x + 3)^2 + 2$	2	2,5	4	6,5	10,5	14,5

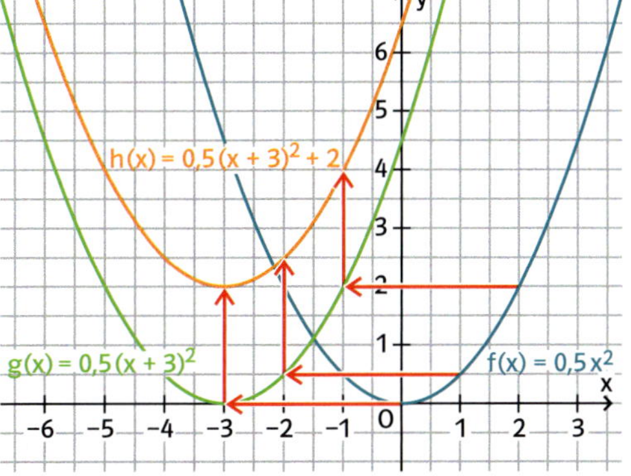

Verschiebt man den Graphen einer Funktion f mit $f(x) = ax^2$ um u Einheiten nach rechts parallel zur x-Achse und um v Einheiten nach oben parallel zur y-Achse, so lautet der Funktionsterm der verschobenen Parabel $g(x) = a(x - u)^2 + v$. Der Scheitelpunkt der verschobenen Parabel ist $S(u|v)$.
Solche Funktionen heißen **allgemeine quadratische Funktionen** oder **quadratische Funktionen**.

Verschobene Parabeln können keinen, einen oder zwei Schnittpunkte mit der x-Achse haben. Die zugehörige quadratische Funktion hat somit keine, eine oder zwei **Nullstellen**.
Die Funktion f mit $f(x) = 0{,}5x^2$ hat eine Nullstelle bei $x = 0$. Der Graph der Funktion g mit $g(x) = 0{,}5x^2 + 2$ ist um 2 Einheiten nach oben verschoben und schneidet die x-Achse nicht. Die Funktion g hat keine Nullstelle. Der Graph der Funktion h mit $h(x) = 0{,}5x^2 - 4{,}5$ ist um 4,5 Einheiten nach unten verschoben. Diese Funktion hat die Nullstellen +3 und −3.

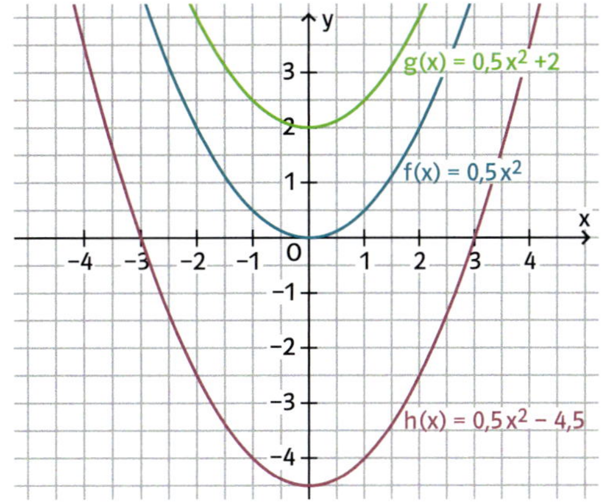

Zur Erinnerung:
Eine **Nullstelle** von f ist eine Zahl x, für die $f(x) = 0$ gilt. An einer Nullstelle schneidet der Graph die x-Achse.

Beispiel Parabeln zeichnen

Zeichne den Graphen der Funktion mit dem angegebenen Funktionsterm und gib den Scheitelpunkt an.

a) $f(x) = (x - 2)^2 - 4$

b) $g(x) = -2(x + 1)^2 + 3$

Lösung

a) Siehe Fig. 1.

Die Parabel ist gegenüber der Normalparabel um zwei Einheiten nach rechts und um vier Einheiten nach unten verschoben. Der Scheitelpunkt ist $S(2\,|-4)$.

b) Siehe Fig. 1.

Die Parabel ist gegenüber der Normalparabel mit dem Faktor 2 in y-Richtung gestreckt und aufgrund des Minuszeichens nach unten geöffnet. Die Parabel ist um eine Einheit nach links und um drei Einheiten nach oben verschoben. Der Scheitelpunkt ist $S(-1\,|\,3)$.

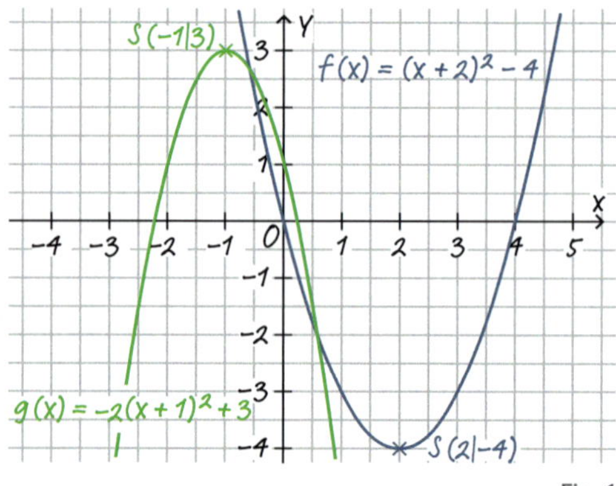

Fig. 1

Aufgaben

○ **1** Zeichne die Parabeln zu den Funktionstermen in ein Koordinatensystem.

a) $f(x) = x^2 - 3$ b) $f(x) = -x^2 + 5$ c) $f(x) = -(x + 2)^2$ d) $f(x) = (x - 1)^2$

e) $f(x) = -(x + 2)^2 + 2$ f) $f(x) = (x - 3)^2 - 4$ g) $f(x) = (x + 5)^2 - 3$ h) $f(x) = -(x + 1)^2 + 7$

○ **2** Welcher Graph gehört zu welchem Funktionsterm? Begründe deine Entscheidung.

a) $f(x) = x^2 - 2$ b) $f(x) = -x^2 - 2$ c) $f(x) = -(x - 1)^2 + 2$ d) $f(x) = 2x - 2$

e) $f(x) = -(x + 1)^2 + 2$ f) $f(x) = -x^2 + 2$ g) $f(x) = 2(x - 0)^2 + 2$ h) $f(x) = -2x - 2$

(1)
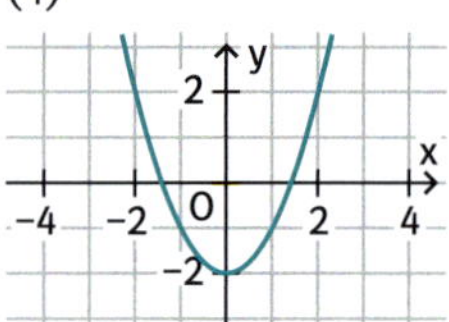

(2)
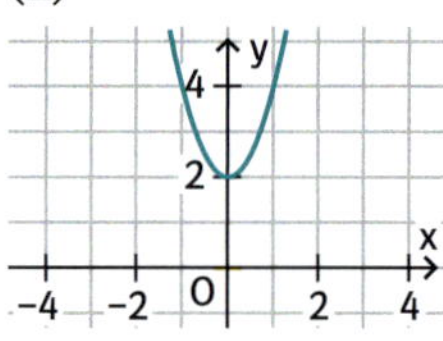

(3)
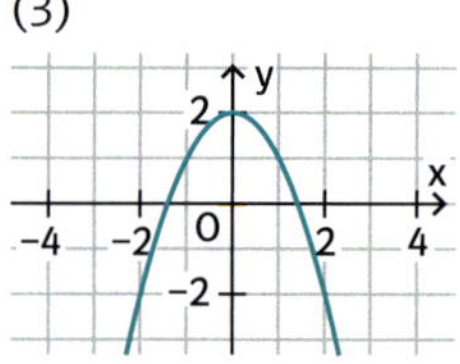

(4)
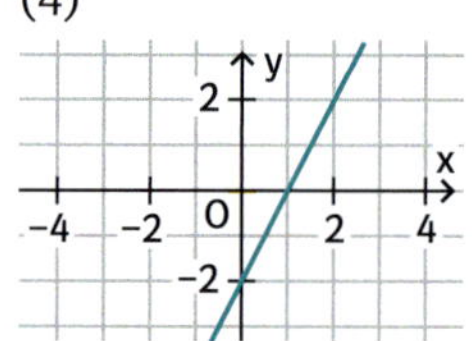

(5)
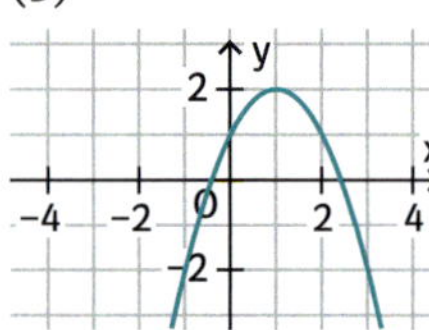

(6)
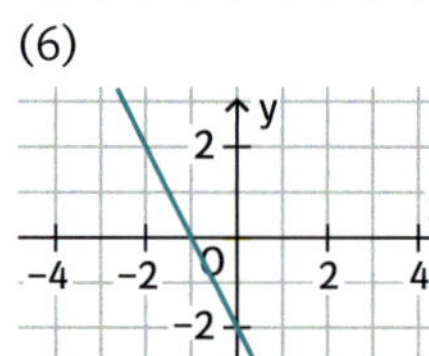

(7)
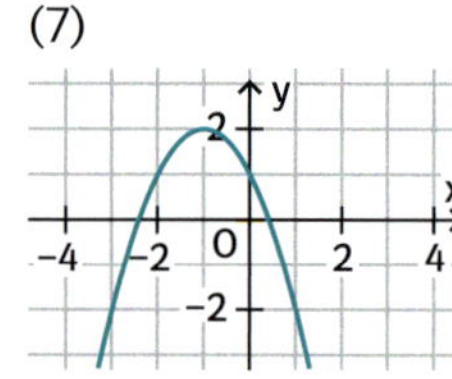

(8)
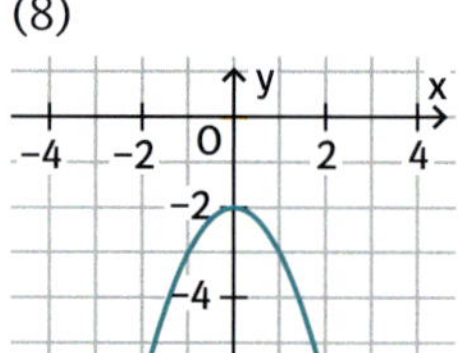

Kopiervorlage
Quadratische Funktionen mit CAS (I)
73tg66

○ **3** Beschreibe, wie die Parabel aus der Normalparabel entstanden ist.

a) $f(a) = 2a^2 + 5$ b) $g(b) = \frac{2}{3}(b - 2)^2$ c) $h(c) = (c + 2)^2 + 3$ d) $i(d) = \frac{2}{5}\left(d - \frac{1}{2}\right)^2 + 1$

○ **4** Zeichne die Parabel.

a) $f(x) = \frac{3}{2}x^2$ b) $g(x) = \frac{3}{2}x^2 - 2$ c) $h(x) = \frac{3}{2}(x - 1)^2 - 2$ d) $i(x) = -\frac{3}{2}(x - 1)^2$

○ **5** Gib die Koordinaten des Scheitelpunktes an und bestimme, ob die Parabel nach oben oder nach unten geöffnet ist.

a) $f(z) = 2z^2 + 5$ b) $f(a) = \frac{2}{3}(a - 2)^2$ c) $f(i) = -4(i + 2{,}5)^2$ d) $f(o) = \frac{2}{5}\left(o - \frac{1}{2}\right)^2 + 1$

6 Gib den Funktionsterm zweier Funktionen an, die S als Scheitelpunkt haben.

a) $S(1|1)$ b) $S(-5|-6)$ c) $S\left(-\frac{2}{5}\middle|\frac{3}{5}\right)$ d) $S(-4{,}5|0)$

7 Zeichne die zugehörigen Graphen in ein Koordinatensystem.

a) $f(x) = 3(x+2)^2 + 3$ b) $g(t) = -2\left(t - \frac{5}{2}\right)^2 - \frac{1}{2}$

c) $f(x) = \frac{1}{2}(x-2)^2 + \frac{3}{2}$ d) $h(u) = -\frac{1}{2}(u-1)^2 + 7$

8 Gib zu den Parabeln in Fig. 1 jeweils den Funktionsterm an.

9 Die Wertetabelle gehört zu einer quadratischen Funktion. Bestimme den Funktionsterm. Kontrolliere mit dem GTR.

a)

x	−5	−4	−3	−2	−1	0	1	2	3	4	5
y	10	5	2	1	2	5	10	17	26	37	50

b)

x	−5	−4	−3	−2	−1	0	1	2	3	4	5
y	59	44	31	20	11	4	−1	−4	−5	−4	−1

c)

x	−5	−4	−3	−2	−1	0	1	2	3	4	5
y	−27	−13	−3	3	5	3	−3	−13	−27	−45	−67

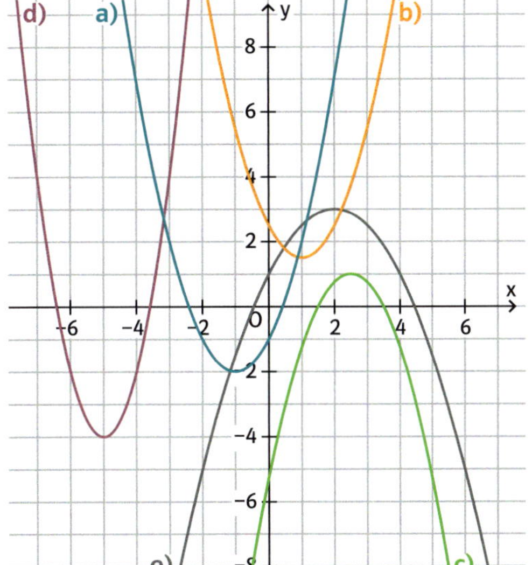

Fig. 1

Bist du schon sicher?

10 Gib den Funktionsterm an, deren Graph eine

a) um 3 Einheiten nach oben,

b) um 2 Einheiten nach rechts,

c) um 1 Einheit nach unten und um 5 Einheiten nach links

verschobene Normalparabel ist.

11 Gib zu den Parabeln in der Figur jeweils die Koordinaten des Scheitels an. Bestimme dann die Funktionsterme.

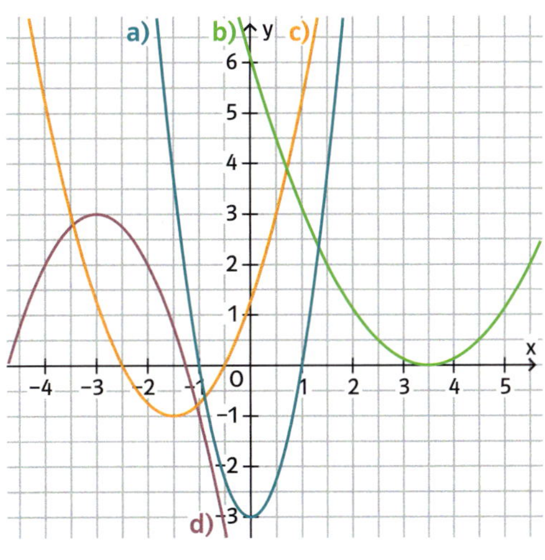

12 Skizziere den Graphen der Funktion und lies die Nullstellen ab.

a) $f(x) = -2x^2 + 4{,}5$ b) $f(x) = 0{,}5(x-0{,}5)^2$

c) $f(x) = 2(x+1)^2 - 2$ d) $f(x) = -(x-2)^2 - 1$

Lösungen | Seite 169

13 a) Zeichne drei Parabeln in ein Koordinatensystem. Tausche die Zeichnung anschließend mit deinem Partner und versuche, den zugehörigen Funktionsterm zu bestimmen. Kontrolliert eure Ergebnisse gemeinsam.

b) Schreibe Wertetabellen von drei quadratischen Funktionen auf einen Zettel. Tausche die Wertetabellen anschließend mit deinem Partner und versuche, den zugehörigen Funktionsterm zu bestimmen. Kontrolliert eure Ergebnisse gemeinsam.

14 Gib drei verschiedene quadratische Funktionen an, die
a) den Scheitel $S(-3|5)$ haben,
b) bei $x = 4$ die einzige Nullstelle haben,
c) keine Nullstellen haben,
d) die Nullstellen $x = -1$ und $x = 1$ haben.

15 Was lässt sich über eine quadratische Funktion und den dazugehörigen Graphen sagen, wenn
a) die beiden Nullstellen $x = -1$ und $x = 3$ sind,
b) sie nur eine Nullstelle hat,
c) der Scheitel $S(-4|1)$ und eine Nullstelle $x = -3$ ist?

16 Die Figur zeigt eine Parabel.
a) Bestimme den zugehörigen Funktionsterm, wenn der Ursprung des Koordinatensystems im Punkt A (B, C) liegt.
b) Wo liegt der Ursprung des Koordinatensystems, wenn der zugehörige Funktionsterm $f(x) = 2(x-2)^2 - 2$ lautet?

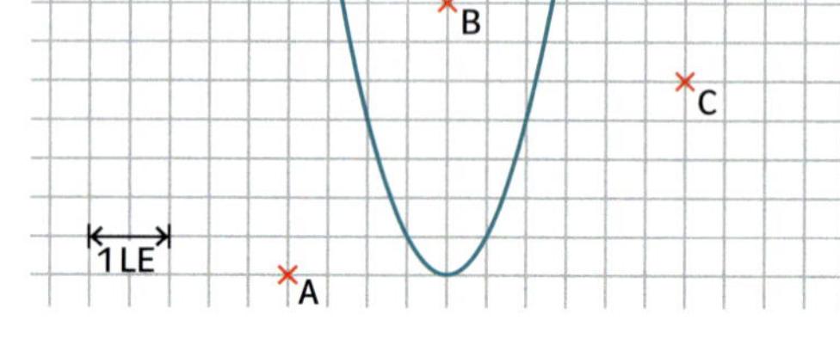

17 Aus einem Quadrat der Seitenlänge x (in cm) mit $x > 2$ werden an den Ecken Quadrate der Seitenlänge 1 cm herausgeschnitten. Es bleibt eine Fläche mit dem Inhalt A(x) (in cm²) übrig. Bestimme für die Funktion $x \mapsto A(x)$ den Funktionsterm und zeichne den zugehörigen Graphen.

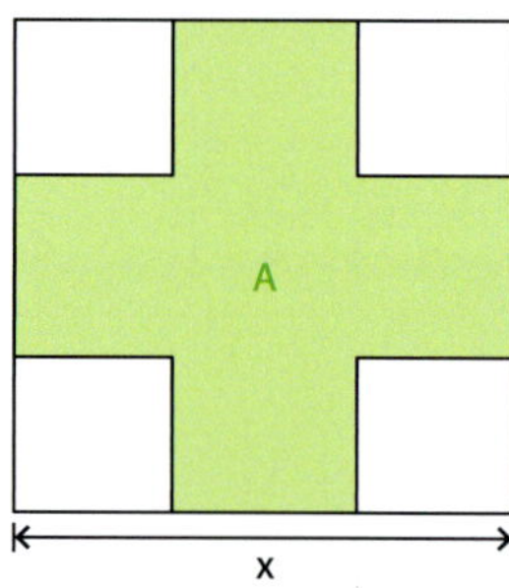

18 Aus quadratischen Platten mit der Seitenlänge x (in dm) werden durch Herausschneiden von Quadraten der Seitenlänge 2 dm an den Ecken offene Kartons mit dem Volumen V(x) (in dm³) hergestellt.
a) Stelle den Funktionsterm für die Funktion $x \mapsto V(x)$ auf; zeichne den Graphen.
b) Welches Volumen erhält man bei einer Seitenlänge von $x = 50$ cm bzw. $x = 2$ m?

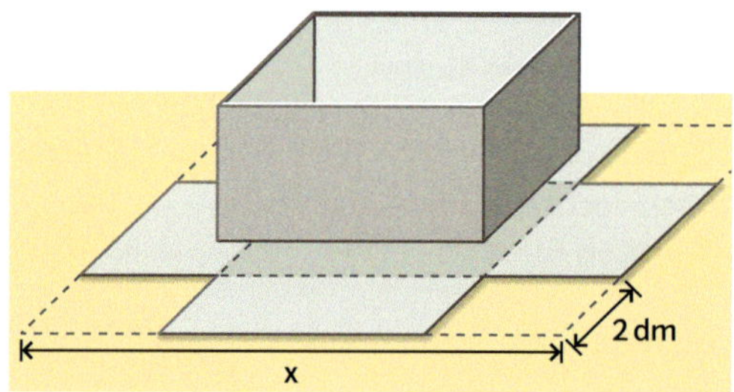

Kannst du das noch?

19 Wahr oder falsch? Begründe. Finde zwei Beispiele bzw. ein Gegenbeispiel.
a) Jede negative ganze Zahl ist auch eine reelle Zahl.
b) Die Differenz zweier irrationaler Zahlen ist immer eine irrationale Zahl.
c) Das Produkt zweier irrationaler Zahlen kann eine rationale Zahl sein.
d) Jede Quadratwurzel ist eine irrationale Zahl.
e) Reelle Zahlen lassen sich nicht als Bruch darstellen.

20 Einige der Wurzeln sind natürliche Zahlen. Gib diese natürlichen Zahlen an. Gib für die anderen Wurzeln mit dem Taschenrechner jeweils einen Näherungswert auf zwei Dezimalstellen an.
a) $\sqrt{10}$ b) $\sqrt{361}$ c) $\sqrt{4900}$ d) $\sqrt{90}$ e) $\sqrt{10^6}$

Lösungen | Seite 169

3 Darstellungsformen von quadratischen Funktionen

Um die Anzahl der Würfel in der nebenstehenden Figur zu zählen, werden verschiedene Terme vorgeschlagen.

$x \cdot x + 2 \cdot 3 \cdot x + 3 \cdot 3 + 4$

$(x + 3)^2 + 4$

$x^2 + 6 \cdot x + 13$

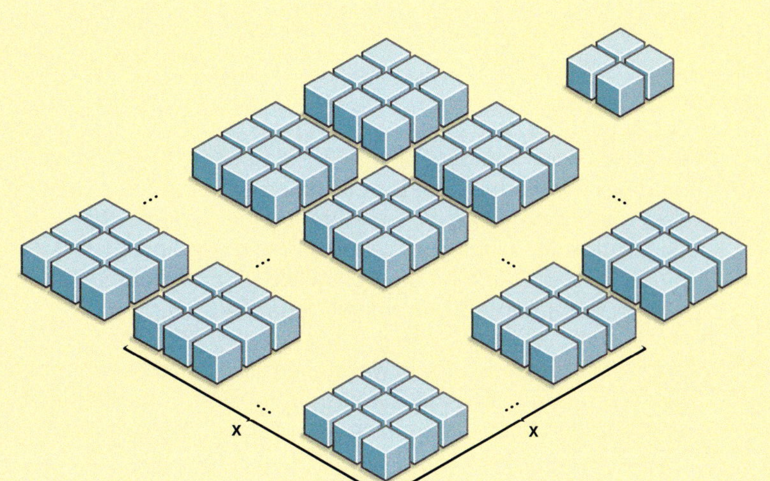

- Erläutere, warum alle drei Terme die Anzahl der Würfel richtig beschreiben.
- Erstelle zu den Termen A, B und C jeweils eine Zeichnung wie in nebenstehender Figur und gib wie oben die zwei fehlenden Terme an.

A: $x^2 + 6x + 17$

B: $x^2 + 10x + 26$

C: $x^2 + 8 \cdot x + 19$

Die Terme (I) $(x - 1)^2 - 4$, (II) $x^2 - 2x - 3$ und (III) $(x - 3)(x + 1)$ sind wertgleich. Man kann sich davon überzeugen, indem man (I) und (III) ausmultipliziert.
Als Funktionsterme aufgefasst, gehören sie alle zur selben Funktion f mit
$f(x) = (x - 1)^2 - 4 = x^2 - 2x - 3 = (x - 3)(x + 1)$.
Aus den verschiedenen Darstellungen des Funktionsterms kann man unterschiedliche Informationen ablesen.

Aus der **Scheitelpunktform** $f(x) = (x - 1)^2 - 4$ liest man den Scheitelpunkt $S(1 | -4)$ ab.
An der **Nullstellenform** (oder **faktorisierten Form**) $f(x) = (x - 3)(x + 1)$ erkennt man, dass f die Nullstellen 3 und −1 besitzt. Denn wenn man 3 oder −1 für x einsetzt, wird einer der Faktoren gleich null.
Aus der **allgemeinen** (oder **ausmultiplizierten**) **Form** lässt sich der Schnittpunkt des Graphen mit der y-Achse ablesen, denn es gilt $f(0) = 0^2 - 2 \cdot 0 - 3 = -3$. Also schneidet der Graph die y-Achse im Punkt $(0 | -3)$.

Ein Produkt $a \cdot b$ ist gleich 0, wenn $a = 0$ oder $b = 0$ gilt, andernfalls nicht.

Für die Funktionsterme quadratischer Funktionen gibt es verschiedene Darstellungen.

Scheitelpunktform	**Allgemeine** (oder **ausmultiplizierte**) **Form**	**Nullstellenform** (oder **faktorisierte Form**)
$f(x) = a \cdot (x - u)^2 + v$	$f(x) = ax^2 + bx + c$	$f(x) = a \cdot (x - n) \cdot (x - m)$
Der Scheitelpunkt der Parabel ist $(u \| v)$.	Der Schnittpunkt der Parabel mit der y-Achse ist $(0 \| c)$.	Die Nullstellen von f sind n und m.

Es hängt von der Fragestellung ab, welche der Formen am geeignetsten ist. Deshalb ist es wichtig, durch Umformungen zwischen den Darstellungen wechseln zu können. Die allgemeine Form kann man stets erhalten, indem man alle Klammern ausmultipliziert. Will man bei gegebener allgemeiner Form zur Scheitelpunktform gelangen, kann man eine Umformung durchführen, die sich **quadratische Ergänzung** nennt.

Das folgende Beispiel (mit $a = 1$) zeigt die Methode:

$$f(x) = x^2 - 6x + 5$$
$$= x^2 - 2 \cdot 3x + 5$$
$$= x^2 - 2 \cdot 3x \qquad + 5$$
$$= \underbrace{x^2 - 2 \cdot 3x + 3^2}_{(x-3)^2} \underbrace{- 3^2 + 5}_{-4}$$
$$= (x-3)^2 - 4$$

Man schreibt $6x$ als $2 \cdot 3x$.
Wie kann man $x^2 - 2 \cdot 3x$ ergänzen, damit man eine binomische Formel anwenden kann?

Erinnerung an die binomischen Formeln:
$(x + u)^2 = x^2 + 2ux + u^2$
$(x - u)^2 = x^2 - 2ux + u^2$

Der Name „quadratische Ergänzung" erklärt sich folgendermaßen: Zunächst stellt man den Faktor vor x in der Form $2 \cdot u \cdot x$ (hier $2 \cdot 3 \cdot x$) dar, weil dieser Ausdruck in den binomischen Formeln auftritt. Dann ergänzt man das Quadrat von u (hier 3^2), damit sich die ersten drei Teilausdrücke mithilfe einer binomischen Formel zusammenfassen lassen. Das Umformen einer gegebenen allgemeinen Form zur Nullstellenform kann etwas komplizierter sein. Wie man die Nullstellen einer beliebigen quadratischen Funktion bestimmt, wird in der nächsten Lerneinheit behandelt.

Liegt der Funktionsterm in Nullstellenform vor, so kann man zur Scheitelpunktform gelangen, indem man zunächst ausmultipliziert und anschließend eine quadratische Ergänzung durchführt. Man kann aber auch direkt von der Nullstellenform in die Scheitelpunktform gelangen.

Die Nullstellen der Funktion f mit $f(x) = (x - 3)(x + 1)$ sind $n = 3$ und $m = -1$. Man bestimmt das arithmetische Mittel der Nullstellen:

$$\frac{n+m}{2} = \frac{3+(-1)}{2} = 1.$$

Dies ist aufgrund der Symmetrie der Parabel die Scheitelstelle.
Nun bestimmt man den Funktionswert an der Stelle 1:
$f(1) = (1 - 3) \cdot (1 + 1) = (-2) \cdot 2 = -4.$
Also ist der Scheitelpunkt der Parabel $S(1|-4)$ und die Scheitelpunktform lautet $f(x) = (x-1)^2 - 4.$

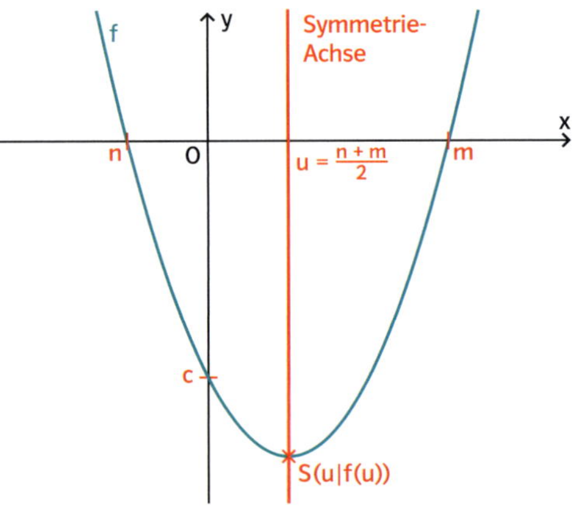

Mit **Scheitelstelle** bezeichnet man die x-Koordinate des Scheitelpunktes.

Man hat verschiedene Möglichkeiten, um zwischen den unterschiedlichen Darstellungsformen des Funktionsterms einer quadratischen Funktion zu wechseln.

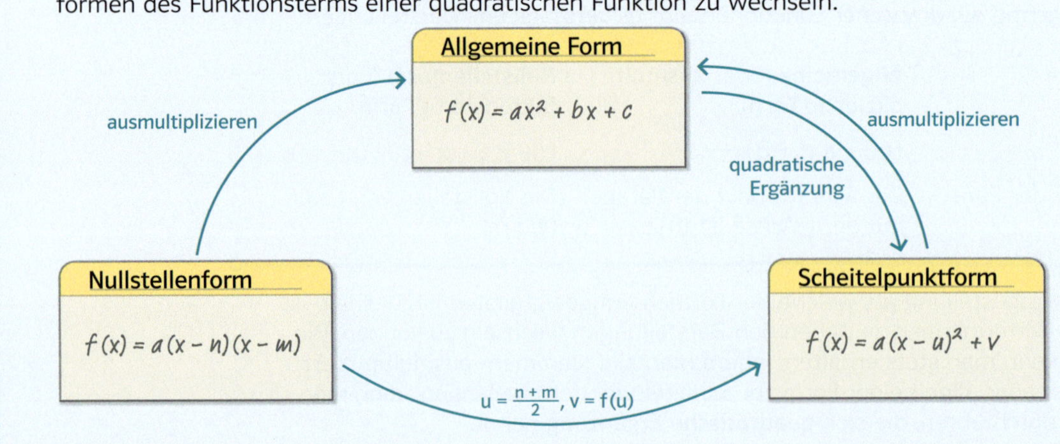

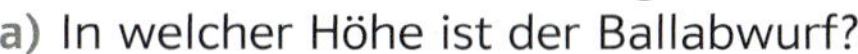

Beispiel Bestimmen des Scheitelpunktes in einer Anwendungssituation

Die Flugbahn eines Basketballs wird durch die Funktion $f(x) = -2x^2 + 6x + 2{,}4$ (für $x \geqq 0$) beschrieben, wobei x die horizontale Entfernung vom Abwurfpunkt und f(x) die Höhe des Balls in Metern angibt.

a) In welcher Höhe ist der Ballabwurf?

b) Wie hoch muss die Hallenhöhe sein, damit der Ball nicht die Decke berührt?

Lösung

a) Der Ball wird bei $x = 0$ abgeworfen. Mit $f(0) = 2{,}4$ ergibt sich eine Abwurfhöhe von 2,4 m.

b) Man klammert zunächst (−2) aus und führt dann innerhalb der eckigen Klammer eine quadratische Ergänzung durch.

$$\begin{aligned} f(x) &= -2x^2 + 6x + 2{,}4 \\ &= -2\cdot[x^2 - 3x] + 2{,}4 \\ &= -2\cdot[x^2 - 2\cdot 1{,}5x + 1{,}5^2 - 1{,}5^2] + 2{,}4 \\ &= -2\cdot[(x-1{,}5)^2 - 1{,}5^2] + 2{,}4 \\ &= -2\cdot[(x-1{,}5)^2 - 2{,}25] + 2{,}4 \\ &= -2\cdot(x-1{,}5)^2 + 4{,}5 + 2{,}4 \\ &= -2(x-1{,}5)^2 + 6{,}9 \end{aligned}$$

Zunächst den Faktor −2 vor x^2 ausklammern.

Innerhalb der eckigen Klammer die quadratische Ergänzung durchführen.

Am Ende wieder ausmultiplizieren.

Der Scheitelpunkt der Wurfparabel ist also $S(1{,}5 \mid 6{,}9)$. Die Halle muss 6,9 m hoch sein, damit der Ball nicht die Decke berührt.

Aufgaben

○ **1** Gib die ausmultiplizierte Form des Funktionsterms an.

a) $f(x) = (x-2)^2 + 1$ b) $g(t) = 1{,}5\cdot(t-2)(t+1{,}5)$

c) $h(s) = 2\cdot\left(s - \frac{4}{5}\right)^2 - 3$ d) $k(x) = (x+3)(x+3)$

○ **2** Benenne die Darstellungsform des Funktionsterms. Welche Eigenschaften des Graphen von f kannst du direkt ablesen?

a) $f(x) = (x+2)^2 - 4$ b) $f(z) = 2\cdot(z-3)\cdot(z-4{,}5)$

c) $f(t) = \left(t - \frac{6}{7}\right)^2 - \frac{2}{3}$ d) $f(r) = (r-11)^2$

○ **3** Überführe die angegebene allgemeine Form der quadratischen Funktion f in die Scheitelpunktform. Gib an, welche binomische Formel du verwendest hast.

a) $f(x) = x^2 - 6x$ b) $f(x) = x^2 - 8x$ c) $f(x) = x^2 + 14x$ d) $f(x) = x^2 - 3x$

e) $f(x) = x^2 - \frac{7}{3}x$ f) $f(x) = x^2 - x$ g) $f(x) = x^2 + 8{,}4x$ h) $f(x) = x^2 + \frac{3}{2}x$

Kopiervorlage Quadratische Funktionen mit CAS (II) 2sv8se

○ **4** Überführe in die Scheitelpunktform.

a) $f(x) = x^2 + 8x + 7$ b) $f(x) = x^2 - 12x + 1$ c) $f(x) = x^2 - 10x + 25$

d) $f(x) = x^2 + 20x + 50$ e) $f(x) = x^2 + 6x + 1$ f) $f(x) = x^2 + 9x - 9{,}75$

g) $f(x) = x^2 - 7x + 20{,}25$ h) $f(x) = x^2 + 18x + 80\frac{1}{2}$ i) $f(x) = x^2 - 9x - 9\frac{3}{4}$

○ **5** Überführe in die Scheitelpunktform. Klammere zunächst einen geeigneten Faktor aus.

a) $f(x) = 3x^2 + 15x + 6$ b) $f(x) = 5x^2 - 10x - 15$ c) $f(x) = 2x^2 + 8x + 3$

d) $g(y) = 10y^2 - 70y + 40$ e) $g(y) = -y^2 + 16y + 2$ f) $g(y) = -y^2 - 4y - 5$

g) $h(r) = -3r^2 + 12r + 9$ h) $h(r) = -4r^2 - 36r + 32$ i) $h(r) = -4r^2 - 8r - 8$

Du kannst deine Ergebnisse auch überprüfen, indem du die Klammer wieder ausmultiplizierst.

○ **6** Ordne die Funktionsterme den Graphen aus Fig. 1 zu. Es kann mehrere Terme für einen Graphen geben. Es gibt auch Terme, für die es keinen Graphen in Fig. 1 gibt.

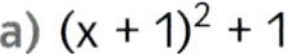

a) $(x+1)^2+1$ b) $-(x+4)(x+2)$
c) x^2-9 d) $(x-2)^2-1$
e) $(x-1)(x-3)$ f) $(x-1)^2-1$
g) $(x-3)(x+3)$ h) $(x+3)^2+1$

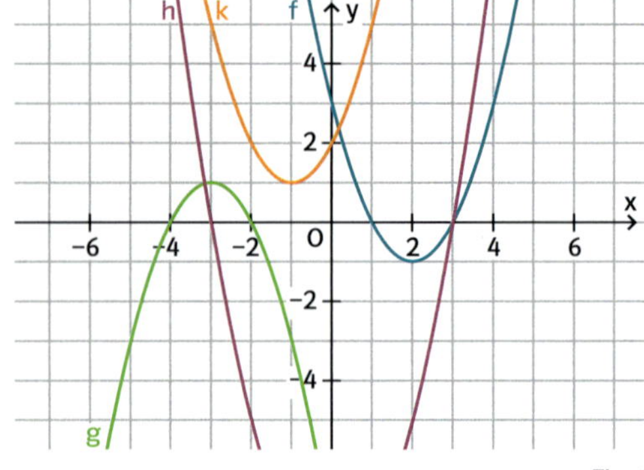

Fig. 1

○ **7** Skizziere den zugehörigen Graphen.
a) $f(t)=(t-2)(t-4)$ b) $g(x)=(x+1)^2$
c) $h(r)=r^2-2$ d) $k(i)=-(i+1)(i-1)$

◒ **8** Welche Funktionsterme gehören zusammen? Begründe deine Entscheidung.

$f(x)=(x+3)^2+4$

$g(x)=x^2+14\cdot x+102$

$h(x)=(x+1)(x-2)$

$i(x)=2\cdot(x+4)^2+9$

$j(x)=2(x-3)^2+9$

$k(x)=-2(x+3)^2+7$

$l(x)=2x^2-12x+27$

$m(x)=(x+2)(x+5)$

$n(x)=x^2+6x+13$

$o(x)=(x+7)^2+53$

$p(x)=-2x^2-12x-11$

$q(x)=2x^2+16x+41$

$s(x)=x^2+7x+10$

$r(x)=x^2-x-2$

◒ **9** Die Leistung P einer Turbine hängt von der Drehzahl n ab. Der Zusammenhang wird mithilfe der Funktion $P(n)=300n-0{,}8n^2$ modelliert, wobei P die Leistung der Turbine in der Einheit Watt (kurz W) angibt. Bei welcher Drehzahl sollte die Turbine betrieben werden?

◒ **10** Ein Unternehmen bietet Reithelme zu einem Verkaufspreis von 39,00 € an. Eine Marktanalyse ergab, dass sich der tägliche Gewinn G (in €) bei einem Verkaufspreis x (in €) mit folgender Formel berechnen lässt: $G(x)=-x^2+70x-1000$.
Zu welchem Verkaufpreis sollte das Unternehmen die Reithelme verkaufen?

Bist du schon sicher?

○ **11** Überführe in die Scheitelpunktform.
a) $f(x)=x^2-4x+11$ b) $f(x)=2x^2-14x+3{,}5$ c) $f(x)=-3x^2+12x-1{,}2$

◒ **12** Gib den Funktionsterm einer quadratischen Funktion mit der geforderten Eigenschaft an.
a) Der Graph schneidet die x-Achse in den Punkten $P(-1|0)$ und $Q(3|0)$.
b) Der Graph schneidet die y-Achse im Punkt $P(0|2)$.
c) Der Scheitelpunkt ist $S(-2|3)$ und die Parabel ist nach oben geöffnet.

→ Lösungen | Seite 169

◒ **13** Wird eine Kugel mit einer Abwurfgeschwindigkeit von 8 m/s senkrecht nach oben geworfen, so kann man ihre Höhe (in m) mit dem Term $h(t)=-5t^2+8t$ angenähert berechnen. Hier ist t die Zeit seit dem Abwurf (in s). Stelle den dazugehörigen Graphen in einem Koordinatensystem dar. Nach welcher Zeit erreicht die Kugel ihre maximale Höhe? Wie groß ist diese?

14 Die Flugbahn eines Fußballs nach einem Freistoß kann annähernd durch die Funktion f mit dem Funktionsterm $f(x) = -0{,}00625x^2 + 0{,}15x + 2{,}5$ beschrieben werden. Hierbei entspricht x (in m) der horizontalen Entfernung des Balles zur „Spielermauer" und f(x) (in m) der Höhe des Balles.

a) Notiere, welche vereinfachenden Annahmen getroffen wurden.

b) Welche Höhe hat der Ball über der „Spielermauer", welche hat er, wenn er sich in einer horizontalen Entfernung von 4 m vor bzw. hinter der „Mauer" befindet?

c) Bestimme die maximale Höhe des Balls.

d) Kann das Foto die Situation darstellen?

15 Die Tabelle gibt den Benzinverbrauch eines Mittelklasseautos bei verschiedenen Geschwindigkeiten an. Man kann ihn angenähert durch eine quadratische Funktion beschreiben.

Geschwindigkeit in km/h	70	100	140
Benzinverbrauch in Liter/100 km	4,3	5,8	9,8

a) Überprüfe, ob die Funktion f mit $f(x) = 0{,}0007x^2 - 0{,}07x + 5{,}8$ die Daten gut beschreibt.

b) Ermittle den Benzinverbrauch bei einer Geschwindigkeit von annähernd 200 km/h.

c) Vergleiche die Daten des Mittelklasseautos mit einem Sportwagen, bei dem der Benzinverbrauch mithilfe des Funktionsterms $f(t) = 0{,}0006t^2 - 0{,}048t + 8$ beschrieben werden kann. Welche Bedeutung haben dabei jeweils die Scheitelpunkte?

d) Beurteile, wie genau deine Lösungen in den Teilaufgaben a) und b) die Wirklichkeit beschreiben.

16 Bestimme die x-Koordinate des Scheitelpunktes einer Parabel, die durch die Punkte P und Q geht.

a) $P(0\,|\,0)$, $Q(5\,|\,0)$ b) $P(3\,|\,0)$, $Q(-1\,|\,0)$ c) $P\left(\frac{1}{2}\,\middle|\,0\right)$, $Q\left(\frac{1}{4}\,\middle|\,0\right)$ d) $P(8\,|\,2)$, $Q(4\,|\,2)$

17 Anna besucht in ihrem Urlaub in den USA die Stadt St. Louis. Dort befindet sich die Touristenattraktion „Gateway Arch". In einem Lexikon hat sie gelesen, dass der Bogen eine Spannweite von 192 m besitzt und 192 m hoch ist. Der Bogen erscheint ihr aber höher als breit, sodass sie dies kontrollieren will. Sie nimmt drei Messpunkte auf: Der erste Messpunkt befindet sich dort, wo der Bogen beginnt. Dann geht sie mit ca. 192 Ein-Meter-Schritten geradlinig zu dem Punkt, wo der Bogen endet. 0,5 m vom ersten Messpunkt entfernt hat der Bogen eine Höhe von 2 m.

Kannst du das noch?

18 Berechne im Kopf.

a) $\sqrt{121}$ b) $\sqrt{\frac{49}{100}}$ c) $(-\sqrt{7})^2$ d) $-(\sqrt{0{,}56})^2$ e) $\sqrt{2{,}25}$

Lösung | Seite 170

4 Quadratische Gleichungen

In einem Geschichtsbuch lesen Michael und Peter, dass ein altgriechisches Stadion ein rechteckiges Feld war, das 6-mal so lang wie breit war. Insgesamt betrug der Flächeninhalt $6144\,m^2$.

Sucht man die Nullstellen einer quadratischen Funktion f mit dem Funktionsterm $f(x) = ax^2 + bx + c$, so sucht man diejenigen Stellen x für die $f(x) = 0$ gilt. Man möchte also die Lösungen der Gleichung $ax^2 + bx + c = 0$ bestimmen.

1. Möglichkeit – zeichnerisches Lösen liefert Näherungslösungen

Die Lösungen der quadratischen Gleichung $ax^2 + bx + c = 0$ sind die Nullstellen der Funktion $f(x) = ax^2 + bx + c$. Wenn man ihren Graphen zeichnet, kann man die Nullstellen näherungsweise ablesen und damit die Lösungen der obigen Gleichung. Mit dem GTR kann man nach Eingabe des Funktionsterms im Grafikfenster die Nullstellen ebenfalls näherungsweise ablesen oder sich angeben lassen.

Für $1{,}5x^2 - x - 0{,}5 = 0$ liest man die Lösungen $x \approx -0{,}3$ und $x \approx 1$ ab.

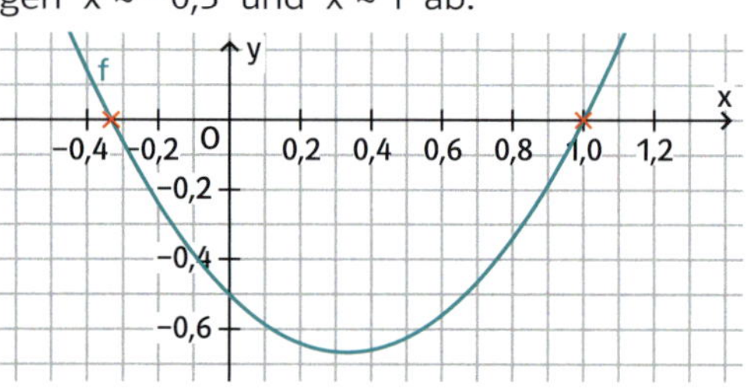

2. Möglichkeit – rechnerisches Lösen liefert exakte Lösungen

Bei einer allgemeinen quadratischen Gleichung kann man wie bei der Umformung eines Funktionsterms in die Scheitelpunktform eine **quadratische Ergänzung** durchführen.

$$
\begin{array}{rll}
 & 1{,}5x^2 - x - 0{,}5 = 0 & |\ :1{,}5 \\
\Leftrightarrow & x^2 - \frac{2}{3}x - \frac{1}{3} = 0 & |\ +\frac{1}{3} \\
\Leftrightarrow & x^2 - \frac{2}{3}x = \frac{1}{3} & \\
\Leftrightarrow & x^2 - 2\cdot\frac{1}{3}x = \frac{1}{3} & |\ +\left(\frac{1}{3}\right)^2 \\
\Leftrightarrow & x^2 - 2\cdot\frac{1}{3}x + \left(\frac{1}{3}\right)^2 = \frac{1}{3} + \left(\frac{1}{3}\right)^2 & |\ \text{TU} \\
\Leftrightarrow & \left(x - \frac{1}{3}\right)^2 = \frac{4}{9} & |\ \sqrt{\ } \\
\Leftrightarrow & \sqrt{\left(x - \frac{1}{3}\right)^2} = \sqrt{\frac{4}{9}} & \\
\Leftrightarrow & \left|x - \frac{1}{3}\right| = \frac{2}{3} & \\
\Leftrightarrow & x - \frac{1}{3} = \frac{2}{3} \text{ oder } x - \frac{1}{3} = -\frac{2}{3} & \\
\Leftrightarrow & x = 1 \text{ oder } x = -\frac{1}{3} &
\end{array}
$$

Man dividiert durch den Faktor 1,5 vor x^2.

Wie kann man den Term auf der linken Seite ergänzen, damit man eine binomische Formel anwenden kann?

Es gibt zwei reelle Zahlen, deren Betrag gleich $\frac{2}{3}$ ist.

Erinnerung:
Für jede reelle Zahl a gilt:
$\sqrt{a^2} = |a|$

Man sieht, dass sich jede quadratische Gleichung in die Form $x^2 + px + q = 0$ überführen lässt, indem man durch den Faktor vor x^2 dividiert. Führt man eine quadratische Ergänzung mit Variablen durch, so kann man eine **Lösungsformel** für allgemeine quadratische Gleichungen herleiten.

Herleitung einer Lösungsformel für quadratische Gleichungen

$$x^2 + px + q = 0 \quad | -q$$
$$\Leftrightarrow \quad x^2 + px = -q \quad | \text{TU}$$
$$\Leftrightarrow \quad x^2 + 2\cdot\tfrac{p}{2}\cdot x = -q \quad | +\left(\tfrac{p}{2}\right)^2$$
$$\Leftrightarrow \quad x^2 + 2\cdot\tfrac{p}{2}x + \left(\tfrac{p}{2}\right)^2 = \left(\tfrac{p}{2}\right)^2 - q \quad | \text{TU}$$
$$\Leftrightarrow \quad \left(x + \tfrac{p}{2}\right)^2 = \left(\tfrac{p}{2}\right)^2 - q$$

Es wird so ergänzt, dass sich der Term auf der linken Seite mithilfe einer binomischen Formel zusammenfassen lässt.

Nun gibt es verschiedene Fälle: Wenn der Wert des Terms $\left(\frac{p}{2}\right)^2 - q$ negativ ist, gibt es keine reelle Zahl, die die Gleichung erfüllt. Wenn der Wert des Terms $\left(\frac{p}{2}\right)^2 - q$ nicht negativ ist, kann man die Äquivalenzumformung durch Wurzelziehen fortsetzen.

$$\left(x + \tfrac{p}{2}\right)^2 = \left(\tfrac{p}{2}\right)^2 - q \quad | \sqrt{\ }$$
$$\Leftrightarrow \left|x + \tfrac{p}{2}\right| = \sqrt{\left(\tfrac{p}{2}\right)^2 - q}$$
$$\Leftrightarrow x + \tfrac{p}{2} = \sqrt{\left(\tfrac{p}{2}\right)^2 - q} \text{ oder } x + \tfrac{p}{2} = -\sqrt{\left(\tfrac{p}{2}\right)^2 - q}$$
$$\Leftrightarrow x = -\tfrac{p}{2} + \sqrt{\left(\tfrac{p}{2}\right)^2 - q} \text{ oder } x = -\tfrac{p}{2} - \sqrt{\left(\tfrac{p}{2}\right)^2 - q}$$

In Formelsammlungen findet man kurz ausgedrückt:
$x = -\frac{p}{2} \pm \sqrt{\left(\frac{p}{2}\right)^2 - q}$
(„**pq-Formel**")

Ist der Wert des Terms $\left(\frac{p}{2}\right)^2 - q$ gleich null, besitzt die Gleichung genau eine Lösung. Man erkennt am Wert des Terms $\left(\frac{p}{2}\right)^2 - q$ die Anzahl der Lösungen der Gleichung $x^2 + px + q = 0$:

- Wenn $\left(\frac{p}{2}\right)^2 - q < 0$ ist, besitzt die Gleichung $x^2 + px + q = 0$ keine Lösung.
- Wenn $\left(\frac{p}{2}\right)^2 - q = 0$ ist, besitzt die Gleichung $x^2 + px + q = 0$ genau eine Lösung.
- Wenn $\left(\frac{p}{2}\right)^2 - q > 0$ ist, besitzt die Gleichung $x^2 + px + q = 0$ zwei verschiedene Lösungen.

Man nennt den Ausdruck $\left(\frac{p}{2}\right)^2 - q$ die **Diskriminante** der Gleichung. (von lat. discriminare = unterscheiden)

Eine quadratische Gleichung der Form $x^2 + px + q = 0$ kann man unterschiedlich lösen.

1. **Zeichnerische Näherungslösung:** Man zeichnet den Graphen der Funktion $f(x) = x^2 + px + q$ und liest die Nullstellen so genau wie möglich ab.
2. **Rechnerische Lösung:** Man führt eine **quadratische Ergänzung** durch (bzw. bestimmt die Lösungen mithilfe der pq-Formel).

Beispiel Lösen einer quadratischen Gleichung

Bestimme die Lösungen der Gleichung $4x^2 + 12x + 6 = 0$

a) zeichnerisch, b) rechnerisch.

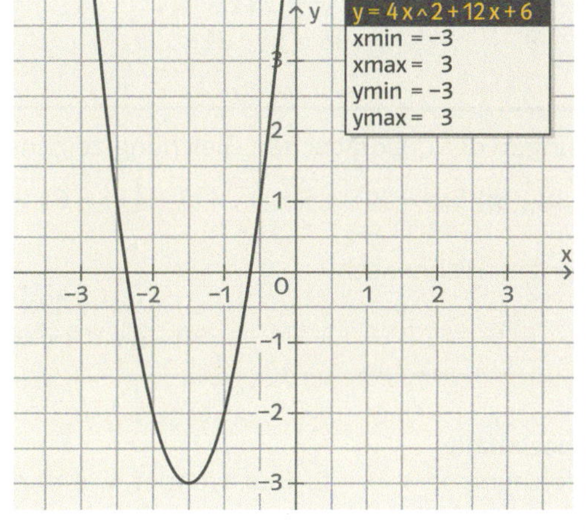

Lösung

a) Mit dem GTR liest man die Nullstellen $x \approx -2{,}4$ und $x \approx -0{,}6$ ab.

b) $4x^2 + 12x + 6 = 0 \quad | :4$

$$\Leftrightarrow \quad x^2 + 3x + \tfrac{3}{2} = 0 \quad | \text{TU}$$
$$\Leftrightarrow \quad x^2 + 2\cdot\tfrac{3}{2}x + \tfrac{3}{2} = 0 \quad | +\tfrac{9}{4}$$
$$\Leftrightarrow \quad x^2 + 2\cdot\tfrac{3}{2}x + \tfrac{9}{4} + \tfrac{3}{2} = \tfrac{9}{4} \quad | \text{TU}$$
$$\Leftrightarrow \quad \left(x + \tfrac{3}{2}\right)^2 + \tfrac{3}{2} = \tfrac{9}{4} \quad | -\tfrac{3}{2}$$
$$\Leftrightarrow \quad \left(x + \tfrac{3}{2}\right)^2 = \tfrac{3}{4} \quad | \sqrt{\ }$$
$$\Leftrightarrow \quad \left|x + \tfrac{3}{2}\right| = \sqrt{\tfrac{3}{4}}$$
$$\Leftrightarrow \quad x + \tfrac{3}{2} = \sqrt{\tfrac{3}{4}} \text{ oder } x + \tfrac{3}{2} = -\sqrt{\tfrac{3}{4}}$$
$$\Leftrightarrow \quad x = \sqrt{\tfrac{3}{4}} - \tfrac{3}{2} \approx -0{,}63397 \text{ oder } x = -\sqrt{\tfrac{3}{4}} - \tfrac{3}{2} \approx -2{,}3660$$

Aufgaben

○ **1** Löse die Gleichung näherungsweise zeichnerisch.

a) $x^2 + 8x + 5 = 0$ b) $x^2 + 6x - 3 = 0$ c) $5x + x^2 - 15 = 0$
d) $5x^2 - 75 - 5x = 0$ e) $2x^2 - 4x - 16 = 0$ f) $4x^2 + 64x + 64 = 0$
g) $-x^2 - 2x + 10 = 0$ h) $60 - 3x^2 - 12x = 0$ i) $0{,}3x^2 - 0{,}3x - 0{,}6 = 0$

Für Aufgabe 1 kann ein GTR verwendet werden.

○ **2** Löse die Gleichung rechnerisch.

a) $x^2 + 6x + 5 = 0$ b) $x^2 + 8x - 9 = 0$ c) $3x^2 - 4x - 4 = 0$
d) $2x^2 - 5x - 42 = 0$ e) $-11x + 2x^2 - 6 = 0$ f) $-4 - 4x + 3x^2 = 0$
g) $2x^2 + 7 + 9x = 0$ h) $0 = 3x^2 - 2 - 7x$ i) $0 = 0{,}4x - 1{,}2x^2 + 4$
j) $3x^2 - 11x + 10 = 0$ k) $10x - 6 - 3x^2 = 0$ l) $5x + 4x^2 = 6$

Kopiervorlage Quadratische Gleichungen mit CAS iq5x4i

○ **3** Gib den Graphen aus Fig. 1 an, mit dem man die Lösungen bestimmen kann. Wie viele Lösungen besitzt die Gleichung?

a) $x^2 - 8x = 0$
b) $0{,}5x^2 = -50$
c) $-x^2 + 10x + 16 = 0$
d) $-2x^2 + 8x + 160 = 0$

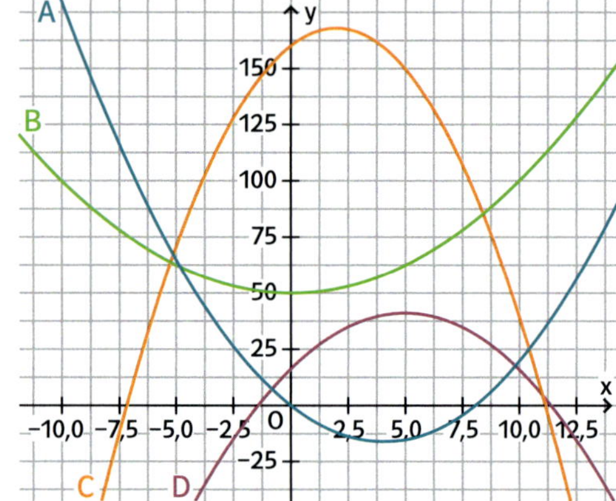

Fig. 1

○ **4** Bestimme, falls vorhanden, die Lösungen der Gleichung.

a) $x^2 - 9x = 0$ b) $x^2 + 18x + 81 = 0$
c) $x^2 - 10x - 24 = 0$ d) $-x^2 + 10x + 24 = 0$
e) $(x + 1)(2x + 3) = 4x^2 - 22$

○ **5** Bestimme die Lösungen der quadratischen Gleichung mithilfe des GTR.

a) $3x^2 - 5x + 16 = 0$ b) $6x + 9{,}5x^2 - 6{,}3 = 0$ c) $1{,}11 - 5x^2 - 3x = 0$
d) $6{,}2x + 3{,}5 + x^2 = 0$ e) $0 = 2x - 3{,}7x^2 - 1{,}9$ f) $8{,}2x^2 - 3{,}8 = 5{,}99x$

○ **6** Forme, wenn erforderlich, zunächst in die Form $x^2 + px + q = 0$ um. Löse dann zeichnerisch oder rechnerisch.

a) $3x^2 - 6x = -3$ b) $3x + 1 = 4x^2$ c) $12x = -6x^2 - 7$
d) $0 = 5x^2 - 3 + x - 8$ e) $12x^2 = 24x - 144$ f) $13x - 39 = 6{,}5x^2$
g) $3(5 - 2x) = 9x^2 + 9$ h) $-36 = x^2 - 12x$ i) $(x - 3)^2 = 2x^2 - 18$

Bist du schon sicher?

○ **7** Bestimme die Lösungen der quadratischen Gleichung zeichnerisch ohne und mit GTR.

a) $6x^2 + 6x - 36 = 0$ b) $5x^2 - 10x + 5 = 0$ c) $-\frac{3}{2}x^2 + 6x - 6 = 0$ d) $x^2 - 9x = 19$

○ **8** Bestimme die Lösungen rechnerisch.

a) $x^2 + 6x = 0$ b) $9{,}5x^2 + 19x - 95 = 0$
c) $3x = 5x^2 + 6$ d) $-6x + 3x^2 = -3$

Lösungen | Seite 170

◒ **9** **Lösen einfacher Spezialfälle**

Gegeben ist die Gleichung $x^2 + 7x = 0$. Max wendet, wie er es gelernt hat, die pq-Formel an. Lisa schaut sich seine Rechnung an und sagt: „Das geht doch auch einfacher." Sie klammert aus dem Term das x aus und erhält $x(x + 7) = 0$. Daraus lassen sich die Lösungen $x = 0$ und $x = -7$ direkt ablesen.
Verfahre ebenso und löse die Gleichung geschickt.

a) $x^2 = 12x$ b) $13x + x^2 = 6x$ c) $x^2 + 3x - 5 = 3x$ d) $(x - 3)(x + 5) = 0$

Aus $x^2 = 8$ ergeben sich durch Wurzelziehen die Lösungen $x_1 = \sqrt{8}$ und $x_2 = -\sqrt{8}$.

10 a) Suche mit deinem Partner quadratische Gleichungen, die eine Lösung bzw. keine Lösung bzw. zwei Lösungen besitzen. Schreibt danach auf, wie ihr vorgegangen seid.
b) Stellt zwei quadratische Gleichungen auf, die die zwei Lösungen 4 und 0 besitzen. Warum gibt es unendlich viele quadratische Gleichungen mit diesen Lösungen?
c) Gebt je drei quadratische Funktionen an, deren Graphen die x-Achse nicht schneiden.

11 Ein Bauer hat für seine Kühe eine Weide von 25 m × 20 m. Er beschließt, dass er die Weide vergrößern will. Die Länge und die Breite der Weide sollen jeweils um ein gleiches Stück verlängert werden.
a) Erläutere, was die Funktion mit $f(x) = x^2 + 45x + 500$ in dem beschriebenen Zusammenhang angibt.
b) Die neue Weide soll einen Flächeninhalt von $696\,m^2$ haben. Wie lang bzw. wie breit ist diese Weide?

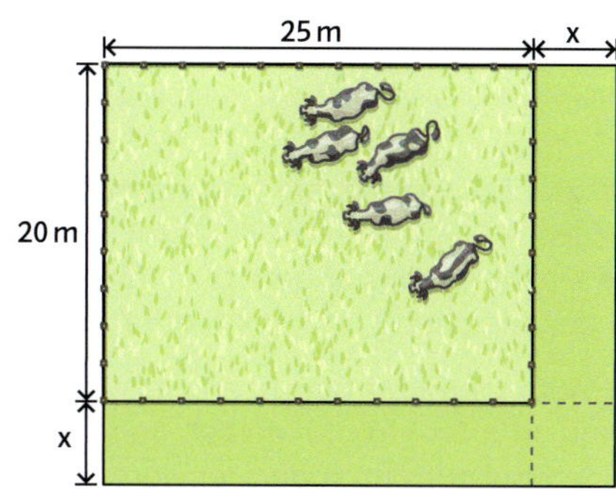

12 a) Für welche Werte von a besitzt die Gleichung $x^2 + 5x - a = 0$
(1) keine Lösung, (2) genau eine Lösung, (3) zwei Lösungen?
b) Bestimme p so, dass 7 eine Lösung der Gleichung $x^2 + px - 21 = 0$ ist. Wie lautet dann die zweite Lösung?

Kopiervorlage
Zusätzliches Übungsmaterial
6hr3pa

13 a) Herr Riemer behauptet: „Eine quadratische Gleichung der Form $x^2 + px + q = 0$ besitzt immer zwei Lösungen, wenn q negativ ist." Hat er recht? Begründe deine Antwort.
b) Herr Riemer sagt: „Eine quadratische Gleichung der Form $ax^2 + bx + c = 0$ besitzt immer zwei Lösungen, wenn die Zahlenwerte für a und c verschiedene Vorzeichen haben." Hat er recht? Begründe deine Antwort.

14 **abc-Formel**
In einer Formelsammlung findet man zur Bestimmung der Lösungen von Gleichungen der Form $ax^2 + bx + c = 0$ (mit $a \neq 0$) die sogenannte abc-Formel.
$$x_1 = \frac{-b + \sqrt{b^2 - 4ac}}{2a}; \quad x_2 = \frac{-b - \sqrt{b^2 - 4ac}}{2a}$$
a) Löse mithilfe dieser Formel die Gleichungen $9{,}5x^2 + 5x + 2 = 0$ und $3x^2 + 5{,}2x = 12$.
b) Zeige die Gültigkeit der Formel.

15 Begründe oder widerlege folgende Behauptung.
a) Eine quadratische Gleichung der Form $x^2 + px + q = 0$ besitzt immer zwei Lösungen, wenn q negativ ist.
b) Eine quadratische Gleichung der Form $ax^2 + bx + c = 0$ hat immer zwei Lösungen, wenn a und c verschiedene Vorzeichen haben.
c) Eine quadratische Gleichung der Form $ax^2 + bx = 0$ hat immer zwei Lösungen.
d) Eine quadratische Gleichung der Form $ax^2 + b^2 = 0$ hat niemals genau eine Lösung.
e) Die Anzahl der Lösungen einer quadratischen Gleichung der Form $x^2 + px + q = 0$ hängt nicht davon ab, welchen Wert man für p wählt.
f) Wechselt bei einer quadratischen Gleichung der Form $x^2 + px + q = 0$ die Zahl p ihr Vorzeichen, so wechseln auch die Lösungen ihr Vorzeichen.
g) Eine quadratische Gleichung der Form $x^2 + px + q = 0$ hat immer dann zwei Lösungen, wenn p nicht gleich null und q nicht negativ ist.

16 Bestimme, falls möglich, a so, dass die Gleichung eine einzige Lösung hat.
a) $x^2 + (a + 1)x + 1 = 0$
b) $(a + 1)x^2 + x - a = 0$
c) $(a + 1)x^2 + x + a = 0$
d) $(a + 1)^2x^2 + x - 1 = 0$
e) $(a + 1)x^2 + x - (a - 1) = 0$
f) $-3x^2 + x + (a - 1)^2 = 0$

Die quadratische Gleichung $x^2 + px + q = 0$ habe die Lösungen r und s. Die Gleichung $(x - r) \cdot (x - s) = 0$ hat ebenfalls die Lösungen r und s. Also gilt
$x^2 + px + q = 0 \Leftrightarrow (x - r) \cdot (x - s) = 0$.
Durch Ausmultiplizieren ergibt sich:
$(x - r) \cdot (x - s) = x^2 - rx - sx + rs = x^2 - (r + s)x + rs$.
Das heißt $x^2 + px + q = 0 \Leftrightarrow x^2 - (r + s)x + rs = 0$.
Das bedeutet $p = -(r + s)$ und $q = rs$.

Satz von Vieta

(1) Wenn die Gleichung $x^2 + px + q = 0$ die Lösungen r und s besitzt, dann gilt $p = -(r + s)$ und $q = rs$.

(2) Wenn für die Zahlen r, s die Bedingungen $p = -(r + s)$ und $q = rs$ gelten, dann sind r und s die Lösungen der Gleichung $x^2 + px + q = 0$.

Man kann den Satz von Vieta vielfältig benutzen:

(a) Max hat die Gleichung $x^2 - 5x + 6 = 0$ gelöst. Seine Lösungen lauten 2 und 3. Er überprüft, ob sein Ergebnis stimmt, indem er berechnet: $2 \cdot 3 = 6$ und $-(2 + 3) = -5$. Er hat also richtig gerechnet.

(b) Sabine möchte die Gleichung $x^2 - 7x + 12 = 0$ lösen. Sie überlegt zunächst, ob sie zwei Zahlen finden kann, deren Produkt 12 und deren Summe 7 ergibt. Nach kurzem Überlegen weiß sie, dass die Lösungen 3 und 4 lauten.

Info

Erinnerung: Zwei Gleichungen sind zueinander äquivalent, wenn sie dieselben Lösungen besitzen.

François Vieta (1540 – 1603)

Fasst man die Lösungen zu einer Menge zusammen, so nennt man diese **Lösungsmenge der Gleichung**.

● **17** Prüfe mithilfe des Satzes von Vieta, ob die angegebene Menge die Lösungsmenge der quadratischen Gleichung ist.

a) $x^2 + 7x + 12 = 0;\ \{3; 4\}$ b) $x^2 - 3x - 10 = 0;\ \{2; -5\}$ c) $x^2 - 5x - 24 = 0;\ \{-3; 8\}$
d) $x^2 - 8x + 16 = 0;\ \{4\}$ e) $u^2 + 3u + 2 = 0;\ \{-2; 1\}$ f) $u^2 + 4u + 4 = 0;\ \{2\}$
g) $z^2 - 9 = 0;\ \{3; -3\}$ h) $z^2 - 2z + \frac{3}{4} = 0;\ \left\{\frac{1}{2}; \frac{3}{2}\right\}$ i) $x^2 + px - 2p^2 = 0;\ \{p; -2p\}$

● **18** Schreibe in der Form $(x - r) \cdot (x - s)$.

a) $x^2 - 9x + 14$ b) $x^2 - 15x + 26$ c) $x^2 - 10x + 16$
d) $x^2 + x - 6$ e) $x^2 - 3x - 10$ f) $x^2 + 7x - 18$
g) $x^2 + 2x - 15$ h) $x^2 - 5x - 14$ i) $x^2 - 7x + 12$
j) $x^2 + 2x + \frac{3}{4}$ k) $x^2 - \frac{3}{4}x + \frac{1}{8}$ l) $x^2 - x + \frac{1}{4}$
m) $z^2 + 2{,}5z - 1{,}5$ n) $z^2 + 0{,}1z - 0{,}56$ o) $z^2 - 1{,}2z + 0{,}2$

● **19** Bestimme p bzw. q so, dass die angegebene x_1 Zahl eine Lösung ist. Wie lautet dann x_2?

a) $x^2 + px - 21 = 0;\ x_1 = 7$ b) $x^2 + px - 18 = 0;\ x_1 = -9$ c) $x^2 + 11x + q = 0;\ x_1 = -2$
d) $x^2 + px + 4 = 0;\ x_1 = -2$ e) $2x^2 + px - 1 = 0;\ x_1 = 1$ f) $2x^2 - 4x + q = 0;\ x_1 = 3$
g) $x^2 - 14x + q = 0;\ x_1 = 8$ h) $x^2 - px + 15 = 0;\ x_1 = 5$ i) $x^2 - 6x + q = 0;\ x_1 = 10$

Kannst du das noch?

20 Vereinfache ohne Taschenrechner.

a) $\sqrt{3} \cdot \sqrt{27}$ b) $\sqrt{98} \cdot \sqrt{2}$ c) $\sqrt{6} \cdot \sqrt{12} \cdot \sqrt{2}$ d) $\sqrt{\frac{1}{2}} \cdot \sqrt{40} \cdot \sqrt{1{,}8}$

21 Vereinfache. Achte auf Betragsstriche.

a) $\sqrt{p^2}$ b) $\sqrt{16x^2 + 9x^2}$ c) $\sqrt{82a^2 - a^2}$ d) $\sqrt{x^2 - 2xy + y^2}$

22 Multipliziere aus und vereinfache den Term so weit wie möglich.

a) $\sqrt{5} \cdot (\sqrt{20} + \sqrt{5})$ b) $(3\sqrt{18} + \sqrt{8}) \cdot \sqrt{2}$ c) $\frac{1}{\sqrt{10}} \cdot (\sqrt{90} - \sqrt{4{,}9})$

→ Lösungen | Seite 171

5 Problemlösen mit quadratischen Funktionen und Gleichungen

Für die Herstellung einer zylinderförmigen Konservendose mit dem Inhalt 400 ml soll möglichst wenig Material verwendet werden.

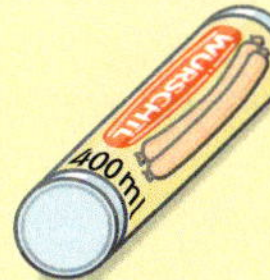

Mit einem 12 m langen Zaun soll an einer Hauswand ein Rechteck eingezäunt werden. Wie müssen die Seiten des Rechtecks gewählt werden, damit sein Flächeninhalt möglichst groß wird?

Man fertigt zunächst eine Skizze an und führt Bezeichnungen ein. Wir bezeichnen mit x und y die Längen der Seiten des Rechtecks.
Man möchte den Flächeninhalt des Rechtecks als Funktion darstellen, die nur von einer Variablen abhängt. Anschließend bestimmt man die Stelle, an der der größte Funktionswert angenommen wird.

Haus
x x
y

Für den Flächeninhalt A des Rechtecks (in m^2) gilt: $A = x \cdot y$.
Da insgesamt 12 m Zaun zur Verfügung stehen, ergibt sich aus der Wahl von x stets auch y und damit A, wie in der Tabelle rechts gezeigt wird.

x	2 · x	y	A
2	4	12 − 4 = 8	2 · 8 = 16
2,5	5	12 − 5 = 7	2,5 · 7 = 17,5
3	6	12 − 6 = 6	3 · 6 = 18
3,5	7	12 − 7 = 5	3,5 · 5 = 17,5
4	8	12 − 8 = 4	4 · 4 = 16
x	**2x**	**12 − 2x**	**x · (12 − 2x)**

Man erkennt, dass man den Flächeninhalt A als eine Funktion A(x) auffassen kann. Der Funktionsterm lautet
$A(x) = x \cdot (12 - 2x) = -2x^2 + 12x$. Es handelt sich um eine nach unten geöffnete Parabel. Der größte Funktionswert wird an der Scheitelstelle angenommen. Es gibt verschiedene Möglichkeiten, die Scheitelstelle zu bestimmen. In diesem Fall ist die Scheitelstelle 3.

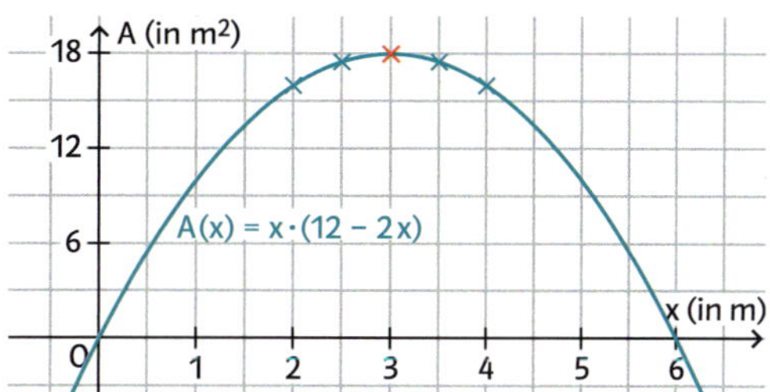

A(x) wird also für $x = 3$ größtmöglich. Die gefundene Seitenlänge $x = 3$ ist im Bezug auf die Aufgabe sinnvoll, denn sie erfüllt $0 \leq x \leq 12$. Der maximale Flächeninhalt ist $A(3) = 3 \cdot (12 - 2 \cdot 3) = 3 \cdot 6 = 18\,(m^2)$.

Es gibt Problemstellungen, die sich mithilfe von Funktionen beschreiben lassen.
Häufig lässt sich eine Größe, die minimiert oder maximiert werden soll, als quadratische Funktion ausdrücken. In diesem Fall bestimmt man den Scheitelpunkt der quadratischen Funktion.
In anderen Situationen können z. B. die Nullstellen der Funktion gesucht sein. Man löst dann eine quadratische Gleichung.

Beispiel 1 Optimierungsprobleme
Eine Elektrofirma verkauft monatlich 1000 Bauteile zu einem Stückpreis von 100 €. Eine Marktanalyse hat ergeben, dass sich der Absatz bei einer Preissenkung von 1 € pro Stück um 20, bei 2 € um 40 Stück usw. erhöht.
Bei welcher Preissenkung kann die Firma mit der größten Einnahme rechnen?

Lösung
Man bezeichnet mit x die Preissenkung pro Stück in Euro. Da der ursprüngliche Stückpreis 100 € beträgt, gilt: $0 \leqq x \leqq 100$.
Für den Stückpreis S(x) in Euro gilt dann: $S(x) = 100 - x$.
Für die Anzahl A(x) der verkauften Bauteile gilt: $A(x) = 1000 + 20 \cdot x$.
Für die Einnahmen E(x) in Euro gilt: $E(x) = A(x) \cdot S(x)$.
Einsetzen liefert: $E(x) = (1000 + 20x) \cdot (100 - x) = -20x^2 + 1000x + 100\,000$.
Der Funktionsgraph ist aufgrund des negativen Faktors vor x^2 eine nach unten geöffnete Parabel. Der größte Funktionswert wird an der Scheitelstelle angenommen.
Es gibt verschiedene Möglichkeiten, die Scheitelstelle zu bestimmen:
1. Möglichkeit: *Aus der Darstellung $E(x) = (1000 + 20x) \cdot (100 - x)$ kann man die Nullstellen ermitteln:*
$(1000 + 20x) \cdot (100 - x) = 0$
$\Leftrightarrow 1000 + 20x = 0$ oder $100 - x = 0$
$\Leftrightarrow x = -50$ oder $x = 100$
Die Scheitelstelle u liegt in der Mitte der Nullstellen, also $u = \frac{-50 + 100}{2} = \frac{50}{2} = 25$.
2. Möglichkeit: *Man führt mit dem Funktionsterm eine quadratische Ergänzung durch:*
Bestimmung des Scheitelpunktes:
$$E(n) = -20 \cdot (n^2 - 50n) + 100\,000$$
$$= -20 \cdot (n^2 - 50n + 625 - 625) + 100\,000$$
$$= -20 \cdot (n - 25)^2 + 112\,500$$
Der Scheitelpunkt ist also $S(25\,|\,112\,500)$.
Unabhängig vom Lösungsweg kommen wir zu der Antwort:
Die Einnahmen sind bei einer Preissenkung von 25 €, d.h. bei einem Stückpreis von 75 €, größtmöglich.

Beispiel 2 Geometrisches Problem mithilfe einer quadratischen Gleichung lösen
Vergrößert man die Kanten eines Würfels um 2 cm, so vergrößert sich das Volumen um 152 cm^3. Wie lang sind die Kanten des Würfels?

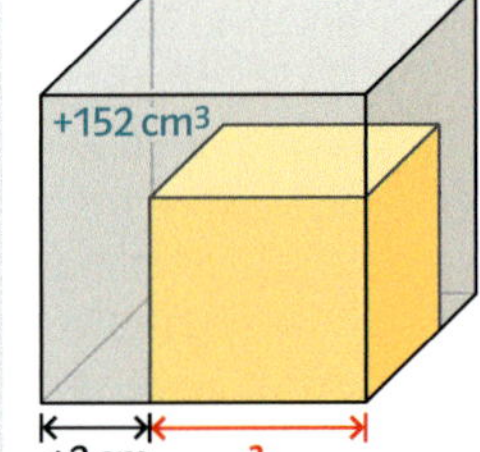

Lösung
Man bezeichnet mit x die Kantenlänge des ursprünglichen Würfels in cm.
Für das Volumen V(x) des ursprünglichen Würfels (in cm^3) gilt: $V(x) = x^3$.
Für das Volumen $V(x + 2)$ des Würfels nach der Vergrößerung gilt:
$V(x + 2) = (x + 2)^3 = (x + 2)^2 \cdot (x + 2) = (x^2 + 4x + 4) \cdot (x + 2) = x^3 + 6x^2 + 12x + 8$.
Weil $V(x + 2)$ um 152 cm^3 größer ist als V(x), gilt: $V(x + 2) = V(x) + 152$.
Einsetzen liefert: $x^3 + 6x^2 + 12x + 8 = x^3 + 152$. Es gilt
$x^3 + 6x^2 + 12x + 8 = x^3 + 152 \quad | -x^3$
$\Leftrightarrow 6x^2 + 12x + 8 = 152$.
Diese Gleichung kann man z.B. mit dem GTR lösen und erhält: $x = 4$ oder $x = -6$.
Da die Kantenlänge nicht negativ sein kann, ist die rechnerische Lösung $x = -6$ nicht relevant. Der ursprüngliche Würfel hat also eine Kantenlänge von 4 cm.

Aufgaben

○ 1 a) Welche beiden Zahlen, deren Summe 12 beträgt, haben das größte Produkt?
b) Welche beiden Zahlen, deren Differenz 2 beträgt, haben das kleinste Produkt?
c) Für welche Zahl wird das Produkt aus dem Dreifachen und der um 1 vergrößerten Zahl am kleinsten?

○ **2** Berechne die gesuchten Zahlen.
a) Das Produkt einer Zahl und der um 4 verminderten Zahl ist 21.
b) Das Produkt zweier aufeinanderfolgender ganzer Zahlen ist um 55 größer als ihre Summe.
c) Die Summe der Quadrate vier aufeinanderfolgender natürlicher Zahlen ist 446.

◒ **3** Der Umfang eines Rechtecks beträgt 49 cm, sein Flächeninhalt 111 cm². Wie lang sind seine Seiten?

Bist du schon sicher?

○ **4** Eine Metallplatte der Länge 5 m und der Breite 25 cm soll in der Breite so umgebogen werden, dass eine Regenrinne entsteht. Bestimme die Maße so, dass das Fassungsvermögen maximal wird.

◒ **5** Wie lang sind die Seiten eines Rechtecks, wenn die Seite b dreiviertelmal so lang ist wie die Seite a und die Diagonale 2 m länger ist als die Seite b?

→ Lösungen | Seite 171

◒ **6** Ein Kino hat bei einem Eintrittspreis von 8 € durchschnittlich 240 Besucher. Würde man den Eintrittspreis um 0,50 €, 1 € usw. erhöhen, so ginge die Besucherzahl um 10, 20 usw. zurück, wie man aus Daten von vergangenen Jahren herausgefunden hat.
Bei welchem Eintrittspreis wären die Einnahmen am größten?

Kopiervorlage
Quadratische Funktionen mit CAS (III)
v5v35h

◒ **7** Bei der Herstellung eines Artikels entstehen feste Kosten von 500 € pro Tag. Zusätzlich belaufen sich die Material- und Lohnkosten auf 10 € pro Stück. Bei der Produktion von x Stück entstehen weitere Kosten von $0{,}004 \cdot x^2$ €. Die Firma verkauft den Artikel zu einem Stückpreis von 15 €.
a) Bei welcher Tagesproduktion bleibt für die Firma am meisten übrig, wenn sie mit Steuerabgaben von 40 % des Gewinns rechnet?
b) Wie hoch ist der Gewinn nach Steuerabzug?
c) Wie hoch muss die Tagesproduktion mindestens sein, damit die Firma keine Verluste schreibt?

● **8** Auf den Seiten des Rechtecks ABCD wird auf jeder Seite die Strecke x abgetragen. Es entsteht das Viereck EFGH.
a) Welche besondere Form hat das Viereck EFGH? Begründe.
b) Für welche Länge x ist der Flächeninhalt des Vierecks EFGH am kleinsten?
Tipp: Überlege, welche Flächen von der Fläche des Rechtecks abgezogen werden müssen, um auf das Viereck EFGH zu kommen.

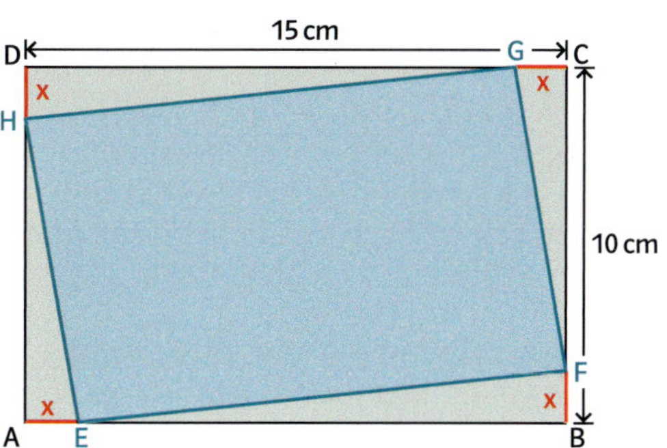

Kannst du das noch?

9 Wahr oder falsch? Begründe. Finde zwei Beispiele oder ein Gegenbeispiel.
a) Jede natürliche Zahl ist auch eine rationale Zahl.
b) In der Menge $\mathbb{Q}$ der rationalen Zahlen ist das Wurzelziehen nie ausführbar.
c) In der Menge $\mathbb{R}$ der reellen Zahlen ist das Wurzelziehen immer ausführbar.
d) Es gibt keine Zahl, die in allen Zahlbereichen $\mathbb{N}$, $\mathbb{Z}$, $\mathbb{Q}$ und $\mathbb{R}$ gleichzeitig enthalten ist.

→ Lösung | Seite 171

6 Modellieren mit quadratischen Funktionen

Vor der Klassenfahrt nach Barcelona hatte die Klasse 9 b das Thema Parabeln. Felix fragt sich, ob die Öffnung tatsächlich die Form einer Parabel besitzt.

Viele reale Vorgänge lassen sich mit linearen oder quadratischen Funktionen mathematisch beschreiben. Hierbei werden häufig Vereinfachungen vorgenommen. Eine solche vereinfachte Beschreibung der Wirklichkeit nennt man ein **mathematisches Modell**.

Boris möchte mit einer „Ballmaschine" üben. Er setzt sie auf eine „T-Linie" und stellt sie so ein, dass der Ball den höchsten Punkt der Flugbahn auf einer Höhe von 1,20 m ungefähr über dem Netz erreicht. Der „Abschuss" erfolgt auf einer Höhe von 1 m. Die Bälle sollen noch innerhalb des Feldes landen. Gelingt dies bei der beschriebenen Einstellung der Maschine?

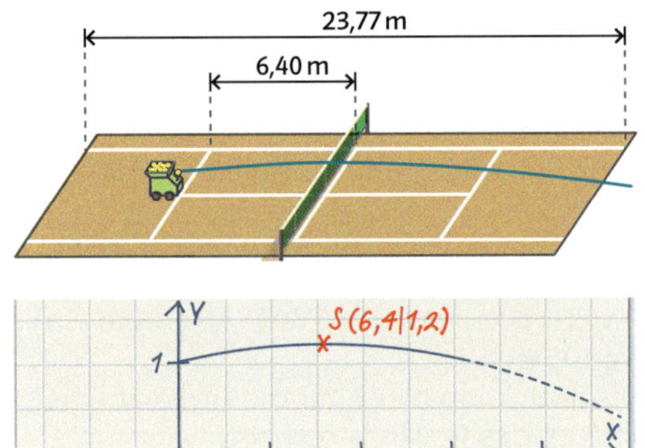

Die Flugbahn des Balls ist annähernd parabelförmig und lässt sich daher sinnvoll durch eine quadratische Funktion modellieren.

Man führt dazu Bezeichnungen ein: x beschreibt die horizontale Entfernung des Balles von der Maschine (in m) und f(x) beschreibt die zugehörige Höhe des Balles über dem Erdboden (in m).

Um die Frage in der Aufgabe zu beantworten, bestimmt man zunächst aus den gegebenen Informationen den Funktionsterm von f. Weil der Ball in einer Entfernung von 6,40 m auf einer Höhe von 1,20 m seinen höchsten Punkt erreicht hat, ist $S(6{,}4\,|\,1{,}2)$ der Scheitelpunkt der (nach unten geöffneten) Parabel. Daher gilt $f(x) = a(x - 6{,}4)^2 + 1{,}2$, wobei a noch zu bestimmen ist.
Weil der Ball auf einer Höhe von 1 m die Maschine verlässt, verläuft die Parabel durch den Punkt $(0\,|\,1)$. Es gilt also $f(0) = 1$ bzw. $a(0 - 6{,}4)^2 + 1{,}2 = 1$. Man löst diese Gleichung z. B. mithilfe des GTR nach a auf und erhält $a = -\frac{5}{1024} \approx -0{,}00488$.

Man erhält als Funktionsterm $f(x) = -\frac{5}{1024} \cdot \left(x - \frac{32}{5}\right) + \frac{6}{5}$.

Der Ball überschreitet die Grundlinie in einer Entfernung von $23{,}77 : 2 + 6{,}40 = 18{,}285$ m zur Ballmaschine.

$f(18{,}285) = -\frac{5}{1024} \cdot \left(18{,}285 - \frac{32}{5}\right) + \frac{6}{5} \approx 0{,}5$.

Also hat der Ball am Spielfeldrand noch eine Höhe von etwas mehr als 0,5 m und landet damit nicht im Feld.

Viele Situationen lassen sich mithilfe von quadratischen Funktionen modellieren. Hierbei sind häufig einige Punkte, die auf dem Graphen liegen, bekannt.
Man setzt die Koordinaten der Punkte in einen allgemeinen Funktionsterm, z.B. $f(x) = ax^2 + bx + c$ (oder $f(x) = a(x - u)^2 + v$), ein, um die Parameter a, b, c (bzw. a, u, v) durch Lösen der dadurch entstehenden Gleichungen zu ermitteln.

Beispiel 1 Modellierung einer Sprungbahn

Judith und Simon schauen einen Tierfilm über Riesenkängurus an. Es wird ausführlich über die enorme Sprungkraft der Tiere berichtet. Die Sprungbahn eines Kängurus ist annähernd parabelförmig.
Eines der gefilmten Tiere befindet sich nach einem Meter horizontaler Entfernung vom Absprungsort bereits in einer Höhe von 1,08 m und springt 10 m weit.
Wie hoch ist das Känguru gesprungen?

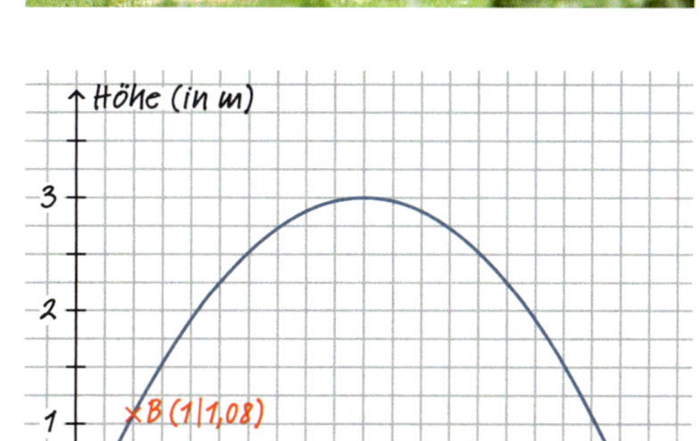

Lösung

Bezeichnet man mit x die horizontale Entfernung vom Absprungsort (in m) und mit f(x) die zugehörige Höhe (in m), so lässt sich der Funktionsterm in der Form $f(x) = ax^2 + bx + c$ schreiben.
Es ist bekannt, dass der Graph durch die Punkte A, B und C verläuft.
Folglich gilt $f(0) = 0$, also
$a \cdot 0^2 + b \cdot 0 + c = 0$, d.h. $c = 0$.
Der Funktionsterm vereinfacht sich zu $f(x) = ax^2 + bx$.
Weiter gilt (I) $f(1) = 1{,}08$ und (II) $f(10) = 0$,
also (I) $a \cdot 1 + b \cdot 1 = 1{,}08$
und (II) $a \cdot 100 + b \cdot 10 = 0$.

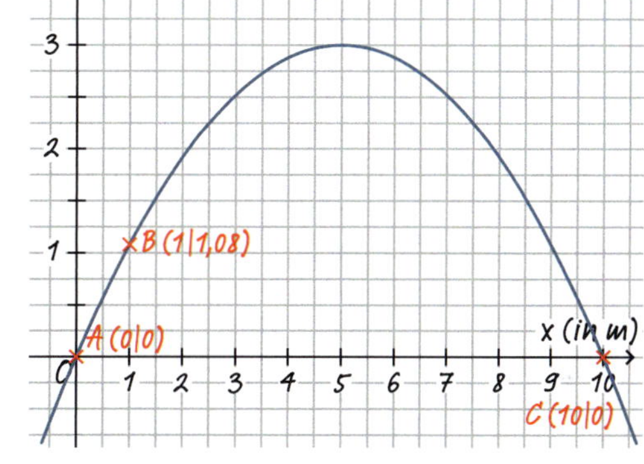

Dieses Gleichungssystem mit zwei Gleichungen und zwei Unbekannten lässt sich z.B. mit dem GTR lösen. Man erhält $a = -0{,}12$ und $b = 1{,}2$.
Der Funktionsterm lautet $f(x) = -0{,}12x^2 + 1{,}2x$.
Der höchste Punkt des Graphen ist der Scheitelpunkt. Die Scheitelstelle ist 5. Es gilt $f(5) = -0{,}12 \cdot 25 + 1{,}2 \cdot 5 = 3$.
Das Känguru erreicht eine maximale Sprunghöhe von 3 m.

Aufgaben

○ **1** Sarah liest im Urlaub in einer Broschüre: „Der Triumphbogen hat eine Höhe von 7 m und ist parabelförmig gebaut worden.“
Sarah bezweifelt, dass der Bogen parabelförmig ist und misst zur Kontrolle drei Punkte des Bogens: P(0|0), Q(1|2,2) und R(11|0).
Führe mithilfe der Messdaten von Sarah die Kontrolle durch.

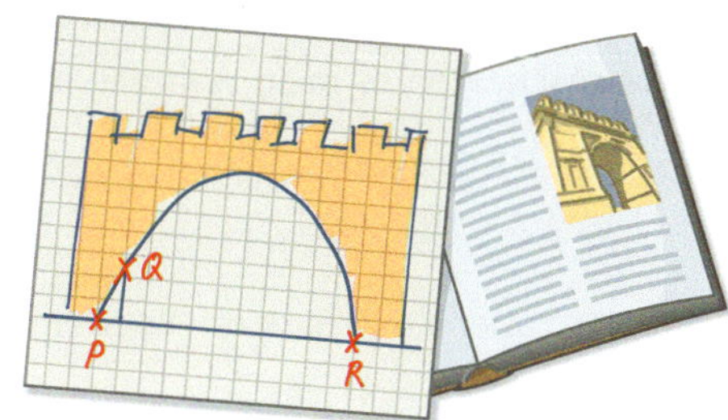

2 Der Bogen der Kölnarena in Köln entspricht laut Angaben einer Parabel. Sandra, Kira, Johannes und Paul wollen dies kontrollieren. Dazu nehmen sie ein Foto der Kölnarena und zeichnen je ein Koordinatensystem. Bestimmt den Funktionsterm für den Bogen der Kölnarena unter Berücksichtigung der unterschiedlich angelegten Koordinatensysteme. Vergleicht und kontrolliert eure Ergebnisse.

Sandra

Kira

Johannes

Paul

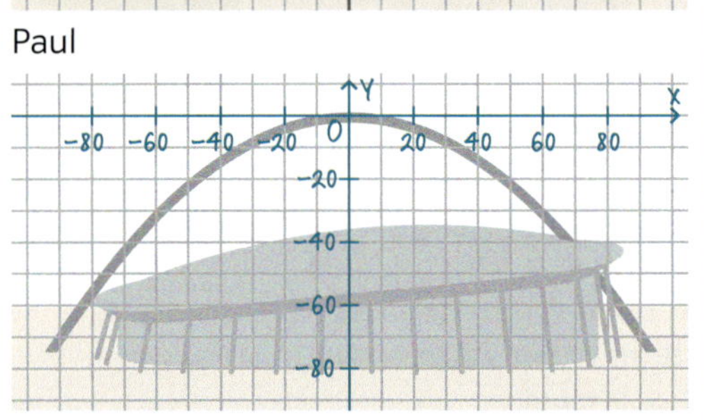

Bist du schon sicher?

3 Die Feuerwerksrakete „Weißer Blitz" soll 300 m hoch fliegen können. Die Rakete wird aus einem Gefäß abgeschossen, das in 0,5 m Höhe steht.
Nach einem Meter horizontaler Entfernung fliegt sie ca. 10 cm über einen 24 m hohen Mast. Die Reste der Rakete landen etwa in 50 m Entfernung zum Abschusspunkt. Fliegt die Rakete wirklich 300 m hoch?

Lösung | Seite 171

4 Beim Sportfest des Albert-Schweitzer-Gymnasiums ist eine Disziplin Weitwurf. Wie in der Physik gezeigt werden kann, ist die Flugbahn eines Balls annähernd parabelförmig. Daniela wirft ihren Ball in 2 m Höhe ab und der Scheitelpunkt ihrer Wurfparabel liegt bei S(23 | 13,5).

a) Gib den Funktionsterm der Parabel an.

b) Wie weit wirft Daniela ungefähr?

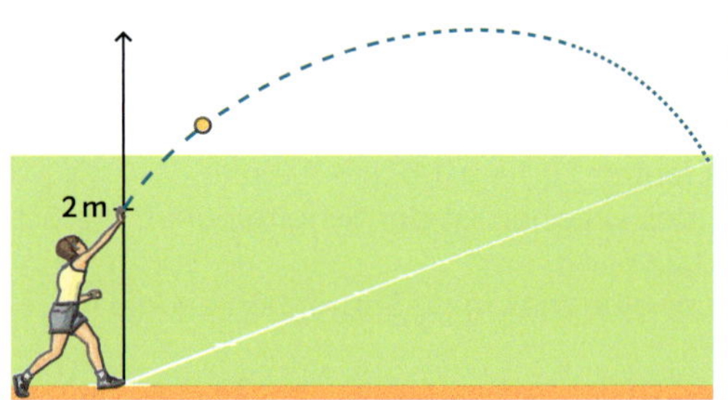

Fig. 2

Kannst du das noch?

5 Multipliziere aus und vereinfache den Term so weit wie möglich.

a) $(\sqrt{3} + \sqrt{5})^2$

b) $2(\sqrt{6} + \sqrt{7})(\sqrt{6} - \sqrt{7})$

c) $2\sqrt{2}(3\sqrt{8} - 3) + 3\sqrt{2}(2 - 2\sqrt{8})$

d) $(\sqrt{27} + \sqrt{3})^2$

e) $(\sqrt{2} + 1)(1 - \sqrt{2})$

f) $5\sqrt{5}(2\sqrt{6} - \sqrt{5} - 6\sqrt{2})$

6 Entscheide, ob der Term eine rationale Zahl darstellt oder nicht. Begründe.

a) $(\sqrt{2} - 1)(2 + \sqrt{2})$

b) $(\sqrt{27} - \sqrt{243}) : \sqrt{3}$

c) $\frac{\sqrt{5}}{\sqrt{5} + \sqrt{125}}$

Lösungen | Seite 172

1 Gegeben ist die quadratische Funktion f mit $f(x) = \frac{1}{2}(x + 2)^2 - 3$.
Gib den Funktionsterm g(x) der quadratischen Funktion g an, deren Graph entsteht, indem der Graph von f
a) an der y-Achse gespiegelt wird,
b) um eine Einheit nach links und um eine Einheit nach unten verschoben wird,
c) an der x-Achse gespiegelt wird,
d) am Ursprung gespiegelt wird.

2 Wirft man einen Gegenstand horizontal, so hat seine Flugbahn die Form einer Parabel (Fig. 1). Wird eine Kugel mit einer Geschwindigkeit von $v = 4\,m/s$ geworfen, so kann die Flugbahn durch folgende Funktion f beschrieben werden: $f(x) = -\frac{9{,}81}{32}x^2$.
Hierbei bezeichnet x die horizontale Entfernung vom Abwurfpunkt (in m) und die Abwurfhöhe − f(x) die zugehörige Höhe über dem Erdboden (in m).
Erstelle eine Skizze in einem Koordinatensystem. Wie weit würde die Kugel fliegen, wenn sie von einer Höhe von 1,4 m geworfen wird?

Fig. 1

3 Lara möchte aus einem Brett mit den Abmessungen 5 m × 0,4 m entsprechend Fig. 2 ein Regal mit maximalem Volumen bauen. Welche Maße hat das Regal?

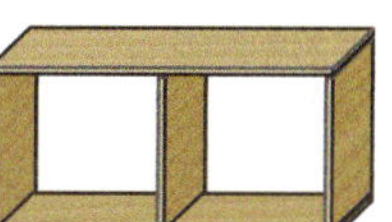
Fig. 2

4 Berechne die Länge des Kreisradius r und der eingezeichneten Sehne s in Fig. 3, wenn der Radius des Kreises um 3 cm länger ist als die Länge dieser Sehne.

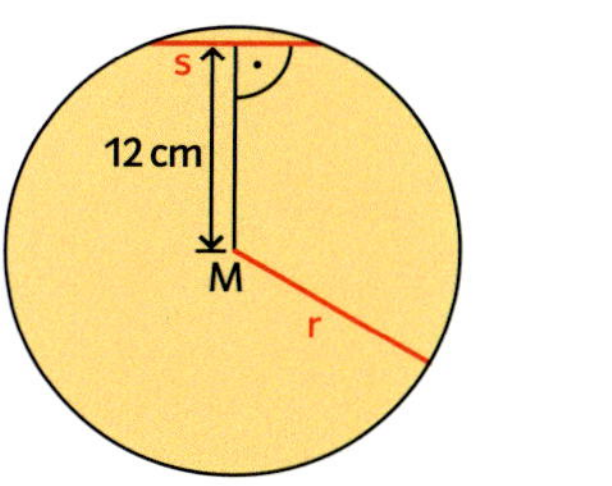

Fig. 3

5 Berechne die Seitenlängen und die Höhe h des gleichschenkligen Dreiecks in Fig. 4, wenn sein Flächeninhalt $48\,cm^2$ beträgt.

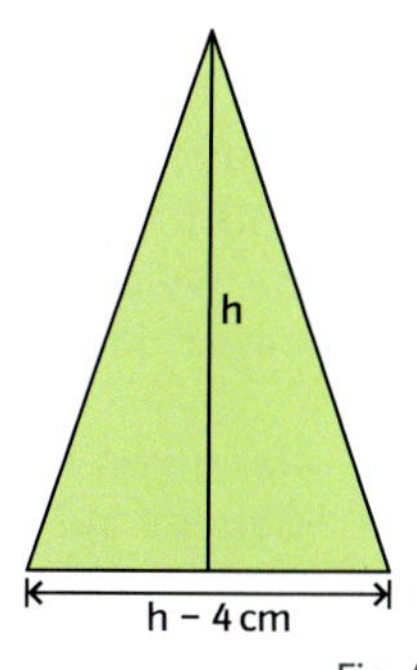

Fig. 4

6 Auf einem Markt möchte Hansi an einem Glücksspiel teilnehmen. Er überlegt, dass er dann mit einer Wahrscheinlichkeit von über 50 % schon beim ersten Spieldurchgang gewinnen müsste.
Zeichne ein beschriftetes Baumdiagramm, das die Situation von zwei aufeinanderfolgenden Spielen beschreibt und bestimme die Wahrscheinlichkeit, mit der Hansi beim ersten Spieldurchgang gewinnt. Hat er mit seiner Überlegung recht?

7 Ein quadratischer Tisch mit der Seitenlänge 2 m soll entsprechend der Figur mit zwei quadratischen Einlegearbeiten verziert werden. Aus Kostengründen soll dieser Flächenanteil möglichst klein werden. Welche Maße bieten sich für die Einlegearbeiten an?

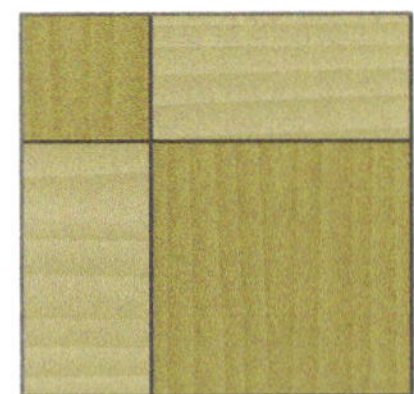

8 Charles Lindbergh (1902–1974) flog 1927 als erster Mensch allein über den Atlantik von New York nach Paris. Er überlegte, bei welcher Fluggeschwindigkeit er am wenigsten Treibstoff verbrauchen würde. Er ging davon aus, dass sich die Strecke S (in Meilen), die er mit einem Liter Treibstoff bei einer Fluggeschwindigkeit v (in Meilen pro Stunde) fliegen konnte, mit der Formel $S = -0{,}0013\,v^2 + 0{,}25\,v - 10$ bestimmen lässt.

a) Bei welcher Fluggeschwindigkeit konnte Lindbergh am weitesten fliegen?

b) Mit welchem Gesamtverbrauch musste er auf der 3600-Meilen-Strecke rechnen?

c) Welche Gründe konnten dafür gesprochen haben, dass Lindbergh schneller als die in Teilaufgabe a) berechnete Geschwindigkeit flog?

d) Untersucht, für welche Werte von v die Formel sinnvolle Werte liefert.

9 Berechne den Flächeninhalt des Dreiecks PBQ für $x = 1\,\text{cm}$ und für $x = 2\,\text{cm}$ (Fig. 1). Für welchen Wert von x wird der Flächeninhalt des Dreiecks am größten?

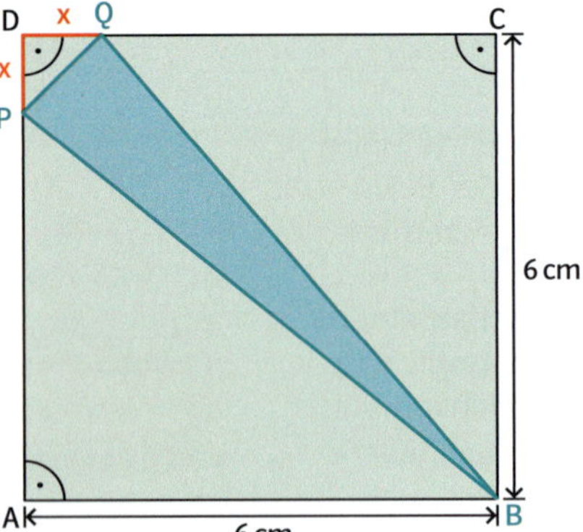

Fig. 1

10 Karin und Peter wollen für ihre Kaninchen Gehege auf dem Rasen im Garten bauen (Fig. 2). Für die Einzäunung und das Abteilen der Gehege haben sie insgesamt 20 m Maschendraht zur Verfügung. Wie sind die Abmessungen a und b zu wählen, damit der Flächeninhalt der Gehege am größten wird?

11 In dem Quadrat in Fig. 3 ist die Diagonale d 4 cm länger als die Seite a. Berechne jeweils die Länge von d und a.

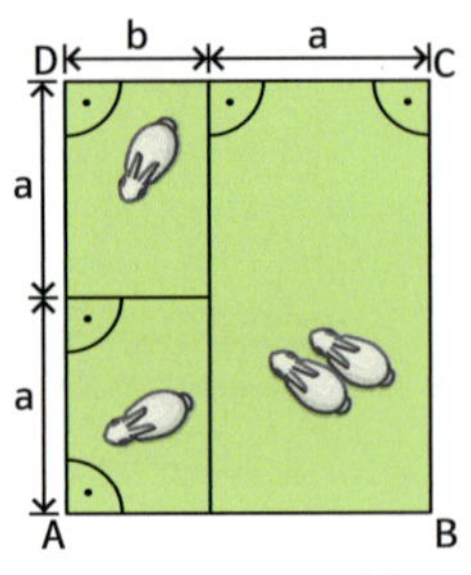

Fig. 2

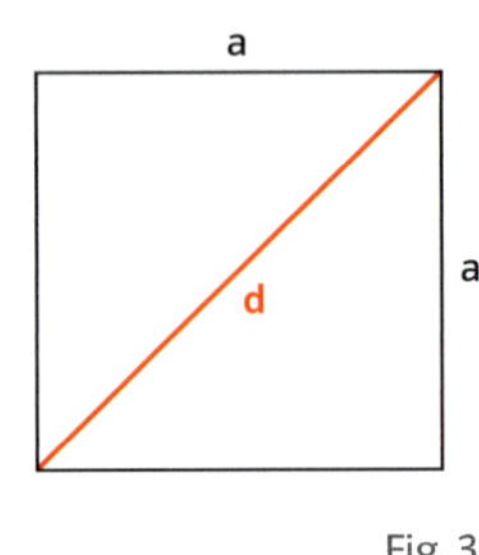

Fig. 3

12 Legt man mit Münzen wie in der nebenstehenden Abbildung Dreiecke, so braucht man dazu eine Münze, 3 Münzen, 6 Münzen usw.
a) Wie viele Münzen braucht man, wenn in der untersten Reihe 4, 5, 10, 20, n Münzen liegen?
b) Kann man mit 78 Münzen ein vollständiges Dreieck legen? Geht es mit 436 Münzen?

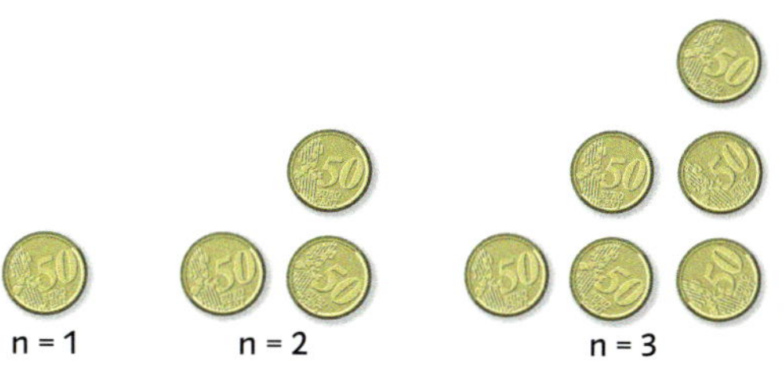

13 Aus einer Spanplatte von der Form eines halben Quadratmeters soll ein möglichst großes rechteckiges Stück herausgesägt werden. Wie soll man sägen? Wie groß wird das Rechteck höchstens?

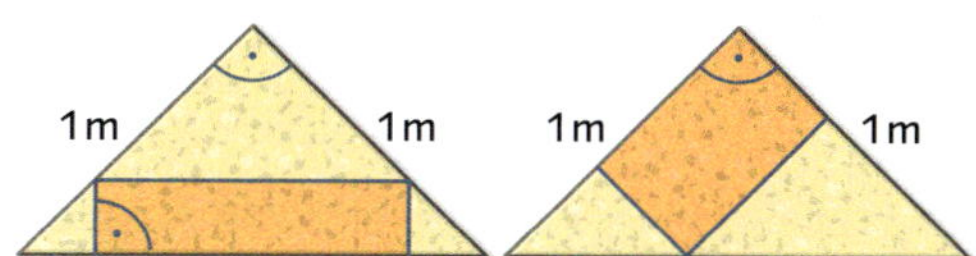

14 Die beiden abgebildeten Quadrate haben zusammen einen Flächeninhalt von $400\,m^2$. Wie groß ist jedes einzelne von ihnen?

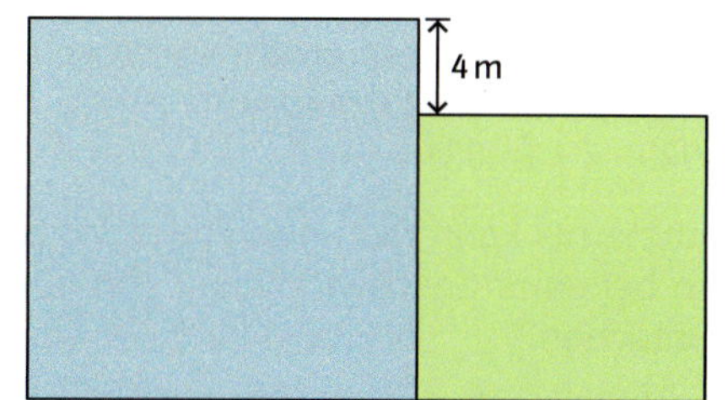

15 Gibt es vier aufeinanderfolgende natürliche Zahlen, bei denen das Produkt aus der kleinsten und der größten Zahl gleich dem Produkt der beiden anderen ist?

16 Von einer rechteckigen Glasplatte mit den Seitenlängen 30 und 40 cm ist eine Ecke in Form eines rechtwinkligen Dreiecks mit den Kathetenlängen 10 cm und q cm abgebrochen.
Aus dem Rest soll ein möglichst großes rechteckiges Stück herausgeschnitten werden.
Berechne den maximalen Flächeninhalt für $q = 6$ cm (8 cm, 15 cm).

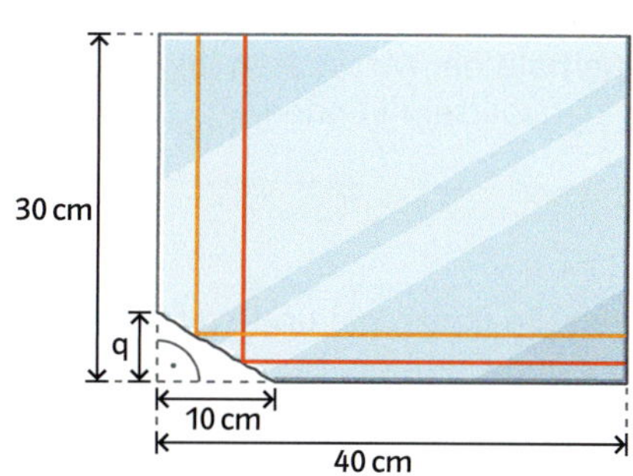

Diese geometrische Methode geht zurück auf den schottischen Historiker Thomas Carlyle. Man spricht daher auch von Carlyle-Kreisen.

17 Mit der nebenstehenden Konstruktion lassen sich quadratische Gleichungen der Form $x^2 - px + q = 0$ $(0, q > 0)$ zeichnerisch lösen.
a) Beschreibe die Konstruktion in Worten.
b) Zeige, dass x_1 und x_2 die Lösungen der Gleichung sind.
c) Bestimme mithilfe dieser Konstruktion die Lösungen der Gleichungen
$x^2 - 5{,}5x + 6 = 0$ und $x^2 - 2x + 3 = 0$.

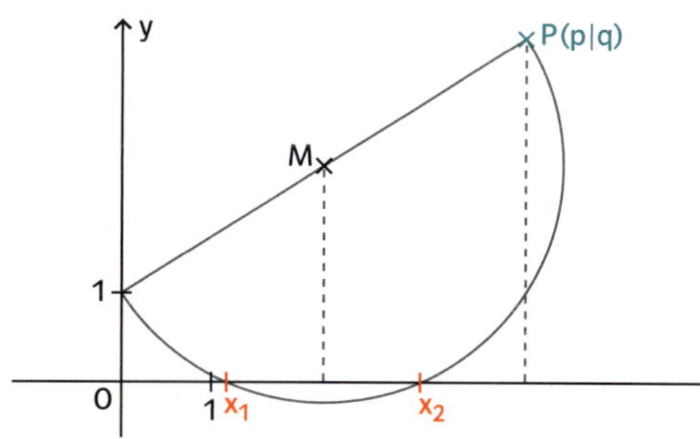

18 Ersetze in der Rechnung die Platzhalter ▲, ● und ■ durch passende Terme.

$$f(x) = ax^2 + bx + c = a\left(x^2 + \frac{b}{a}x\right) + c = a\left(x^2 + \frac{b}{a}x + \left(\frac{b}{2a}\right)^2 - (▲)^2\right) + c = a\left((x + ●)^2 - \left(\frac{b}{2a}\right)^2\right) + c$$
$$= a\left(\left(x + \frac{b}{2a}\right)^2 - \frac{b^2}{4a^2}\right) + c = a\left(x + \frac{b}{2a}\right)^2 - ■ + c = a\left(x + \frac{b}{2a}\right)^2 + \left(c - \frac{b^2}{4a}\right)$$

Ausgleichskurven

Um den Benzinverbrauch eines Sportwagens in Abhängigkeit von der Geschwindigkeit angeben zu können, wurden die folgenden Werte gemessen.

Geschwindigkeit (in km/h)	50	70	80	90	100	110	120
Verbrauch (in l/100 km)	7,1	7,6	8,0	8,5	9,2	10	10,9

Wenn man diese Daten als Punktdiagramm darstellt, erkennt man, dass die Punkte nicht auf einer Geraden liegen. Die blaue Ausgleichsgerade zeigt sehr große Abweichungen. Man kann vermuten, dass die Punkte auf einer Parabel liegen können. Dann muss es einen quadratischen Zusammenhang zwischen beiden Größen geben.

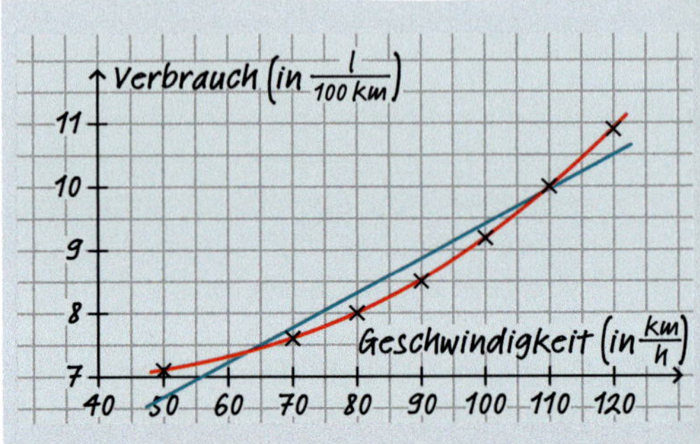

Mithilfe einer Tabellenkalkulation kann man sich die Ausgleichskurve sowie den Funktionsterm dieser Kurve anzeigen lassen. Dabei wählt das Programm den Graphen als Ausgleichskurve, bei dem die Abweichungen zu der Messreihe insgesamt am geringsten sind. Für obige Daten erhält man so
$f(x) = 0{,}0006 \cdot x^2 - 0{,}0509 \cdot x + 8{,}1081$.

Mithilfe dieses Funktionsterms kann man nun Vorhersagen treffen: So würde das Auto bei einer Geschwindigkeit von 40 km/h ca. 7 Liter auf 100 km verbrauchen.

Zum Bestimmen einer Ausgleichsgeraden bzw. Ausgleichskurve, sagt man auch, dass man eine lineare Regression bzw. eine quadratische Regression durchführt.

Laut Funktionsterm würde der Verbrauch bei 0 km/h bei 8,1081 Liter liegen. Dieser Wert ist nicht sinnvoll. Dementsprechend muss man berechnete Werte, die außerhalb der Messdaten liegen, dahingehend hinterfragen, ob sie sinnvoll sein können.

Bei **Excel** gibt man zunächst die Daten ein und erstellt mithilfe des Diagrammassistenten einen Graphen. Nun markiert man auf dem Diagramm per Mausklick die Datenreihe und öffnet mit der rechten Maustaste die Registerkarte, in der man die „Trendlinie hinzufügen" kann.

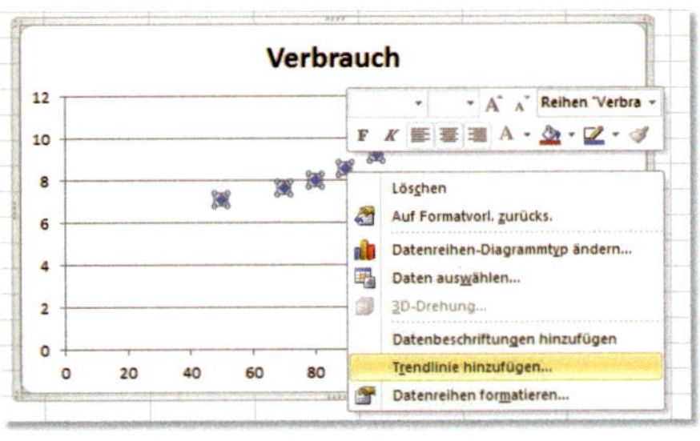

Es öffnet sich eine Registerkarte, in der man unter „Typ" die Art der Trendlinie angeben kann. Glaubt man, dass ein linearer Zusammenhang vorliegt, klickt man „Linear" an. Vermutet man wie im obigen Beispiel, dass ein quadratischer Zusammenhang vorliegt, muss man „Polynomisch" anklicken. Am Ende der Registerkarte kann man anklicken, dass der Funktionsterm direkt mit angegeben wird. Dazu setzt man per Mausklick im Feld vor dem Text „Formel im Diagramm anzeigen" ein Häkchen.

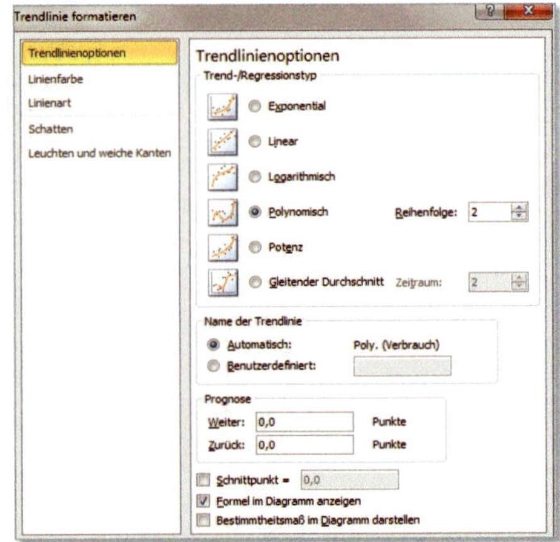

1 Die Forschungsabteilung einer Autofirma führt Bremsversuche durch.

Geschwindigkeit (in km/h)	30	50	80	100
Bremsweg auf normaler Fahrbahn (in m)	4,46	13,35	35,58	56,33
Bremsweg auf nasser Fahrbahn (in m)	6,82	19,93	52,45	82,7
Bremsweg auf Glatteis (in m)	22,4	62,78	162,17	276,89

Überlege dir, wie lang der Bremsweg ist, wenn die Geschwindigkeit 0 km/h beträgt.

a) Vergleiche die Daten mit der Faustregel aus der Fahrschule: „Geschwindigkeit in km/h quadrieren, dann durch 100 teilen: Das ist der Bremsweg in Metern".
b) Bestimme für die unterschiedlichen Fahrbahnsituationen den Term, mit dem sich der Bremsweg näherungsweise berechnen lässt.
c) Gib eine Vorhersage für den zu erwartenden Bremsweg bei einer Geschwindigkeit von 120 km/h bzw. 160 km/h an.

2 Auf einem Hauptbahnhof wurde der Beschleunigungsvorgang von zwei ICE-Zügen untersucht. Dazu stellten sich fünf Personen an vorher markierte Punkte, die eine Entfernung von 24,8 m, 49,6 m, 74,4 m, 99,2 m und 124 m zur Spitze des stehenden Zuges hatten. Nach dem Start des Zuges wurde gemessen, nach wie vielen Sekunden die Spitze des Zuges die markierten Punkte passierte.

Interaktives Üben mr6jp6

Daten von weiteren Zügen sowie Dateien für die Auswertung mit Excel

Position	0 m	24,8 m	49,6 m	74,4 m	99,2 m	124 m
ICE 1	0 s	11,9 s	16,14 s	20 s	24,44 s	
ICE 2	0 s	16,81 s	26,39 s	34,9 s	43 s	50,8 s

a) Bestimme die Funktionsterme zur Beschreibung des Zusammenhanges.
b) Gib eine Vorhersage, nach wie vielen Sekunden die Spitze des Zuges 150 m, 200 m bzw. 1,5 km vom Startpunkt entfernt ist.

3 Beim Sport kann man viele Flugbewegungen mithilfe von Parabeln beschreiben. Stelle mithilfe der stroboskopischen Aufnahme in Figur 1 einen Funktionsterm für die Bewegungen auf (x und f (x) jeweils in m). Hinweis: Der Sprung ist ca. 6 m weit.

Fig. 1

Fig. 2

Man kann Bewegungen auch als Video aufnehmen und die Videodatei mithilfe entsprechender Programme so bearbeiten, dass man die Funktionsterme bestimmen kann.

4 Zeichnet auf ein Blatt Papier ein Koordinatensystem und heftet das Blatt an eine Wand. Nehmt einen Faden und haltet ihn an zwei Punkten fest. Bestimmt mehrere Koordinaten, durch die er verläuft. Wie groß sind die Abweichungen von einer Parabelform?

Anstelle des Festhaltens mit den Daumen, kann man den Faden auch mit kleinen Nadeln befestigen.

5 Nehmt selbst Daten auf und analysiert, ob man diese mithilfe einer quadratischen oder linearen Funktion beschreiben kann.

Rein quadratische Funktionen
Eine Funktion f, deren Funktionsterm die Form $f(x) = ax^2$ besitzt, heißt rein quadratische Funktion. Ihr Funktionsgraph ist eine Parabel.
Alle Parabeln zu rein quadratischen Funktionen haben den Scheitelpunkt $(0 \mid 0)$.
Für $a > 0$ ist die Parabel nach oben geöffnet und der Scheitelpunkt ist der tiefste Punkt des Graphen.
Für $a < 0$ ist die Parabel nach unten geöffnet und der Scheitelpunkt ist der höchste Punkt des Graphen.
Für $|a| > 1$ ist die Parabel in y-Richtung gestreckt, für $|a| < 1$ gestaucht.
Der Graph von f mit $f(x) = x^2$ heißt **Normalparabel**.

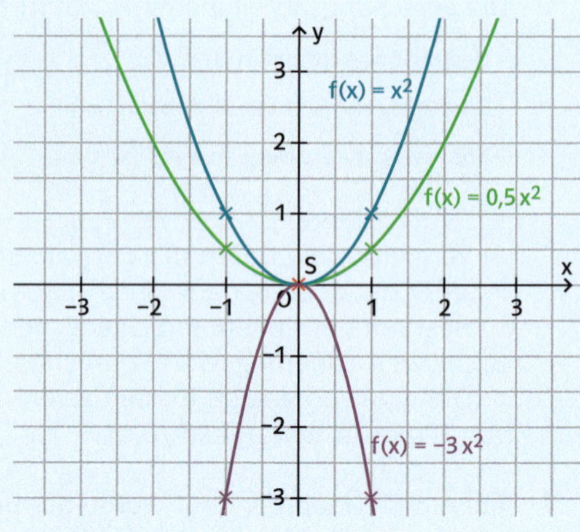

Allgemeine quadratische Funktionen
Für den Funktionsterm allgemeiner quadratischer Funktionen gibt es verschiedene Darstellungsformen.
Scheitelpunktform:
$f(x) = a(x - u)^2 + v$, der Scheitelpunkt ist $S(u \mid v)$
Nullstellenform (oder **faktorisierte Form**):
$f(x) = a(x - n)(x - m)$, die Nullstellen sind n und m
Allgemeine (oder **ausmultiplizierte**) **Form**:
$f(x) = ax^2 + bx + c$, der Schnittpunkt mit der y-Achse ist $(0 \mid c)$

Man kann die unterschiedlichen Darstellungsformen des Funktionsterms ineinander überführen.

Betrachtet wird der Graph der Funktion f mit $f(x) = 2x^2 - 12x + 10$.

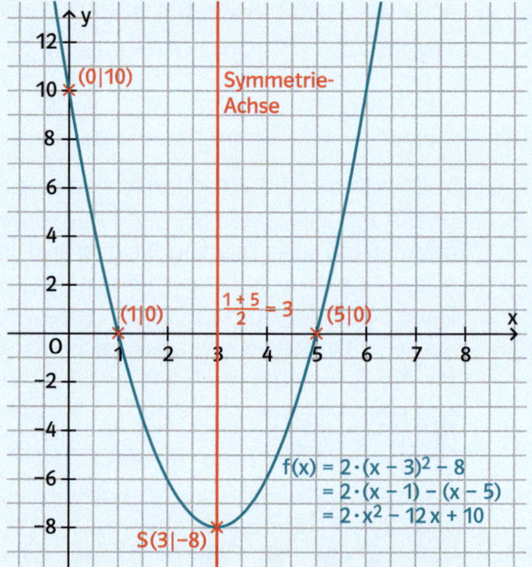

Quadratische Gleichungen
Eine Gleichung der Form $ax^2 + bx + c = 0$ (mit $a \neq 0$) heißt quadratische Gleichung. Ihre Lösungen sind die Nullstellen der zugehörigen quadratischen Funktion. Man kann eine quadratische Gleichung zeichnerisch (Näherungslösung) oder rechnerisch lösen.

Man kann jede quadratische Gleichung in die Form $x^2 + px + q = 0$ überführen und durch quadratische Ergänzung lösen.

Führt man die quadratische Ergänzung mit den Variablen p, q durch, so erhält man die **pq-Formel**:

$$x^2 + px + q = 0$$

$$\Leftrightarrow x = -\frac{p}{2} + \sqrt{\left(\frac{p}{2}\right)^2 - q} \text{ oder } x = -\frac{p}{2} - \sqrt{\left(\frac{p}{2}\right)^2 - q}$$

Der Ausdruck $\left(\frac{p}{2}\right)^2 - q$ heißt **Diskriminante.**

Die quadratische Gleichung besitzt
- zwei verschiedene Lösungen, falls $\left(\frac{p}{2}\right)^2 - q > 0$,
- genau eine Lösung, falls $\left(\frac{p}{2}\right)^2 - q = 0$,
- keine Lösung, falls $\left(\frac{p}{2}\right)^2 - q < 0$.

Rechnerische Lösung der Gleichung $2x^2 - 12x + 10 = 0$ durch quadratische Ergänzung:

$$\begin{aligned} & 2x^2 - 12x + 10 = 0 && \mid :2 \\ \Leftrightarrow\ & x^2 - 6x + 5 = 0 && \mid TU \\ \Leftrightarrow\ & x^2 - 2 \cdot 3x + 5 = 0 && \mid +4 \\ \Leftrightarrow\ & x^2 - 2 \cdot 3x + 9 = 4 && \mid TU \\ \Leftrightarrow\ & (x - 3)^2 = 4 && \mid \sqrt{\ } \\ \Leftrightarrow\ & |x - 3| = 2 && \\ \Leftrightarrow\ & x - 3 = 2 \text{ oder } x - 3 = -2 && \mid +3 \\ \Leftrightarrow\ & x = 5 \text{ oder } x = 1 && \end{aligned}$$

Runde 1

Lösungen | Seite 172

1 S ist der Scheitelpunkt einer verschobenen Normalparabel. Bestimme den zugehörigen Funktionsterm.

a) $S(0\,|\,5{,}7)$ **b)** $S(2{,}5\,|\,-5)$ **c)** $S\left(\frac{5}{4}\,\middle|\,1{,}1\right)$ **d)** $S\left(-2{,}5\,\middle|\,-\frac{2}{5}\right)$

2 Zeichne den Graphen von f.

a) $f(x) = \frac{1}{2}(x + 2)^2$ **b)** $f(x) = -(x - 2)^2 + 3$ **c)** $f(x) = 2x^2 - 2{,}5$ **d)** $f(x) = x(x - 2)$

3 Der Punkt $P(3\,|\,-6)$ liegt auf einer Parabel mit Scheitel $S(1\,|\,2)$.
a) Bestimme den Funktionsterm der zugehörigen quadratischen Funktion.
b) Berechne die Nullstellen der Funktion.

4 Rico wirft vom Ufer eines Sees einen Stein in das Wasser. Die Höhe des Steins über dem Wasserspiegel kann mit der Funktion h mit $h(t) = -0{,}4t^2 + 2t + 1{,}5$ ermittelt werden. Dabei beschreibt t die Zeit in Sekunden nach dem Abwurf und h(t) die Höhe des Steins in Metern zum Zeitpunkt t.
a) Aus welcher Höhe wirft Rico den Stein ab?
b) Nach welcher Zeit ist der Stein am höchsten Punkt? Wie hoch ist der Stein dann?
c) Nach welcher Zeit fällt der Stein etwa ins Wasser?

Runde 2

Lösungen | Seite 172

1 Bestimme den Scheitelpunkt.
a) $f(t) = t^2 - 4t + 7$ **b)** $g(z) = 2z - z^2$

2 Gib zu den Parabeln in Fig. 1 jeweils den Funktionsterm der zugehörigen Funktion an.

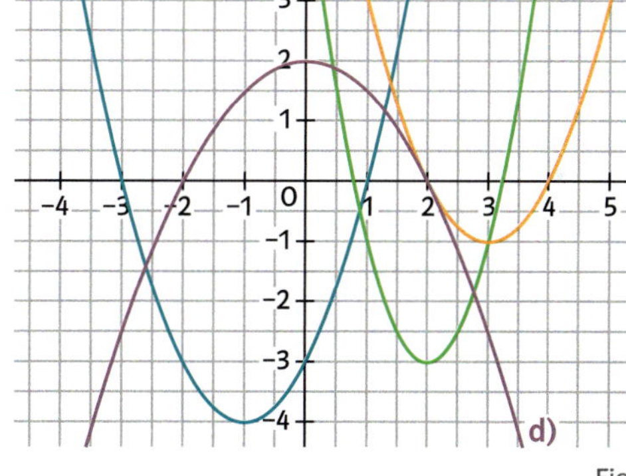

Fig. 1

3 Bestimme, falls vorhanden, die Lösungen zeichnerisch und rechnerisch.
a) $x^2 + 4 = 0$
b) $x^2 + 5x + 4 = 0$
c) $x^2 - 6x + 9 = 0$
d) $11x - x^2 + 3 = 5x - 4x^2$
e) $(x - 5)^2 = 1$

4 Susi hat zu ihrem Geburtstag vier Kaninchen bekommen und möchte nun im Garten an der Ecke von Haus und Garage eine Fläche für ihre neuen Haustiere einzäunen. Ihr Vater hat für sie noch ein altes 2 m breites Holztor und einen ca. 9 m langen Maschendrahtzaun.
Ihre Freundin hat in einer Tierzeitschrift gelesen, dass die Grünfläche pro Kaninchen mindestens 5 m² betragen sollte.
a) Gib die Abmessungen für ein mögliches Gehege an, das die vorgegebenen Bedingungen erfüllt.
b) Bestimme die Abmessungen des größtmöglichen Geheges.

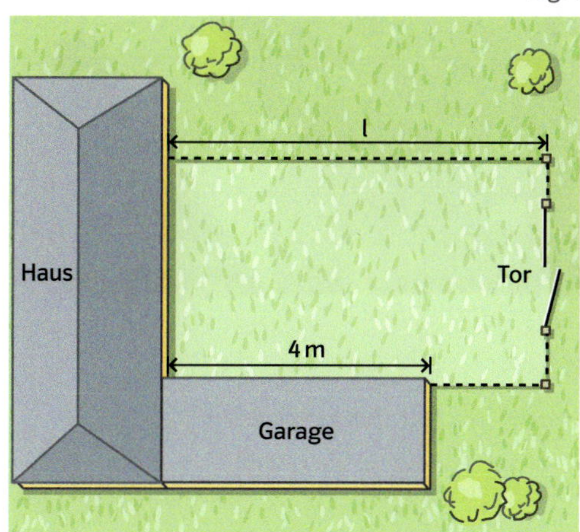

III Daten und Zufall

Merkmal	Mädchen	Junge	gesamt
spielt ein Instrument	24		52
spielt kein Instrument		36	
gesamt	66		

Das kannst du schon

- Wahrscheinlichkeiten mit Baumdiagrammen berechnen
- Zufallsexperimente simulieren

Sicher ins Kapitel III
Seite 151

Das kannst du bald

- Wahrscheinlichkeiten mit Vierfeldertafeln berechnen
- Baumdiagramme und Vierfeldertafeln interpretieren
- Unbekannte Wahrscheinlichkeiten ermitteln

Umfragen erheben und darstellen

Lerneinheit 2
Seite 75

Damit bestimmte Entscheidungen besser getroffen werden können, werden vorher häufig Umfragen erstellt.
Um z.B. die Inhalte eines neuen Computerspieles festzulegen, könnte man vorher untersuchen, ob Spiele am Computer mehr von Jungen als von Mädchen gespielt werden. Die Ergebnisse einer solchen Umfrage lassen sich besonders übersichtlich in einer Tabelle darstellen:

	spielt gerne Actionspiele	spielt nicht so gerne Actionspiele	gesamt
Junge	13	5	18
Mädchen	2	12	14
gesamt	15	17	32

- Überlegt euch, was die einzelnen Zahlen in der Tabelle angeben.
  Kann man aus den Zahlen der letzten Zeile folgern, dass Computerspiele überhaupt nicht besonders beliebt sind?

- Überlegt euch eigene Umfragen, führt sie durch und stellt die Ergebnisse in Form einer Tabelle dar.

Eine Werbefirma möchte die Wirkung zweier Werbefilme auf Frauen und Männer testen und führt dazu eine Umfrage unter 3000 Personen durch. Die Probanden werden gefragt, welches der beiden Produkte A oder B sie kaufen würden.
Gleichzeitig wurden sie nach ihrem Alter gefragt.
Als Ergebnis ergibt sich folgende Tabelle:

	weiblich	männlich	gesamt
Produkt A	990	660	1650
Produkt B	510	840	1350
gesamt	1500	1500	3000

Stellt man in der Tabelle die relativen Häufigkeiten dar, erhält man:

	weiblich	männlich	gesamt
Produkt A	0,33	0,22	0,55
Produkt B	0,17	0,28	0,44
gesamt	0,5	0,5	1

- Zu welchem Produkt greifen eher die Frauen, zu welchem eher die Männer?
  Wie sicher, glaubst du, ist diese Information?

Die Auswertung der Befragung nach dem Alter ergibt:

	bis 40 Jahre alt	über 40 Jahre alt	gesamt
Produkt A	1050	450	1500
Produkt B	450	1050	1500
gesamt	1500	1500	3000

Das Kaufverhalten hängt also nicht nur vom Geschlecht, sondern auch vom Alter der Befragten ab. Um beide Informationen über Abhängigkeiten in einen Bezug zueinander zu bringen, stellt man die gesamten Daten in einer einzigen Tabelle dar.

	weiblich		männlich		
	bis 40 Jahre	über 40 Jahre	bis 40 Jahre	über 40 Jahre	gesamt
Produkt A	945	45	105	405	1500
Produkt B	405	105	45	945	1500
gesamt	1350	150	150	1350	3000

Man kann ablesen, das sowohl 70 % der jüngeren Frauen und ebenfalls 70 % der jüngeren Männer sowie jeweils 30 % der älteren Frauen und 30 % der älteren Männer das Produkt A bevorzugen.
Hängt die Wahl des Produktes damit vom Geschlecht ab?

In der folgenden Tabelle sind die beiden Merkmale Geschlecht und Alter darstellt.

	bis 40 Jahre	über 40 Jahre	gesamt
weiblich	1350	150	1500
männlich	150	1350	1500
gesamt	1500	1500	3000

- Erkläre die Fehldeutung anhand der Zahlen.
  Wodurch entsteht der scheinbare Zusammenhang zwischen Produktwahl und Geschlecht?
- Suche in Zeitschriften oder Internet nach ähnlichen Umfragen und versuche zu entscheiden, ob die gezogenen Schlussfolgerungen plausibel sind.
- Erarbeitet eine Präsentation zu eurer gewählten Umfrage und stellt sie in der Klasse vor.

1 Anteile von Anteilen

Jana: „Ich mag nur blonde Jungen."
Nina: „Frau Angermayer sagt, dass auf unserer Schule 360 Jungen sind, von denen 60 % blond sind."
Jana: „Alle, die nicht mindestens 15 Jahre alt sind, brauchst du gar nicht mitzuzählen."
Nina: „Frau Angermayer sagt, dass auf unserer Schule ein Drittel der Jungen mindestens 15 Jahre alt sind."
Jana: „Und wie viele davon sind blond?"
Nina: „Keine Ahnung. Ich weiß nur, dass von denen, die noch nicht 15 sind, 100 nicht blond sind."

Die 120 Schülerinnen und Schüler des 6. Jahrgangs haben die Wahl für die zweite Fremdsprache durchgeführt. 60 % des Jahrgangs sind Mädchen. Von allen Mädchen haben sich $\frac{2}{3}$ für die Fremdsprache Spanisch entschieden. $\frac{1}{4}$ der Jungen wählen Spanisch.

Erhebungen, bei denen zwei verschiedene Merkmale unterschieden werden, lassen sich übersichtlich in einem Baumdiagramm darstellen.
In dem Beispiel sind die beiden Merkmale nach denen unterschieden wird:

Merkmal 1 Junge / Mädchen

Merkmal 2 Spanisch / kein Spanisch

Unterscheidet man zuerst nach dem Merkmal Junge / Mädchen (J / M), dann kann man aus den Angaben die Anzahl der Mädchen bzw. Jungen bestimmen: 60 % von 120 sind 72.
Dies lässt sich in dem nebenstehen Baumdiagramm veranschaulichen.

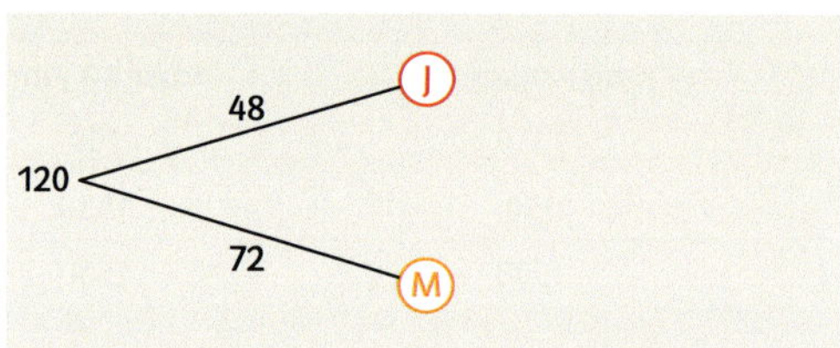

Als zweites Merkmal ist die Wahl der Fremdsprache, also Spanisch / kein Spanisch (Spa / k Spa) angegeben. Man kann aus den Angaben jeweils die Anteile berechnen: $\frac{3}{4}$ von 48 sind 36 und $\frac{2}{3}$ von 72 sind 48. Die restlichen Werte ergeben sich aus der Differenz zu den Gesamtanzahlen der jeweiligen Schüler, die Spanisch gewählt haben.

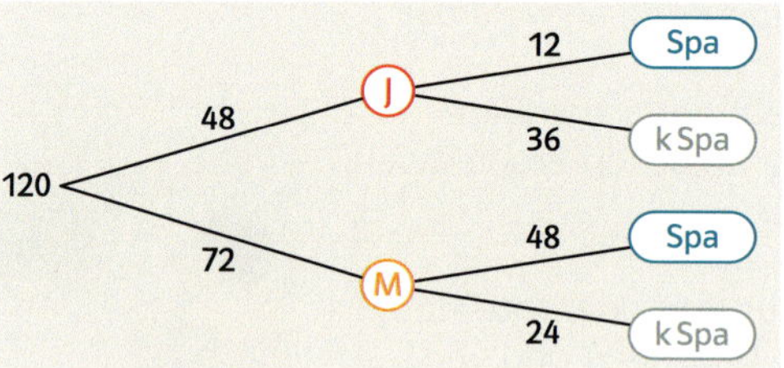

Aus dieser Darstellung lassen sich jetzt weitere Informationen entnehmen. Man erkennt z. B., dass sich insgesamt 60 Schüler des Jahrgangs für die Fremdsprache Spanisch entschieden haben und 24 Mädchen kein Spanisch lernen wollen.

Erhebungen, bei denen nach genau zwei Merkmalen unterschieden wird, lassen sich übersichtlich in einem Baumdiagramm darstellen.
Aus dem vollständigem Baumdiagramm können weitere Informationen entnommen werden.

Beispiel Umfrage
Von den 30 Schülerinnen und Schüler einer Klasse sind 60 % Mädchen. Sechs der Schülerinnen kommen mit dem Fahrrad zur Schule. Von den Jungen kommt jeder Dritte mit dem Rad zur Schule. Erstelle ein Baumdiagramm, aus dem man den Anteil aller Schülerinnen und Schüler, die mit dem Rad kommen, ablesen kann.

Lösung
Merkmal 1: Jungen / Mädchen
Merkmal 2: Radfahrer / kein Radfahrer
60 % von 30 sind 18
Also sind 30 − 18 = 12 Jungen.
Jeder Dritte von 12 sind 4.

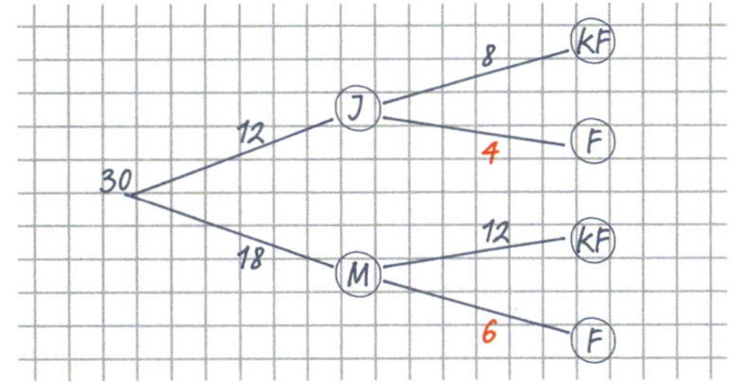

Aus dem Diagramm kann man ablesen, dass insgesamt 10 Schülerinnen und Schüler mit dem Fahrrad zur Schule kommen.

Aufgaben

○ **1** Bei einer Umfrage über die Beliebtheit des Faches Mathematik in den Klassen 9 a und 9 b gaben von den insgesamt 58 befragten Schülerinnen und Schülern 36 an, dass sie Mathematik mögen. 16 Schülerinnen und Schüler der 9 b sagten, dass sie Mathematik mögen. In der 9 b mögen aber 14 Mathematik nicht. Zeichne das dazugehörige Baumdiagramm und bestimme die fehlenden Anteile.

○ **2** In die Klasse 9 c gehen 16 Jungen und 12 Mädchen. Jeder vierte Junge und drei Viertel der Mädchen lernen ein Blasinstrument. Stelle die Daten in einem Baumdiagramm dar.

○ **3** a) Übertrage die Baumdiagramme in dein Heft und ergänze die fehlenden Werte.

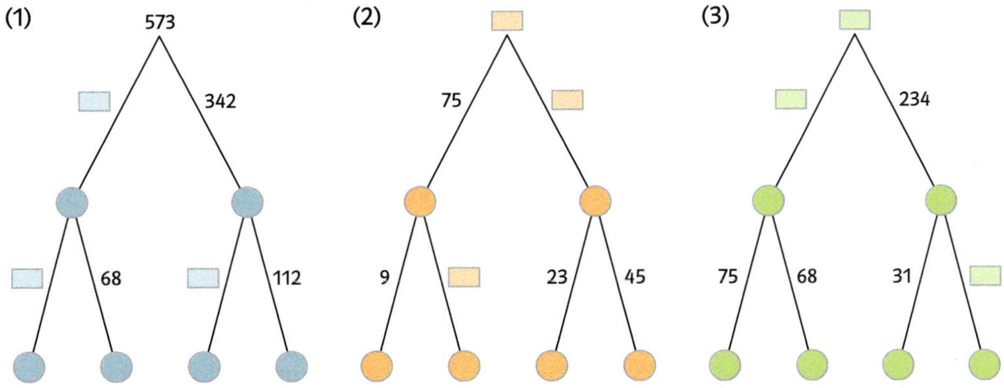

b) Überlege dir zu jedem Baumdiagramm einen passenden Aufgabentext.

○ **4** Klaus hat in seiner Sammelkiste 19 Akkus und 12 Batterien. 8 der Akkus und 4 der Batterien sind nicht geladen. Erstelle ein Baumdiagramm für diesen Sachverhalt.

○ **5** In einem Eimer sind ausschließlich 1-Sterne- oder 2-Sternetischtennisbälle von den Herstellern A und B. Vom Hersteller A kommen 35 der insgesamt 50 1-Sternebälle. Vom Hersteller B stammen 40 der insgesamt 100 Bälle. Erstelle ein Baumdiagramm für diesen Sachverhalt.

◒ **6** Henrys Vater hat die Angewohnheit, benutzte Streichhölzer nach Gebrauch in die Streichholzschachtel zurückzustecken. In der Schachtel befinden sich noch 4 ungebrauchte und 7 verbrauchte Hölzer. Der Vater von Henry zieht ein Streichholz heraus ohne hinzuschauen. Erstelle dazu ein Baumdiagramm.

Bist du schon sicher?

○ **7** 277 der insgesamt 332 befragten Schülerinnen und Schüler der Jahrgangsstufen 8 und 9 der Goetheschule gaben bei einer Umfrage an, ein Smartphone zu besitzen. Von den 162 Neuntklässlern nutzen lediglich 13 kein Smartphone. Stelle den Sachverhalt der Umfrage in einem Baumdiagramm dar.

→ Lösung | Seite 173

◒ **8** Bei den Jugendlichen eines Sportvereins ergab eine Umfrage, dass 87 von den befragten Jungen Fußball spielen. Insgesamt spielten 109 der Befragten Fußball und 520 nicht. Unter den Befragten waren 334 Mädchen. Wie viele Jugendliche wurden befragt? Wie viele Mädchen spielen Fußball?

◒ **9** Bei einem Sehtest aller vierzehnjährigen Kinder einer Stadt mussten von den 4445 untersuchten Jungen 268 eine Brille tragen. Bei den Mädchen hatten 4123 keine Brille. Insgesamt wurden 8824 Kinder untersucht. Stelle die Anteile in einem Baumdiagramm dar.

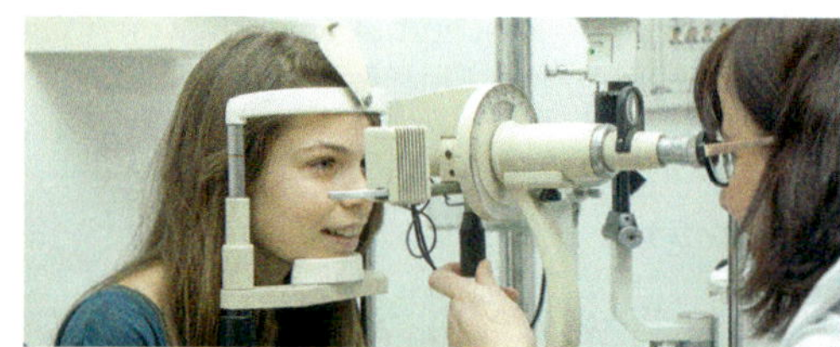

◒ **10** Von den 164 Schülerinnen und Schülern des 10. Jahrgangs der Bismarckschule haben 92 das naturwissenschaftliche Profil (NTW) gewählt. Von den Schülerinnen und Schülern, die das sprachliche Profil (S) gewählt haben, lernen 34 Französisch als zweite Fremdsprache. 98 Schülerinnen und Schüler haben Latein als zweite Fremdsprache. Stelle die Anteile in einem Baumdiagramm dar.

● **11** Bei einer langjährigen Überprüfung von Fahrgästen der städtischen Verkehrsbetriebe wurde ermittelt, dass es etwa 2 % Schwarzfahrer gibt, davon sind 75 % männlich. Bei der Zählung ergab sich, dass 55 % der Fahrgäste männlich sind. Erstelle ein Baumdiagramm. Gehe davon aus, dass 10 000 Personen kontrolliert wurden.

● **12** Eine Statistik hat folgende Ergebnisse zutage gebracht: 52 % der Bevölkerung sind weiblich. 36 % der Frauen und 32 % der Männer geben Rot als Lieblingsfarbe an. 16 % der Frauen und 53 % der Männer bevorzugen Blau und der jeweilige Rest entschied sich für Grün. Erstelle ein Baumdiagramm. Gehe davon aus, dass 130 000 Personen befragt wurden.

Kannst du das noch?

13 Welche der abgebildeten Körper sind Prismen?

(1) 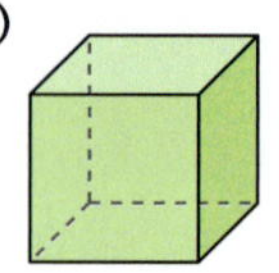

(2) 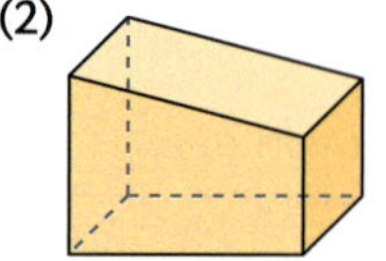

(3) 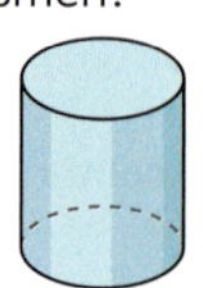

(4) 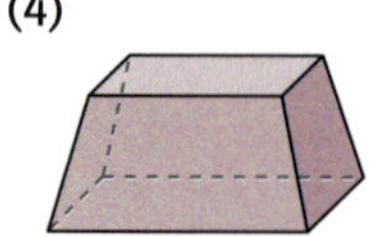

(5) 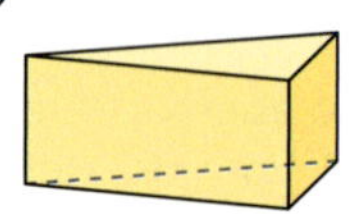

→ Lösung | Seite 173

2 Vierfeldertafel

96 von Leos 420 Freunden in einem sozialen Netzwerk haben ihren Lieblingsverein nicht angegeben. Von 128 dieser Freunde weiß er, dass sie einen Lieblingsfußballverein haben. 66 derer, die keinen Verein angegeben haben, interessieren sich nicht für Fußball.

Um die Wirksamkeit eines neuen Grippe-Serums zu testen, wurden von 205 Versuchspersonen 127 mit dem Serum geimpft. Von den Geimpften erkrankten trotzdem 45 Personen, während von den Nichtgeimpften 23 nicht erkrankten. Dieser Sachverhalt lässt sich mit dem nebenstehenden Baumdiagramm veranschaulichen und die entsprechenden Anteile berechnen.

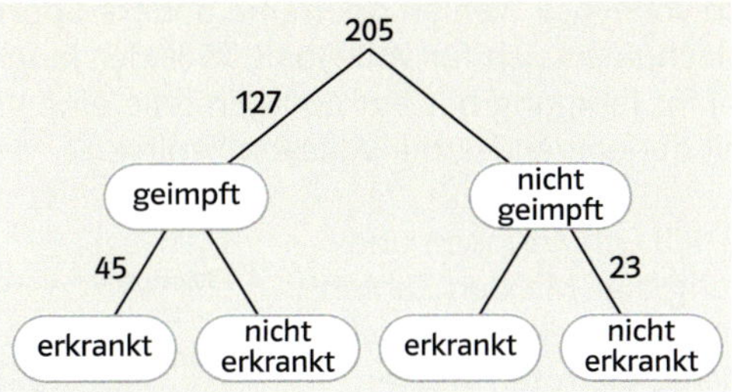

Daneben gibt es aber eine weitere Möglichkeit, Erhebungen mit genau zwei Merkmalen darzustellen. Dazu benutzt man folgende Tabelle, in die man die bekannten Werte einträgt:

Merkmal	erkrankt	nicht erkrankt	gesamt
geimpft	45		127
nicht geimpft		23	
gesamt			205

Diese Tabelle nennt man **Vierfeldertafel.** In der ersten Zeile und in der ersten Spalte sind jeweils die beiden Merkmale aufgeführt. Die rot eingetragenen Zahlen sind die Daten aus dem Text. Jetzt lassen sich die fehlenden Zahlen leicht bestimmen.

Merkmal	erkrankt	nicht erkrankt	gesamt
geimpft	45	82	127
nicht geimpft	55	23	78
gesamt	100	105	205

Aus dieser Darstellung lässt sich nun auch ablesen, wie viele Personen insgesamt erkrankt bzw. nicht erkrankt sind. Dies ergibt sich nicht unmittelbar aus dem Baumdiagramm.

In einer **Vierfeldertafel** lassen sich die Daten einer Umfrage mit genau zwei Merkmalen übersichtlich darstellen. Eine Vierfeldertafel ist bei der Bestimmung weiterer Anteile hilfreich.

Bei solchen Datenerhebungen entscheidet man innerhalb der Gesamtmenge nach einem Merkmal „A“ und einem Merkmal „nicht A“ und schreibt dafür kurz A und $\overline{A}$.

In vielen Fällen hat man keine absoluten Anteile gegeben, sondern prozentuale Anteile. In diesen Fällen kann man selbst eine passende Gesamtanzahl zugrundelegen.

Enthalten die Prozentangaben Kommastellen, so kann man die Gesamtanzahl so weit erhöhen, dass die Einträge ganzzahlig sind.

Die Belegschaft einer Firma besteht zu 45 % aus Frauen. Von allen Mitarbeiterinnen und Mitarbeitern sind 32 % älter als 50 Jahre, von den männlichen Mitarbeitern sind 51 % jünger als 50 Jahre. Unterscheidet man hier das Merkmal A: „jünger als 50", so ist das Merkmal $\overline{A}$: „mindestens 50 Jahre alt".

Merkmal	Frau	Mann	gesamt
jünger als 50	17 %	51 %	68 %
älter als 50	28 %	4 %	32 %
gesamt	45 %	55 %	100 %

Es bietet sich an, als Gesamtanzahl 100 zu wählen. Aus den Angaben kann man die Einträge der Felder mit den roten Zahlen bestimmen. Durch Differenzbildungen erhält man die Werte der restlichen Felder.

Beispiel Anteile in Prozent

Für einen Wettkampf müssen sich die Schülerinnen und Schüler des 9. Jahrgangs entscheiden, ob sie Volleyball wählen oder eine andere Sportart.
$\frac{2}{3}$ der Mädchen entscheiden sich für Volleyball, 75 % der Jungen für Basketball.
Der Mädchenanteil im Jahrgang beträgt 60 %. Erstelle eine Vierfeldertafel und bestimme, wie groß der Anteil derjenigen ist, die Volleyball spielen.

Lösung

Man geht z. B. von 100 Schülerinnen und Schülern im Jahrgang aus. Mit den Zahlenangaben wird dann die Tabelle erstellt. Es ergeben sich zunächst die roten Werte:
$\frac{2}{3}$ von 60 % sind 40 %,
75 % von 40 % sind 30 %.
Daraus werden die anderen Werte berechnet. Die Hälfte des Jahrgangs spielt Volleyball.

Merkmal	Volleyball	kein Volleyball	gesamt
Jungen	**10**	**30**	**40**
Mädchen	40	**20**	60
gesamt	50	50	100

Aufgaben

○ **1** Übertrage die Vierfeldertafel in dein Heft und vervollständige sie.

Unterscheidet man das Merkmal A, dann schreibt man für nicht das Merkmal A auch kurz $\overline{A}$.

a)

Merkmal	Computer	kein Computer	gesamt
Smartphone			77
kein Smartphone		210	
gesamt		250	1000

b)

Merkmal	Haustier	kein Haustier	gesamt
Junge		5	
Mädchen	12		18
gesamt	17		

c)

Merkmal	B	$\overline{B}$	gesamt
A	36		
$\overline{A}$			132
gesamt		116	200

d)

Merkmal	A	$\overline{A}$	gesamt
B	225		370
$\overline{B}$			367
gesamt	360		

○ **2** In der Jahrgangsstufe 7 eines Gymnasiums befinden sich insgesamt 120 Schülerinnen und Schüler. 40 % der Schülerinnen und Schüler lernen die Sprachen Englisch und Latein, der Rest lernt Englisch und Französisch. 28 Mädchen haben Englisch und Latein gewählt. In dieser 7. Jahrgangsstufe ist die Anzahl der Mädchen um 4 größer als die der Jungen. Wie viele Jungen lernen Englisch und Französisch?

○ **3** Erstelle aus den Angaben eine vollständig ausgefüllte Vierfeldertafel.
a) In einer Schulklasse mit 32 Schülerinnen und Schülern haben 12 braune Haare und 9 tragen eine Brille. 5 Schülerinnen und Schüler tragen eine Brille und haben braune Haare.
b) Am Sportunterricht nehmen insgesamt 25 Schülerinnen und Schüler teil, wovon 15 weiblich sind. Genau 15 aller Schülerinnen und Schüler sind gut im Weitsprung. 10 Mädchen sind nicht gut im Weitsprung.
c) Bei einer Versuchsreihe nehmen 47 Personen teil. 20 von diesen Personen wurden auf Masern positiv getestet. 32 von den Testpersonen sind gegen diese Krankheit geimpft, wobei 15 Personen positiv getestet wurden und nicht dagegen geimpft sind.
d) In einer Firma arbeiten 55 Männer und 48 Frauen. 28 weibliche Mitarbeiter der Firma sind jünger als 45 Jahre und 32 Männer sind älter als 45 Jahre.

Kopiervorlage
Zusätzliches Übungsmaterial
9i4mk8

○ **4** In einer Arztpraxis sind 70 % der Patienten Rentner, 60 % sind weiblich. Wie viele berufstätige Männer sind bei 200 Patienten zu erwarten, wenn 50 % weibliche Rentner sind?

Bist du schon sicher?

○ **5** Eine Süßigkeiten-Packung enthält 240 Schokolinsen, von denen 75 % aus Vollmilchschokolade und der Rest aus Zartbitterschokolade besteht. Ein Drittel der Linsen ist mit einem roten Zuckerguss versehen und 50 Linsen sind zartbitter und haben keinen roten Zuckerguss. Wie viele Vollmilchschokolinsen sind rot?

→ Lösung | Seite 173

◒ **6** Von den 30,917 Millionen Erwerbstätigen in Deutschland haben 50,9 % eine Arbeitsstätte, die weniger als 10 km von ihrem Zuhause entfernt liegt. Von diesen fahren 48,4 % mit dem eigenen Pkw zur Arbeit. Insgesamt benutzen 60,3 % der Erwerbstätigen das eigene Auto für die Fahrt zur Arbeit. Erstelle sowohl ein Baumdiagramm als auch eine Vierfeldertafel mit absoluten Häufigkeiten (Anzahl der Personen).

◒ **7** In einer Stadt sind 25 % der Einwohnerinnen und Einwohner Raucher. 60 % der Raucher sind gegen das Nichtraucherschutzgesetz in Restaurants und 95 % der Nichtraucher sind für das neue Gesetz.
a) Stelle die Erhebung in einer Vierfeldertafel dar.
b) Sind mehr als ein Viertel der Stadtbevölkerung gegen das neue Gesetz?

◒ **8** Erstelle zur Vierfeldertafel ein passendes Baumdiagramm.

a)

Merkmal	B	$\overline{B}$	gesamt
A	55	40	95
$\overline{A}$	4	1	5
gesamt	59	41	100

b)

Merkmal	B	$\overline{B}$	gesamt
A	298	113	411
$\overline{A}$	139	182	321
gesamt	437	295	732

c) Erfinde zu einer der Vierfeldertafeln eine passende Situation. Formuliere eine Aufgabe mit möglichst wenigen Angaben, aus der sich die Vierfeldertafel ergibt.

● **9** Trotz aller Warnungen vor den gesundheitlichen Gefahren des Rauchens verzichten viele nicht darauf. So stuften sich 35,1 % der 34,3 Millionen männlichen Deutschen über 10 Jahren als regelmäßige oder gelegentliche Raucher ein sowie 20,6 % der 37,5 Millionen Frauen dieser Altersgruppe. Erstelle ein Baumdiagramm und eine Vierfeldertafel. Trage in beiden Fällen sowohl relative Häufigkeiten als auch absolute Häufigkeiten ein.

Kannst du das noch?

10 Welche der Angaben entspricht 3 Litern?
(1) 3000 ml (2) 0,3 m^3 (3) 30 cm^3 (4) 3 dm^3

→ Lösung | Seite 173

3 Zufallsexperimente

Elena und Carolin haben noch vier rote und drei gelbe jam & jams in ihrer Tüte. Elena „zieht" ein rotes. Sie darf noch einmal ziehen, muss aber vorher die Farbe nennen. Hat sie recht, dann bekommt sie vier, sonst nur drei Schokolinsen. Sollte sie rot oder gelb sagen?

Die Schülerinnen und Schüler eines 9. Jahrgangs haben eine Umfrage unter ihren Mitschülerinnen und Mitschülern durchgeführt. Jede Schülerin und jeder Schüler wurde gefragt, ob sie oder er Französisch als zweite Fremdsprache lernt und ob sie oder er Mathe mag.
Das Ergebnis der Umfrage stellen sie in der folgenden Vierfeldertafel dar.

Merkmal	Französisch (F)	kein Französisch ($\overline{F}$)	gesamt
mag Mathe (M)	34	39	73
mag Mathe nicht ($\overline{M}$)	12	40	52
gesamt	46	79	125

Man kann diese Datenerhebung auch als ein zweistufiges Zufallsexperiment auffassen, das darin besteht, dass man zufällig einen Schüler heraussucht und ihn dann nach der gewählten Fremdsprache und seiner Matheaffinität befragt. Nimmt man dann die relativen Häufigkeiten der Umfrage als Schätzwerte für die entsprechenden Wahrscheinlichkeiten, so lässt sich ein zugehöriges Baumdiagramm erstellen.
Dabei gibt es zwei Möglichkeiten für die Reihenfolge der Fragen und somit zwei unterschiedliche Baumdiagramme, abhängig davon, ob man zuerst nach der Sprache oder nach der Matheaffinität fragt.

Im ersten Baumdiagramm wird zuerst nach dem Merkmal Fremdsprache gefragt. Für die Pfadwahrscheinlichkeit „Französisch" ergibt sich $\frac{46}{125} \approx 0{,}368$ und für „kein Französisch" $\frac{79}{125} \approx 0{,}632$.
Für die zweite Stufe muss man bestimmen, wie groß die Wahrscheinlichkeit dafür ist, dass zu „Französisch" auch noch „mag Mathe" hinzukommt. Da von den 46 Befragten mit „Französisch" nur 34 Mathe mögen, ergibt sich $\frac{34}{46} \approx 0{,}739$. Die Wahrscheinlichkeit, Schülerinnen und Schüler aus der Französischgruppe zu wählen, die Mathe nicht mögen, beträgt $\frac{12}{46} \approx 0{,}261$.

Bei dem zweiten Diagramm wird zuerst das Merkmal „mag Mathe" und dann das Merkmal „Französisch" betrachtet.
Die zugehörigen Pfadwahrscheinlichkeiten lassen sich entsprechend berechnen.

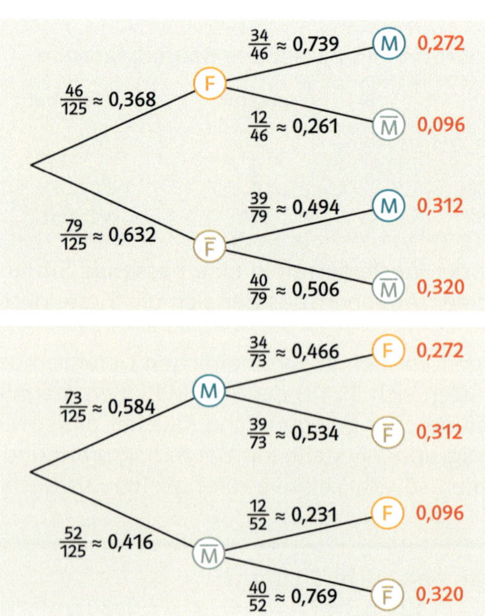

Trägt man in die Vierfeldertafel die relativen Häufigkeiten ein und vergleicht dies mit den beiden Baumdiagrammen, so erkennt man: Die Pfadwahrscheinlichkeiten der jeweiligen ersten Stufe treten als Werte am Rand auf. Die Pfadwahrscheinlichkeiten, die in beiden Baumdiagrammen gleich sind, treten in den inneren vier Feldern auf.

Merkmal	F	$\overline{F}$	gesamt
M	0,272	0,312	0,584
$\overline{M}$	0,096	0,320	0,416
gesamt	0,368	0,632	1

Damit lassen sich auch mit der Vierfeldertafel z. B. folgende Fragen beantworten:
Wie groß ist die Wahrscheinlichkeit, dass ein zufällig ausgewählter Schüler Französisch lernt und Mathe mag? Die Lösung ist P(F und M) = 0,272.

Man kann die Datenerhebung als Zufallsexperiment auffassen und stellt in einer Vierfeldertafel die relativen Häufigkeiten dar. Nimmt man diese als Schätzwerte für die entsprechenden Wahrscheinlichkeiten, lassen sich damit Wahrscheinlichkeiten bestimmen.

Die Wahrscheinlichkeiten am zweiten Pfad der beiden Baumdiagramme erscheinen nicht in der Vierfeldertafel. Sie lassen sich aber aus den anderen Werten bestimmen. Dazu muss man sich zuerst überlegen, was die Werte angeben:
Die $\frac{34}{46} \approx 0,739$ aus dem ersten Baumdiagramm geben die Wahrscheinlichkeit dafür an, dass ein Schüler von dem bereits bekannt ist, dass er Französisch hat, auch noch Mathe mag. Man schreibt dafür $P_F(M)$ und es gilt $P_F(M) = 0,739$. Dieser Wert ergibt sich aus der Vierfeldertafel, wenn man die relativen Häufigkeiten für Französisch und Matheaffinität 0,272 durch die relative Häufigkeit für Französisch 0,368 dividiert, $0,272 : 0,368 \approx 0,739$. Die Wahrscheinlichkeit $P_{\overline{F}}(\overline{M}) = 0,769$ erhält man durch die Division von $0,320 : 0,416 \approx 0,769$.

Merkmal	F	$\overline{F}$	gesamt
M	0,272		
$\overline{M}$			
gesamt	0,368		

Merkmal	F	$\overline{F}$	gesamt
M			
$\overline{M}$		0,320	0,416
gesamt			

$P_A(B)$ bedeutet: die Wahrscheinlichkeit für das Merkmal B, wenn bereits bekannt ist, dass Merkmal A zutrifft

Beispiel Wahrscheinlichkeiten bestimmen
Eine Umfrage über die Fahrt zum Arbeitsplatz, Entfernung und Beförderung, ist die Grundlage der Vierfeldertafel.
A: „über 10 km" $\overline{A}$: „10 km und weniger"
B: „Pkw" $\overline{B}$: „anderes Verkehrsmittel"

Merkmal	B	$\overline{B}$	gesamt
A	7617	8120	15737
$\overline{A}$	11026	4154	15180
gesamt	18643	12274	30917

a) Erstelle die zugehörigen Baumdiagramme.
b) Mit welcher Wahrscheinlichkeit hat ein zufällig Befragter einen Arbeitsweg, der kleiner als 10 km ist, und fährt mit dem Auto?
c) Wie groß ist die Wahrscheinlichkeit dafür, dass ein zufällig Befragter, dessen Arbeitsweg größer als 10 km ist, nicht mit dem Auto fährt?

Lösung

a)
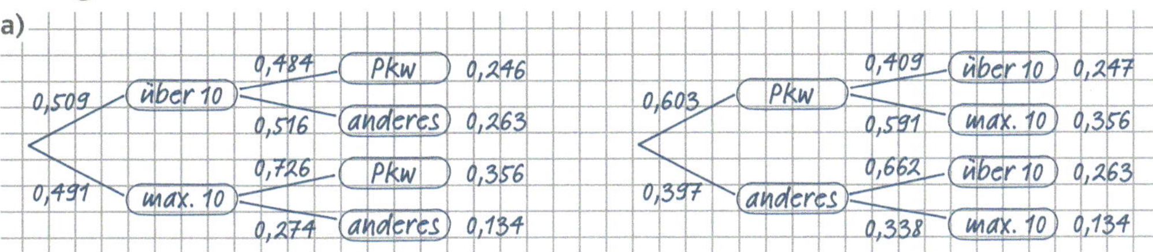

b) $P(\overline{A} \text{ und } B) = 11026 : 30917 \approx 0,357$ c) $P_A(\overline{B}) = 8120 : 15737 \approx 0,516$

Aufgaben

○ **1** In der 7. und 9. Jahrgangsstufe des Schillergymnasiums ergab eine Befragung über den Besitz eines Smartphones (S) das nebenstehende Ergebnis. Gib für beide denkbaren Zufallsexperimente das zugehörige Baumdiagramm an.

Merkmal	S	$\overline{S}$	gesamt
Stufe 7	38,5 %	12,7%	51,2 %
Stufe 9	44,9 %	3,9 %	48,8 %
gesamt	83,4 %	16,6 %	100 %

○ **2** Übertrage die Vierfeldertafel in dein Heft. Ordne die Symbole in den Baumdiagrammen den Plätzen in der Tabelle richtig zu.

Merkmal	A	$\overline{A}$	gesamt
B			
$\overline{B}$			
gesamt			

(1)

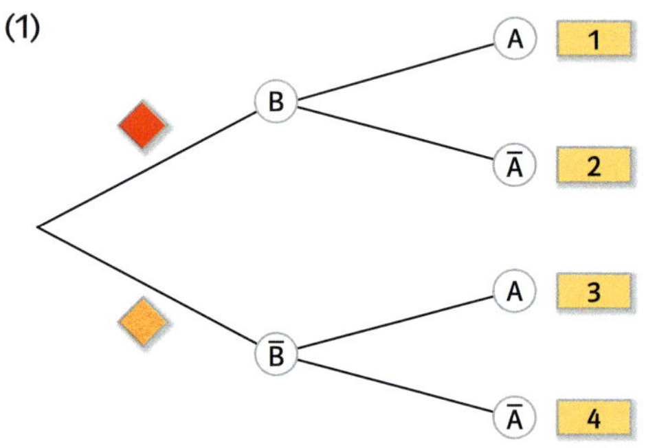

(2)

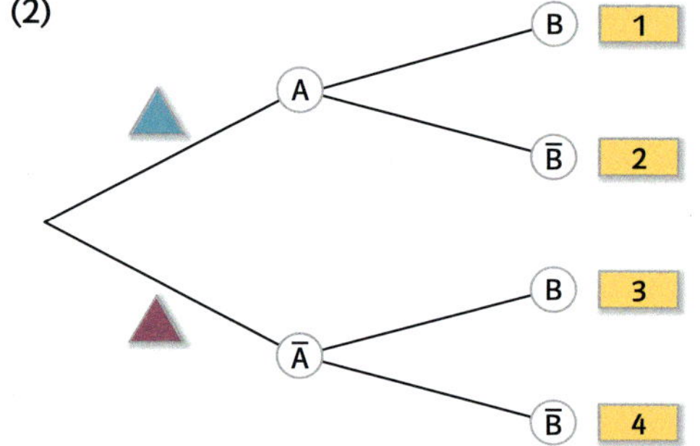

○ **3** In die Klasse 9 c gehen 16 Jungen und 12 Mädchen. Jeder vierte Junge und drei Viertel der Mädchen gehen regelmäßig schwimmen.
a) Stelle die Daten in einer Vierfeldertafel in deinem Heft dar.
b) Aus der 9 c wird zufällig jemand ausgewählt. Mit welcher Wahrscheinlichkeit ist es ein Mädchen, das schwimmen geht?
c) Im Schwimmbad hört man jemanden von einem der Sprungbretter ins Wasser springen. Mit welcher Wahrscheinlichkeit taucht ein Mädchen wieder aus dem Wasser auf?

◒ **4** In einer Fabrik werden von Montag bis Freitag jeweils 200 Autos produziert. Dabei entstehen montags die meisten Mängel. Ab Dienstag sinkt die Mängelrate auf 4 % pro Tag.
a) Vervollständige die Vierfeldertafel.
b) Berechne die Wahrscheinlichkeit, ein Auto mit Mängeln zu erhalten.
c) Ein Auto wurde an einem Montag produziert. Mit welcher Wahrscheinlichkeit hat es Mängel?

Merkmal	Mo.	Di. – Fr.	gesamt
ohne Mängel	180		
mit Mängeln			
gesamt	200	800	1000

◒ **5** Während einer Grippewelle wird in einem Betrieb untersucht, wie viele Mitarbeiter geimpft und wie viele erkrankt sind.
Wie groß ist die Wahrscheinlichkeit, dass
a) eine geimpfte Person erkrankt,
b) eine erkrankte Person geimpft ist?

Merkmal	nicht erkrankt	erkrankt	gesamt
geimpft	81		128
nicht geimpft		55	77
gesamt			205

Bist du schon sicher?

○ **6** Zur Leserschaft einer Jugendzeitschrift wurde eine Datenerhebung vorgenommen.
a) Vervollständige die Tabelle.
b) Bestimme den Anteil der Mädchen an der Leserschaft, die jünger als 14 sind.
c) Ein Leser der Zeitschrift ist 13 Jahre alt. Mit welcher Wahrscheinlichkeit handelt es sich um ein Mädchen?

Merkmal	Junge	Mädchen	gesamt
jünger als 14		90	
14 oder älter	80		210
gesamt			350

→ Lösung | Seite 174

◒ **7** Am Leibniz-Gymnasium wurden 170 Neuntklässler nach ihrem Schulweg befragt. Von den 90 befragten Mädchen gaben 55 an, mit öffentlichen Verkehrsmitteln zur Schule zu fahren. Insgesamt gaben 82 Schülerinnen und Schüler an, mit dem Fahrrad oder zu Fuß in die Schule zu kommen.
a) Erstelle eine Vierfeldertafel.
b) Bestimme den Anteil der Neuntklässler, die mit öffentlichen Verkehrsmitteln zur Schule fahren.
c) Ein Neuntklässler fährt mit dem Bus zur Schule. Mit welcher Wahrscheinlichkeit handelt es sich um einen Jungen?

● **8** Ein Schokoriegelautomat ist defekt. Die Wahrscheinlichkeit dafür, dass er einen gewählten Riegel ausgibt, beträgt 50 %. Die Wahrscheinlichkeit, dass man keinen Riegel bekommt und das Geld im Automaten bleibt, beträgt 16 %. Dass man seinen Riegel und auch sein Geld zurückbekommt, hat eine Wahrscheinlichkeit von 30 %.
a) Erstelle eine Vierfeldertafel.
b) Wie groß ist die Wahrscheinlichkeit, dass man seinen Riegel erhält und dafür bezahlt?
c) Wie groß ist die Wahrscheinlichkeit, dass man weder seinen Riegel bekommt noch das Geld zurückerhält?
d) Wie groß ist die Wahrscheinlichkeit, dass man sein Geld zurückerhält und außerdem einen Riegel bekommt?

● **9** a) Stelle die Angaben aus dem Zeitungstext übersichtlich in einer Vierfeldertafel dar. Arbeite dabei mit absoluten Zahlen.
b) Wie viele Ehepaare ohne Kinder gab es 2012 in Hessen ungefähr?
c) 2012 lebten in Hessen außerdem 187 000 Alleinerziehende mit Kindern. Wie viele Haushalte mit Kindern gab es also 2012 in Hessen?

> 2012 lebten in Hessen rund 200 000 Paare ohne Trauschein gemeinsam in einem Haushalt. Dies sind fast 13 % aller Paare. In etwa 27 % dieser Haushalte lebten auch Kinder. Bei den verheirateten Paaren waren das gut 47 %.

Kannst du das noch?

10 Berechne das Volumen des Körpers.
a) $G = 30\,cm^2$, $h = 20\,mm$

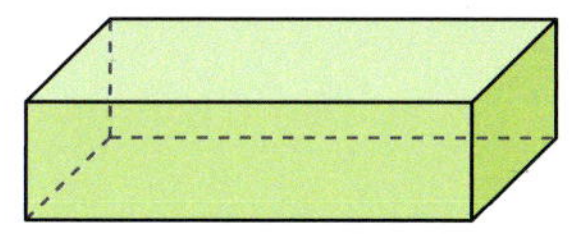

b) $G = 75\,cm^2$, $h = 60\,mm$

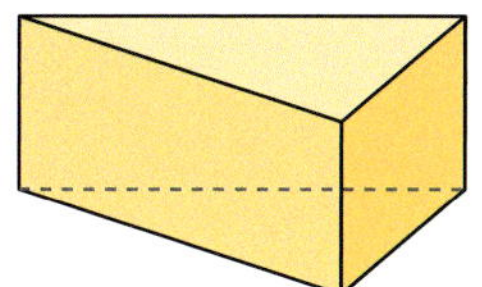

→ Lösung | Seite 174

4 Unbekannte Wahrscheinlichkeiten bestimmen

Paula und Paul wissen, dass 55 % der Schülerinnen und Schüler ihrer Schule Mädchen sind. Von diesen kommt jede Zweite mit einem Rucksack zur Schule. Von den Jungen kommen 80 % mit einem Rucksack zur Schule. Paula wettet, dass der nächste Schüler, der einen Rucksack trägt, ein Mädchen ist, Paul hält dagegen.
Wie stehen die Chancen?

In der Bundesrepublik Deutschland sind etwa 1 % der Bevölkerung an einer Lebensmittelallergie erkrankt. Man weiß aufgrund langjähriger Erfahrungen, dass ein spezieller Allergietest 70 % der Kranken (Sensitivität) und 75 % der Gesunden (Spezifität) richtig diagnostiziert.
Zwei Personen, die nicht wissen, ob sie an der Allergie erkrankt sind, nehmen an dem Test teil. Das Untersuchungsergebnis weist eine Person als krank aus (Testergebnis positiv), die andere als nicht krank (Testergebnis negativ).
Mit welcher Wahrscheinlichkeit ist die positiv getestete Person tatsächlich erkrankt und die negativ getestete Person wirklich gesund?

Sensitivität (auch Richtig-Positiv-Rate) Anteil der korrekt als positiv klassifizierten Objekte

Spezifität (auch Richtig-Negativ-Rate) Anteil der korrekt als negativ klassifizierten Objekte

Um diese Frage beantworten zu können, kann man die Angaben in einem Baumdiagramm darstellen. Den Angaben im Text kann man die Wahrscheinlichkeiten der zweiten Stufe entnehmen und damit die Pfadwahrscheinlichkeiten berechnen.

Aus diesem Baumdiagramm lässt sich die zugehörige Vierfeldertafel erstellen. Die Pfadwahrscheinlichkeiten werden in die vier inneren Felder eingetragen. Damit lassen sich die restlichen Einträge bestimmen.

Zur Beantwortung der beiden Fragen lässt sich nun aus der Vierfeldertafel das Baumdiagramm mit den vertauschten Merkmalen (umgekehrtes Baumdiagramm) erstellen.

Hieraus lässt sich jetzt ablesen:
Die Wahrscheinlichkeit bei einem positiven Testergebnis tatsächlich erkrankt zu sein beträgt etwa 2,8 %, die Wahrscheinlichkeit bei einem negativen Testergebnis gesund zu sein beträgt etwa 99,6 %.

Diese Wahrscheinlichkeiten lassen sich auch aus der Vierfeldertafel ablesen. Dabei muss man aber beachten, welche Grundgesamtheit gemeint ist.

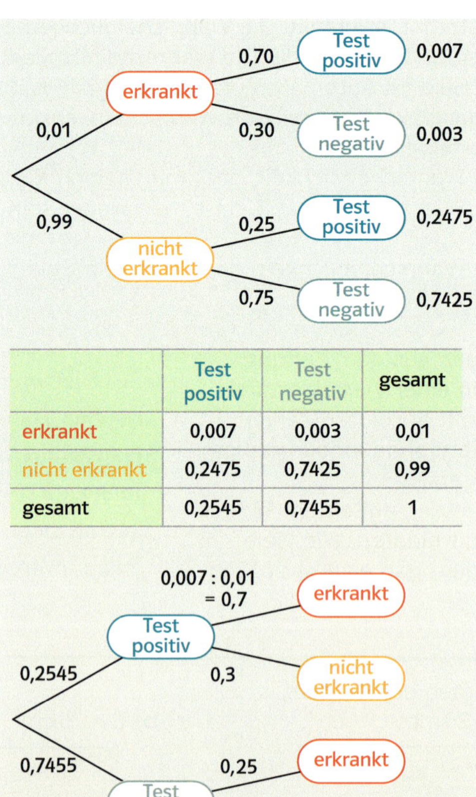

	Test positiv	Test negativ	gesamt
erkrankt	0,007	0,003	0,01
nicht erkrankt	0,2475	0,7425	0,99
gesamt	0,2545	0,7455	1

Die Antwort auf die Frage nach der Wahrscheinlichkeit, dass eine Person an der Allergie leidet, lautet 99 %, denn hierbei bezieht man sich auf die Gesamtheit der Bevölkerung. Bei der Frage, ob eine positiv getestete Person tatsächlich erkrankt ist, bezieht man sich auf die Gesamtheit der positiv Getesteten, also beträgt die Wahrscheinlichkeit $0{,}007 : 0{,}2545 \approx 0{,}028$.
Bei der Frage, ob eine negativ getestete Person tatsächlich gesund ist, bezieht man sich auf die Gesamtheit der negativ Getesteten, also beträgt die Wahrscheinlichkeit $0{,}7425 : 0{,}7445 \approx 0{,}996$.

Zu einer Vierfeldertafel gehören immer zwei Baumdiagramme, bei denen die beiden Merkmale vertauscht sind (umgekehrte Baumdiagramme).
Je nach Fragestellung kann das eine oder das andere Baumdiagramm die gesuchte Wahrscheinlichkeit enthalten.

Beispiel Umgekehrtes Baumdiagramm erstellen
Zwei identische Urnen enthalten 10 Kugeln, die sich nur in der Farbe unterscheiden. In Urne 1 sind 4 blaue und 6 grüne Kugeln, in der Urne 2 sind 7 blaue und 3 grüne Kugeln. Zufällig wird eine der beiden Urnen ausgewählt und man entnimmt ohne hinzusehen eine Kugel. Sie ist blau. Zeichne Baumdiagramme und bestimme damit die Wahrscheinlichkeit, dass man die Kugel aus Urne 1 genommen hat.

Lösung
Da die Auswahl der beiden identischen Urnen zufällig erfolgt, ist die Wahrscheinlichkeit für jede gleich und beträgt 50 %. Aus den Angaben lässt sich das Baumdiagramm erstellen und daraus die Vierfeldertafel und das umgekehrte Baumdiagramm entwickeln.

	Urne 1	Urne 2	gesamt
blaue Kugel	0,2	0,35	0,55
grüne Kugel	0,3	0,15	0,45
gesamt	0,5	0,5	1

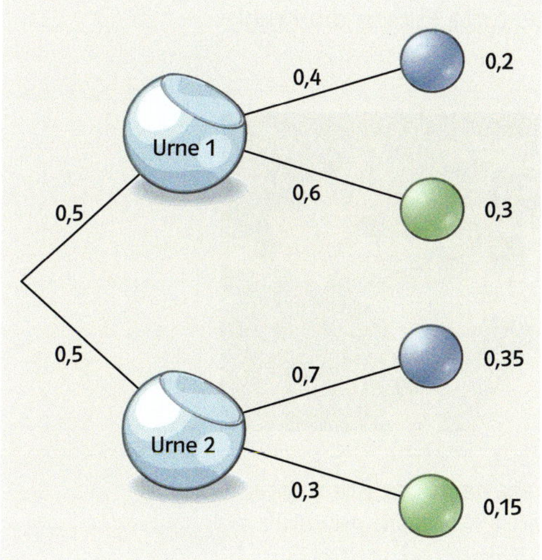

Umgekehrtes Baumdiagramm:

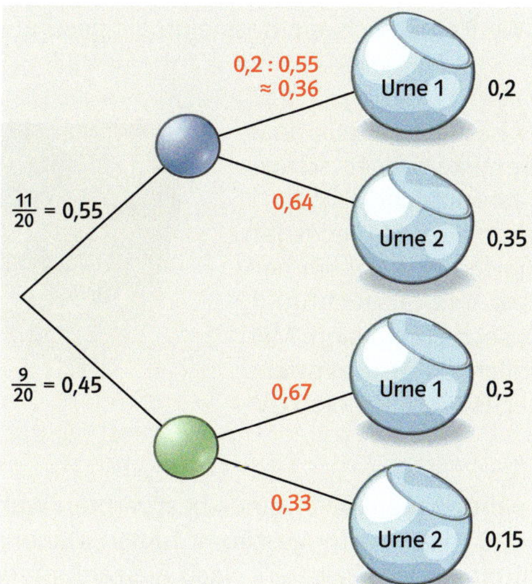

Aus dem umgekehrten Baumdiagramm liest man ab: Die Wahrscheinlichkeit, dass die blaue Kugel aus Urne 1 stammt, beträgt 36 %.
Aus der Vierfeldertafel ergibt sich die gesuchte Wahrscheinlichkeit durch $0{,}2 : 0{,}55 = 0{,}\overline{36}$ (Gesamtheit ist die Anzahl der blauen Kugel).

Aufgaben

○ **1** Beim Verkehrsübungstag des 6. Jahrgangs fand eine Kontrolle der Fahrräder statt. Dabei stellte die Polizei fest, dass bei 49 Jungen und bei 57 Mädchen die Fahrräder in Ordnung waren. Nur bei 2 Mädchen und 5 Jungen wurden am Rad Mängel beanstandet.

a) Wie viel Prozent der beanstandeten Fahrräder gehören einem Mädchen?

b) Wie hoch ist der Anteil der Jungen an den Personen, deren Fahrrad überprüft wurde?

c) Wie groß ist die Wahrscheinlichkeit, dass bei dem überprüften Fahrrad eines Mädchens das Fahrrad defekt ist?

d) Wie groß ist die Wahrscheinlichkeit, dass ein überprüftes Fahrrad in Ordnung ist und einem Jungen gehört?

e) Wie groß ist die Wahrscheinlichkeit, dass bei einem Jungen das Fahrrad in Ordnung ist?

f) Wie groß ist die Wahrscheinlichkeit, dass ein funktionstüchtiges Fahrrad einem Jungen gehört?

○ **2** Von den 3 000 000 Einwohnern einer Großstadt leiden 900 an einer chronischen Krankheit, ohne es zu wissen. Ein neues Untersuchungsverfahren zur Früherkennung hat noch folgende Fehlerquellen: 4% aller Personen, die erkrankt sind (ohne es zu wissen), werden nicht als krank erkannt. 2% aller untersuchten Personen, die nicht erkrankt sind, werden als krank eingestuft.

a) Zeichne ein Baumdiagramm und eine Vierfeldertafel.

b) Wie groß ist die Wahrscheinlichkeit, dass bei einer Untersuchung eine als krank eingestufte Person die Krankheit nicht hat?

c) Wie groß ist die Wahrscheinlichkeit, dass eine als gesund eingestufte Person die Krankheit doch hat?

◒ **3** Ein Prüfer beim TÜV hat festgestellt, dass 9% aller vorgeführten Pkw wegen schwerwiegender Mängel fahruntüchtig sind. 60% dieser Pkw waren älter als sechs Jahre. 15% der vorgeführten Pkw bekommen die TÜV Plakette (sind also fahrtüchtig), obwohl sie älter als sechs Jahre sind. Mit welcher Wahrscheinlichkeit bekommt ein Pkw, der älter als sechs Jahre ist, die TÜV-Plakette nicht?

◒ **4** Bei einer Umfrage wurden die Wähler eines bestimmten Wahllokals nach der Stimmabgabe befragt, ob sie für die A-Partei gestimmt haben. Dabei gaben 4% an, sie gewählt zu haben, 96% nannten andere Parteien. Nach Auszählung der Stimmen ergab sich in diesem Wahllokal ein Stimmenanteil von 7% für die A-Partei. Man kann davon ausgehen, dass die Wähler, die sich nach der Wahl zur A-Partei bekannten, diese auch tatsächlich gewählt haben.

a) Wie viel Prozent der Befragten haben gelogen?

b) Wie viel Prozent der Wähler der A-Partei haben gelogen?

Bist du schon sicher?

○ **5** Von den 60 Personen eines Lehrerkollegiums brauchen $\frac{2}{3}$ der Frauen und die Hälgte der 24 Männer eine Brille zum Lesen.
a) Zeichne ein Baumdiagramm und eine Vierfeldertafel.
b) Mit welcher Wahrscheinlichkeit ist eine zufällig ausgewählte Lehrkraft
(I) männlich,
(II) männlich und benötigt eine Lesebrille,
(III) Träger einer Lesebrille, wenn sie weiblich ist?
c) Eine Lesebrille liegt neben dem Kopierer im Lehrerzimmer. Mit welcher Wahrscheinlichkeit gehört sie einer Frau?

Lösung | Seite 174

◒ **6** Man geht davon aus, dass etwa 0,1% der deutschen Bevölkerung HIV-infiziert ist. Der heutige HIV-Schnelltest besitzt eine hohe Sensitivität: Die Wahrscheinlichkeit für eine positive Testreaktion bei Infizierten wird mit 0,999 angegeben. Auch die Zuverlässigkeit ist hoch: Nur 0,3% der Nichtinfizierten wird irrtümlich positiv getestet.
a) Bestimme mithilfe von Baumdiagramm, Vierfeldertafel und umgekehrtem Baumdiagramm die Wahrscheinlichkeit, dass ein Proband infiziert ist, wenn er positiv getestet wurde.
b) Erkläre dein Ergebnis.
c) Mit welcher Wahrscheinlichkeit ist ein Patient infiziert, wenn er zweimal positiv getestet wurde?

● **7** Verkehrskontrollen der Polizei sollen abschrecken. Ein besonderer Schwerpunkt der Überprüfung sind alkoholisierte Fahrer, da sie den Verkehr vorsätzlich durch ihre eingeschränkte Fahrtüchtigkeit gefährden. Solche Kontrollen erfolgen gezielt, d.h. sie sind auf bestimmte Uhrzeiten und Personenkreise beschränkt. Die Ergebnisse werden in Unfallstatistiken analysiert. 62% der 11300 Unfälle mit Personenschaden ereigneten sich zwischen 5 Uhr und 19 Uhr. Während von diesen Unfällen am Tag nur ungefähr 5% durch Fahrfehler unter Alkoholeinfluss verursacht werden, waren es zwischen 19 Uhr und 5 Uhr ungefähr 24%.
a) Erstelle aufgrund der Angaben ein Baumdiagramm und die zugehörige Vierfeldertafel. Schreibe einen Kurzbericht auf Grundlage des „umgekehrten" Baumdiagramms.
b) Ein Unfall mit Personenschaden wurde rein zufällig aus der zugehörigen Berichtsakte ausgewählt. Ermittle die Wahrscheinlichkeit dafür, dass
(I) als Unfallursache auch Alkoholeinfluss vermerkt wurde,
(II) sich der Unfall zwischen 5 und 19 Uhr ereignete und als Unfallursache Fehlverhalten unter Alkoholeinfluss ausgeschlossen war,
(III) der Unfall zwischen 19 und 5 Uhr stattfand, wenn bekannt ist, dass das Fehlverhalten durch Alkoholeinfluss verursacht wurde.

Kannst du das noch?

8 Berechne den Oberflächeninhalt und das Volumen des in der Figur abgebildeten Körpers (Maße in dm).

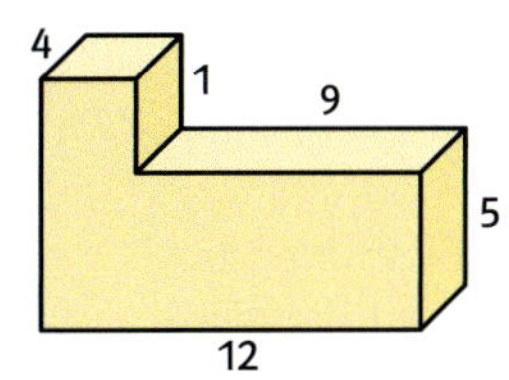

Lösung | Seite 174

1 Eine Fernsehanstalt möchte die neue amerikanische Serie „Mathe X" übernehmen. Sie befragt daher im Anschluss an eine Pilotsendung Zuschauer. Von den Zuschauern, die diese Sendung gesehen haben, waren 55 % älter als 30 Jahre. 30 % dieser Gruppe und 60 % der übrigen fanden die Sendung gut.
a) Berechne den Anteil der Zuschauer, die eine positive Meinung von der Sendung haben.
b) Ein Zuschauer von „Mathe X", der sich positiv darüber geäußert hat, wird zufällig ausgewählt. Mit welcher Wahrscheinlichkeit ist er älter als 30 Jahre?

2 Es wurde eine Umfrage zum Thema Fußball und Frauen durchgeführt.
a) Ergänze die fehlenden Angaben.
b) Wie groß ist die Wahrscheinlichkeit für das Interesse an Fußball unter den befragten Frauen?
c) Übersetze die Informationen der Vierfeldertafel in zwei Baumdiagramme.
d) Berechne die Wahrscheinlichkeit dafür, dass ein zufällig ausgesuchter Mann sich für Fußball interessiert.
e) Berechne die Wahrscheinlichkeit dafür, dass ein zufällig ausgesuchter Fußballinteressierter eine Frau ist.

Merkmal	männlich	weiblich	gesamt
Interesse an Fußball		25 %	
kein Interesse an Fußball	20 %		
gesamt	60 %	40 %	100 %

3 In einer Werkstatt werden Schalter zusammengebaut. 40 % aller Schalter montiert Person A. In der Regel funktionieren 90 % der von A zusammengebauten Schalter einwandfrei. Die Werkstatt liefert zu 95 % einwandfreie Schalter. Ein der Produktion zufällig entnommener Schalter wird geprüft und erweist sich als defekt. Mit welcher Wahrscheinlichkeit hat A ihn zusammengebaut?

4 Ein Angestellter fährt an 80 % aller Arbeitstage mit der Bahn nach Hause. In zwei Drittel dieser Fälle kommt er pünktlich an. Durchschnittlich ist er an 3 von 5 Arbeitstagen pünktlich. Eines Abends kommt er pünktlich an. Mit welcher Wahrscheinlichkeit hat er die Bahn benutzt?

5 Der Hund eines Zollbeamten bellt, wenn er Rauschgift erschnuppert. 98 % aller Rauschgift-Schmuggelfälle entdeckt er. In 3 % der Fälle, in denen kein Rauschgift geschmuggelt wurde, bellt er versehentlich trotzdem. Die Erfahrung zeigt, dass bei 1 % sämtlicher Grenzübertritte Rauschgift geschmuggelt wird.
a) Stelle die Angaben in einer Vierfeldertafel dar. Gehe davon aus, dass 10 000 Personen untersucht wurden.
b) Eine Person wird kontrolliert. Mit welcher Wahrscheinlichkeit bellt der Hund?
c) Der Hund bellt bei einer ankommenden Person. Wie sicher kann der Zollbeamte sein, dass die Person Rauschgift schmuggelt?
d) Der Hund bellt bei einer ankommenden Person nicht. Wie sicher kann der Zollbeamte sein, dass die Person tatsächlich kein Rauschgift schmuggelt?

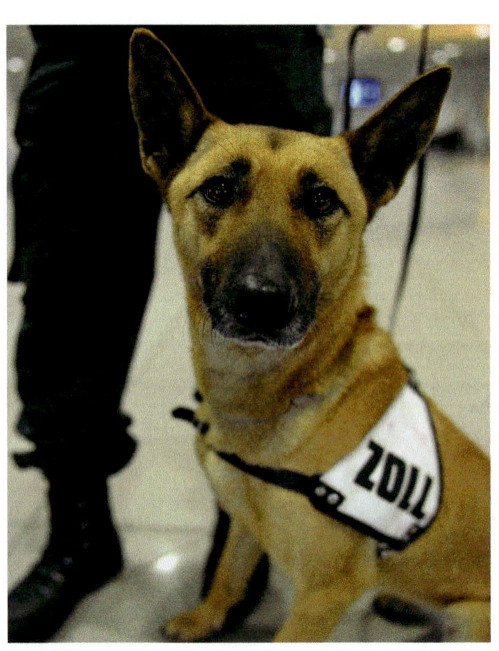

6 70 % der Mitglieder der Krankenkasse „Alles gut" wohnen auf dem Land. Im Jahr 2015 nahmen insgesamt 47 % der Kassenmitglieder die Leistungen der Kasse in Anspruch. 14 % der Kassenmitglieder wohnten in der Stadt und nahmen keine Kassenleistungen in Anspruch. Mit diesen Erfahrungswerten sollen Voraussagen für die nächsten Jahre gemacht werden. Begründe deine Aussage mithilfe geeigneter Berechnungen.
a) Zeichne eine Vierfeldertafel und trage in die entsprechenden Felder jeweils die zugehörigen Anteile in Prozent ein.
b) Wie groß ist die Wahrscheinlichkeit, dass ein Krankenkassenmitglied, das Leistungen in Anspruch nimmt, Landbewohner ist.
c) Mit welcher Wahrscheinlichkeit wohnt ein Mitglied, das die Kasse nicht in Anspruch nimmt, auf dem Land?
d) Wäre es für die Kasse günstiger mehr Stadtbewohner oder mehr Landbewohner zu versichern?

7 **Zuverlässigkeit**
Bei technischen Anlagen kommt es auf das fehlerfreie Funktionieren mehrerer Bauteile an. Zum Beispiel arbeiten bei Rohrleitungen zwei Pumpen P_1 und P_2 unabhängig voneinander. Eine Pumpenkette mit zwei Pumpen P_1 und P_2 funktioniert nur, wenn beide Pumpen arbeiten. Eine Parallelpumpe funktioniert, wenn mindestens eine Pumpe arbeitet.

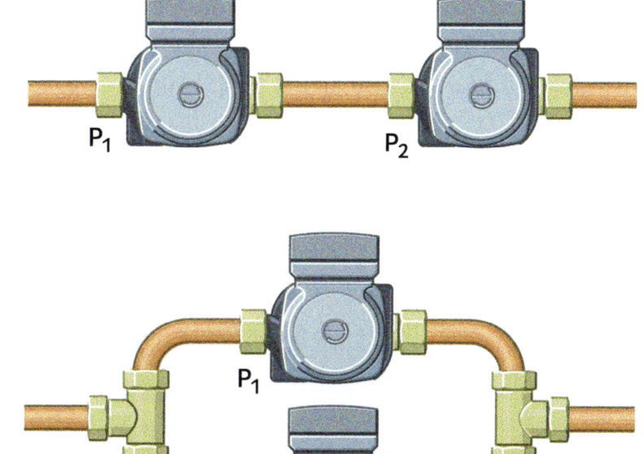

a) Die zwei Pumpen P_1 und P_2 funktionieren mit den Wahrscheinlichkeiten x bzw. y. Begründe, dass dann die Parallelpumpe mit der Wahrscheinlichkeit $x + y - x \cdot y$ funktioniert.
b) Mit welcher Wahrscheinlichkeit funktioniert die Pumpenkette?
c) Bei einem Parallelsystem funktioniert eine der beiden Pumpen mit einer Wahrscheinlichkeit von 95 %. Mit welcher Wahrscheinlichkeit muss die zweite Pumpe funktionieren, damit das Parallelsystem mit einer Wahrscheinlichkeit von 99 % funktioniert?

8 Zeige, dass den beiden Zeitungsartikeln dieselben Zahlen zugrunde liegen.

Radfahren ist gefährlich: Über ein Drittel aller verunglückten Kinder waren mit dem Rad unterwegs!

2012 wurden in Deutschland 32 Kinder zwischen 10 und 15 Jahren im Straßenverkehr getötet. Von diesen waren gut 34 % mit dem Fahrrad unterwegs. Von den 15 855 Leicht- und Schwerverletzten waren es sogar 47 %.

(Quelle: Statistisches Bundesamt; Kinderunfälle im Straßenverkehr, 2012)

Radfahren erhöht die Verkehrssicherheit
Das Statistische Bundesamt in Wiesbaden legte gestern seinen aktuellen Bericht zu Kinderunfällen im Straßenverkehr vor. Demnach sind 15 887 Kinder zwischen 10 und 15 Jahren im Straßenverkehr im Jahr 2012 verunglückt. Etwa 47 Prozent davon waren mit dem Fahrrad unterwegs. Glücklicherweise endete nur 0,1 % dieser Unfälle tödlich. Bei Kindern, die nicht mit dem Rad unterwegs waren, lag der Anteil an tödlichen Unfällen mehr als doppelt so hoch, nämlich bei 0,25 %.

Mehrfeldertafeln

Neben Erhebungen, die genau zwei Merkmale abfragen, lassen sich auch Datenerhebungen, die mehr als zwei Merkmale erfassen, in einer Mehrfeldertafel darstellen.

Ein Händler bezieht Bauteile von den drei Herstellern A, B und C. Von den Herstellern A und B stammen jeweils 25 % aller Bauteile, die restlichen 50 % liefert Hersteller C. Als Mindestqualität verlangt der Händler, dass jedes Bauteil eine Lebensdauer von 300 Stunden besitzt. Aus Erfahrung ist bekannt, dass diese Anforderung von Hersteller A zu 90 %, von Hersteller B zu 70 % und von Hersteller C zu 50 % erfüllt werden.
Wie groß ist die Wahrscheinlichkeit dafür, dass ein zufällig ausgewähltes Bauteil, das den Anforderungen nicht entspricht, vom Hersteller A (bzw. B oder C) stammt.
Dieses Beispiel lässt sich mit der Vorgehensweise bei den Vierfeldertafeln übersichtlich darstellen. Die gegebenen Werten kann man übersichtlich in einem Baumdiagramm darstellen. Hieraus lassen sich dann wie bisher die Pfadwahrscheinlichkeiten bestimmen. Anschließend kann man die Ergebnisse auch in einer Mehrfeldertafel (hier Sechsfeldertafel) darstellen.

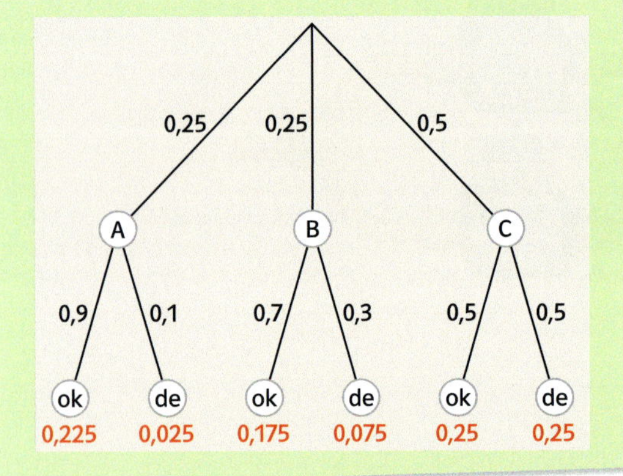

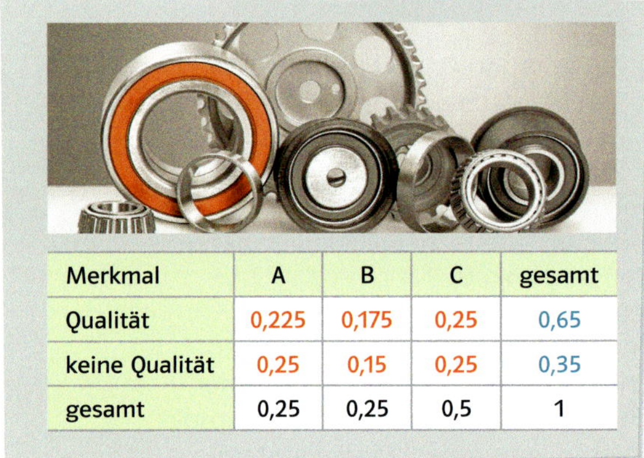

Merkmal	A	B	C	gesamt
Qualität	0,225	0,175	0,25	0,65
keine Qualität	0,25	0,15	0,25	0,35
gesamt	0,25	0,25	0,5	1

Mithilfe der Werte in der Mehrfeldertafel lässt sich jetzt die eingangs gestellte Frage beantworten. Die Wahrscheinlichkeit, dass ein Bauteil, das den Anforderungen nicht entspricht, vom Hersteller A stammt beträgt $\frac{0{,}25}{0{,}35} \approx 0{,}0714$ $\left(\text{Hersteller B: } \frac{0{,}15}{0{,}35} \approx 0{,}214, \text{ Hersteller C: } \frac{0{,}25}{0{,}35} \approx 0{,}714\right)$.

Eine andere Art der Darstellung einer Mehrfeldertafel, zeigt das folgende Beispiel. Eine Erhebung, die dem Merkmal (Junge/Mädchen) zwei weitere Merkmale zuordnet, Augenfarbe (braun/nicht braun) und Haarlänge (kurz/nicht kurz), lässt sich ebenfalls in einer Mehrfeldertafel darstellen.
In einer Klasse mit 16 Mädchen und 14 Jungen haben 12 Schülerinnen und Schüler kurze Haare und 8 Schülerinnen und Schüler haben braune Augen. Von den 5 kurzhaarigen Jungen haben 2 braune Augen und 9 Mädchen haben keine kurzen Haare. Zwei Mädchen haben kurze Haare und braune Augen.
Wie viele Mädchen haben braune Augen? Wie viel Prozent der Schülerinnen und Schüler mit braunen Augen sind Mädchen?

Eine mögliche Darstellung in einer Mehrfeldertafel ist:

	12		18		
	kurzhaarig		nicht kurzhaarig		
Mädchen	**2**	5	c	d	**16**
Jungen	**2**	3	6	3	**14**
	braun	nicht braun		braun	
	a	22		b	

Die „**schwarzen**" Zahlen ergeben sich unmittelbar aus dem Text, die „blauen" lassen sich aus den Angaben erschließen. Die fehlenden „roten" Einträge lassen sich nun wie folgt berechnen:
Aus $a + b = 8$ und $a = 2 + 2$ erhält man $a = 4$ und $b = 4$. Aus $c + 5 + 3 + 6 = 22$ folgt $c = 8$ und aus $2 + 5 + 8 + d = 16$ ergibt sich $d = 1$.

Man erhält also die Antworten: 3 Mädchen haben braune Augen und $\frac{3}{8} \approx 37{,}5\,\%$ der Schüler mit braunen Augen sind Mädchen.

1 An einem Gymnasium gibt es die Sprachfolgen Englisch, Französisch und Englisch, Latein und Englisch, Latein, Französisch. Für die Abiturienten dieses Gymnasiums gilt: 75 % sprechen Französisch und 65 % Latein. 55 % der Abiturienten sind Mädchen und ein Drittel der Jungen unter den Abiturienten spricht Latein aber nicht Französisch. 30 % der Abiturienten sind Mädchen, die Latein und Französisch beherrschen.
Wie groß ist der Prozentsatz der Jungen unter den Abiturienten, die Latein und Französisch sprechen? (Hinweis: Gibt es Abiturienten, die weder Französisch noch Latein sprechen?)

2 Bei einer Umfrage zu ihrer Lieblingspizza unter 50 Schülern ergaben sich folgende Ergebnisse:
3 essen nur Pizza Salami,
11 essen nur Margherita,
7 essen Pizza Quattro Stagioni und Pizza Salami,
9 essen Pizza Salami und Pizza Magherita,
6 essen Pizza Margherita und Quattro Stagioni,
4 essen alle drei Sorten Pizzen,
6 essen überhaupt keine Pizzen.
a) Wie viele essen nur Pizza Quattro Statione?
b) Wie viele essen mindestens zwei Sorten von Pizzen?
c) Wie viele essen keine Pizza Salami?

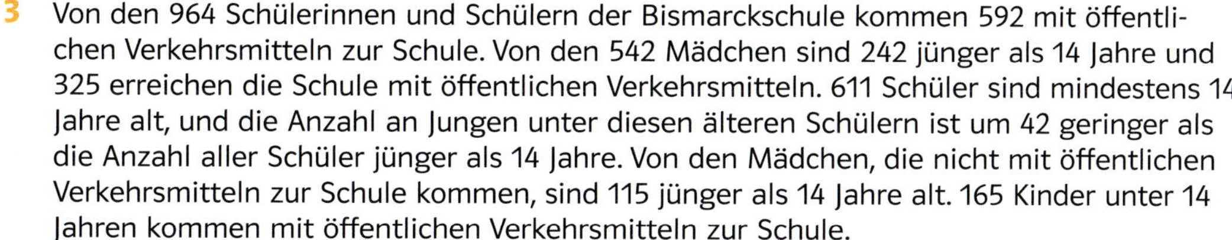

3 Von den 964 Schülerinnen und Schülern der Bismarckschule kommen 592 mit öffentlichen Verkehrsmitteln zur Schule. Von den 542 Mädchen sind 242 jünger als 14 Jahre und 325 erreichen die Schule mit öffentlichen Verkehrsmitteln. 611 Schüler sind mindestens 14 Jahre alt, und die Anzahl an Jungen unter diesen älteren Schülern ist um 42 geringer als die Anzahl aller Schüler jünger als 14 Jahre. Von den Mädchen, die nicht mit öffentlichen Verkehrsmitteln zur Schule kommen, sind 115 jünger als 14 Jahre alt. 165 Kinder unter 14 Jahren kommen mit öffentlichen Verkehrsmitteln zur Schule.
a) Wie viele Mädchen, die mindestens 14 Jahre alt sind, kommen mit öffentlichen Verkehrsmitteln zur Schule?
b) Wie viele Jungen, die jünger als 14 Jahre sind, kommen nicht mit öffentlichen Verkehrsmitteln zur Schule?

Erhebungen, die sich auf **zwei Merkmale** beschränken, lassen sich durch **zweistufige Baumdiagramme** veranschaulichen.

Von 900 Schülern einer Schule sind 540 Mädchen. Von den Schülern kommen insgesamt 378 mit dem Fahrrad zur Schule. Von den Jungen kommen 216 mit dem Rad.

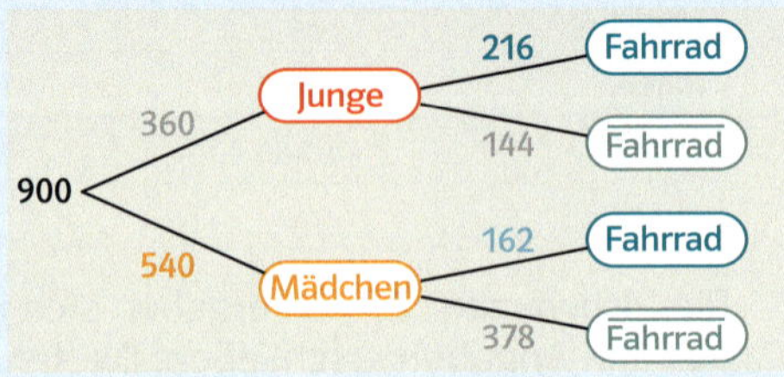

Die **Vierfeldertafel** ist eine andere Darstellung, mit der sich eine Erhebung von zwei Merkmalen darstellen lässt.

Merkmal	Fahrrad	kein Fahrrad	gesamt
Jungen	216	144	360
Mädchen	162	378	540
gesamt	378	522	900

Dazu kann man sowohl die absoluten als auch die relativen Häufigkeiten verwenden.

Merkmal	Fahrrad	kein Fahrrad	gesamt
Jungen	0,24	0,16	0,4
Mädchen	0,18	0,42	0,6
gesamt	0,42	0,58	1

Die Daten einer Vierfeldertafel lassen sich als ein **zweistufiges Zufallsexperiment** auffassen.
Zu jeder Vierfeldertafel lassen sich **zwei Baumdiagramme** erstellen. Damit lassen sich auch Wahrscheinlichkeiten berechnen, die aus den gegebenen Daten nicht direkt zu bestimmen sind.

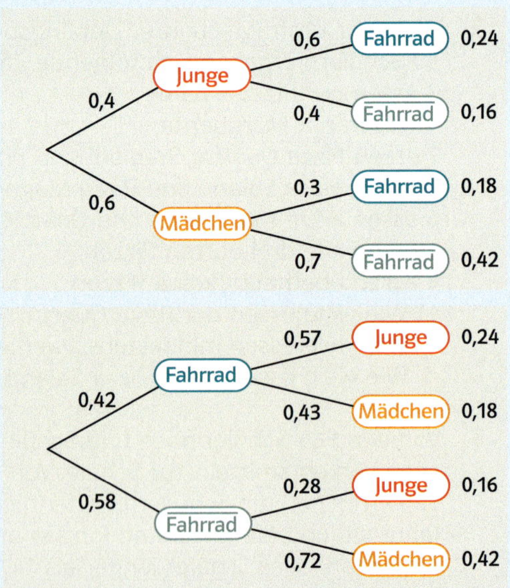

Runde 1

Lösungen | Seite 174

1 Zeichne das Baumdiagramm in dein Heft und vervollständige es.

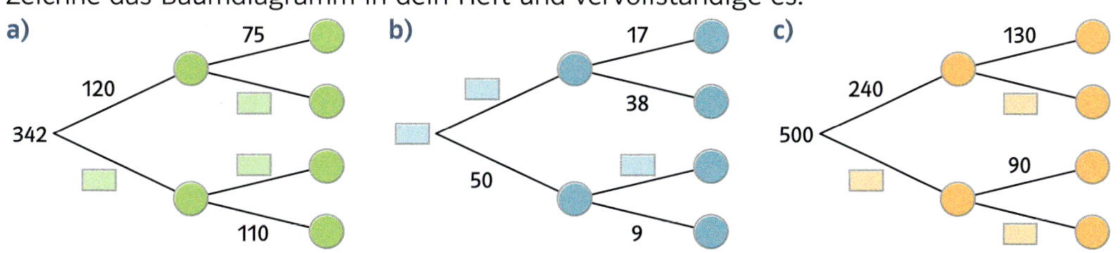

2 Von 320 Schülerinnen und Schülern haben 250 zu Hause einen eigenen PC und 130 eine eigene Spielekonsole, während 12,5 % der Schülerinnen und Schüler weder einen PC noch eine eigene Konsole besitzen.
a) Wie viele Schüler haben einen eigenen PC und eine Spielekonsole?
b) Wie groß ist die Wahrscheinlichkeit dafür, dass ein zufällig ausgewählter Schüler sowohl einen eigenen PC als auch eine Spielekonsole besitzt?

3 In einer Umfrage wurden Mädchen und Jungen im Alter zwischen 14 und 18 Jahren befragt, inwieweit sie soziale Netzwerke aktiv nutzen. Einige Ergebnisse der Umfrage sind in der nebenstehenden Vierfeldertafel dargestellt.

	Mädchen	Junge	gesamt
nutzt		236	
nutzt nicht	83		
gesamt		337	750

a) Vervollständige die Vierfeldertafel.
b) Berechne den Anteil der Mädchen, die soziale Netzwerke nutzen.
c) Eine der befragten Personen gibt an, soziale Netzwerke nicht aktiv zu nutzen. Mit welcher Wahrscheinlichkeit handelt es sich um einen Jungen?

Runde 2

Lösungen | Seite 174

1 Übertrage die Vierfeldertafel in dein Heft und vervollständige sie.

a)

Merkmal	B	$\overline{B}$	gesamt
A		240	
$\overline{A}$	296		408
gesamt	411	352	

b)

Merkmal	B	$\overline{B}$	gesamt
A	0,2	0,15	
$\overline{A}$			0,65
gesamt	0,8		

2 Ein Hersteller bezieht von zwei verschiedenen Zulieferfirmen A und B ein bestimmtes Bauteil. Von Firma A bezieht er 70 % seines Bedarfs, den Rest von Firma B. 3 % der von Firma A gelieferten Teile sind Ausschuss, bei der Firma B sind 6 % der Teile Ausschuss. Wie viel Prozent der gelieferten Bauteile sind defekt?

3 Ein medizinischer Test wird durch die Vierfeldertafel beschrieben.

	gesund	krank	gesamt
Test positiv	0,01	0,09	0,1
Test negativ	0,89	0,01	0,9
gesamt	0,9	0,1	1

a) Mit welcher Wahrscheinlichkeit ist eine Person, die ein positives Testergebnis hat, tatsächlich krank?
b) Mit welcher Wahrscheinlichkeit ist eine Person, die ein negatives Testergebnis hat, tatsächlich gesund?
c) Fertige zur Situation in den Teilaufgaben a) und b) jeweils ein Baumdiagramm an.

IV Strahlensätze – Die Satzgruppe des Pythagoras

Das kannst du schon

- Mit Größen rechnen
- Konstruktionen durchführen
- Stufenwinkel und Scheitelwinkel bei sich kreuzenden Geraden erkennen
- Mit Quadratwurzeln rechnen

Sicher ins Kapitel IV
Seite 152

Das kannst du bald

- Ähnlichkeit von Figuren feststellen
- Mithilfe ähnlicher Dreiecke fehlende Streckenlängen berechnen
- Den Satz des Pythagoras verstehen, beweisen und anwenden
- Die Satzgruppe des Pythagoras zur Berechnung von Streckenlängen in zwei- und dreidimensionalen Figuren verwenden

DIN A4 – Maße mit Format

Lerneinheit 2, Seite 101

Forschungsauftrag 1: Computer
Das Original ist mit dem Computer dreimal unterschiedlich bearbeitet worden. Beschreibe, wie sich die Verkleinerungen voneinander unterscheiden.

Forschungsauftrag 2: Kopierer
Untersucht die Maße der drei Formate DIN A3, DIN A4 und DIN A5. Erstellt mit diesen Daten eine Tabelle.

Format	kurze Seite a	lange Seite b	a : b	b : a	Flächeninhalt
DIN A3	297 mm	420 mm			
DIN A4					
DIN A5					

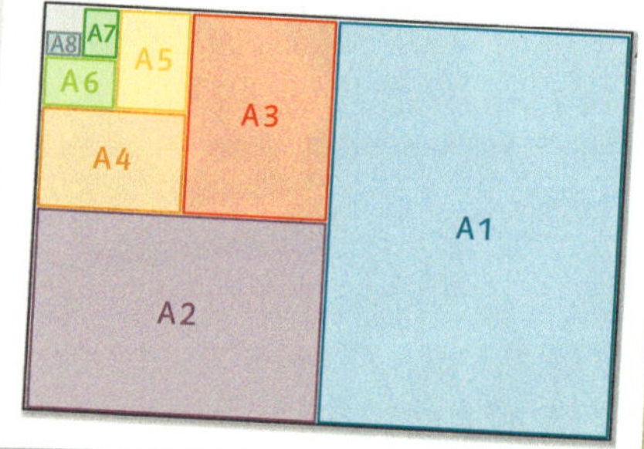

- Möchte man mit einem Kopierer ein DIN-A4-Blatt auf ein DIN-A3-Blatt vergrößern, wählt man den Vergrößerungsfaktor 141 %. Wie kommt man auf diesen Faktor?
- Welchen Faktor muss man für die Verkleinerung von DIN A4 auf DIN A5 wählen?
- Was passiert, wenn man den Faktor 50 % für die Verkleinerung mit dem Kopierer wählt?
- Erklärt, was die eingestellten Vergrößerungen bzw. Verkleinerungen genau bewirken.

DIN heißt Deutsches Institut für Normung

Entwickelt wurden die Papierformate vom Berliner Ingenieur Dr. Walter Porstmann. Normblatt DIN 476 legt fest, dass sich die Formate aus dem DIN-A0-Format entwickeln, das einen Flächeninhalt von $A = 1\,m^2$ haben sollte.

Forschungsauftrag 3: Falten

- Faltet und zerschneidet ein DIN-A4-Blatt so, dass ihr ein DIN-A5-, ein DIN-A6- und ein DIN-A7-Blatt erhaltet. Legt sie wie auf dem Rand angedeutet aufeinander. Zeichnet ein Koordinatensystem, das den Punkt (0 | 0) in der unteren linken Ecke aller Blätter hat. Die Verbindungslinie mit der rechten oberen Ecken kann als Graph einer linearen Funktion betrachtet werden.
- Messt zunächst die Steigung m der Geraden. Erläutert, warum $m = \frac{a}{b} = \frac{\frac{b}{2}}{a}$ gilt.
  Berechnet mit $\frac{a}{b} = \frac{\frac{b}{2}}{a}$ einen Wert für b, wenn $a = 1$ ist, begründet, dass $m^2 = \frac{1}{2}$ ist.
  Versucht, mit dem Taschenrechner einen Wert für m zu bestimmen.
- Funktioniert ein analoges Vorgehen auch mit anderen Formaten? Probiert dies z. B. mit dem Format eines Buches oder eines Quadrats aus und notiert eure Erkenntnisse.

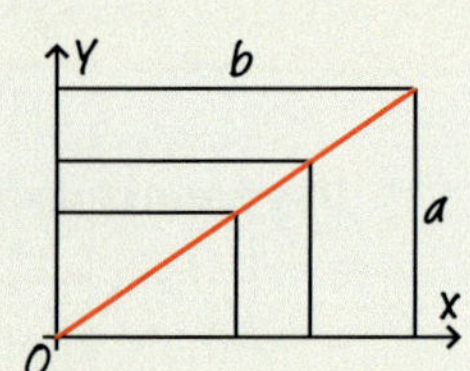

Der Satz des Pythagoras

Lerneinheit 4, Seite 108

Kopiervorlage
Flächen vergleichen
n4zw3z

Forschungsauftrag 1: Flächen vergleichen
Zunächst muss die Figur rechts abgepaust oder kopiert werden, damit man sie zerschneiden und neu zusammenlegen kann. Noch einfacher geht es, wenn ihr über den Code auf dem Rand die Vorlage herunterladet und ausdruckt.

- Welche Fläche ist größer – die gelbe quadratische Fläche oder die Summe der vier roten Flächen der rechtwinkligen Dreiecke? Begründet, indem ihr z.B. die Flächen ausschneidet und dann neu zusammenlegt.
- Zeigt durch geeignetes Zerlegen und neues Zusammensetzen der Flächenstücke, dass die gelbe Fläche genauso groß ist wie die Summe der beiden grünen.

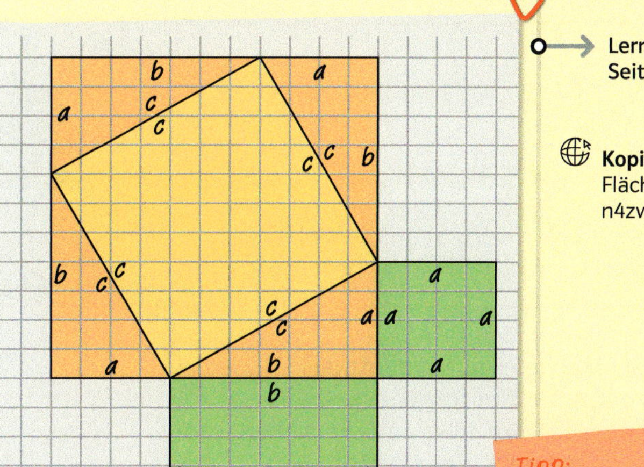

Tipp:
Druckt die Figur zweimal aus und schneidet die bunten Flächen jeweils aus.

Forschungsauftrag 2: Terme vergleichen
Welche Terme beschreiben den Flächeninhalt des gelben Quadrats in der Figur oben? Begründet mithilfe der obigen Figur und durch geeignete Termumformungen.

$A_1 = c^2$ $A_2 = (a + b)^2 - 2ab$ $A_3 = 2ab$ $A_4 = (a + b)^2 - ab$
$A_5 = (a + b)^2 - 4 \cdot \frac{1}{2}ab$ $A_6 = a \cdot b + b^2$ $A_7 = a^2 + b^2$

Forschungsauftrag 3: Beweise notieren
Der Satz des Pythagoras ist einer der berühmtesten Sätze der Mathematik. Er besagt, dass in einem rechtwinkligen Dreieck gilt: Die Summe der Flächeninhalte der Quadrate über den beiden kürzeren Seiten ergibt den Flächeninhalt des Quadrats über der längsten Seite. In Forschungsauftrag 1 und 2 habt ihr bereits Beweise für diesen Satz untersucht.
Erstellt ein Plakat oder eine Folie zum Satz des Pythagoras. Die Darstellung sollte übersichtlich und gut verständlich sein und Folgendes enthalten:

- die Formulierung des Satzes mit eigenen Worten oder als Formel mit einer Skizze,
- eine Begründung, warum die Aussage des Satzes stimmt. Hierbei könnt ihr die Lösungen zu Forschungsauftrag 1 oder Forschungsauftrag 2 verwenden.

Forschungsauftrag 4: Die Umkehrung des Satzes
Es gilt auch die Umkehrung des Satzes des Pythagoras: Ein Dreieck ist dann rechtwinklig, wenn die Summe der Flächeninhalte der Quadrate über den beiden kurzen Seiten dem Flächeninhalt des Quadrats über der längsten Seite entspricht. Dies kann man ausnutzen, um zum Beispiel mithilfe von Knotenseilen rechte Winkel zu erzeugen.

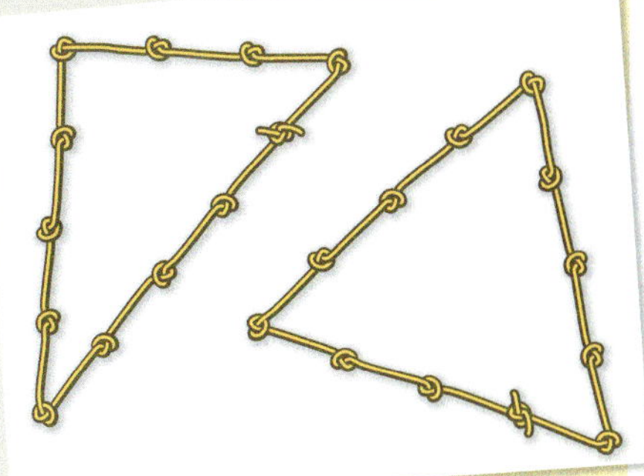

- Erstellt ein 12-Knoten-Seil wie in der Abbildung. Die Abstände zwischen den Knoten müssen jeweils gleich sein. Wie muss man das Seil legen, damit man einen rechten Winkel erhält? Begründet.
- Warum funktioniert das Verfahren nicht mit 10-Knoten-Seilen oder 11-Knoten-Seilen?
- Untersuche, ob es außer dem 12-Knoten-Seil noch weitere Möglichkeiten für die Anzahl der Knoten gibt, um mit dem Seil einen rechten Winkel zu erzeugen.

1 Gleichheit von Streckenverhältnissen – Strahlensätze

Bei Sonnenschein kann man die Höhe des Baumes mithilfe der Schatten bestimmen.

In der Geometrie ergibt sich oft das Problem, eine bestimmte Strecke $\overline{SA}$ in gleich lange Teile zu teilen, z. B. in sieben Teile. Man geht dabei folgendermaßen vor (Fig. 1): Man zeichnet einen Strahl mit Anfangspunkt S und trägt auf ihm eine beliebige Streckenlänge (z. B. 1 cm) siebenmal ab und erhält so B. Dann zeichnet man Parallelen zu $\overline{AB}$ durch die einzelnen Teilungspunkte. Auf diese Weise „überträgt" sich die Streckenteilung der Strecke $\overline{SB}$ auf die Strecke $\overline{SA}$ und man erhält hier ebenfalls sieben gleich lange Strecken.

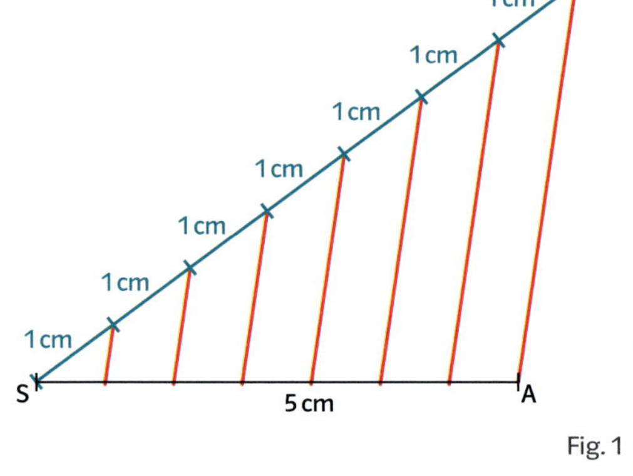

Fig. 1

Aber nicht nur gleich lange Strecken „übertragen" sich, sondern auch gleiche **Streckenverhältnisse**. Es gilt nämlich: Wenn $g \parallel g'$ ist, dann gilt $\frac{\overline{SA}}{\overline{SA'}} = \frac{\overline{SB}}{\overline{SB'}}$ (Fig. 2), was im Folgenden gezeigt wird.
Für den Flächeninhalt des Dreiecks SAB gilt einerseits $\frac{1}{2}\overline{SA}\,h_1$ und andererseits $\frac{1}{2}\overline{SA}\,h_2$, also (1) $\overline{SA}\,h_1 = \overline{SB}\,h_2$ (Fig. 3).
Aufgrund gleicher Höhenlänge sind die Dreiecke BAA' und BAB' ebenso inhaltsgleich und somit auch die Dreiecke SBA' und SB'A. Damit gilt auch $\frac{1}{2}\overline{SA'}\,h_1 = \frac{1}{2}\overline{SB'}\,h_2$, also (2) $\overline{SA'}\,h_1 = \overline{SB'}\,h_2$.
Die Division der Gleichungen (1) und (2) führt zur Verhältnisgleichung $\frac{\overline{SA}}{\overline{SA'}} = \frac{\overline{SB}}{\overline{SB'}}$.
Auch die Parallelenabschnitte $\overline{AB}$ und $\overline{A'B'}$ stehen in diesem Verhältnis: $\frac{\overline{SA}}{\overline{SA'}} = \frac{\overline{AB}}{\overline{A'B'}}$.

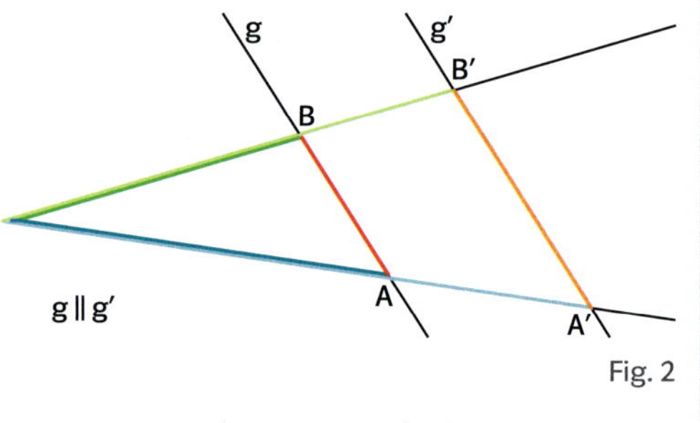

Fig. 2

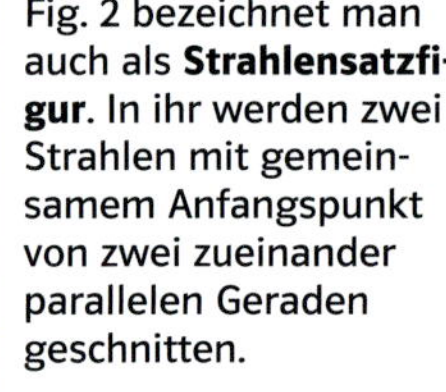
Fig. 2 bezeichnet man auch als **Strahlensatzfigur**. In ihr werden zwei Strahlen mit gemeinsamem Anfangspunkt von zwei zueinander parallelen Geraden geschnitten.

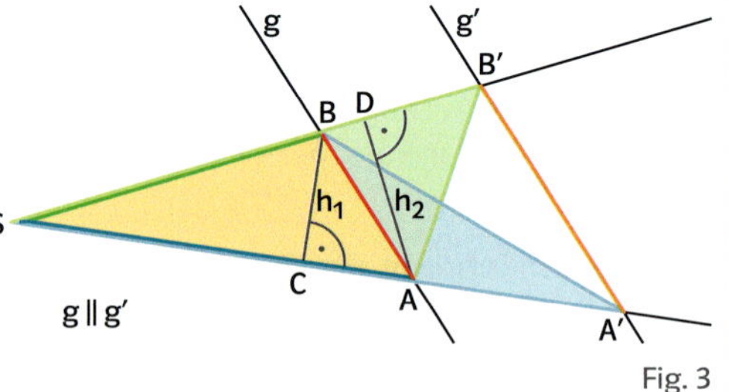

Fig. 3

In jeder Strahlensatzfigur gelten die Verhältnisgleichungen

$\frac{\overline{SA}}{\overline{SA'}} = \frac{\overline{SB}}{\overline{SB'}}$ (1. Strahlensatz),

$\frac{\overline{SA}}{\overline{SA'}} = \frac{\overline{AB}}{\overline{A'B'}}$ und $\frac{\overline{SB}}{\overline{SB'}} = \frac{\overline{AB}}{\overline{A'B'}}$ (2. Strahlensatz).

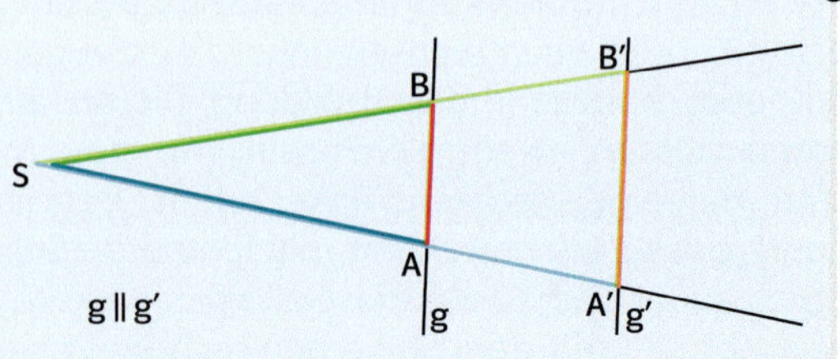

Folgerung aus dem 1. Strahlensatz

Wegen $\overline{SA'} = \overline{SA} + \overline{AA'}$ und $\overline{SB'} = \overline{SB} + \overline{BB'}$ gilt $\frac{\overline{SA} + \overline{AA'}}{\overline{SA}} = \frac{\overline{SB} + \overline{BB'}}{\overline{SB}}$. Durch Kürzen erhält man $1 + \frac{\overline{AA'}}{\overline{SA}} = 1 + \frac{\overline{BB'}}{\overline{SB}}$ und damit $\frac{\overline{AA'}}{\overline{SA}} = \frac{\overline{BB'}}{\overline{SB}}$.

Umkehrung der Strahlensätze

Der 1. Strahlensatz ist umkehrbar. In Fig. 1 gilt für die Längenverhältnisse $\frac{\overline{SA}}{\overline{SA'}} = \frac{\overline{SB}}{\overline{SB'}}$.

Hieraus folgt, dass die Geraden g und g′ zueinander parallel sind.

In Fig. 1 gilt ebenso $\frac{\overline{AB}}{\overline{A'B'}} = \frac{\overline{SA}}{\overline{SA'}}$ und $\frac{\overline{AB}}{\overline{A'B'}} = \frac{\overline{SB}}{\overline{SB'}}$.

Auch aus diesen Gleichungen folgt die Parallelität der Geraden g und g′.

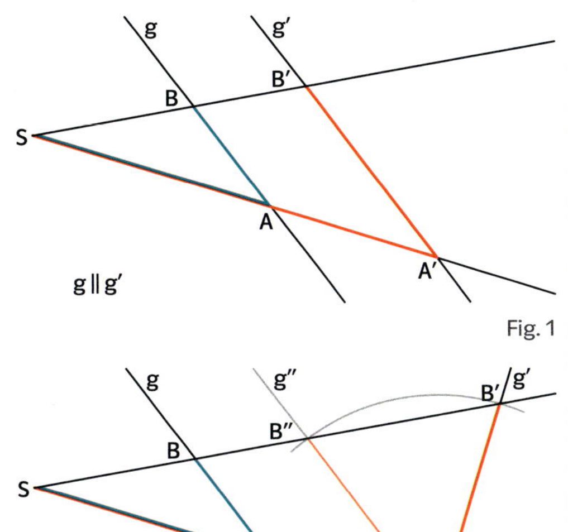

Fig. 1

In Fig. 2 gilt zwar $\frac{\overline{AB}}{\overline{A'B'}} = \frac{\overline{SA}}{\overline{SA'}}$, aber die Geraden g und g′ sind offenbar nicht zueinander parallel. Also ist der 2. Strahlensatz nicht umkehrbar.

Da g und g″ zueinander parallel sind, gilt nach dem 2. Strahlensatz $\frac{\overline{SA}}{\overline{AB}} = \frac{\overline{SA'}}{\overline{A'B''}}$. Wenn man um A′ einen Kreis mit dem Radius $\overline{A'B''}$ zeichnet, dann entsteht der Punkt B′.

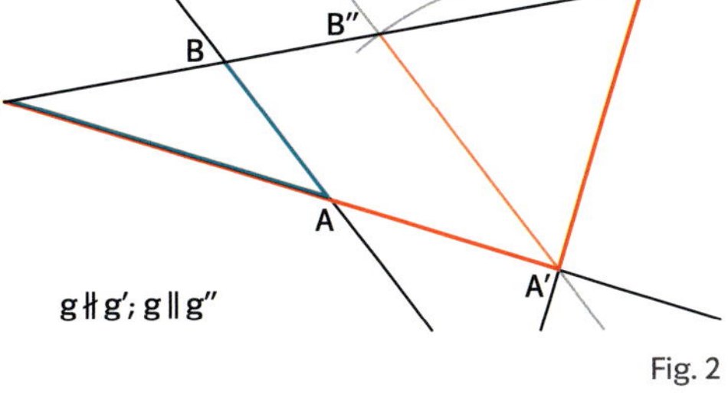

Fig. 2

Es gilt dann wie eben $\frac{\overline{SA}}{\overline{AB}} = \frac{\overline{SA'}}{\overline{A'B''}} = \frac{\overline{SA'}}{\overline{A'B'}}$, aber offenbar ist dann die Verbindungsgerade von A′ und B′ nicht parallel zu g. Also gilt die Umkehrung des zweiten Strahlensatzes hier nicht.

Beispiel 1 Berechnen von Streckenlängen

In der Figur sind die Geraden g und h zueinander parallel. Berechne die Längen der Strecken a und b.

Tipp:
Schreibe die Längenverhältnisse möglichst so auf, dass die gesuchte Größe im Zähler steht.

g
h
2 cm
4 cm
S
2,4 cm
b
3 cm
a
g ∥ h

Lösung

Man berechnet a mit dem 1. Strahlensatz:

$\frac{3 + a}{3} = \frac{6}{4}$, also $3 + a = 4{,}5$ und $a = 1{,}5$.

Man berechnet b mit dem 2. Strahlensatz:

$\frac{b}{2{,}4} = \frac{6}{4}$ bzw. $\frac{b}{2{,}4} = \frac{4{,}5}{3}$, also $b = 3{,}6$.

Beispiel 2 Anwendung bei einer Dachkonstruktion

In ein 4,80 m hohes Dach wird eine 3 m breite Zwischendecke eingezogen (Fig. 3). Welche Raumhöhe hat das Dachgeschoss?

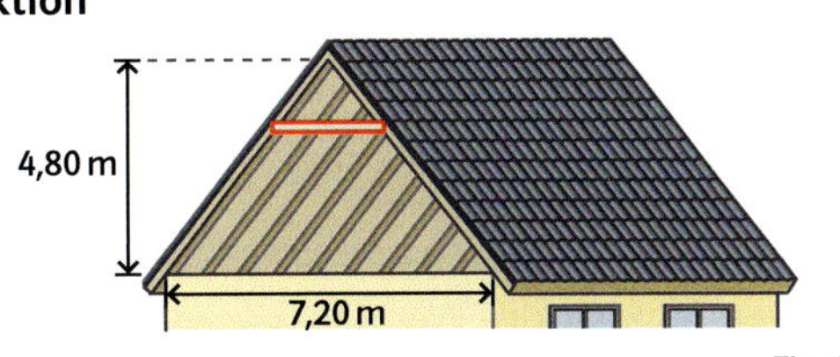

Fig. 3

Skizze (Maße in m):

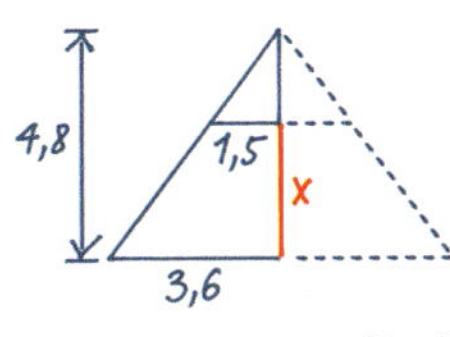

Fig. 4

Lösung

Boden und Zwischendecke sind zueinander parallel. Damit sind in Fig. 4 die Voraussetzungen für die Anwendung der Strahlensätze gegeben.

2. Strahlensatz: $\frac{4{,}8 - x}{4{,}8} = \frac{1{,}5}{3{,}6}$, also

$4{,}8 - x = \frac{1{,}5}{3{,}6} \cdot 4{,}8 = 2{,}0$ und damit $x = 2{,}8$.

Das Dachgeschoss hat eine Raumhöhe von 2,80 m.

Zur Vereinfachung schreiben wir Rechnungen und Terme meist ohne Einheiten.

Aufgaben

○ **1** Welche Streckenverhältnisse in Fig. 1 sind gleich? Stelle Verhältnisgleichungen auf.

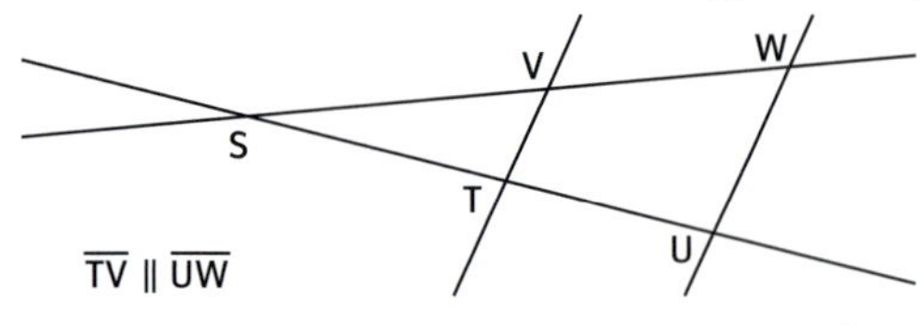

Fig. 1

g ∥ h; h ∥ k

Fig. 2

○ **2** Ergänze mithilfe von Fig. 2.

a) $\frac{a}{a+b} = \frac{d}{\square}$ b) $\frac{r}{t} = \frac{\square}{a+b+c}$ c) $\frac{\square}{s} = \frac{d+e+f}{d+\triangle}$ d) $\frac{d+e}{d+\square+f} = \frac{a+\triangle}{\bigcirc+b+c}$

○ **3** In der Zeichnung ist g ∥ h. Berechne die fehlenden Seitenlängen (Maße in cm).

a)

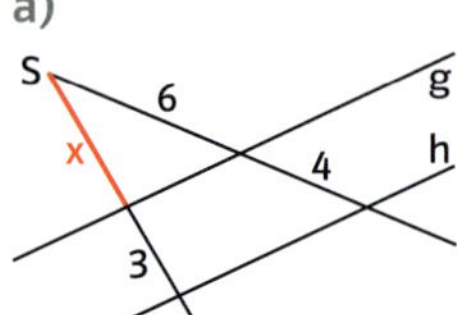

b)

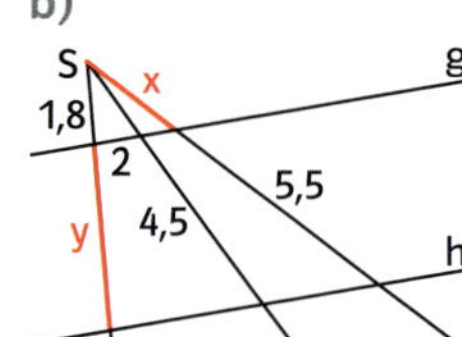

c)

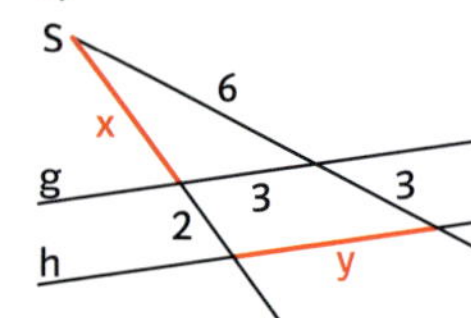

d)

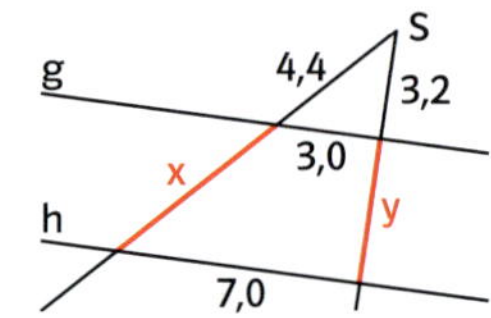

○ **4** Berechne die Länge des Sees.

a)

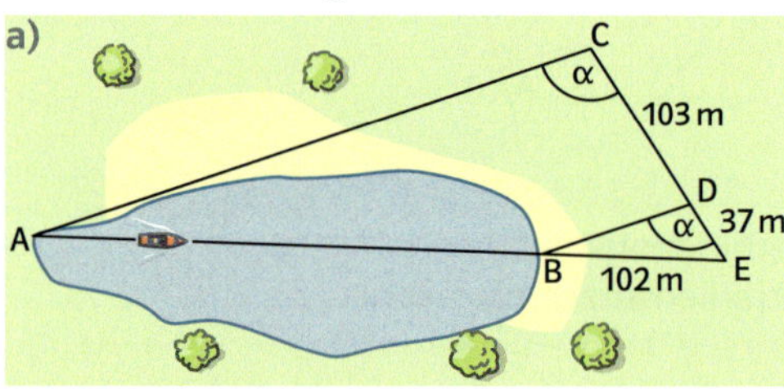

b)

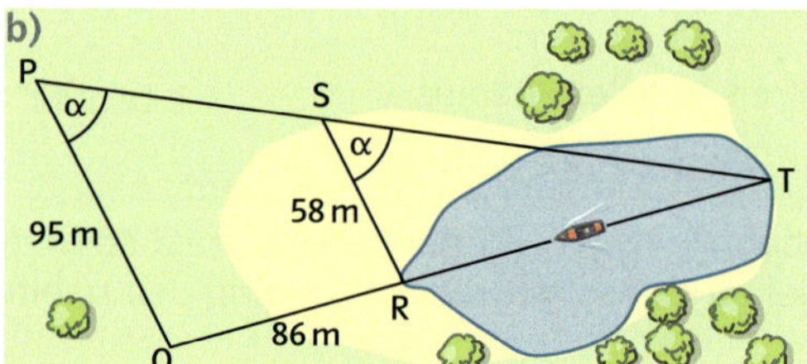

◒ **5** Um die Höhe des Kirchturms zu bestimmen, werden zwei Stäbe mit den Längen $\overline{AB} = 1{,}4\,m$ und $\overline{CD} = 2{,}1\,m$ so aufgestellt, dass über die Punkte B und D hinweg die Spitze des Kirchturms angepeilt werden kann.
Wie hoch ist der Kirchturm, wenn 1,6 m für $\overline{AC}$ und 200 m für $\overline{CE}$ gemessen werden?

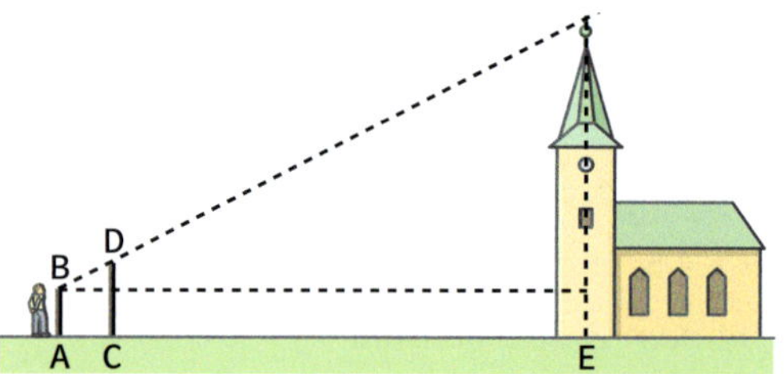
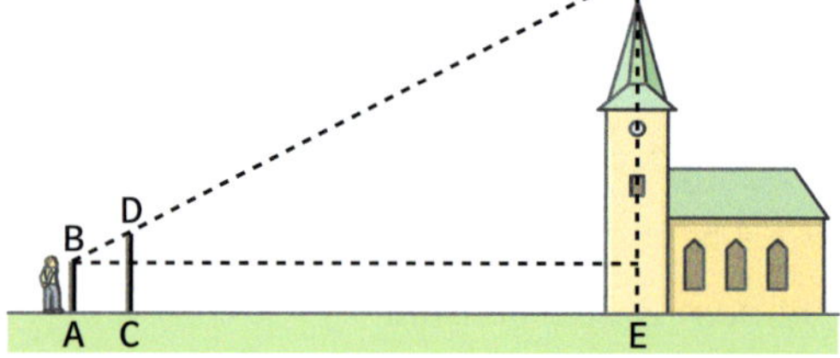

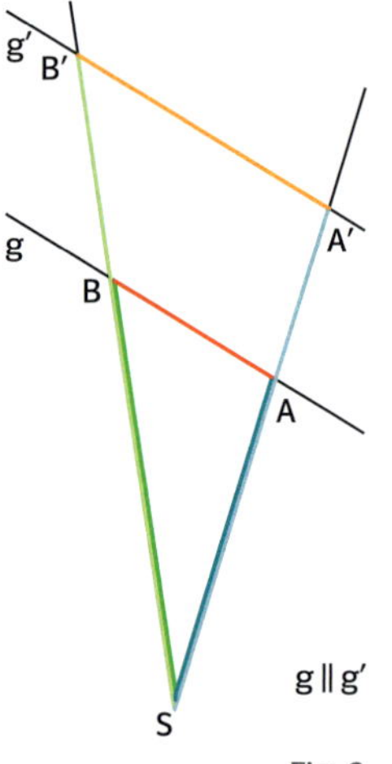

Fig. 3

◒ **6** **Wahr oder falsch? Begründe.**
Betrachte zur Beantwortung Fig. 3.

a) In jeder Strahlensatzfigur gilt $\frac{\overline{AA'}}{\overline{SA}} = \frac{\overline{A'B'}}{\overline{AB}}$.

b) In jeder Strahlensatzfigur gilt $\frac{\overline{A'B'}}{\overline{SA}} = \frac{\overline{AB}}{\overline{SA'}}$.

c) In jeder Strahlensatzfigur sind entweder beide Strahlensätze anwendbar oder keiner.

◒ **7** Mit Messkeil und Messlehre kann man kleine Öffnungen und kleine Dicken messen. Bestimme die Weite der Öffnung des Werkstücks und die Dicke des Drahtes.

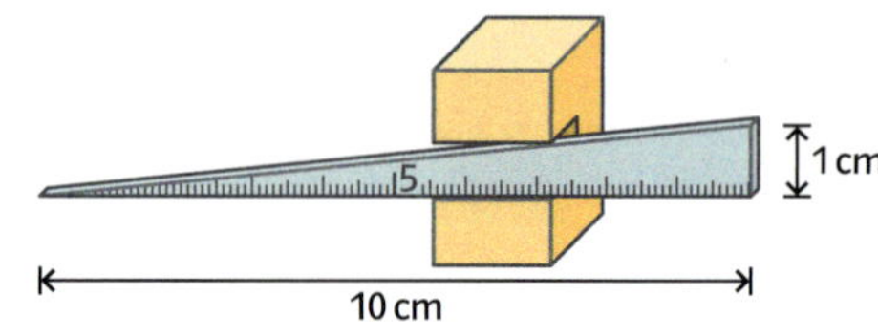

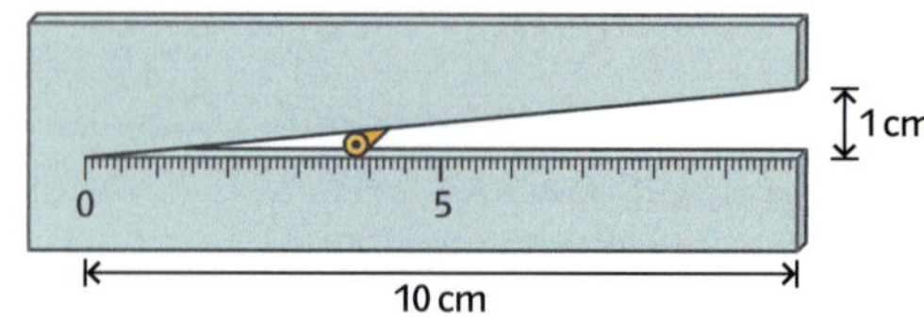

Kopiervorlage
Zusätzliches Übungsmaterial
re56wg

Bist du schon sicher?

○ **8** Die Geraden g und h in Fig. 1 verlaufen zueinander parallel. Berechne die Längen der Strecken a und b.

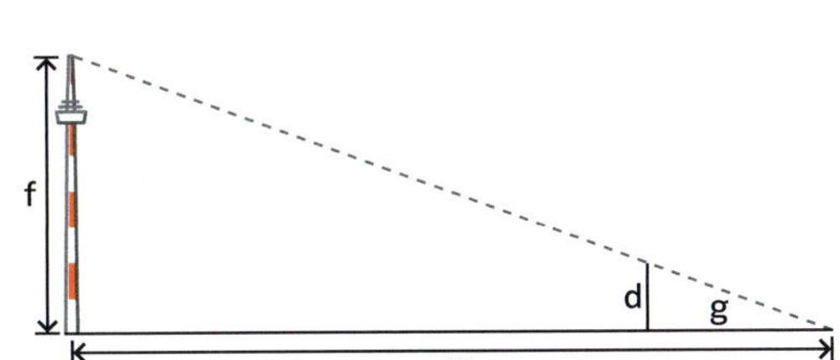

Fig. 1 Fig. 2

◒ **9** Wie hoch ist der Fernsehturm in Fig. 2 für d = 1,8 cm, g = 64 cm und e = 2,6 km?

Lösungen | Seite 175

◒ **10** Begründe mithilfe eines Strahlensatzes, dass die Rechtecke ABCD und AB′C′D′ in Fig. 3 den gleichen Flächeninhalt haben.

◒ **11** Verwandle wie in Fig. 3 ein Rechteck mit den Kantenlängen
a) a = 7 cm, b = 2 cm, **b)** a = 6 cm, b = 4 cm
in ein flächengleiches Rechteck, bei dem eine Seite 3 cm (5 cm; 8 cm) lang ist. Kontrolliere die Gleichheit der Rechteckflächen durch Messen.

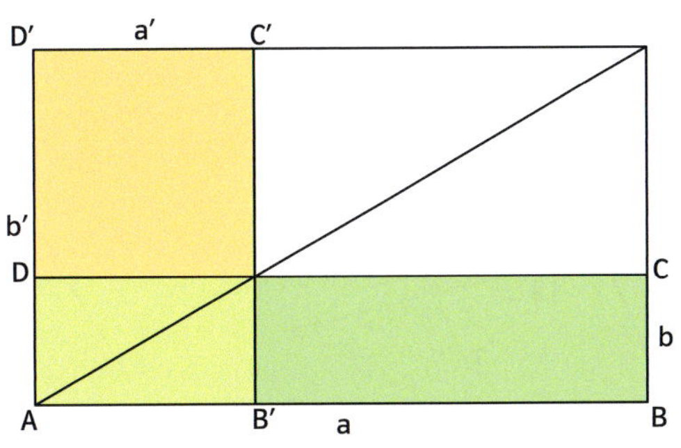

Fig. 3

Info

Erweiterung der Strahlensätze
Werden zwei Geraden mit dem Schnittpunkt S von zwei Parallelen geschnitten, dann gilt:

1. Strahlensatz: $\frac{\overline{SA}}{\overline{SA'}} = \frac{\overline{SB}}{\overline{SB'}}$,

2. Strahlensatz: $\frac{\overline{AB}}{\overline{A'B'}} = \frac{\overline{SA}}{\overline{SA'}}$ und $\frac{\overline{AB}}{\overline{A'B'}} = \frac{\overline{SB}}{\overline{SB'}}$.

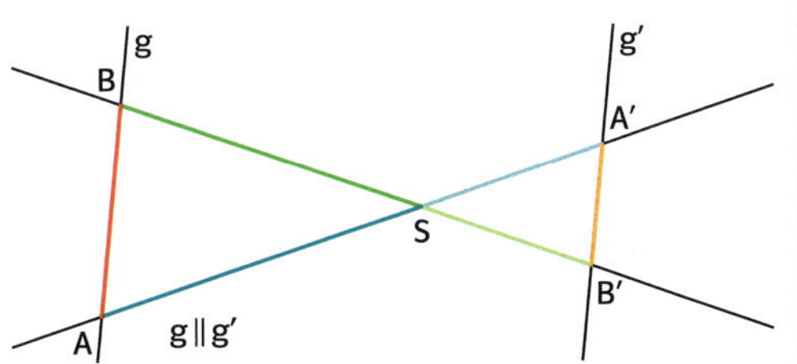

◒ **12** Die Punkte A und B liegen am Rand einer Schlucht. Um den Abstand $\overline{AB}$ bestimmen zu können, werden in ebenem Gelände Messungen vorgenommen (Fig. 4). Berechne die Länge der Strecke $\overline{AB}$. Erläutere deine Vorgehensweise.

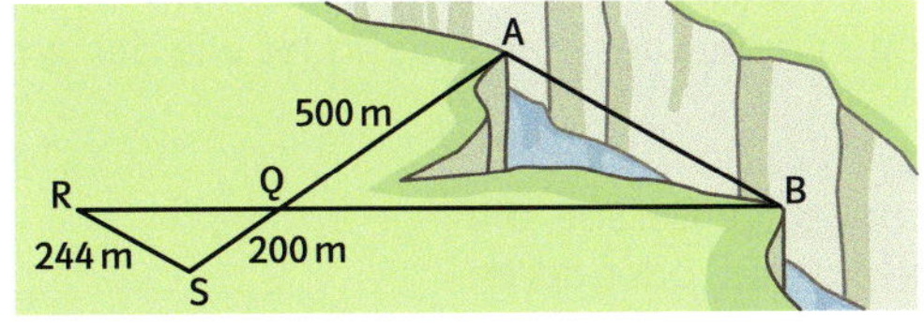

Fig. 4

◒ **13** Leonardo da Vinci schlug vor, die Breite eines Flusses wie in Fig. 5 zu bestimmen. Erläutere das Verfahren und berechne die Flussbreite, wenn $\overline{BC}$ = 1 m, $\overline{AB}$ = 20 cm und $\overline{BD}$ = 1,70 m gemessen wurden.

◒ **14** Bestimmt mit dem in Fig. 5 beschriebenen Verfahren Abstände in eurer Umgebung wie Schulhoflänge, Straßenbreiten und Sportplatzmaße. Ihr benötigt dazu eine Messlatte, zum Beispiel einen Hochsprungständer, ein Maßband und die Strahlensätze.

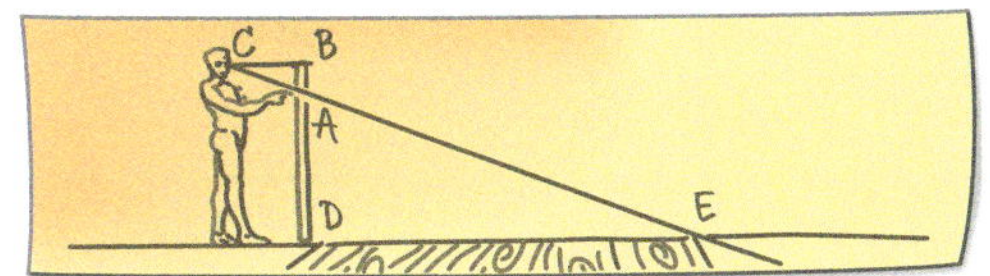

Fig. 5

Leonardo da Vinci (1452–1519), italienischer Künstler, Architekt, Anatom, Mechaniker und Ingenieur

15 In Fig. 1 ist die Wirkungsweise einer Lochkamera schematisch dargestellt. Mit G und B sind die Gegenstandshöhe und die Bildhöhe bezeichnet, mit g und b die Gegenstandsweite und die Bildweite.
a) Wie groß wird ein 114 m hoher Turm abgebildet, der sich in der Entfernung g = 180 m vor der Kamera befindet, wenn die Bildweite b = 45 cm beträgt?
b) Wie weit muss die Kamera mindestens vom Turm entfernt sein, wenn das Bild des Turms nicht höher als 20 cm werden soll?

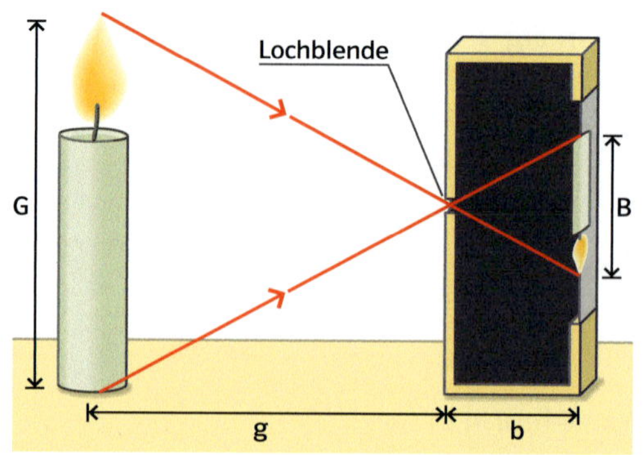

Fig. 1

16 Prüfe rechnerisch, welche der Geraden g, h und i in Fig. 2 zueinander parallel sind.

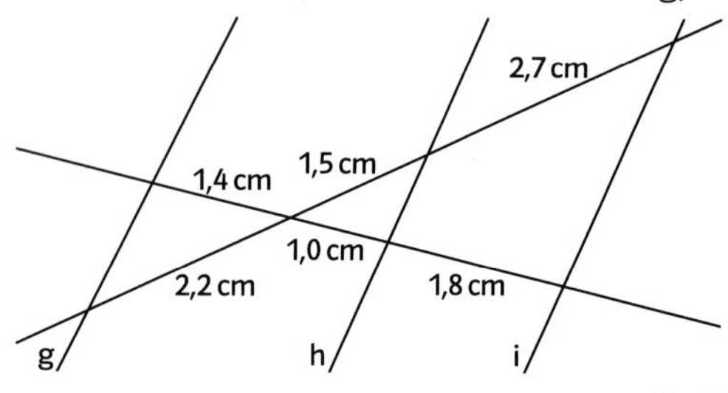

Fig. 2

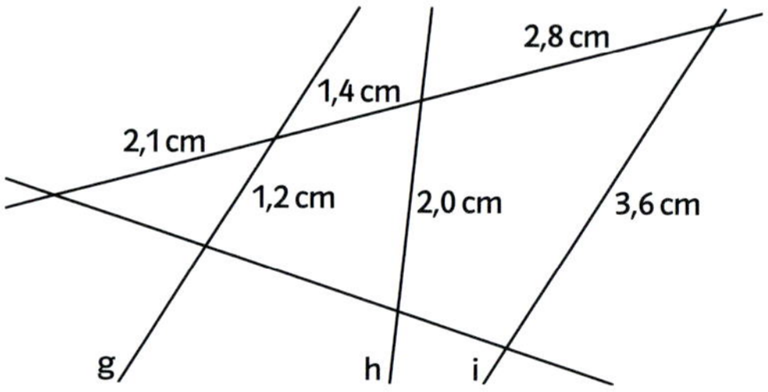

2,8 cm
1,4 cm
2,1 cm
1,2 cm
2,0 cm
3,6 cm
g
h
i

Fig. 3

17 Zeige, dass die Abschnitte auf den Geraden g, h und i in Fig. 3 im gleichen Verhältnis zueinander stehen wie die zugehörigen Strahlenabschnitte auf dem Strahl s. Sind damit die Geraden g, h und i zueinander parallel? Erläutere.

18 Zeige: Wenn die Geraden g und h in Fig. 4 zueinander parallel sind, dann gilt $\frac{a}{b} = \frac{c}{d}$.

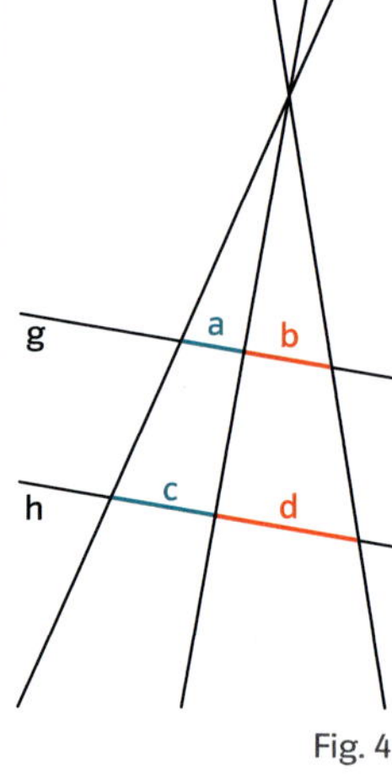

Fig. 4

19 Ein Sendemast steht in 90 m Entfernung vor einer 8 m hohen Mauer. Steht der Beobachter 15 m weit hinter der Mauer, so sieht er den oberen Teil des Sendemasts über die Mauer ragen. Steht er 45 m weit hinter der Mauer, so sieht er doppelt so viel vom Mast.
a) Berechne die Höhe des Sendemasts, wenn sich die Augen des Beobachters 1,70 m über dem Boden befinden.
b) Wie viel kann ein Kind (Augenhöhe 1 m) jeweils vom Mast sehen, wenn es sich in den gleichen Entfernungen hinter der Mauer befindet wie der größere Beobachter?

20 **Satz von Menelaos**
In Fig. 5 ist g eine beliebige Gerade, die die Seiten des Dreiecks ABC oder deren Verlängerung schneidet und durch keinen Eckpunkt des Dreiecks verläuft. Dann gilt der Satz von Menelaos: $\frac{a_1}{a_2} \cdot \frac{b_1}{b_2} \cdot \frac{c_1}{c_2} = 1$.
Beweise diesen Satz. Betrachte dazu die Lote von den Eckpunkten auf g und verwende einen Strahlensatz.

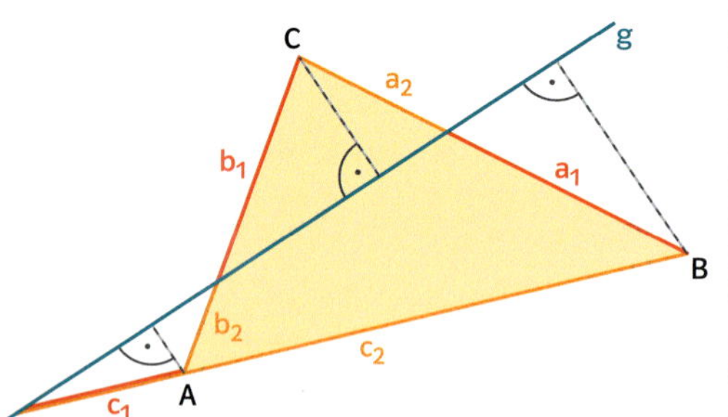

Fig. 5

Menelaos (ca. 70 – 140), griechischer Mathematiker und Astronom

Kannst du das noch?

21 Gib die Steigung und den y-Achsenabschnitt an und zeichne den Graphen.
a) f(s) = 3s − 1 b) h(n) = 4 − 2n c) g(c) = 2 d) k(x) = (4 − x) − 2

vgl. Seite 163
Lösung | Seite 175

2 Vergrößern und Verkleinern von Figuren – Ähnlichkeit

Vergrößerte oder verkleinerte Bilder haben Gemeinsamkeiten und sind doch unterschiedlich.

Ob Computer, Foto, Mikroskop, Landkarte oder Kopierer – Vergrößerungen oder Verkleinerungen sind jedem schon begegnet. Um zu erkennen, was sich beim Vergrößern und Verkleinern verändert und was unverändert bleibt, werden zum Beispiel ein Dreieck und seine mit dem Computer erzeugte Vergrößerung betrachtet.

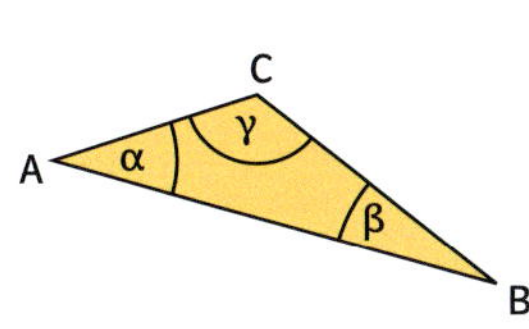

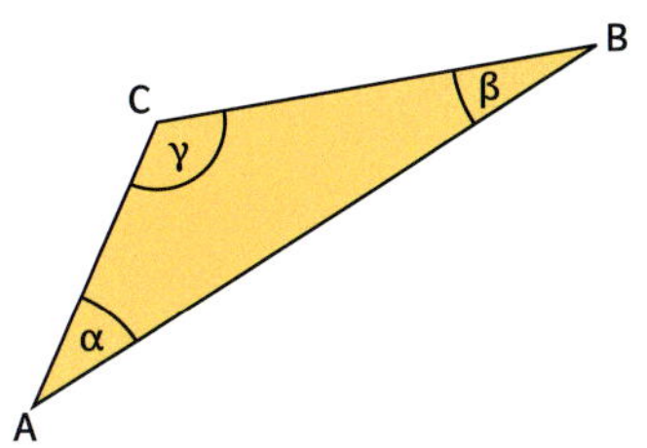

Die Winkelgrößen wurden durch das Vergrößern offenbar nicht verändert, nur die Seiten sind länger geworden. Misst man die Längen der Seiten, so wird ein Zusammenhang deutlich:

	$\overline{AB}$	$\overline{BC}$	$\overline{AC}$
kleines Dreieck	3 cm	2 cm	1,4 cm
großes Dreieck	4,5 cm	3 cm	2,1 cm
Längenverhältnis	$4{,}5\,\text{cm} : 3\,\text{cm} = \frac{3}{2} = 3:2$	$3\,\text{cm} : 2\,\text{cm} = \frac{3}{2} = 3:2$	$2{,}1\,\text{cm} : 1{,}4\,\text{cm} = \frac{3}{2} = 3:2$

Dividiert man jeweils die Länge einer Seite des größeren Dreiecks durch die Länge der entsprechenden Seite im kleineren Dreieck, so erhält man stets das gleiche Verhältnis 3:2. Man sagt: Die Längen entsprechender Seiten stehen in einem festen Längenverhältnis zueinander. Dieses Verhältnis heißt **Maßstab** oder **Vergrößerungsfaktor**. Der Vergrößerungsfaktor $\frac{3}{2}$ bedeutet einen Maßstab von 3:2.

Bei einer Vergrößerung sind die Quotienten entsprechender Seitenlängen größer als 1. Sind die Quotienten kleiner als 1, so liegt eine Verkleinerung vor.

Diese Überlegungen kann man auf beliebige Figuren und beliebige Maßstäbe übertragen. Vielecke, bei denen die einander entsprechenden Winkel und die Längenverhältnisse einander entsprechender Seiten gleich groß sind, nennt man zueinander **ähnlich**.

Zwei Vielecke heißen zueinander **ähnlich**, wenn die Längenverhältnisse einander entsprechender Strecken und einander entsprechende Winkel gleich groß sind.
Es gilt dann:
$\frac{a}{w} = \frac{b}{x} = \frac{c}{y} = \frac{d}{z}$ und $\alpha = \alpha'$; $\beta = \beta'$; $\gamma = \gamma'$; $\delta = \delta'$.

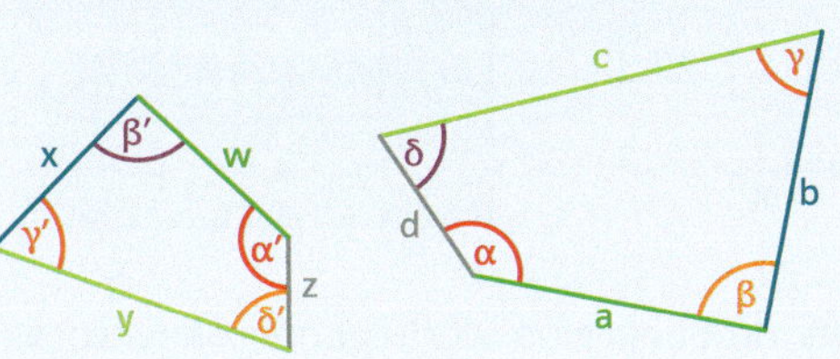

Beispiel Untersuchen auf Ähnlichkeit und Zeichnen zueinander ähnlicher Figuren
a) Untersuche, ob je zwei der Vierecke in der Figut ähnlich sind.
b) Zeichne ein zum Viereck EFGH ähnliches Viereck E'F'G'H' mit dem Vergrößerungsfaktor 3.

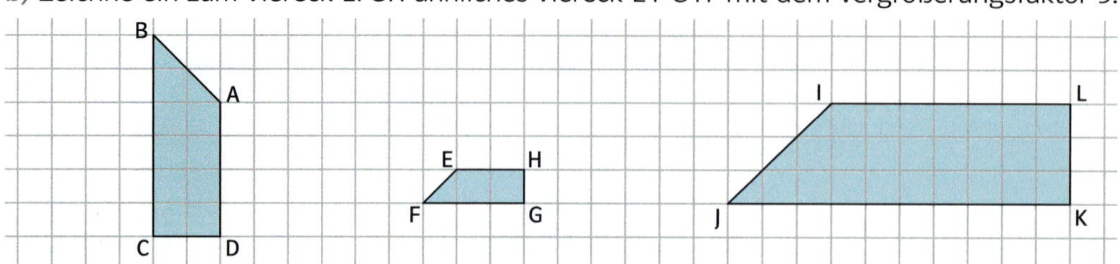

Lösung
a) Vergleich der Winkelgrößen: Entsprechende Winkel in den drei Vierecken sind gleich groß.
Die Vierecke haben jeweils zwei rechte Winkel, einen Winkel von 45° und einen Winkel von 135°. Dies erkennt man daran, dass $\overline{AB}$, $\overline{EF}$ und $\overline{IJ}$ jeweils diagonal durch die quadratischen Kästchen verlaufen.

Vergleich der Seitenverhältnisse (Vierecke ABCD und EFGH): $\frac{\overline{EF}}{\overline{AB}} = \frac{\overline{FG}}{\overline{BC}} = \frac{\overline{GH}}{\overline{CD}} = \frac{\overline{HE}}{\overline{DA}} = \frac{1}{2}$

Die Quotienten aller entsprechender Seitenlängen sind gleich groß. Die Vierecke ABCD und EFGH sind also zueinander ähnlich.
Bei den Vierecken ABCD und IJKL ergeben sich verschiedene Seitenverhältnisse:
$\frac{\overline{IJ}}{\overline{AB}} = \frac{3}{2}$, $\frac{\overline{JK}}{\overline{BC}} = \frac{10}{6} = \frac{5}{3}$. Also sind die Vierecke ABCD und IJKL nicht zueinander ähnlich.
b) *vgl. Fig. 1*
Die Winkel im Viereck E'F'G'H' sind jeweils genauso groß wie die in EFGH. Die Seitenlängen sind jeweils verdreifacht.

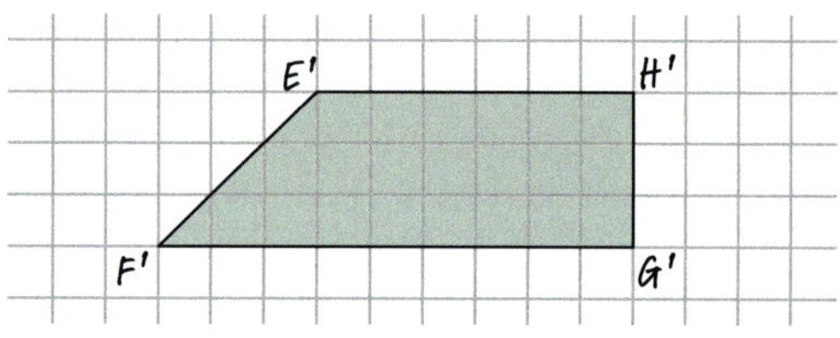

Fig. 1

Die Vierecke ABCD und IJKL in Fig. 1 sind nicht zueinander ähnlich, obwohl alle vier einander entsprechenden Winkel jeweils gleich groß sind!

Aufgaben

○ **1** Zeichne eine ähnliche Figur unter Verwendung des angegebenen Vergrößerungsfaktors.

a)
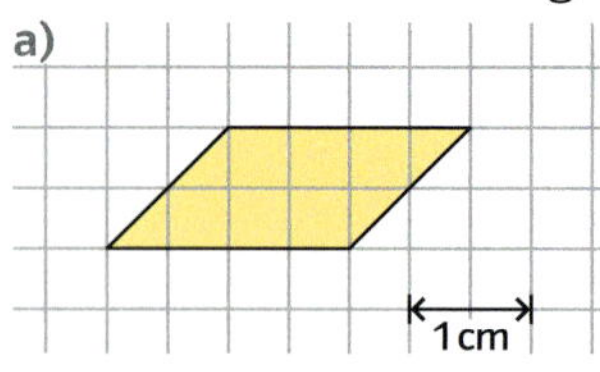

Vergrößerungsfaktor 2

b)
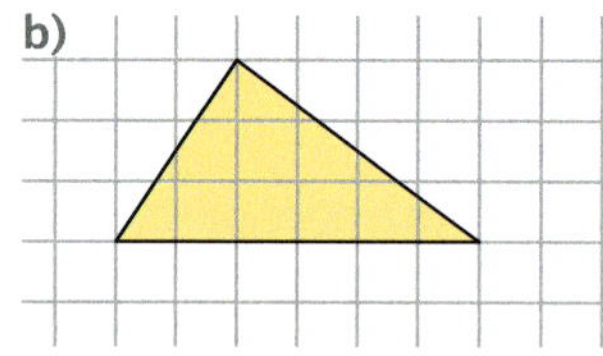

Vergrößerungsfaktor $\frac{3}{2}$

c)
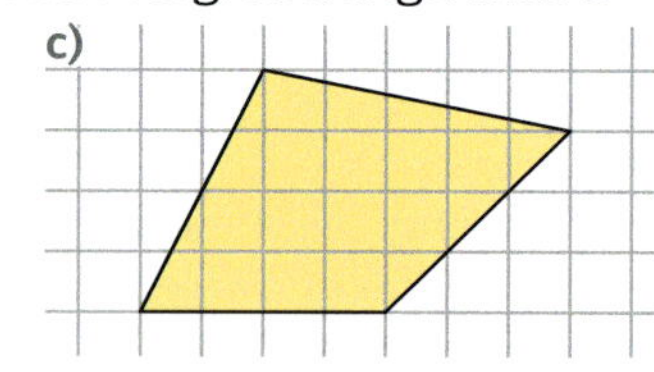

Vergrößerungsfaktor $\frac{5}{2}$

○ **2** Zeichne ab und vergrößere zu einer ähnlichen Figur, die gerade noch in ein Quadrat der Kantenlänge 10 cm hineinpasst. Welcher Vergrößerungsfaktor ist zu wählen?

a)
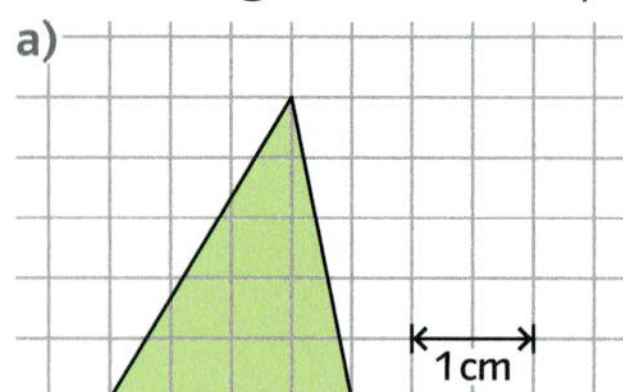

b)

c)

○ **3** Prüfe, ob je zwei der drei übereinanderliegenden Rechtecke in Fig. 2 zueinander ähnlich sind. Bestimme gegebenenfalls den Maßstab.

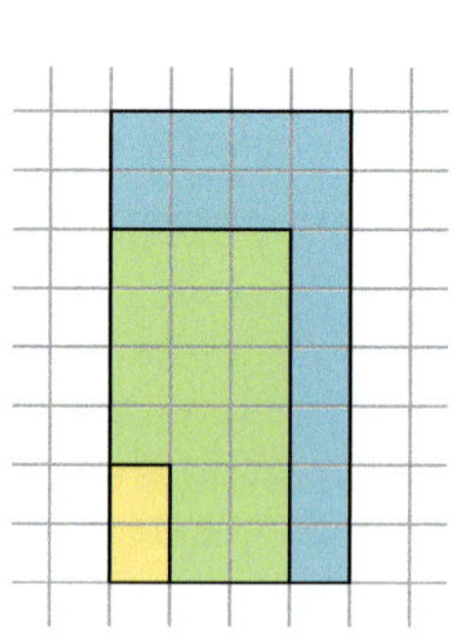

Fig. 2

○ **4** Berechne die fehlenden Seitenlängen der zueinander ähnlichen Figuren.

a)
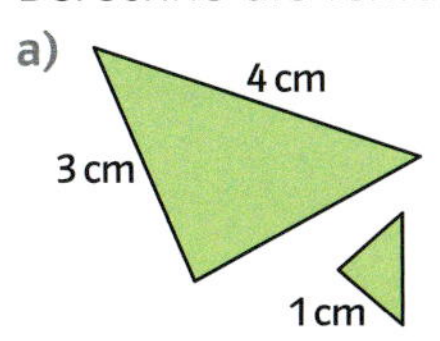

b)
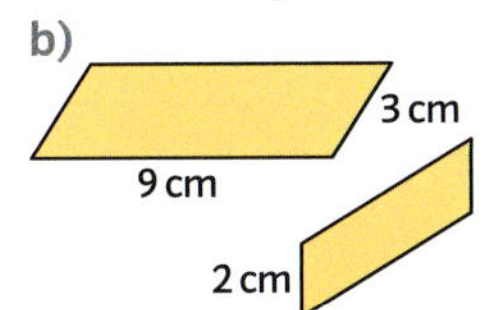

c)
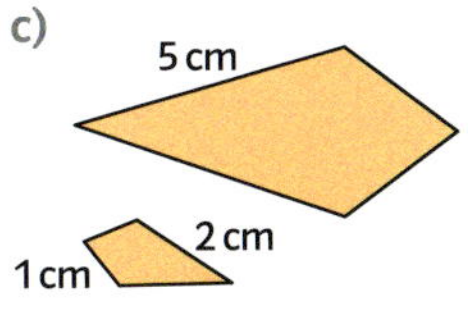

d)
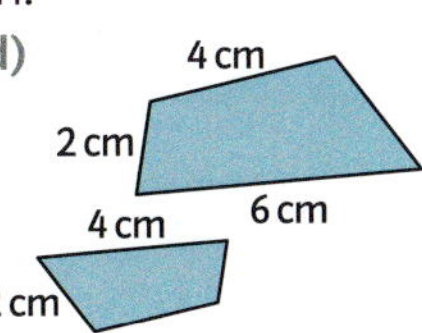

Bist du schon sicher?

○ **5** Untersuche die Sechsecke auf Ähnlichkeit.

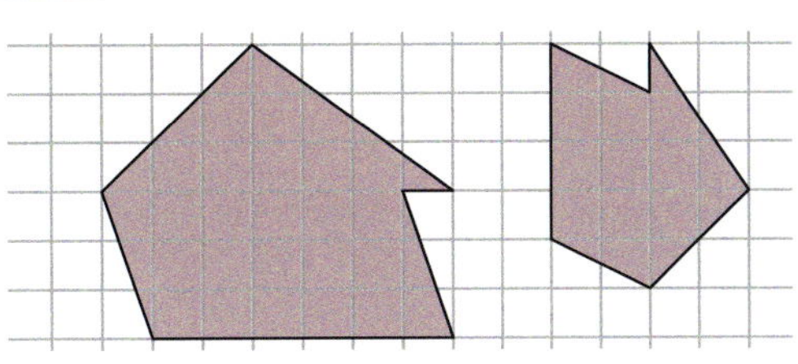

◒ **6** Ein Viereck ABCD ist durch die Punkte A(1|1), B(4|1), C(2|3) und D(2|2) gegeben. Zeichne das Viereck ABCD und ein zu ABCD ähnliches Viereck A'B'C'D' mit dem Vergrößerungsfaktor 4.

Lösungen | Seite 175

◒ **7** Ein Dia von Schloss Neuschwanstein hat die Größe 24 mm × 36 mm. Davon sollen Abzüge auf Fotopapier bestellt werden, die in den Formaten 9 × 13, 10 × 15 oder 13 × 18 angeboten werden (alle Angaben in cm).

a) Welche der Fotoformate sind zum Format des Dias ähnlich? Nenne weitere Formate, die zum Format des Dias ähnlich sind.

b) Welche Folgen kann es haben, wenn das Fotoformat nicht ähnlich zum Diaformat ist?

◒ **8** Zeichnet eine Figur auf eine Folie. Legt die Folie auf den Overheadprojektor und richtet diesen so ein, dass eine maßstabsgerechte Vergrößerung mit dem Vergrößerungsfaktor 6 (10; 15) entsteht. Auf welche Einstellungen des Overheadprojektors müsst ihr achten, damit die Figuren auf der Folie und an der Wand ähnlich sind?

● **9** Auf den Bildern ist jeweils die große Sphinx von Gizeh zu sehen. Um das Foto rechts zu erhalten, wurde das linke Foto mithilfe eines Computers bearbeitet.

a) Beschreibe die Veränderungen, die sich durch die Bildbearbeitung ergeben haben.

b) Wie kann man mit dem Computer eine maßstabsgerechte Vergrößerung erreichen?

Kannst du das noch?

10 Berechne den Flächeninhalt der Figur.

a)
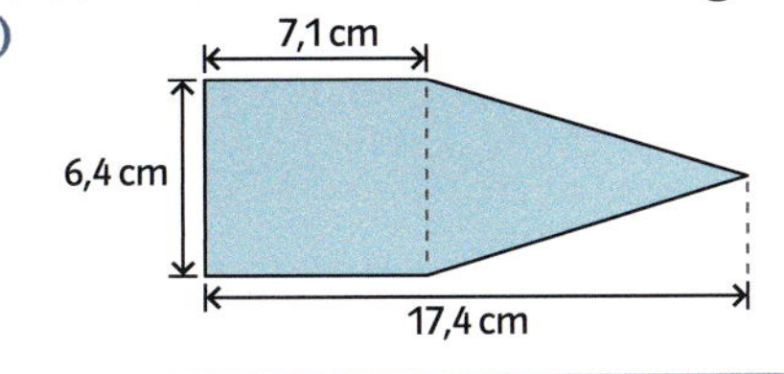

b)

1,4 m
1,2 m
2,4 m

Lösung | Seite 175

3 Zueinander ähnliche Dreiecke

Max und Arne diskutieren, welche Seitenlängen und Winkelgrößen sie bei den beiden Dreiecken messen müssen, um festzustellen, ob sie zueinander ähnlich sind. Müssen dazu alle sechs Seitenlängen und sechs Winkelgrößen bestimmt werden?

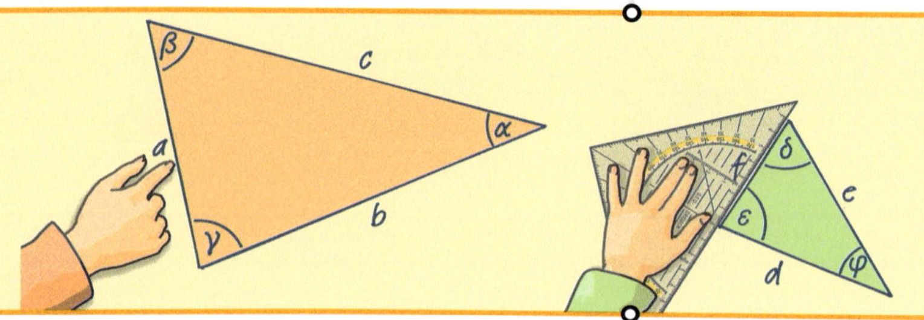

Um die Ähnlichkeit von zwei Figuren zu überprüfen, muss man sowohl die Winkelgrößen als auch die Seitenverhältnisse vergleichen. Bei Dreiecken genügt es jedoch, nur die Winkelgrößen zu vergleichen. Stimmen sie überein, sind die Dreiecke bereits zueinander ähnlich.

Stimmen zwei Dreiecke in zwei (und damit wegen des Winkelsummensatzes in allen) Winkelgrößen überein, dann kann man aus den Strahlensätzen bereits auf die Gleichheit entsprechender Längenverhältnisse schließen. Damit sind die **Dreiecke** dann auch schon zueinander **ähnlich**:

Seien ABC und A'B'C' zwei in den Winkelgrößen übereinstimmende Dreiecke. Man wählt einen Punkt B'' auf der Strecke $\overline{A'B'}$ mit $\overline{AB} = \overline{A'B''}$ und einen Punkt C'' auf der Strecke $\overline{A'C'}$ mit $\overline{AC} = \overline{A'C''}$. Da die Winkel bei A und A' gleich groß sind, folgt, dass die beiden Dreiecke ABC und A'B''C'' nach dem Kongruenzsatz sws zueinander kongruent sind. Somit sind die Winkel in den Dreiecken $\underline{AB'C'}$ und $\underline{AB''C''}$ gleich groß. Das heißt also, $\overline{B''C''}$ ist parallel zu $\overline{B'C'}$.

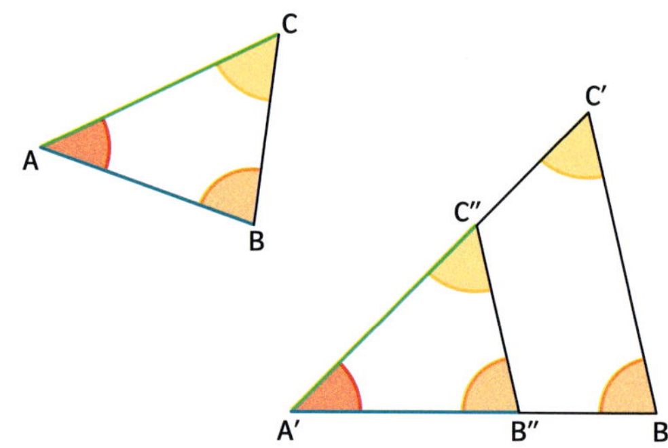

Kongruenzsatz sws: Zwei Dreiecke sind zueinander kongruent, wenn sie in zwei Seiten und dem eingeschlossenen Winkel übereinstimmen.

Damit sind nach den Strahlensätzen entsprechende Seitenverhältnisse in den Dreiecken A'B'C' und A'B''C'' und damit auch in ABC gleich groß und damit alle die Dreiecke ABC und A'B'C' zueinander ähnlich. Hierfür schreibt man AMC ~ A'B'C'.

www-Ähnlichkeitssatz für Dreiecke
Wenn zwei Dreiecke in zwei (und damit in allen) Winkelgrößen übereinstimmen, dann sind die Dreiecke zueinander ähnlich, d.h., dann sind auch die entsprechenden Längenverhältnisse der Seiten gleich groß. Aus $\alpha = \alpha'$, $\beta = \beta'$, $\gamma = \gamma'$ folgt somit $\frac{\overline{AB}}{\overline{A'B'}} = \frac{\overline{BC}}{\overline{B'C'}} = \frac{\overline{CA}}{\overline{C'A'}}$.

Auch aus der Übereinstimmung anderer Größen kann man auf die Ähnlichkeit von Dreiecken schließen.
Es gilt auch die Umkehrung des www-Ähnlichkeitssatzes, der **sss-Ähnlichkeitssatz**:
Wenn zwei Dreicke in allen entsprechenden Längenverhältnissen der Seiten übereinstimmen, dann sind die entsprechenden Winkelgrößen gleich groß, die Dreiecke also zueinander ähnlich. Aus $\frac{\overline{AB}}{\overline{A'B'}} = \frac{\overline{BC}}{\overline{B'C'}} = \frac{\overline{CA}}{\overline{C'A'}}$ folgt somit $\alpha = \alpha'$, $\beta = \beta'$, $\gamma = \gamma'$.

In natürlicher Weise sind die Ähnlichkeitssätze eine Erweiterung unserer bekannten Kongruenzsätze, wie sss, wsw und sws.

Analog gilt der **sws-Ähnlichkeitssatz**:
Wenn zwei Dreicke in je zwei entsprechenden Längenverhältnissen von Seiten und der Größe des von diesen Seiten eingeschlossenen Winkels übereinstimmen, dann sind die Dreiecke zueinander ähnlich.

Beispiel 1 Überprüfen von Dreiecken auf Ähnlichkeit zueinander

a) Prüfe, ob ein Dreieck mit Winkeln der Größe 35° und 100° und ein Dreieck mit Winkeln der Größe 35° und 45° zueinander ähnlich sind.

b) Prüfe, ob ein Dreieck mit den Seitenlängen 3 cm, 4 cm und 5 cm sowie ein Dreieck mit den Seitenlängen 4,5 cm, 7,5 cm und 6 cm zueinander ähnlich sind.

Lösung

a) Mit dem Winkelsummensatz ergibt sich für die jeweils dritte Winkelgröße
$180° - (35° + 100°) = 45°$ bzw. $180° - (35° + 45°) = 100°$.
Damit stimmen die beiden Dreiecke in allen drei Winkelgrößen überein und sind zueinander ähnlich (www).

b) Um die einander entsprechenden Seiten zu finden, ordnet man die Seitenlängen jeweils der Größe nach. Der Vergleich zweier entsprechender Längenverhältnisse ergibt
$\frac{4{,}5}{6} = \frac{3}{4}$ und $\frac{4{,}5}{7{,}5} = \frac{3}{5}$. Damit sind zwangsläufig auch die Verhältnisse $\frac{6}{7{,}5}$ und $\frac{4}{5}$ gleich, und die Dreiecke sind zueinander ähnlich (sss).

Beispiel 2 Anwenden der Ähnlichkeit von Dreiecken

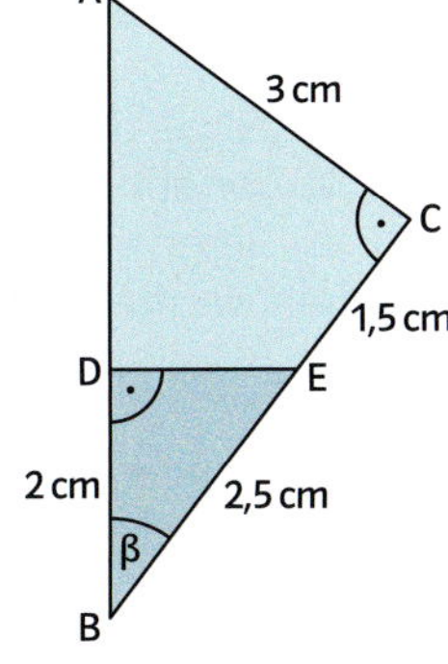

a) Begründe die Ähnlichkeit der Dreiecke ABC und BED.

b) Berechne die fehlenden Seitenlängen $\overline{AB}$ und $\overline{DE}$.

Lösung

a) Beide Dreiecke besitzen einen rechten Winkel und stimmen im Winkel β überein. Also sind sie zueinander ähnlich (www).

b) Einander entsprechende Seiten sind $\overline{AB}$ und $\overline{BE}$, $\overline{CA}$ und $\overline{DE}$ sowie $\overline{BC}$ und $\overline{BD}$.
Mit der Ähnlichkeit der Dreiecke sind die Verhältnisse entsprechender Seitenlängen gleich und es gilt:
$\frac{\overline{AB}}{\overline{BC}} = \frac{\overline{BE}}{\overline{BD}}$, also $\overline{AB} = \frac{\overline{BE}}{\overline{BD}} \cdot \overline{BC} = \frac{2{,}5}{2} \cdot 4 = 5$ und $\frac{\overline{DE}}{\overline{BD}} = \frac{\overline{CA}}{\overline{BC}}$, also $\overline{DE} = \frac{\overline{CA}}{\overline{BC}} \cdot \overline{BD} = \frac{3}{4} \cdot 2 = 1{,}5$.
Die Seite $\overline{AB}$ ist 5 cm lang, die Seite $\overline{DE}$ 1,5 cm.

Aufgaben

○ **1** Prüfe, ob das Dreieck mit den angegebenen Winkelgrößen zu einem Dreieck mit Winkeln von 55° und 30° ähnlich ist.
a) $\alpha = 75°,\ \beta = 55°$ b) $\beta = 30°,\ \gamma = 95°$ c) $\alpha = 55°,\ \gamma = 105°$ d) $\alpha = 55°,\ \beta = 95°$

○ **2** Prüfe, ob das Dreieck mit den angegebenen Seitenlängen zu einem Dreieck mit den Seitenlängen 3 cm, 6 cm und 5 cm ähnlich ist.
a) 4 cm, 6 cm, 7 cm b) 10 cm, 6 cm, 12 cm c) 9 cm, 15 cm, 12 cm d) $\frac{1}{2}$ cm, 1 cm, $\frac{5}{6}$ cm

◒ **3** Begründe mit einem Ähnlichkeitssatz.
a) Zwei rechtwinklig gleichschenklige Dreiecke sind stets zueinander ähnlich.
b) Zwei gleichseitige Dreiecke sind stets zueinander ähnlich.

◒ **4** Ein Rechteck hat die Seitenlängen a = 8 cm und b = 6 cm. Fällt man wie in der Abbildung von A und von C aus jeweils das Lot auf die Diagonale $\overline{BD}$, so ergeben sich verschiedene Dreiecke.

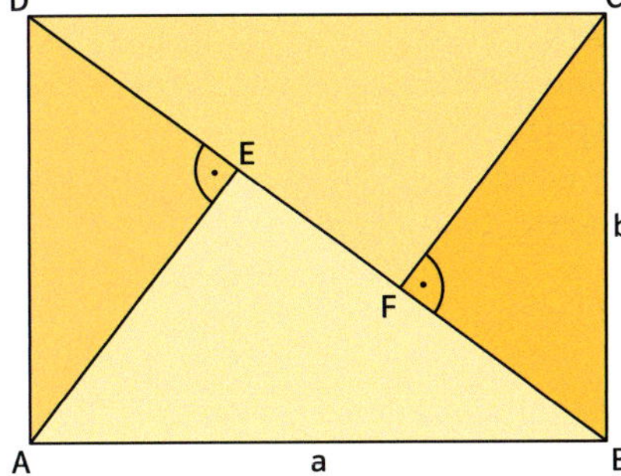

a) Welche Dreiecke sind zueinander ähnlich? Begründe.
b) Wie lang sind die Seiten der Dreiecke ABE und AED?
c) In welchem Verhältnis wird die Diagonale $\overline{BD}$ von E und F geteilt?

Bist du schon sicher?

○ **5** a) Begründe, dass die Dreiecke ACB und CDE zueinander ähnlich sind.
b) Berechne die fehlenden Seitenlängen, wenn folgende Seitenlängen angegeben sind: $\overline{AB} = 7{,}5\,\text{cm}$, $\overline{BC} = 19{,}5\,\text{cm}$, $\overline{CD} = 13{,}2\,\text{cm}$ und $\overline{DE} = 4{,}5\,\text{cm}$.

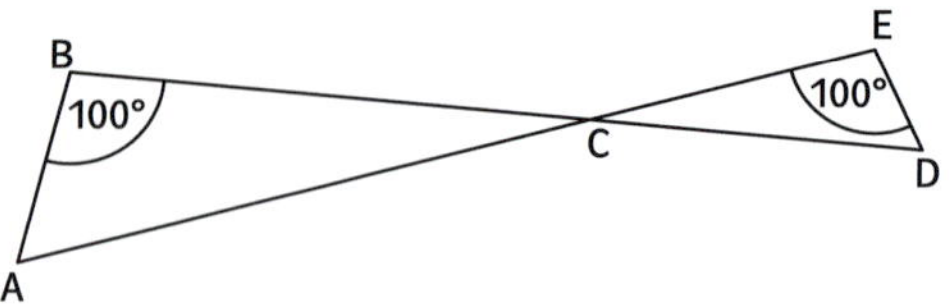

Lösung | Seite 175

◒ **6** a) Zeige, dass die Teildreiecke I, II, III und IV zueinander ähnlich sind.
b) Berechne die Seitenlängen der vier Teildreiecke.
c) In welchem Maßstab muss Dreieck I verkleinert werden, um Dreieck II (Dreieck III; Dreieck IV) zu erhalten? In welchem Flächenverhältnis stehen die Dreiecke jeweils zueinander?

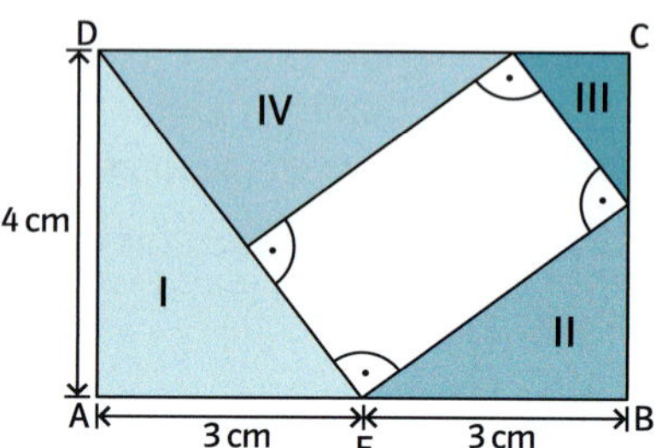

◒ **7** a) Zeige, dass das Rechteck ABCD in zueinander ähnliche Teildreiecke zerlegt ist.
b) Berechne die Längen von x, y und z für ein Rechteck mit a = 12 cm und b = 5 cm.
c) Beweise: Es gilt $x : y : z = b^2 : a^2 : ab$.

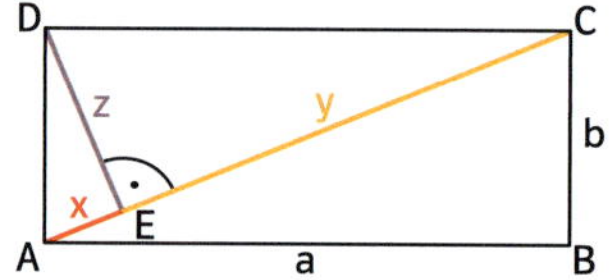

◒ **8** Die beiden Kreise haben die Durchmesser d = 3 cm und d′ = 2,4 cm. Die Sehne s ist 2 cm lang. Berechne die Länge von s′.

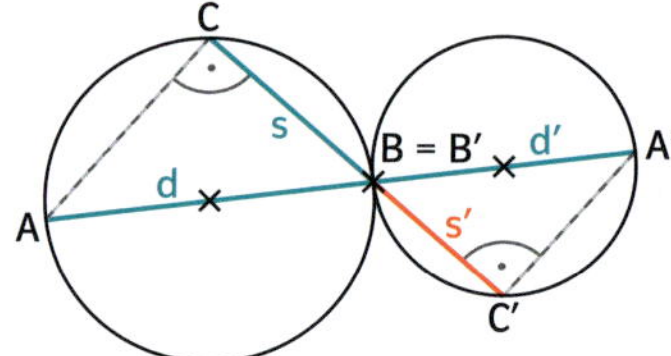

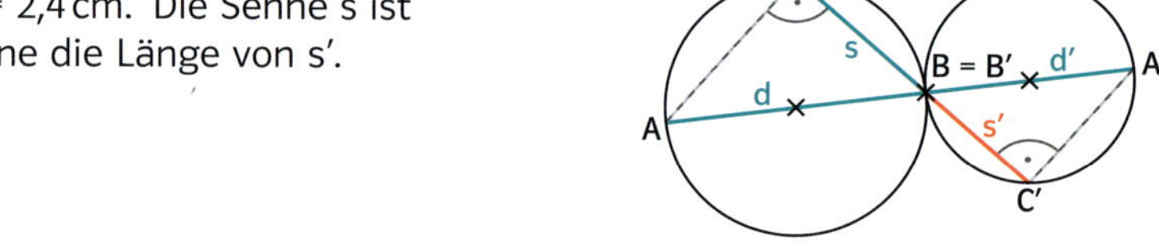

◒ **9** Förster bestimmen die Höhen von Bäumen mithilfe eines Dreiecks, zum Beispiel eines Geodreiecks (Fig. 1).
a) Überlege, worauf das Messverfahren beruht. Erklärt euch das Verfahren gegenseitig.
b) Bestimmt die Baumhöhe für das Messbeispiel in Fig. 1.
c) Bestimmt mit der „Förstermethode" Höhen von Bäumen, Türmen und Gebäuden in eurer Umgebung.

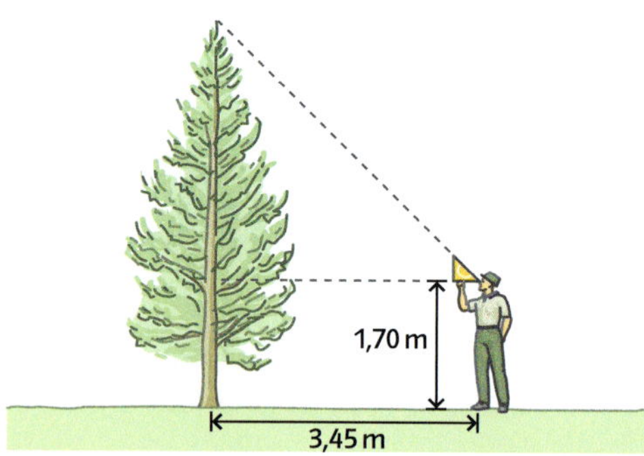

Fig. 1

◒ **10** a) Zeichne ein Dreieck ABC mit a = 6 cm, b = 4 cm und c = 7 cm. Konstruiere über der Seite $\overline{AC}$ (der Seite $\overline{BC}$) ein ähnliches Dreieck, in dem die Seite $\overline{AC}$ (die Seite $\overline{BC}$) der Seite $\overline{AB}$ im Dreieck ABC entspricht.
b) In welchem Maßstab wurde das Dreieck ABC verkleinert? Wie verhalten sich die Flächeninhalte der Dreiecke zueinander?

◒ **11** Zeichne ein Dreieck ABC mit a = 4 cm, b = 6 cm und $\gamma = 80°$ und ein zweites Dreieck DEF, in dem bei F ein Winkel von 80° von einer 5,2 cm langen und einer 7,8 cm langen Seite eingeschlossen wird. Begründe, dass die Dreiecke ABC und DEF zueinander ähnlich sind.

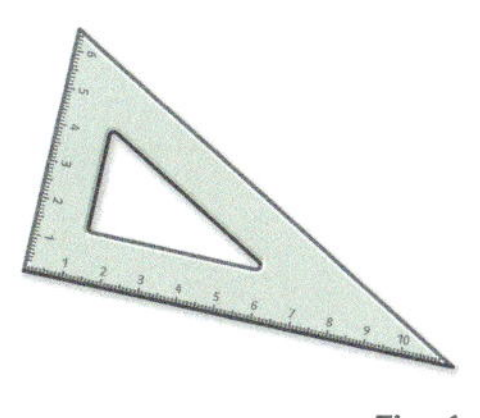
Fig. 1

12 Kann man bei der Methode aus Aufgabe 9 anstelle des Geodreiecks auch ein Zeichendreieck wie in Fig. 1 verwenden?

13 Suche in den Figuren 2 und 3 zueinander ähnliche Dreiecke. Begründe deine Entscheidung. Nenne einander entsprechende Seiten in den Dreiecken.

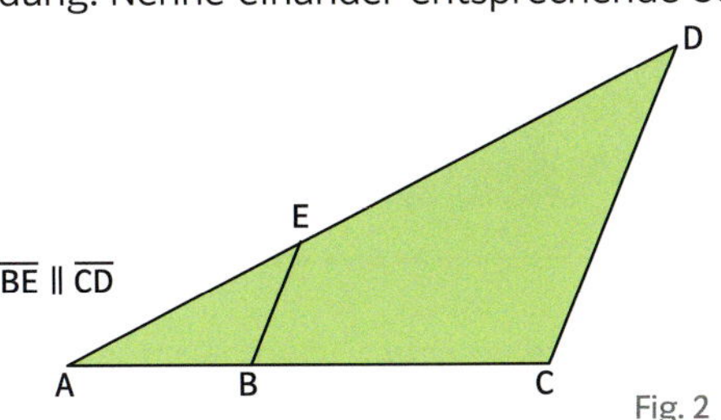

Fig. 2

$\overline{DE} \parallel \overline{AB}$

D E C A B

Fig. 3

14 Konstruiere ein Rechteck mit der Diagonalenlänge $e = 5\,\text{cm}$, dessen Seitenlängen sich wie $3:2$ verhalten.

15 **Zum Forschen**
Experimentiert mithilfe einer DGS, ob auch ein „ssw-Ähnlichkeitssatz" uneingeschränkt gültig sein kann. Beachtet dabei, wo der gemeinsame Winkel liegt.

16 Konstruiere ein Dreieck ABC, das den gegebenen Bedingungen genügt.
Tipp: Konstruiere zunächst aus einigen Angaben ein zum Dreieck ABC ähnliches Hilfsdreieck. Dieses wird dann auf Grundlage der Strahlensätze und der weiteren Angabe vergrößert oder verkleinert.
a) $a:b = 4:5$, $\gamma = 80°$, $s_c = 4\,\text{cm}$
b) $\beta = 55°$, $c = 5{,}2\,\text{cm}$, $a:c = 3:4$
c) $\alpha = 119°$, $w_\alpha = 2{,}4\,\text{cm}$, $b:c = 9:7$
d) $a:b:c = 2:3:4$, $s_c = 3\,\text{cm}$
e) $a:b:c = 5:3:6$, $h_c = 3\,\text{cm}$
f) $\beta = 53°$, $\gamma = 85°$, $s_a = 5\,\text{cm}$

17 Jedes rechtwinklige Dreieck ABC mit dem rechten Winkel bei C wird von der Höhe durch C in zwei rechtwinklige Teildreiecke ADC und DBC zerlegt (Fig. 4).
a) Begründe die Ähnlichkeit der Dreiecke ABC, ADC und DBC.
b) Beweise durch Vergleich geeigneter Seitenverhältnisse, dass $h^2 = pq$, $a^2 = pc$ und $b^2 = qc$ ist.

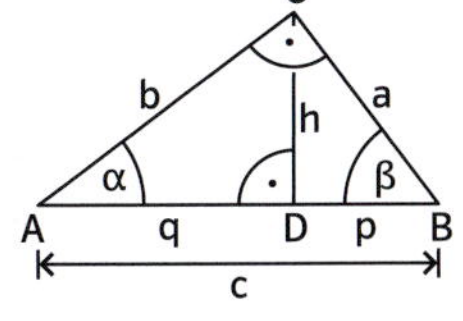

Fig. 4

18 Beweise.
a) In jedem Trapez ABCD $(\overline{AB} \parallel \overline{CD})$ mit dem Diagonalenschnittpunkt S sind die Dreiecke ABS und DSC zueinander ähnlich.
b) In einem Trapez teilen sich die Diagonalen im Verhältnis der Grundseiten.

19 Im Dreieck ABC schneiden sich die Seitenhalbierenden in einem Punkt S. Beweise, dass $\overline{AS}:\overline{SD} = \overline{BS}:\overline{SE} = 2:1$ gilt.
Hinweis: Zeige zunächst, dass gilt: $\overline{AB} \parallel \overline{ED}$.

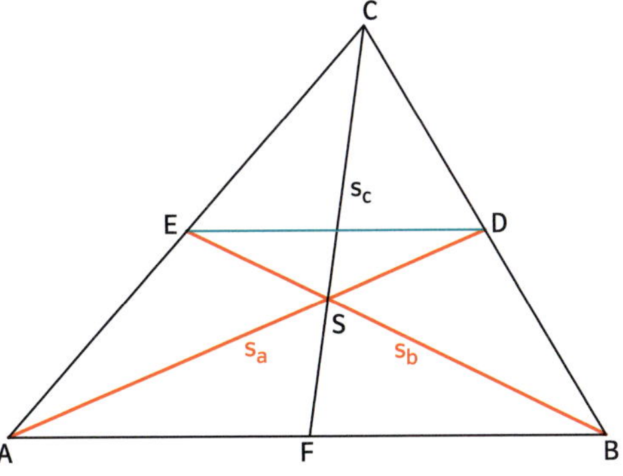

Kannst du das noch?

20 Löse die Gleichung mithilfe von Äquivalenzumformungen.
a) $6(c-3) = 5(3-c)$
b) $9(3+2x) = -9$
c) $-12 + 2(y+3) = 24$
d) $(u+5)\cdot 4 = 9u + 5$
e) $8(5+7s) = 4s + 14$
f) $19(2-a) = 5a + 2(a+7)$

Lösung | Seite 175

4 Die Satzgruppe des Pythagoras

Kerstin schaut sich gern zusammen mit ihrem Großvater dessen Briefmarkensammlung an. Dabei fällt heute ihr Blick auf eine griechische Briefmarke von 1955. Kerstin zählt die kleinen Quadrate.

Bei vielen geometrischen Konstruktionen und Berechnungen spielen rechtwinklige Dreiecke eine Rolle. Solche Dreiecke wurden bisher mithilfe von Konstruktionen mit Zirkel und Lineal untersucht, man kann aber auch Größen in solchen Dreiecken berechnen. Die wichtigsten Sätze werden unter dem Namen **Satzgruppe des Pythagoras** zusammengefasst.

Bei rechtwinkligen Dreiecken nennt man die dem rechten Winkel gegenüberliegende Seite die **Hypotenuse**, die beiden anderen Seiten die **Katheten**. Die Höhe zur Hypotenuse zerlegt diese in zwei **Hypotenusenabschnitte**.

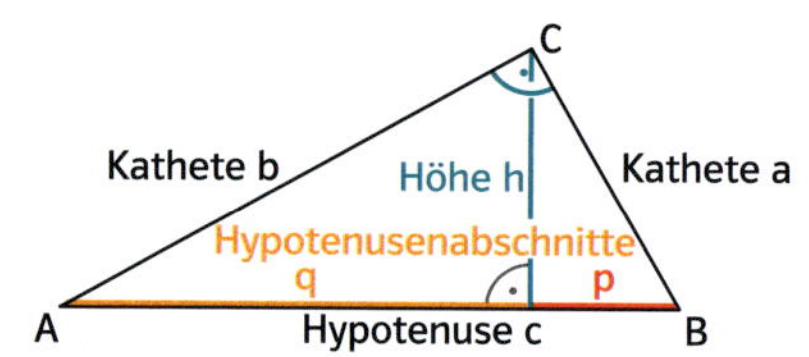

hypo (gr.): unter
teino (gr.): ich spanne
káthetos (gr.): die herabgelassene, d.h. senkrechte Linie

Betrachtet man nun ein rechtwinkliges Dreieck ABC mit rechtem Winkel bei C und der Höhe h von C auf $\overline{AB}$, dann ergeben sich zwei weitere rechtwinklige Dreiecke CAD und BCD mit rechtem Winkel bei D. Sowohl das Dreieck CAD hat mit ABC einen weiteren Winkel gemeinsam als auch das Dreieck BCD. Daher sind sie zum Dreieck ABC (und auch untereinandner) ähnlich. Aus der Ähnlichkeit der Dreiecke folgen nun sehr bekannte Sätze der Geometrie.

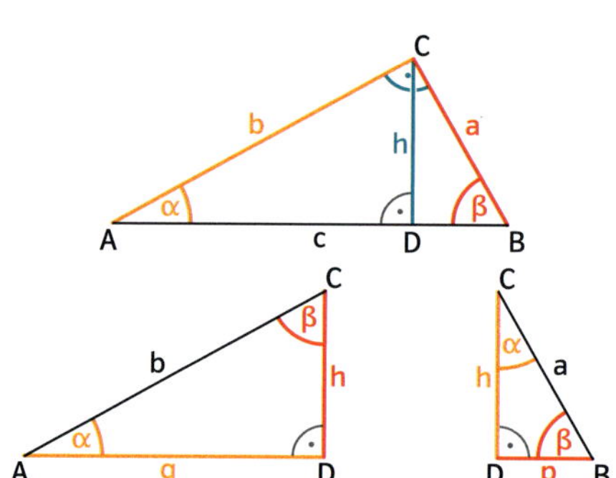

Aus $ABC \sim BCD$ folgt insbesondere $a:c = p:a$, also $a^2 = pc$. Aus $ABC \sim CAD$ folgt insbesondere $b:c = q:b$, also $b^2 = qc$. Addiert man die beiden Gleichungen erhält man den berühmten **Satz des Pythagoras**:
$a^2 + b^2 = pc + qc = c(p + q) = c \cdot c = c^2$, also $\mathbf{a^2 + b^2 = c^2}$.

Satz des Pythagoras
In jedem rechtwinkligen Dreieck ABC mit den Katheten a und b und mit rechtem Winkel bei C gilt für die Seitenlängen a, b und c des Dreiecks $a^2 + b^2 = c^2$.

Schreibt man den Satz des Pythagoras in der **Wenn-Dann-Form**, so lautet er: „Wenn ein Dreieck ABC rechtwinklig mit der Hypotenuse c ist, dann gilt für die Seitenlängen a, b und c des Dreiecks $a^2 + b^2 = c^2$." Auch die Umkehrung davon ist ein wahrer Satz:

Umkehrung vom Satz des Pythagoras
Wenn in einem Dreieck ABC mit den Seitenlängen a, b, und c die Gleichung $a^2 + b^2 = c^2$ gilt, dann ist das Dreieck rechtwinklig mit der Hypotenuse c.

Pythagoras von Samos (um 570 v. Chr. – um 475 v. Chr.)

Info

Beweis der Umkehrung des Satzes von Pythagoras
Für ein Dreieck ABC soll $a^2 + b^2 = c^2$ gelten (Fig. 1).
1. Zu a, b gibt es stets ein rechtwinkliges Dreieck PQR mit den Katheten a und b (Fig. 2).

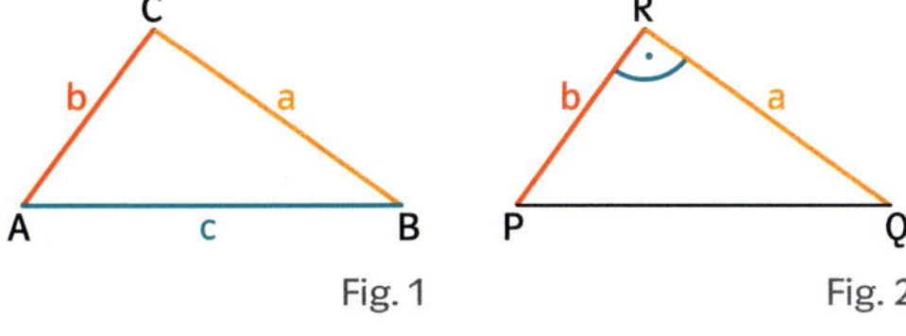

Fig. 1 Fig. 2

2. Für das Dreieck PQR gilt der Satz des Pythagoras. Also ist $\overline{PQ}^2 = a^2 + b^2$.
3. Aus 2. folgt $\overline{PQ} = \sqrt{a^2 + b^2} = c$.
4. Wegen 3. sind die Dreiecke ABC und PQR zueinander kongruent (Kongruenzsatz sss), also ist auch das Dreieck ABC rechtwinklig.

Die Beweisidee besteht darin, ein rechtwinkliges Dreieck PQR zu konstruieren, das zum Dreieck ABC kongruent ist. Dann muss auch das Dreieck ABC rechtwinklig sein.

Mit der Umkehrung des Satzes von Pythagoras lässt sich also ohne Winkelmessung entscheiden, ob ein Dreieck rechtwinklig ist oder nicht.

Kathetensatz und Höhensatz
Oben wurden bereits die Gleichungen $a^2 = pc$ und $b^2 = qc$ hergeleitet. Aus BCD ~ CAD folgt zudem $h:p = q:h$, also $h^2 = pq$. Diese Gleichungen sind unter den folgenden Namen bekannt:
Ist ABC ein rechtwinkliges Dreieck mit den Katheten a und b und mit rechtem Winkel bei C und teilt die Höhe h von C die Hypothenuse in zwei Teile q und p, dann gelten die Gleichungen $a^2 = pc$ und $b^2 = qc$ **(Kathetensatz)** und $h^2 = pq$ **(Höhensatz)**.

Die **Satzgruppe** des **Pythagoras** umfasst den Satz des Pythagoras sowie den Kathetensatz und Höhensatz.

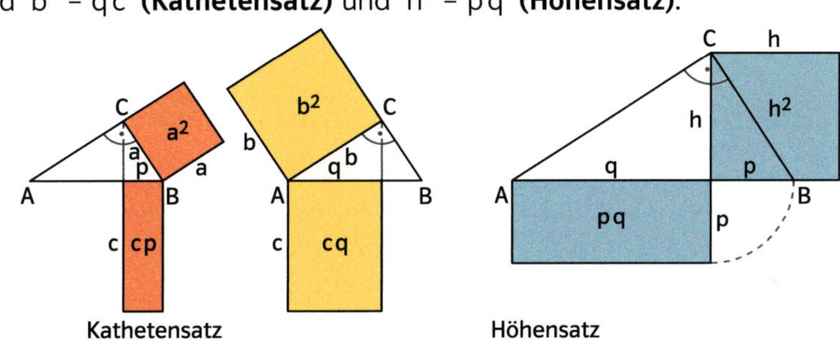

Beispiel 1 Berechnen der Länge einer Diagonalen im Rechteck
Berechne die Länge der Diagonale des Rechtecks ABCD.
Lösung
Das Teildreieck ABC ist rechtwinklig, also kann der Satz des Pythagoras angewendet werden.
$d^2 = a^2 + b^2 = 12^2 + 5^2 = 169$; $d = \sqrt{169} = 13$
Die Diagonale ist 13 cm lang.

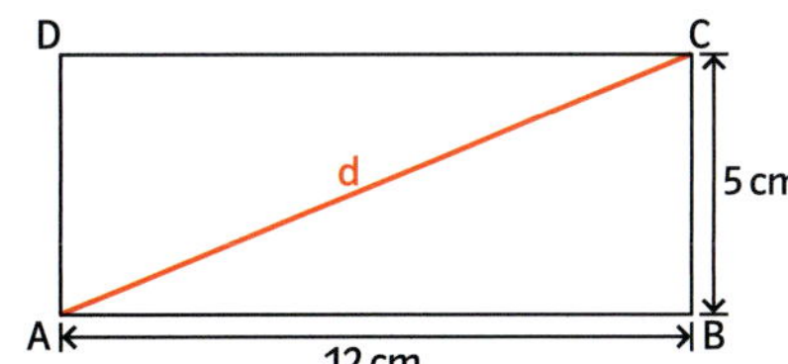

Beispiel 2 Anwenden des Satzes von Pythagoras
Berechne die Höhe h_a des Dreiecks ABC.
Lösung
Da das Dreieck gleichschenklig ist, halbiert die Höhe h_a die Grundseite $\overline{BC}$. Der Satz des Pythagoras wird auf das Teildreieck ABD angewendet.
$h_a^2 + \overline{BD}^2 = \overline{AB}^2$; $h_a^2 = \overline{AB}^2 - \overline{BD}^2$
$= 10^2 - 3{,}5^2 = 87{,}75$; $h_a = \sqrt{87{,}75} \approx 9{,}4$

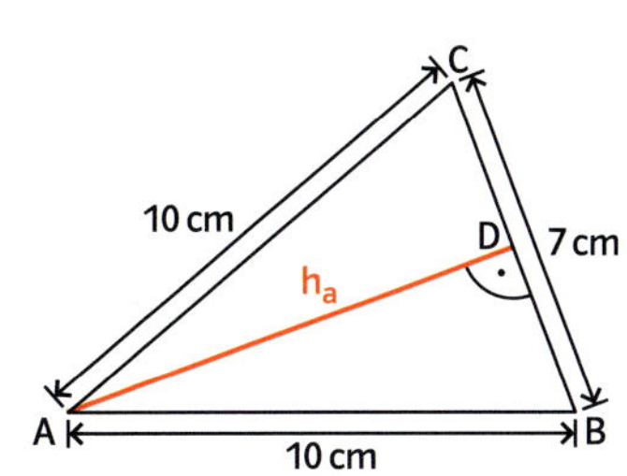

Beispiel 3 Anwenden der Umkehrung des Satzes von Pythagoras
Prüfe, ob ein Dreieck mit den Seiten $a = 40\,cm$, $b = 41\,cm$ und $c = 9\,cm$ rechtwinklig ist.
Lösung
Im Falle eines rechtwinkligen Dreiecks muss die längste Seite die Hypotenuse sein.
Es ist $41^2 = 1681$, $40^2 = 1600$ und $9^2 = 81$, also $41^2 = 40^2 + 9^2$. Das Dreieck ist somit rechtwinklig.

Aufgaben

○ **1** Formuliere den Satz des Pythagoras für die abgebildete Figur.

a)
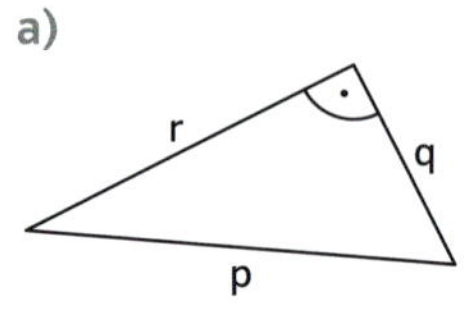

b)
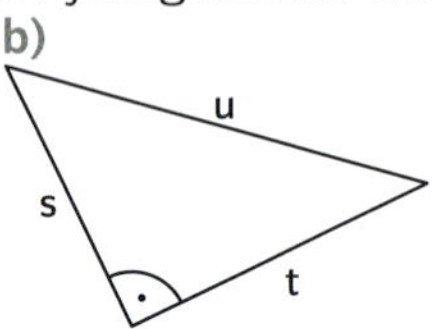

c)
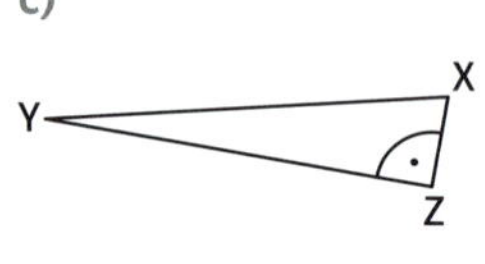

d)
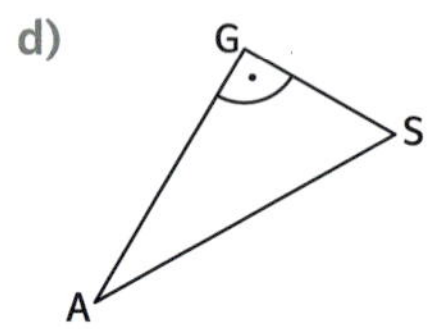

○ **2** Berechne im Kopf die Seitenlänge x eines rechtwinkligen Dreiecks, bei dem die beiden anderen Seitenlängen (in cm) gegeben sind.
a) $3^2 + x^2 = 10$ b) $5 + x^2 = 3^2$ c) $20 + 4^2 = x^2$ d) $x^2 + 12^2 = 13^2$

○ **3** Berechne die Länge der fehlenden Seite.

a)
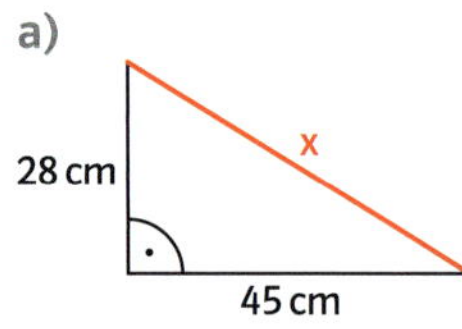

b)
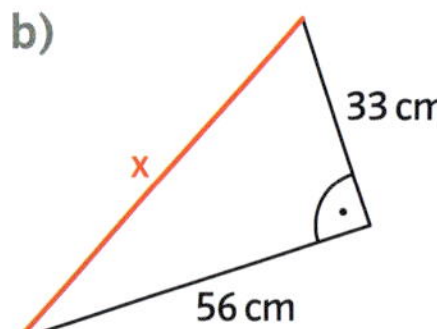

c)
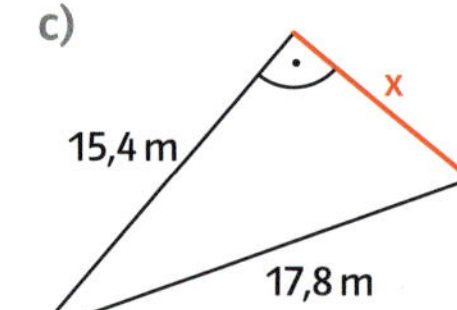

d)
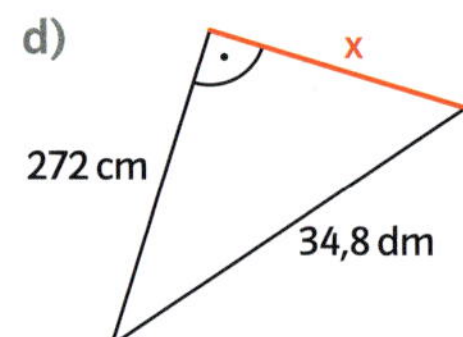

○ **4** Prüfe durch Rechnung, ob ein Dreieck mit folgenden Seitenlängen rechtwinklig ist.
a) $a = 15\,cm$, $b = 8\,cm$, $c = 17\,cm$
b) $a = 56\,cm$, $b = 65\,m$, $c = 33\,m$
c) $a = 13\,mm$, $b = 84\,mm$, $c = 86\,mm$
d) $a = 60\,cm$, $b = 2{,}29\,m$, $c = 22{,}1\,dm$
e) $a = 28\,200\,cm$, $b = 231\,m$, $c = 0{,}16\,km$
f) $a = 7{,}3\,km$, $b = 7280\,m$, $c = 540\,000\,mm$

Kopiervorlage
Zusätzliches Übungsmaterial
67s5v6

○ **5** Petra hat verschiedene Figuren skizziert. Suche in diesen Figuren rechtwinklige Dreiecke und formuliere für diese den Satz des Pythagoras.

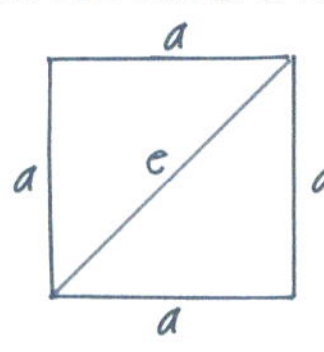

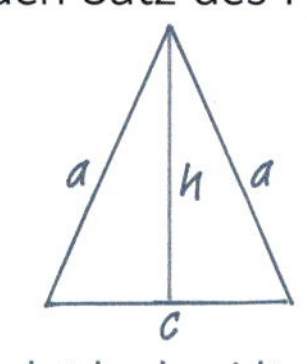

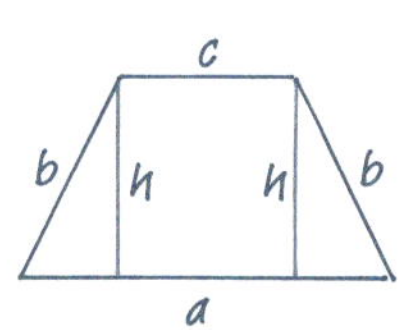

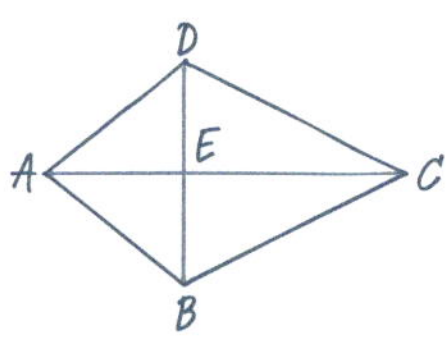

○ **6** Berechne den Flächeninhalt aller Quadrate.

a)
3 cm
4 cm
A

b)
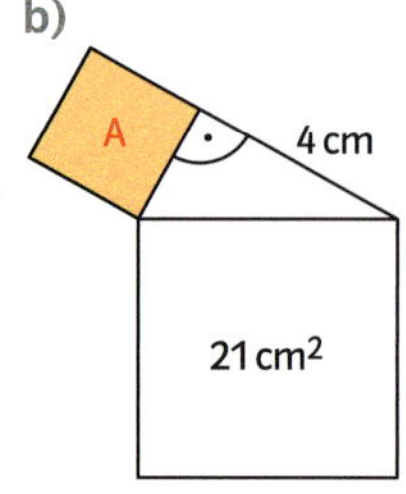

c)
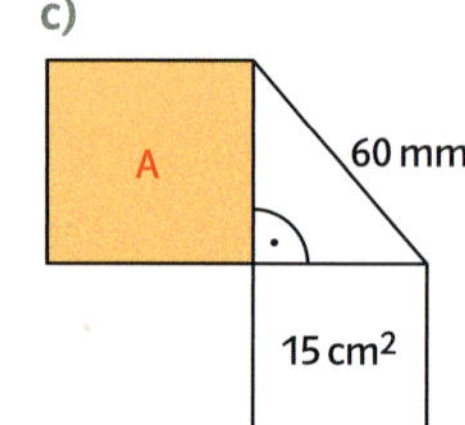

d)
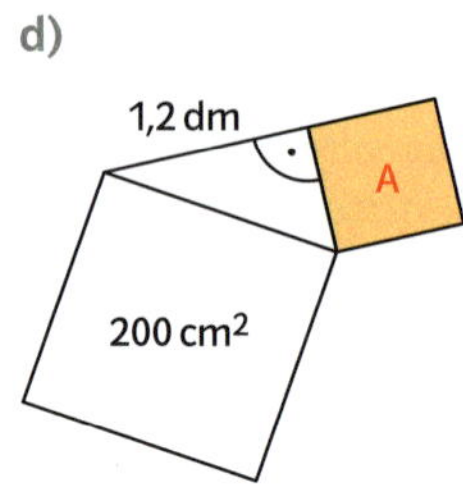

○ **7** Berechne für rechtwinklige Dreiecke die fehlende Seitenlänge.

	a)	b)	c)	d)	e)	f)	g)	h)	i)
Kathete a	40 cm	39 m	8 km	24 m		5 mm	6 cm	65 m	
Kathete b	9 cm	80 m	12 km		35 cm	4 mm			10 km
Hypotenuse c				25 m	37 cm		10 cm	97 m	20 km

○ **8** a) In einem rechtwinkligen Dreieck sind die beiden Katheten 4,5 cm und 7,9 cm lang. Wie lang ist die Hypotenuse?
b) In einem rechtwinkligen Dreieck ist eine Kathete 4,5 cm lang und die Hypotenuse 7,9 cm. Wie lang ist die zweite Kathete?

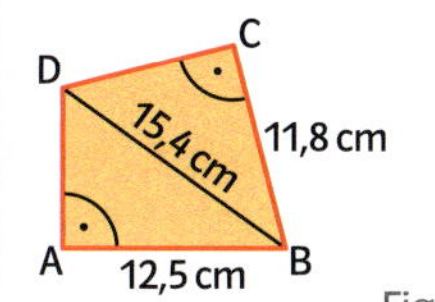

Fig. 1

◒ **9** Berechne den Umfang und den Flächeninhalt des Vierecks ABCD in Fig. 1.

◒ **10** a) Fred und Lea lassen einen Drachen an einer 100 m langen Schnur steigen. Sie stehen 80 m voneinander entfernt. Lea steht direkt unter dem Drachen und möchte wissen, wie hoch der Drachen fliegt.
b) Fred behauptet, der berechnete Wert sei kleiner als die wirkliche Höhe des Drachens. Wie kommt er darauf?

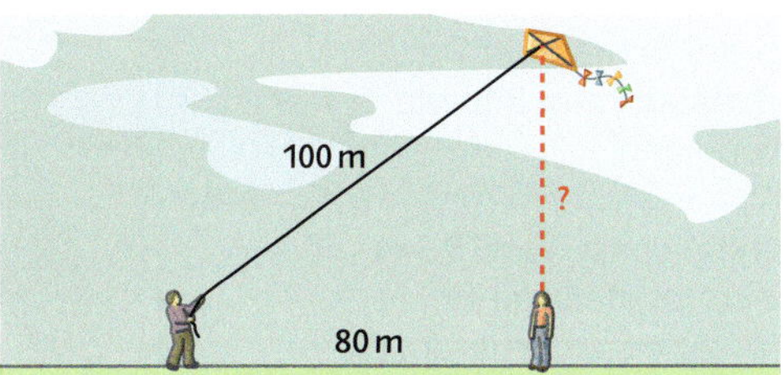

Bist du schon sicher?

◒ **11** a) In einem rechtwinkligen Dreieck sind die beiden Katheten 6,5 cm und 15,6 cm lang. Wie lang ist die Hypotenuse?
b) In einem rechtwinkligen Dreieck ist eine Kathete 6,5 cm lang und die Hypotenuse 15,6 cm. Wie lang ist die zweite Kathete?

◒ **12** Prüfe durch Rechnung, ob ein Dreieck mit folgenden Seitenlängen rechtwinklig ist.
a) a = 28 cm, b = 45 cm, c = 53 cm b) a = 48 cm, b = 2,86 m, c = 2,90 m.

→ Lösungen | Seite 176

◒ **13** a) Begründe, dass das Dreieck mit den Seitenlängen 16 cm, 62 cm und 64 cm nicht rechtwinklig ist. Ändere eine Seite so ab, dass es rechtwinklig wird. Gibt es verschiedene Möglichkeiten?
b) Überprüfe rechnerisch, ob Dreiecke mit diesen Seitenlängen rechtwinklig sind.
(I) 8 cm, 15 cm, 17 cm (II) 1 dm, 13 cm, 17 cm
(III) 20 m, 99 m, 101 m (IV) 36 km, 77 km, 83 km

◒ **14** Benutze für den Erdradius r = 6370 km.
a) An einer Küste steht ein Leuchtturm der Höhe h. Zeige an der Figur, dass für die Sichtweite s gilt: $s = \sqrt{2rh + h^2}$.
b) Berechne die Sichtweite für einen Leuchtturm mit h = 30 m (für die Augenhöhe mit h = 1,6 m; für ein Flugzeug mit der Flughöhe h = 8 km).
c) Wie weit ist ein Schiff mindestens entfernt, dessen 20 m hohe Mastspitze „hinter dem Horizont“ verschwindet?
d) Warum kann man als „Faustformel“ $s = \sqrt{2rh}$ benutzen?

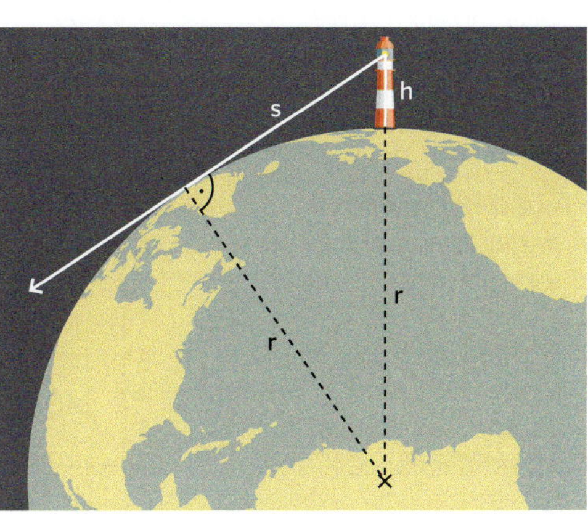

Im Internet findest du Informationen zur Sichtweite und der Höhe von verschiedenen Türmen. Berechne mit der Höhe des Turms die Sichtweite und überprüfe, ob dieser Wert mit dem aus dem Internet übereinstimmt. Gibt es große Unterschiede? Falls ja: Wie lassen sich diese erklären?

15 Ein Fliesenleger will nachprüfen, ob der Fußboden eines Badezimmers rechtwinklig ist. Er misst eine Länge von 4,50 m und eine Breite von 3,50 m. Die Diagonale des Badezimmers ist 5,70 m lang.

16 Berechne, wie hoch eine Klappleiter von 3,10 m Länge reicht, wenn für einen sicheren Stand eine Standbreite von 1,40 m vorgeschrieben ist (vgl. Fig. 1).

Fig. 1

17 Um zwei sich berührende Leisten rechtwinklig auszurichten, misst der Tischler auf der einen Leiste 90 cm und auf der anderen 120 cm ab und markiert diese Stellen. Dann werden die beiden Leisten so ausgerichtet, dass die Markierungen 150 cm Abstand haben. Erkläre dieses Verfahren.

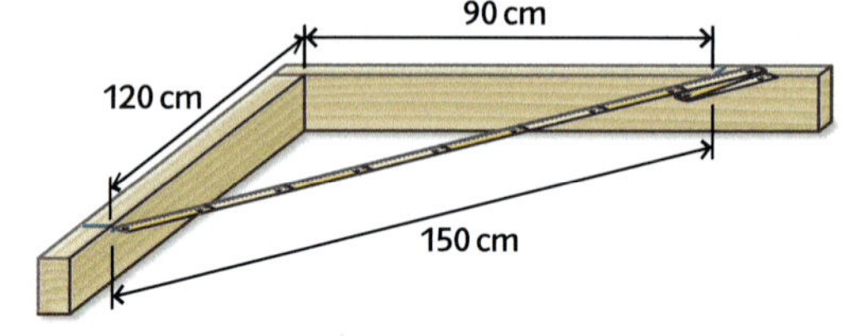

18 Berechne, wie hoch der Schrank in Fig. 2 höchstens sein darf, damit man ihn wie angegeben aufstellen kann.

19 Untersuche, ob es möglich ist, eine 5,2 m lange und 2,1 m breite rechteckige Holzplatte durch eine Tür zu transportieren, die 2 m hoch und 80 cm breit ist.

Fig. 2

20 Mithilfe des Kathetensatzes kann man ein Quadrat in ein flächengleiches Rechteck verwandeln. In Fig. 3 wird ein Quadrat mit Seitenlänge 4 cm in ein Rechteck verwandelt, bei dem eine Seite mit 7 cm festgelegt wurde.
a) Beschreibe das Vorgehen.
b) Berechne die Breite des Rechtecks in Fig. 3.
c) Wandle durch eine geeignete Konstruktion ein Quadrat mit der Seitenlänge 5 cm in ein Rechteck mit der Seitenlänge $a = 8\,cm$ um.
d) Man kann auch aus einem Rechteck ein flächengleiches Quadrat konstruieren. Hierfür verwendet man den Kathetensatz und den Satz des Thales. Beschreibe das Vorgehen und führe diese Konstruktion für ein Rechteck mit $a = 4\,cm$ und $b = 6\,cm$ durch.
e) Erkläre, wie man auch mithilfe des Höhensatzes aus einem Rechteck ein flächengleiches Quadrat konstruieren kann.

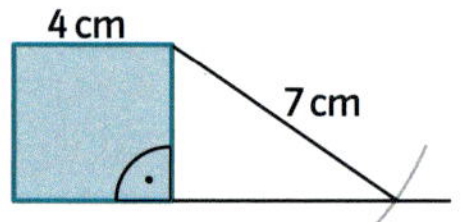

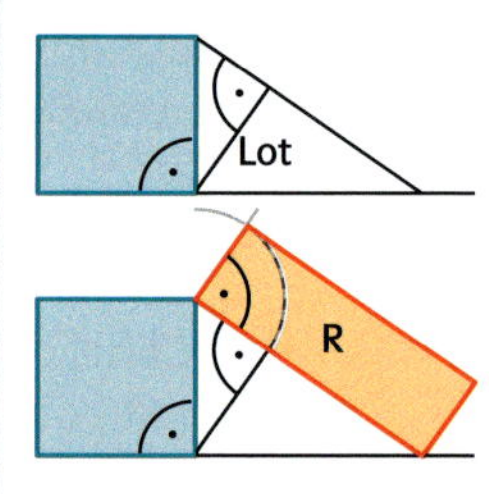

Fig. 3

In Forschungsauftrag 4 der Erkundung auf Seite 93 und in der Exkursion auf Seite 118 werden ebenso **pythagoreische Zahlentripel** untersucht.

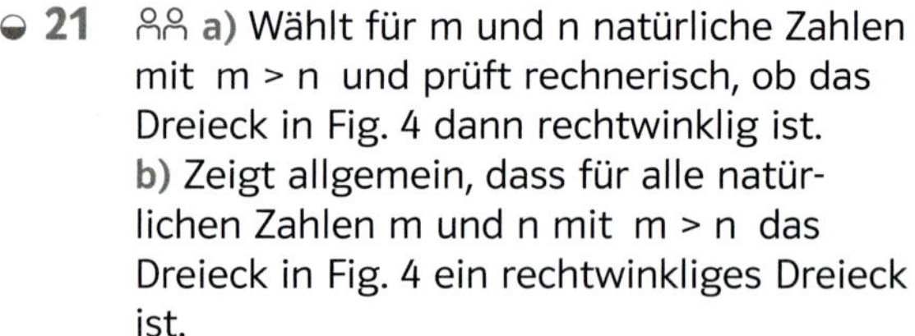

21 a) Wählt für m und n natürliche Zahlen mit $m > n$ und prüft rechnerisch, ob das Dreieck in Fig. 4 dann rechtwinklig ist.
b) Zeigt allgemein, dass für alle natürlichen Zahlen m und n mit $m > n$ das Dreieck in Fig. 4 ein rechtwinkliges Dreieck ist.

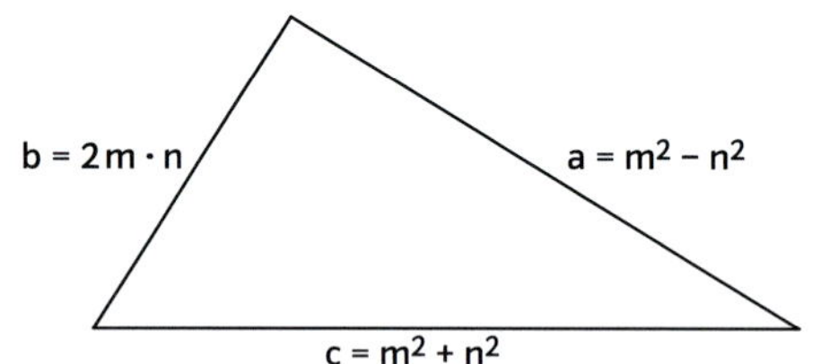

Fig. 4

22 Wenn zwei Punkte A und B in einem Koordinatensystem angegeben sind, kann man ihren Abstand aus ihren Koordinaten berechnen.
a) Ermittle für A(3 | 2) und B(10 | 6) zunächst die Streckenlängen $\overline{AP}$ und $\overline{BP}$. Berechne damit den Abstand von A nach B.
b) Berechne den Abstand der Punkte C(−2 | 5) nach D(−11 | −3).

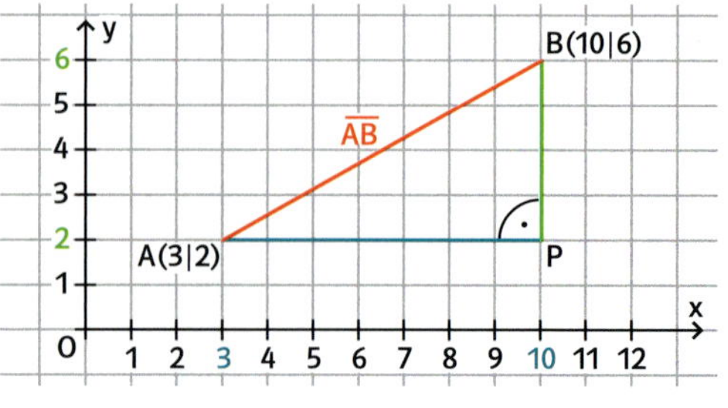

23 Der Ursprung des dargestellten Koordinatensystems liegt in der Marktkirche in Hannover. Die x-Achse zeigt in Ostrichtung, die y-Achse in Nordrichtung (1 LE = 1 km). Für vier Städte sind die Koordinaten angegeben. Berechne die Entfernung (Luftlinie) von Hannover nach Bad Segeberg, von Bad Segeberg nach Flensburg und von Gettorf nach Burgdorf.

Bad Segeberg (Marienkirche)	(38,425 | 174,247)
Burgdorf (St. Pankratius)	(18,421 | 8,288)
Gettorf (St. Jürgen)	(15,803 | 226,781)
Flensburg (Marienkirche)	(−19,813 | 268,429)

24 Wende den Höhensatz in Fig. 1 auf das Dreieck PAQ an und beweise somit den Satz des Pythagoras.

25 Mithilfe des Kathetensatzes kann man auch den Satz des Pythagoras beweisen. Erläutere dies mithilfe von Fig. 2.

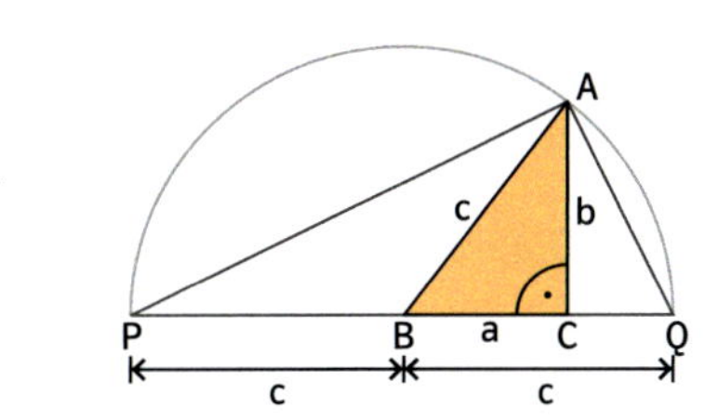

Fig. 1

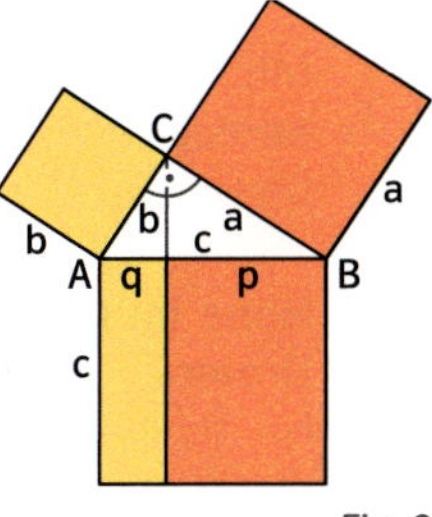

Fig. 2

26 Wende den Höhensatz in Fig. 3 auf die Dreiecke EFC und ABC an und beweise somit den Kathetensatz.

27 Wende den Kathetensatz in Fig. 4 auf die Dreiecke ABC und BCD an und beweise somit den Höhensatz.

Fig. 3

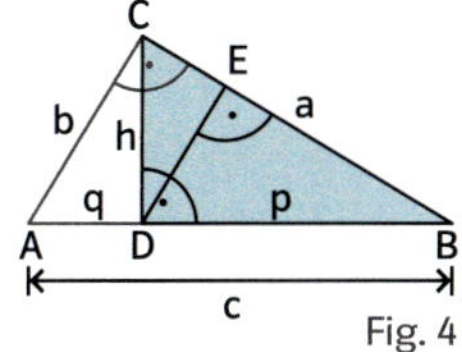

Fig. 4

28 In einer Formelsammlung findet man für den Abstand zweier Punkte $A(x_A \mid y_A)$ und $B(x_B \mid y_B)$ die Gleichung $\overline{AB} = \sqrt{(x_B - x_A)^2 + (y_B - y_A)^2}$.

a) Prüft die Gültigkeit der Gleichung an einem Beispiel mit positiven Koordinaten, indem ihr euch die Koordinaten von zwei Punkten ausdenkt. Berechnet den Abstand der Punkte einmal mit der Gleichung und einmal, indem ihr ein Dreieck wie in Aufgabe 22 zeichnet und den Satz des Pythagoras anwendet.
b) Überprüft an einem Beispiel, ob die Gleichung auch für negative Koordinaten gültig ist.
c) Erklärt die Gültigkeit der Gleichung anhand einer Skizze im Koordinatensystem.
d) Berechnet den Umfang des Dreiecks ABC mit $A(1 \mid 1)$, $B(10 \mid 2)$ und $C(6 \mid 8)$.

Kannst du das noch?

29 Begründe, ob die Rechnungen korrekt sind und korrigiere sie, wenn nötig.

$\frac{\sqrt{30}}{\sqrt{5}} = \sqrt{6}$

$\frac{\sqrt{2}}{\sqrt{10}} = 0{,}1 \cdot \sqrt{2}$

$\frac{\sqrt{10}}{\sqrt{2}} = \sqrt{0{,}5}$

$\frac{\sqrt{5}}{\sqrt{10}} = \frac{5}{\sqrt{50}}$

$\frac{\sqrt{3}}{\sqrt{7}} = 3 \cdot \sqrt{21}$

$\sqrt{\frac{3^4}{2^4}} = \frac{9}{4}$

$\sqrt{16} + \sqrt{9} = \sqrt{25} = 5$

$\sqrt{16} \cdot \sqrt{9} = \sqrt{144} = 12$

$\sqrt{3^2 - 2^2} = 3 - 2 = 1$

$\sqrt{5} \cdot \sqrt{5 + 20} = \sqrt{5 \cdot 5} + \sqrt{5 \cdot 20} = \sqrt{25} + \sqrt{100} = 5 + 10 = 15$

Lösung | Seite 176

5 Berechnungen an Figuren

In einer Zeitschrift liest Stefan, dass die größte ägyptische Pyramide, die Cheopspyramide (erbaut um 2600 v. Chr.), eine regelmäßige vierseitige Pyramide ist. Ihre Grundkanten sind rund 230 m und ihre Seitenkanten rund 213 m lang. Für ihre Höhe werden 205 m angegeben. Das glaubt Stefan nicht.

Mit dem Satz des Pythagoras kann man in vielen Figuren oder Körpern Streckenlängen berechnen, wenn es gelingt, rechtwinklige Teildreiecke zu finden, in denen die gesuchte Strecke enthalten ist. Die folgenden Gleichungen werden häufig gebraucht.

Höhe im gleichseitigen Dreieck

$h = \frac{a}{2}\sqrt{3}$

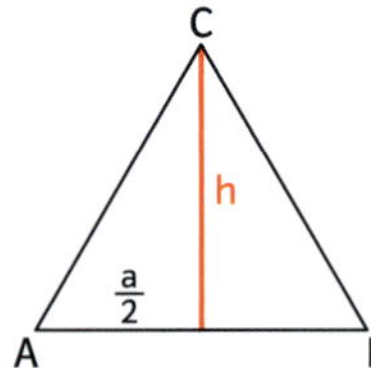

Fig. 1

Wendet man den Satz des Pythagoras auf das Dreieck ADC an, so ergibt sich $h^2 + \left(\frac{a}{2}\right)^2 = a^2$, also $h^2 = \frac{3}{4}a^2$ und damit $h = \frac{a}{2}\sqrt{3}$.

Diagonale eines Quadrats

$d = a\sqrt{2}$

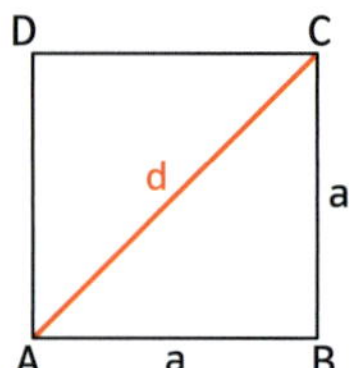

Fig. 2

Wendet man den Satz des Pythagoras auf das Dreieck ABC an, so ergibt sich $a^2 + a^2 = d^2$, also $d^2 = 2a^2$ und damit $d = a\sqrt{2}$.

Raumdiagonale eines Würfels

$d = a\sqrt{3}$

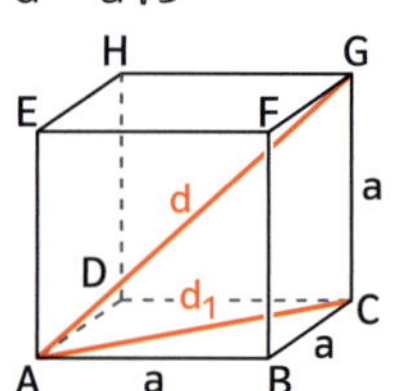

Fig. 3

Wendet man den Satz des Pythagoras auf das Dreieck ACG an, so ergibt sich $d_1^2 + a^2 = d^2$. Einsetzen von $d_1^2 = 2a^2$ ergibt $3a^2 = d^2$ und damit $d = a\sqrt{3}$.

Der Winkel im Dreieck ACG bei C in Fig. 3 ist ein rechter Winkel. Im Schrägbild erscheint er jedoch nicht als rechter Winkel.

Da Streckenlängen stets nichtnegative Größen sind, treten hier keine Betragsstriche auf.

Folgende Vorgehensweise ist denkbar.
- Fertige eine Skizze an. Trage alle gegebenen und gesuchten Streckenlängen ein.
- Suche nach rechtwinkligen Dreiecken, die diese Strecken enthalten. Eventuell sind zusätzliche Hilfslinien nötig.
- Berechne mithilfe des Satzes von Pythagoras die gesuchten Streckenlängen.

Beispiel 1 Flächenberechnung

Berechne den Flächeninhalt eines regelmäßigen Sechsecks, das einem Kreis mit dem Radius $r = 8{,}0\,\text{cm}$ einbeschrieben ist.

Lösung

Das Sechseck besteht aus sechs gleichseitigen Dreiecken mit $r = 8{,}0\,\text{cm}$.

$A = 6 \cdot \frac{1}{2}r\,h = 6 \cdot \frac{1}{2}r\frac{r}{2}\sqrt{3} = \frac{3}{2}r^2\sqrt{3}$

$= \frac{3}{2} \cdot 64 \cdot \sqrt{3} = 96 \cdot \sqrt{3} \approx 166$

Der Flächeninhalt beträgt etwa $166\,\text{cm}^2$.

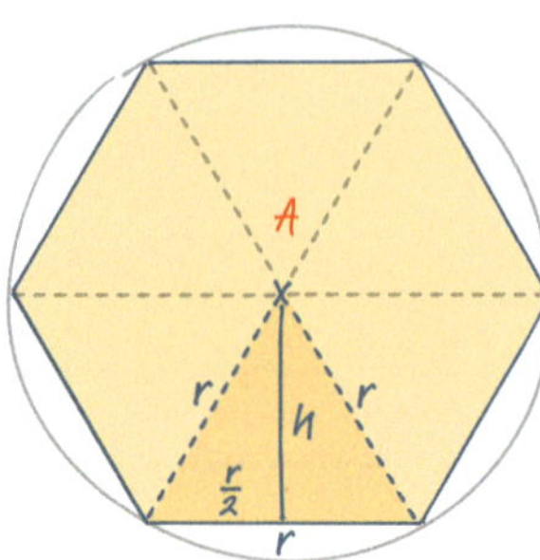

Hier wird die Gleichung für die Höhe im gleichseitigen Dreieck genutzt.

Beispiel 2 Berechnungen an einer Pyramide
Von einer quadratischen Pyramide sind die Längen einer Grundseite a mit 6 cm und einer Seitenkante s mit 9 cm bekannt.
a) Berechne die Höhe h der Pyramide.
b) Berechne die Höhe k einer Seitenfläche.

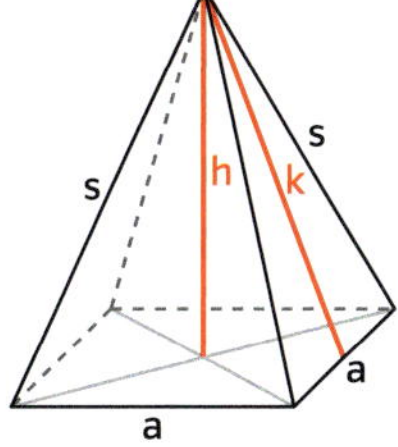

Lösung
a) Für die Diagonale d der Grundfläche gilt $d = a\sqrt{2}$.
Anwenden des Satzes von Pythagoras auf das Dreieck aus Körperhöhe, halber Diagonale und Seitenkante ergibt $h^2 + \left(\frac{a\sqrt{2}}{2}\right)^2 = s^2$, also $h^2 = s^2 - \frac{a^2}{2}$. Einsetzen der Werte ergibt $h^2 = 81 - \frac{36}{2} = 63$, also $h = \sqrt{63} \approx 7{,}9$. Die Höhe der Pyramide beträgt etwa 7,9 cm.
b) Anwenden des Satzes von Pythagoras auf das Dreieck aus Höhe der Seitenfläche, halber Grundseite und Seitenkante ergibt $k^2 + \left(\frac{a}{2}\right)^2 = s^2$, also $k^2 = s^2 - \frac{a^2}{4}$. Einsetzen der Werte ergibt $k^2 = 81 - \frac{36}{4} = 72$, also $k = \sqrt{72} \approx 8{,}5$. Die Höhe einer Seitenfläche beträgt etwa 8,5 cm.

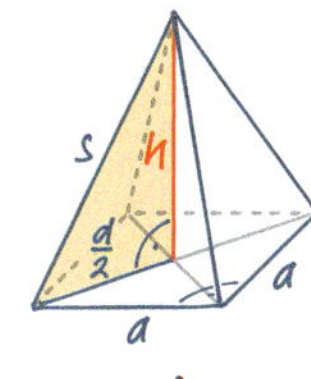

Aufgaben

○ **1** Berechne die Länge der Diagonale eines Quadrats mit der Seite
a) $a = 4\,\text{cm}$, b) $a = 1{,}5\,\text{cm}$, c) $a = \sqrt{2}\,\text{dm}$, d) $a = \sqrt{8}\,\text{m}$.

○ **2** a) Die Diagonale eines Quadrats ist 7 cm lang. Zeichne das Quadrat und miss seine Seitenlänge. Kontrolliere dein Ergebnis durch eine Rechnung.
b) Ein Rechteck ist 15,5 cm lang und 7,2 cm breit. Wie lang sind seine Diagonalen?

○ **3** a) Welchen Flächeninhalt hat ein gleichseitiges Dreieck mit einem Umfang von 1 m?
b) Welchen Umfang hat ein gleichseitiges Dreieck mit einem Flächeninhalt von $1\,\text{m}^2$?

○ **4** Berechne die Höhe und den Flächeninhalt eines gleichseitigen Dreiecks mit der Seite $a = 10\,\text{cm}$.

◒ **5** a) Berechne die Länge der Raumdiagonale eines Würfels mit der Kante $a = 8\,\text{cm}$ ($4{,}5\,\text{m}$; $2\sqrt{3}\,\text{m}$).
b) Berechne die Kantenlänge eines Würfels mit der Raumdiagonale $d = 8\,\text{cm}$ ($4{,}5\,\text{m}$; $2\sqrt{3}\,\text{m}$).

◒ **6** a) Zeichne das Schrägbild eines Quaders mit den Kantenlängen 8 cm, 5 cm und 3 cm. Trage eine Flächendiagonale ein. Wie viele verschiedene gibt es? Berechne ihre Längen. Zeichne auch eine Raumdiagonale ein und berechne ihre Länge.
b) Gebt einen Schätzwert für die Länge der größten Strecke in eurem Klassenzimmer an. Berechnet sie anschließend und messt die dazu notwendigen Größen. Um wie viel Prozent weicht euer Schätzwert vom errechneten Wert ab?

Ein Quader, bei dem alle Seitenlängen, Flächen- und Raumdiagonalen ganzzahlig sind, ist bis heute unbekannt.

Bist du schon sicher?

○ **7** Rechts ist der Querschnitt eines 3,20 m hohen Damms dargestellt. Die Dammkrone ist 8,50 m breit, die Böschungslinien sind 5,25 m lang. Wie breit ist die Dammsohle?

◒ **8** Berechne den Flächeninhalt der Schnittfläche im Quader auf dem Rand.

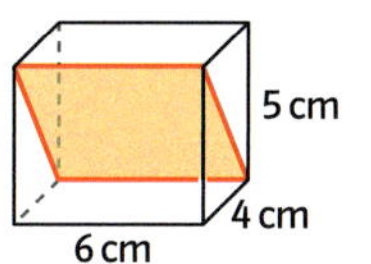

Lösungen | Seite 176

9 Zeichne ein Rechteck mit den Seitenlängen 6 cm und 4 cm. Markiere die vier Seitenmitten und verbinde sie. Welche Eigenschaft hat das neue Viereck? Berechne seine Seitenlängen.

10 Wie verändern sich die Seitenlänge und der Flächeninhalt eines Quadrats, wenn man seine Diagonale verdoppelt? Begründe auf verschiedene Arten.

11 a) Drücke die Seite s einer Raute durch die Diagonalen e und f aus (Fig. 1).
b) Berechne s für $e = 8{,}5\,\text{cm}$ und $f = 4{,}0\,\text{cm}$.

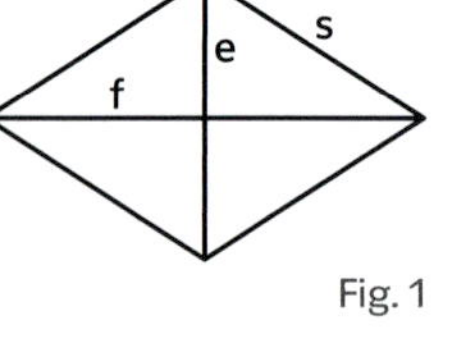

Fig. 1

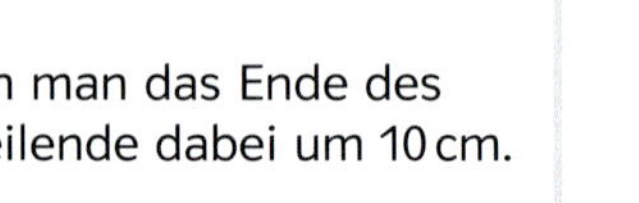

12 In einem Glockenturm hängt das Seil zum Läuten der Glocke. Wenn man das Ende des Seils um 2 m seitlich aus der Ruhelage bewegt, so hebt sich das Seilende dabei um 10 cm. Berechne die Länge des gespannten Seils.

13 a) Gib für den Flächeninhalt des Trapezes in Fig. 2 eine Gleichung an.
b) Berechne die Länge der Strecke a, wenn der Flächeninhalt des Trapezes $13{,}5\,\text{cm}^2$ ist.

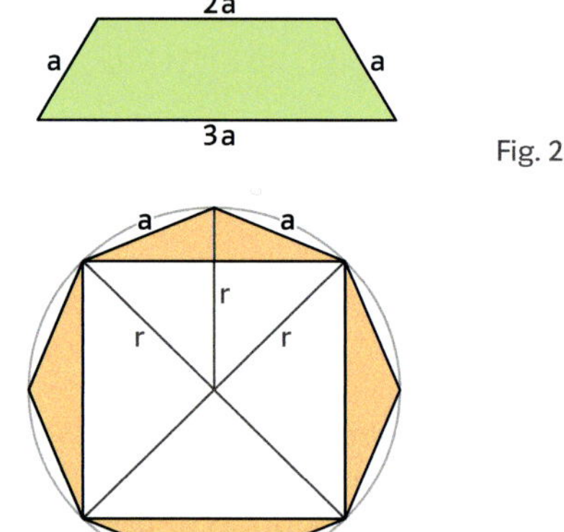

Fig. 2

Fig. 3

14 Einem Kreis mit dem Radius r sind ein regelmäßiges Achteck und ein Quadrat einbeschrieben worden (Fig. 3).
a) Welchen Flächeninhalt hat das Quadrat?
b) Bestimme den Flächeninhalt der orangefarbenen Dreiecke und damit den Flächeninhalt A des Achtecks.
c) Drücke die Seite a des Achtecks durch r aus und berechne A und a für $r = 5{,}0\,\text{cm}$.

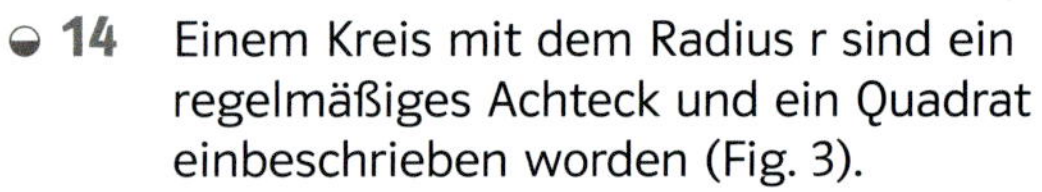

15 Eine Zahnradbahnstrecke ist auf einer Landkarte 13,3 cm lang (Maßstab 1:25 000). Sie überwindet auf dieser Strecke gleichmäßig einen Höhenunterschied von 475 m. Wie lang ist die Zahnradbahnstrecke?

16 a) Fig. 4 zeigt eine vierseitige Pyramide mit quadratischer Grundfläche. Berechne den Oberflächeninhalt (d.h. den Flächeninhalt des Netzes) einer solchen Pyramide mit der Grundkante $a = 12\,\text{cm}$ und der Seitenkante $s = 10\,\text{cm}$.
b) Welchen Oberflächeninhalt hat eine solche Pyramide, wenn jede der acht Kanten 8 cm (a cm) lang ist?

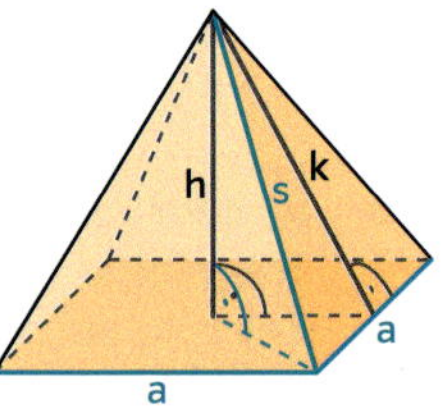

Fig. 4

17 Fig. 5 zeigt die Giebelseite des Daches eines älteren Hauses. Berechne die Längen x und y.

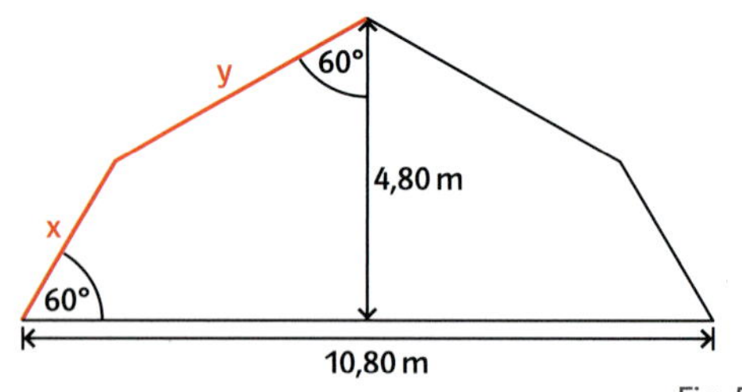

Fig. 5

Kannst du das noch?

18 Begründe, ob die Aussage wahr oder falsch ist. Die Graphen der Funktionen $g: x \mapsto 2x - 1$ und $h: x \mapsto -\frac{1}{2}x + 4$ schneiden sich im Punkt $P(2\,|\,3)$.

Lösung | Seite 176

1 Das Fünfeck in Fig. 1 besteht aus einem Quadrat und einem gleichseitigen Dreieck. Gib einen Term für die Länge von $\overline{AS}$ und für den Abstand von D zu $\overline{AS}$ an.

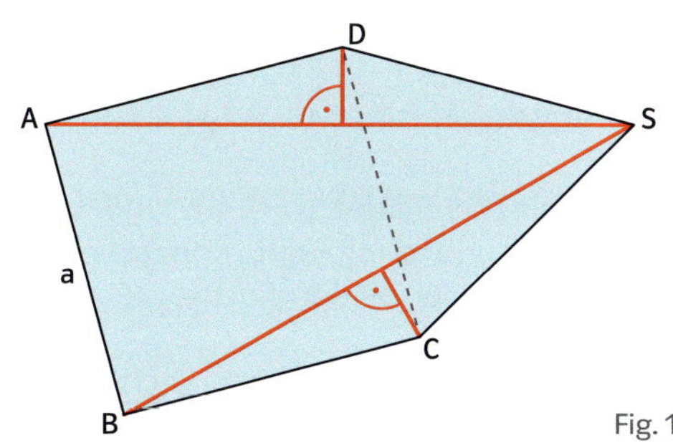

Fig. 1

2 Berechne für ein Parallelogramm ABCD die Längen der Diagonalen e und f sowie den Flächeninhalt A für
a) $a = 10{,}0\,cm$, $b = 6{,}0\,cm$, $h_a = 4{,}0\,cm$,
b) $a = 8{,}0\,cm$, $b = 3{,}0\,cm$, $h_a = 3{,}0\,cm$.

3 **a)** In einem Trapez (Fig. 2) sind $a = 10{,}0\,cm$, $b = 5{,}0\,cm$, $c = 4{,}0\,cm$ und $h = 3{,}0\,cm$. Berechne die Längen der Diagonalen e und f sowie den Flächeninhalt A.
b) Berechne die Längen von h und e eines symmetrischen Trapezes mit $b = d = 4{,}0\,cm$, $a = 8{,}4\,cm$ und $c = 3{,}6\,cm$. Zeige durch eine Rechnung, dass das Teildreieck ABC nicht rechtwinklig ist.

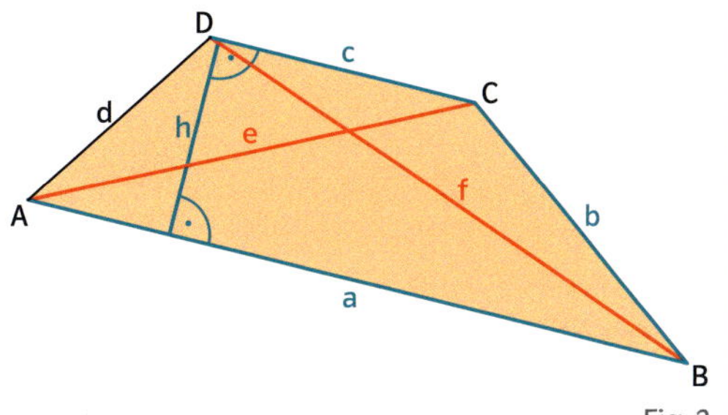

Fig. 2

4 **a)** Die Pyramide in Fig. 3 hat als Grundfläche ein regelmäßiges Sechseck. Jede Grundkante ist $a = 4{,}0\,cm$, jede Seitenkante $s = 10{,}0\,cm$ lang. Berechne die Höhe h und den Oberflächeninhalt O der Pyramide.
b) Berechne die Seitenkante s und den Oberflächeninhalt O einer Pyramide mit einem regelmäßigen Sechseck als Grundfläche, wenn $a = 8{,}0\,cm$ und $h = 15{,}0\,cm$.

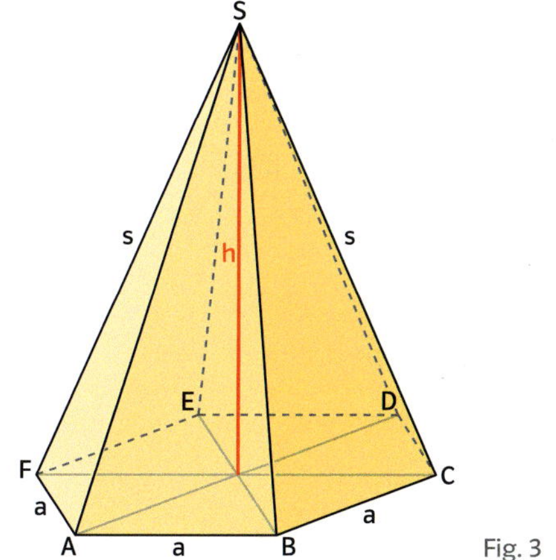

Fig. 3

5 Ein gleichschenkliges Dreieck ABC hat die Seiten $a = b = 13\,cm$ und $c = 10\,cm$. Berechne die Höhe h_c und daraus die Höhe h_a ($= h_b$).

6 Der Körper in Fig. 4 besteht aus einem Würfel und einer aufgesetzten Pyramide. Alle Kanten des Körpers haben die gleiche Länge $a = 4{,}0\,cm$.
a) Berechne die Höhe des Körpers.
b) Konstruiere das Dreieck ERS. Ermittle damit die Höhe des Körpers zeichnerisch und vergleiche mit dem Ergebnis von Teilaufgabe a).
c) Ermittle zeichnerisch die Entfernung der Ecken A und S. Berechne $\overline{AS}$ und vergleiche mit deiner Zeichnung.
d) Berechne die Höhe der Seitenflächen der aufgesetzten Pyramide.
e) Zeichne ein Netz des Körpers von Fig. 4. Berechne den Oberflächeninhalt O.

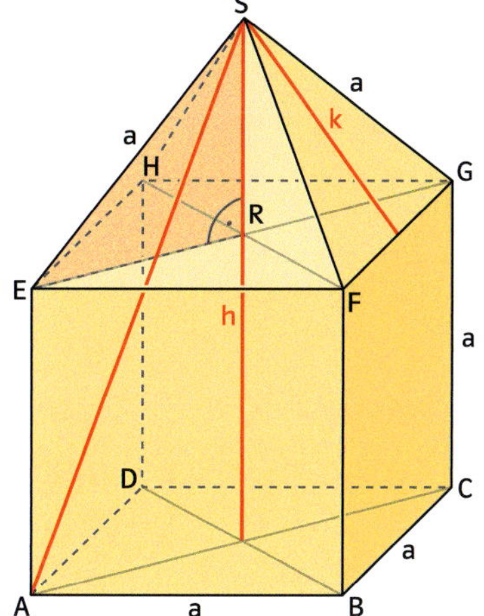

Fig. 4

7 Konstruiere ein Quadrat mit dem Flächeninhalt
a) $43\,cm^2$, b) $66\,cm^2$, c) $42\,cm^2$, d) $38\,cm^2$,
e) $35\,cm^2$, f) $39\,cm^2$, g) $40\,cm^2$, h) $160\,mm^2$.

Tipp:
43 = 64 + 4 − 25
66 = 81 + 49 − 64
usw.

8 a) Zeichne ein Rechteck mit den Seiten $a = 3\,cm$ und $b = 2\,cm$ sowie ein zweites Rechteck mit den Seiten $c = 4\,cm$ und $d = 2{,}5\,cm$. Konstruiere ein Quadrat, dessen Fläche gleich groß ist wie die Flächen der beiden Rechtecke zusammen. Wandle zunächst in zwei flächengleiche Quadrate um.
b) Bestimme die Länge der Quadratseite durch Rechnung. Vergleiche.

9 Stelle die Oberfläche eines Würfels mit 2 cm Kantenlänge in Form eines Quadrats dar.

10 In einem beliebigen Dreieck ABC wird der Mittelpunkt I des Inkreises vom Radius r mit den drei Berührpunkten auf den Seiten und mit den drei Eckpunkten A, B und C verbunden. Bestimme den Flächeninhalt A des Dreiecks ABC als Summe der Flächeninhalte der sechs sich ergebenden Teildreiecke.

11 Fließt elektrischer Strom durch einen Draht, so wird dieser erwärmt. Dadurch verlängert sich der Draht, ein angehängter Körper sinkt (Fig. 1).
Berechne die Längenänderung eines 50 cm langen Drahtes, wenn der Körper um 2 cm (4 cm; 8 cm) sinkt.

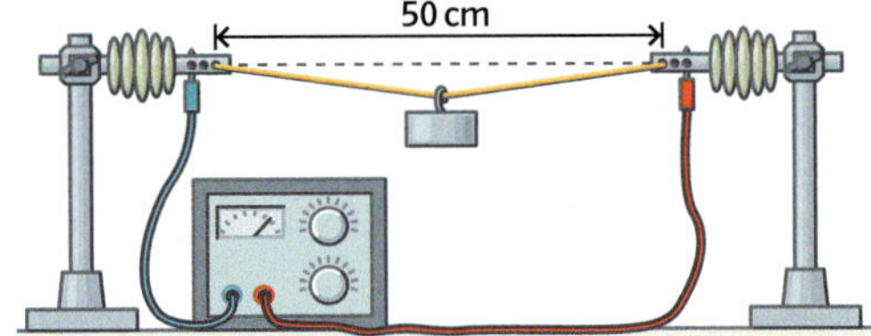

Fig. 1

12 Zeichne eine beliebige Strecke der Länge a cm. Konstruiere mithilfe des Kathetensatzes eine Strecke der Länge $\frac{1}{a}$ cm.

13 Berechne alle in Fig. 2 angegebenen Größen des rechtwinkligen Dreiecks ABC aus folgenden Angaben:
a) $h_1 = 5{,}4\,cm$, $h_2 = 7{,}2\,cm$,
b) $h = 12\,cm$, $h_1 = 9{,}6\,cm$.

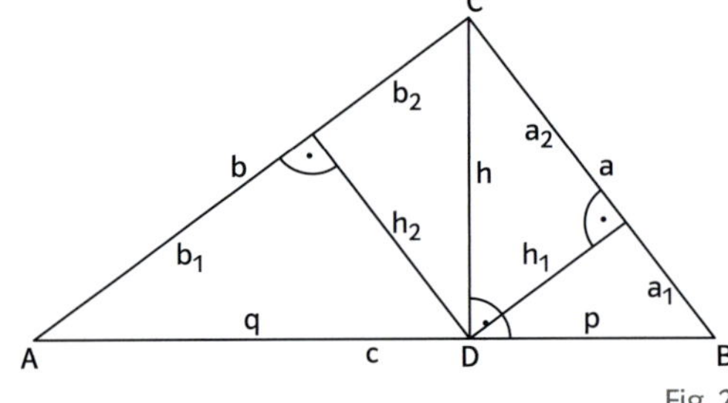

Fig. 2

14 a) Das Dreieck ABC in Fig. 2 ist rechtwinklig. Wende den Satz des Pythagoras auf die Teildreiecke ADC und BCD an.
b) Subtrahiere die beiden in Teilaufagbe a) erhaltenen Gleichungen voneinander und wende den Satz des Pythagoras auf das Deieck ABC an. Beweise damit den Kathetensatz.
c) Addiere die beiden in Teilaufagbe a) erhaltenen Gleichungen und wende den Satz des Pythagoras auf das Deieck ABC an. Beweise damit den Höhensatz.

15 Konstruiere ein Dreieck ABC mit
a) $a = 6{,}4\,cm$, $\beta = 60°$, $h_a = 5{,}0\,cm$, b) $c = 7{,}0\,cm$, $\alpha = 50°$, $h_c = 6{,}3\,cm$.
Verwandle das Dreieck in ein flächengleiches Rechteck und dieses in ein flächengleiches Quadrat. Miss die Länge einer Quadratseite. Überprüfe das Ergebnis rechnerisch.

16 Konstruiere zu einem Rechteck mit den Seitenlängen $a = 3{,}0\,cm$ und $b = 7{,}0\,cm$ ($a = 4{,}2\,cm$ und $b = 3{,}7\,cm$) ein flächengleiches Quadrat. Berechne auch die Seitenlänge des Quadrats.

17 Beweise, dass in jedem rechtwinkligen Dreieck ABC mit der Hypotenuse c gilt
$2ab = (a + b + c)(a + b - c)$.

● **18** Vierzehn gleich große Kugeln mit dem Radius r werden wie in Fig. 1 aufeinandergeschichtet, sodass sich benachbarte Kugeln berühren. Wie hoch ist der Stapel?
Anleitung: Verbinde in Gedanken die Mittelpunkte der vier Kugeln in den „Ecken" der untersten Kugelschicht mit dem Mittelpunkt der obersten Kugel. Berechne dann erst einmal die Höhe dieses „Kantenmodells" eines Körpers.

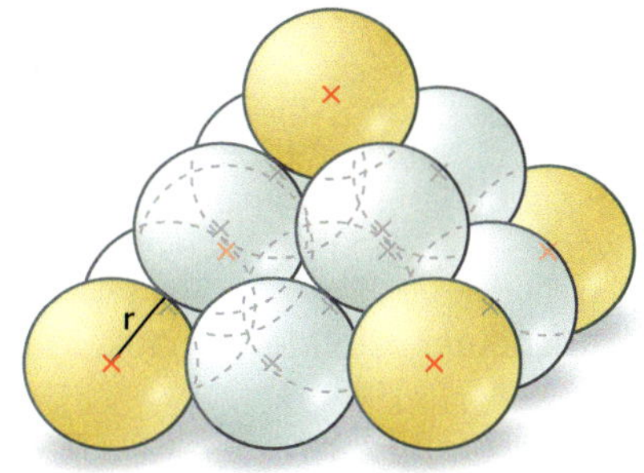

Fig. 1

● **19** **Die Wurzelsäge**
Zeichne eine Strecke $\overline{AB}$ der Länge 1 cm. Zeichne zwei zu $\overline{AB}$ senkrechte Geraden g und h, wobei g durch den Punkt A und h den Punkt B verläuft.
a) Zeichne einen Kreis k_1 um A mit dem Radius $\overline{AB}$. Er schneidet g im Punkt W_1.
Zeichne einen Kreis k_2 um B mit dem Radius $\overline{BW_1}$. Er schneidet h im Punkt W_2.
Zeichne einen Kreis k_3 um A mit dem Radius $\overline{AW_2}$. Er schneidet g im Punkt W_3.
Zeichne einen Kreis k_4 um B mit dem Radius $\overline{BW_3}$. Er schneidet h im Punkt W_4.
Wiederhole das Verfahren einige Male (vgl. Fig. 2).
b) Bestimme die Längen der Strecken $\overline{AW_1}$, $\overline{BW_2}$, $\overline{AW_3}$, $\overline{BW_4}$ usw. Was stellst du fest?

Fig. 2

● **20** a) Zu zwei positiven Zahlen a und b nennt man $\sqrt{ab}$ das geometrische Mittel von a und b. Zeige an Fig. 3 für $a < b$: $a < \sqrt{ab} < b$.
b) In Fig. 3 ist M der Mittelpunkt von $\overline{AB}$. Berechne die Länge von $\overline{CM}$. Zeige damit: Das geometrische Mittel $\sqrt{ab}$ ist für $a \neq b$ kleiner als das arithmetische Mittel $\frac{a+b}{2}$.

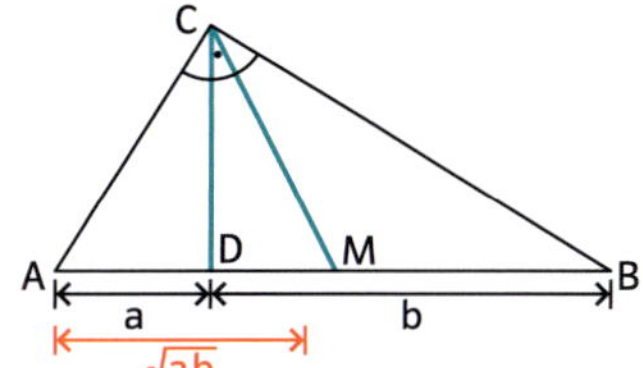

Fig. 3

● **21** Beweise den Höhensatz mit Fig. 4.
Anleitung: Zeige zuerst, dass die vier markierten Winkel gleich groß sind. Damit liegen E, D und F auf einer Geraden. Begründe dann die Ergänzungsgleichheit des Höhenquadrats und des Rechtecks aus den Hypotenusenabschnitten.

Fig. 4

● **22** Beweise: Wenn im Dreieck ABC (Fig. 5) $h_c^2 = xy$ gilt, dann ist es rechtwinklig (Umkehrung des Höhensatzes).

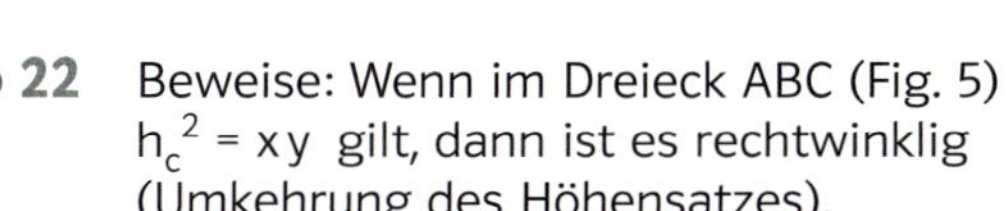

● **23** a) Beweise: Wenn $a^2 = yc$ und $b^2 = xc$ in dem Dreieck von Fig. 6 gelten, dann ist das Dreieck rechtwinklig (Umkehrung des Kathetensatzes).
b) Lässt sich die Rechtwinkligkeit auch beweisen, wenn man nur weiß, dass $a^2 = yc$ gilt?

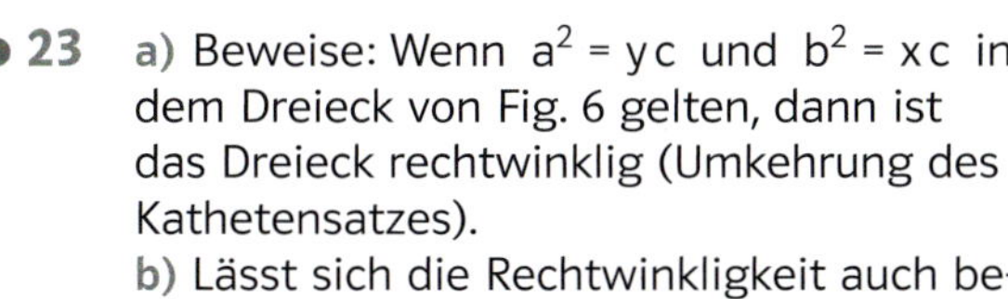

Fig. 5 Fig. 6

● **24** Zeichne ein Trapez ABCD einschließlich der beiden Diagonalen. Erkennst du eine Strahlensatzfigur?
Beweise, dass sich die Diagonalen im Verhältnis der Grundlinien a und c teilen.

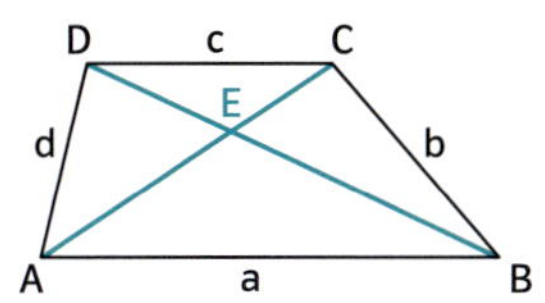
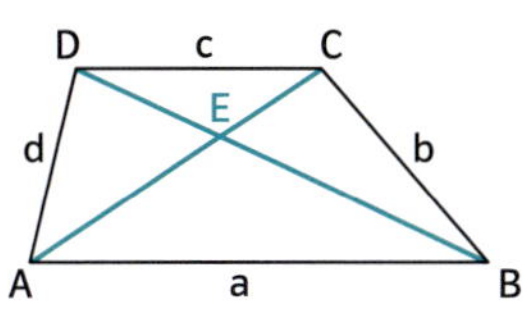

Pythagoreische Zahlentripel

Der Satz des Pythagoras ist ein bei geometrischen Berechnungen oft benötigter Satz. Fragt man jemanden, der schon länger nicht mehr zur Schule geht, was er noch aus dem Mathematikunterricht weiß – an den Satz des Pythagoras kann er sich meistens noch erinnern. Manche denken, Pythagoras von Samos war der bedeutendste griechische Mathematiker, vielleicht der bedeutendste Mathematiker überhaupt.

Pythagoras von Samos (etwa 570 – 475 v. Chr.)

Von seinen Zeitgenossen wurde Pythagoras eher als religiöser Prophet betrachtet. Ihm wurden allerlei Wundergeschichten nachgesagt. Belegt ist, dass er 530 v. Chr. vor dem Tyrannen Polykrates nach Kroton in Oberitalien floh. Dort sammelte er einen Kreis von Frauen und Männern um sich, die ihn als religiösen Führer verehrten. Er predigte die Unsterblichkeit der Seele, forderte eine bescheidene Lebensführung und lehrte Astronomie, Mathematik, Musik und Philosophie.

Das zentrale Anliegen von Pythagoras und seinen Schülern (man bezeichnet sie heute als „die Pythagoreer") war das Streben nach Harmonie – und zwar auf allen Gebieten.

Über die mathematischen Tätigkeiten der Pythagoreer wird berichtet, dass sie sich mit (Rechen-)Steinchen beschäftigten. Archimedes schrieb später, dass sie „Zahlen in die Gestalt von Dreiecken und Vierecken stellten". Besonders wichtig (man könnte fast sagen: heilig) war ihnen die „Tetraktys".

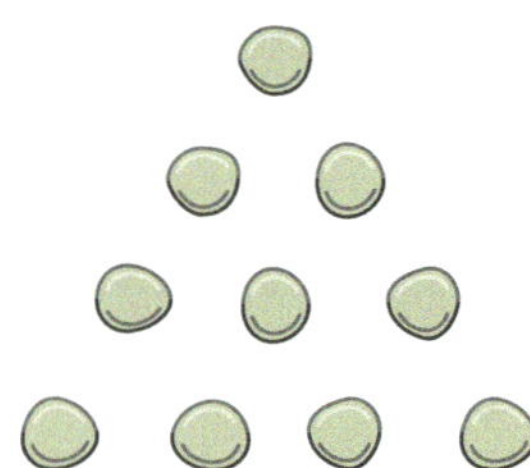

Dieses „vollkommene Dreieck" stellt $1 + 2 + 3 + 4 = 10$ dar. Pythagoras soll einmal einen Freund gebeten haben zu zählen. Nach 1, 2, 3, 4 unterbrach er ihn: „Siehst du? Was du für 4 hältst, ist 10, ein vollkommenes Dreieck, und unser Eid."

Dann wurden Folgen von Steinchen in Dreiecken, Vierecken usw. gelegt. Die Anzahlen von Steinchen heißen Dreieckzahlen, Quadratzahlen usw. Man hoffte, durch diese besonderen Zahlen tiefere Einsichten in die Ordnung der Welt zu erhalten.

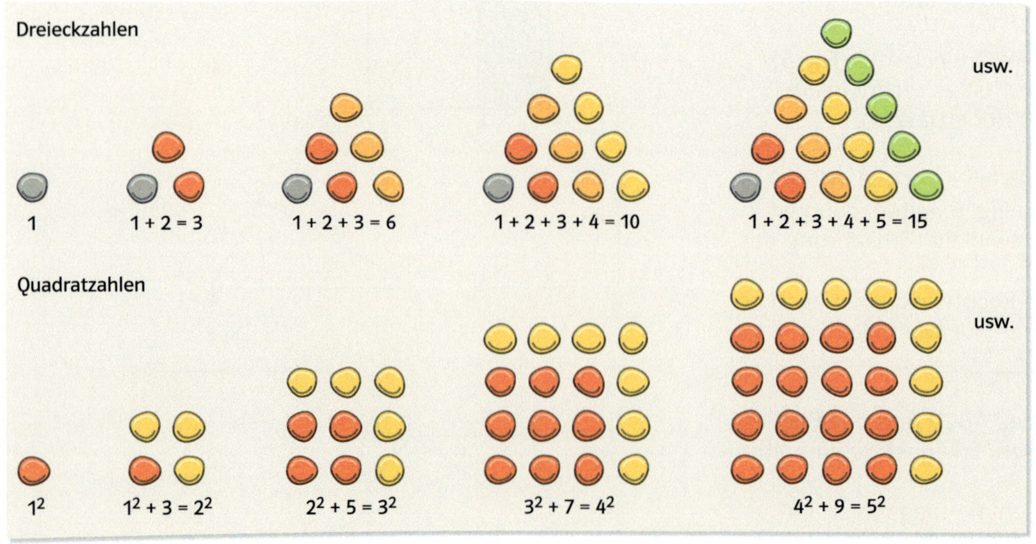

Mit einer etwas anderen Anordnung der Dreieckzahlen entdeckten die Pythagoreer die Summenformel für die Summe der ersten n natürlichen Zahlen: Sie legten immer zwei Dreiecke zusammen und erhielten ein Rechteck mit $n(n+1)$ Steinen (Fig. 1).
Also gilt (Fig. 1): $1 + 2 + 3 + \ldots + n = \frac{1}{2}n(n+1)$.
Bei den Quadratzahlen entdeckten sie (Fig. 2): $n^2 + 2n + 1 = (n+1)^2$.
Wenn man die Quadratzahl n^2 und $2n + 1$ addiert, erhält man die nächste Quadratzahl $(n+1)^2$. Kann dabei $2n + 1$ selbst eine Quadratzahl sein? Es ist $2n + 1$ eine ungerade Zahl, die also höchstens Quadrat einer ungeraden Zahl m sein kann. Sie nahmen an, es gäbe eine ungerade Zahl m mit
(1) $2n + 1 = m^2$.
Löst man diese Gleichung nach n auf, so ergibt sich
(2) $n = \frac{1}{2}(m^2 - 1)$.
Addiert man auf beiden Seiten 1, so erhält man
(3) $n + 1 = \frac{1}{2}(m^2 + 1)$.
Quadriert man beide Seiten von Gleichung (3), so ergibt sich $n^2 + 2n + 1 = \left(\frac{m^2+1}{2}\right)^2$.
Einsetzen der Gleichungen (2) und (1) führt zu $\left(\frac{m^2-1}{2}\right)^2 + m^2 = \left(\frac{m^2+1}{2}\right)^2$.

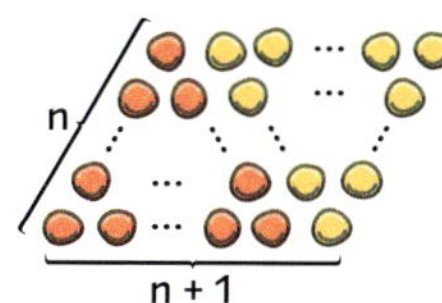

Fig. 1

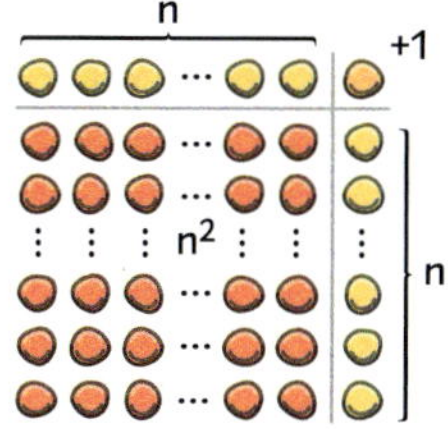

Fig. 2

Damit waren für jede ungerade Zahl m drei Quadratzahlen a^2, b^2 und c^2 gefunden, die mit $a = \frac{m^2-1}{2}$, $b = m$ und $c = \frac{m^2+1}{2}$ die Gleichung aus dem Satz des Pythagoras erfüllen.

Für $m = 3, 5, 7, \ldots$ ergeben sich für a, b und c die Zahlen aus der Tabelle rechts.
Solche ganzen Zahlen a, b und c mit $a^2 + b^2 = c^2$ nennt man **pythagoreische Zahlen** oder ein **pythagoreisches Zahlentripel (a, b, c)**.

m	a	b	c
3	4	3	5
5	12	5	13
7	24	7	25
9	40	9	41
11	60	11	61
13	84	13	85
15	112	15	113
…	…	…	…

Dazu gehören also rechtwinklige Dreiecke mit ganzzahligen Seitenlängen. Sind a, b und c alle durch die gleiche Primzahl p teilbar, so ist $\left(\frac{a}{p}, \frac{b}{p}, \frac{c}{p}\right)$ auch ein pythagoreisches Zahlentripel. Ist dies nicht der Fall, so spricht man von einem **primitiven pythagoreischen Zahlentripel** oder einem **primitiven pythagoreischen Dreieck.**
Alle primitiven pythagoreischen Dreiecke erhält man mit $a = m^2 - l^2$, $b = 2ml$, $c = m^2 + l^2$, wenn $m > l$, wenn eine der Zahlen m und l gerade und die andere ungerade ist und wenn $\frac{m}{l}$ nicht ganzzahlig gekürzt werden kann.
Es gibt also unendlich viele Lösungstripel für die Gleichung $a^2 + b^2 = c^2$.

Pierre de Fermat (1601–1665)

Im Jahr 1637 schrieb Fermat bei der Lektüre der ARITHMETICA von Diophantos neben den Satz des Pythagoras folgende Zeilen als Randbemerkung in seine Ausgabe dieses Buchs:
„Es ist unmöglich, einen Kubus in zwei Kuben zu zerlegen oder ein Biquadrat in zwei Biquadrate oder allgemein irgendeine Potenz größer als die zweite in Potenzen gleichen Grades. Ich habe hierfür einen wahrhaft wunderbaren Beweis gefunden, doch ist der Rand hier zu schmal, um ihn zu fassen."

Der wunderbare Beweis wurde nie gefunden. Diese Vermutung, dass $a^n + b^n = c^n$ für $n \geqq 3$ keine ganzzahligen Lösungstripel (ohne Null) besitzt, wurde als der große Fermat'sche Satz bekannt.
Erst 1994 gelang es dem britischen Mathematiker Andrew Wiles zusammen mit seinem Schüler Richard Taylor, für den großen Fermat'schen Satz einen sehr umfangreichen Beweis zu finden.

Andrew Wiles (*11.4.1953)

Strahlensätze
1. Strahlensatz:
In jeder Strahlensatzfigur verhalten sich die Längen der Streckenabschnitte auf dem einen Strahl zueinander wie die Längen der entsprechenden Streckenabschnitte auf dem anderen Strahl.
2. Strahlensatz:
In jeder Strahlensatzfigur verhalten sich die die Längen der Parallelenabschnitte zueinander wie die Längen der von S aus gemessenen Strahlenabschnitte auf jedem der beiden Strahlen.

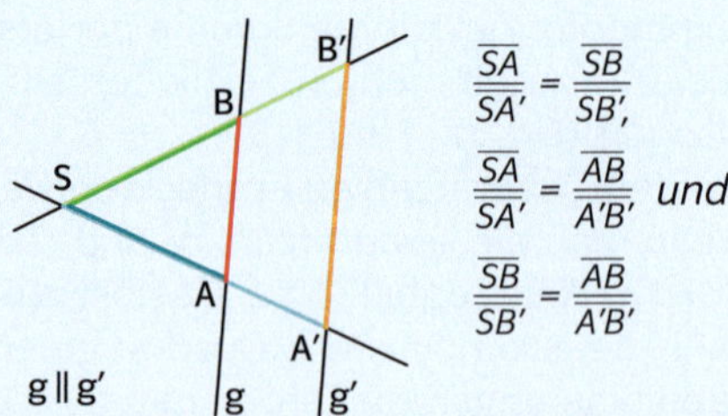

$\frac{\overline{SA}}{\overline{SA'}} = \frac{\overline{SB}}{\overline{SB'}}$, $\frac{\overline{SA}}{\overline{SA'}} = \frac{\overline{AB}}{\overline{A'B'}}$ *und* $\frac{\overline{SB}}{\overline{SB'}} = \frac{\overline{AB}}{\overline{A'B'}}$

Ähnlichkeit
Zwei Vielecke heißen zueinander ähnlich, wenn die Längenverhältnisse einander entsprechender Strecken und einander entsprechende Winkel gleich groß sind.

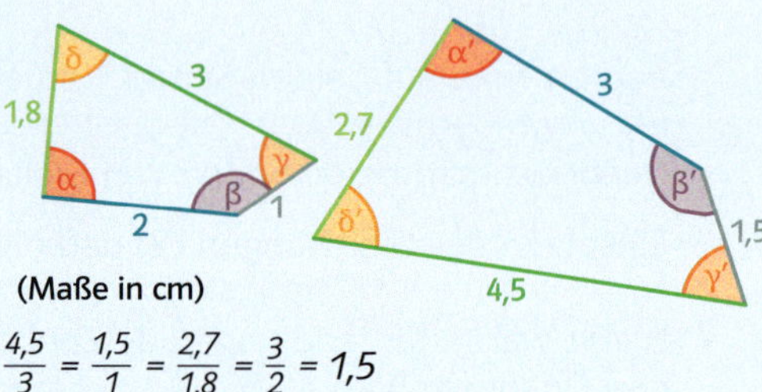

(Maße in cm)

$\frac{4,5}{3} = \frac{1,5}{1} = \frac{2,7}{1,8} = \frac{3}{2} = 1,5$

$\alpha' = \alpha,\ \beta' = \beta,\ \gamma' = \gamma,\ \delta' = \delta$

Ähnlichkeitssätze für Dreiecke
Zwei Dreiecke sind zueinander ähnlich, wenn sie in zwei (und damit in allen) Winkelgrößen übereinstimmen (www).
Zudem sind zwei Dreiecke zueinander ähnlich,
- wenn sie in allen entsprechenden Längenverhältnissen der Seiten übereinstimmen (sss) oder
- wenn sie in je zwei entsprechenden Längenverhältnissen von Seiten und der Größe des von diesen Seiten eingeschlossenen Winkels übereinstimmen (sws) oder
- wenn sie in je zwei entsprechenden Längenverhältnissen von Seiten und der Größe des Gegenwinkels der jeweils größeren Seite übereinstimmen (Ssw).

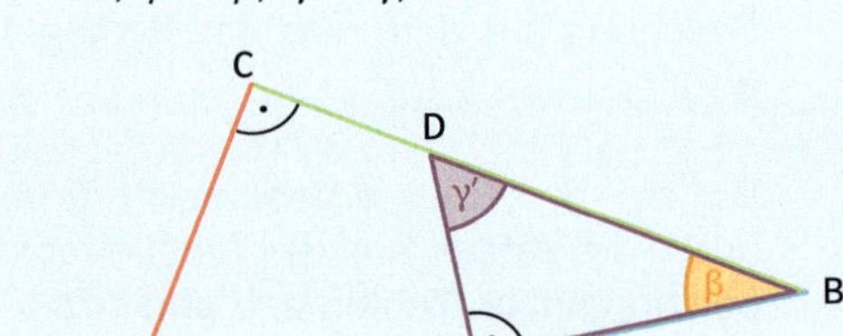

Ähnlichkeit der Dreiecke ABC und EBD: gemeinsamer Winkel β, je ein rechter Winkel, damit $\alpha = 90° - \beta = \gamma'$

Satz des Pythagoras
In jedem rechtwinkligen Dreieck ABC mit den Katheten a und b und mit rechtem Winkel bei C gilt für die Seitenlängen a, b und c des Dreiecks $a^2 + b^2 = c^2$.

Umkehrung vom Satz des Pythagoras
Wenn in einem Dreieck ABC mit den Seitenlängen a, b, und c die Gleichung $a^2 + b^2 = c^2$ gilt, dann ist das Dreieck rechtwinklig mit der Hypotenuse c.

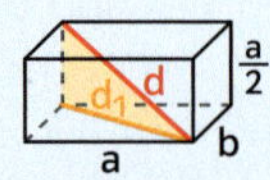

Bestimmen der Länge der Raumdiagonale d:
Ist d_1 die Diagonale der Grundfläche, so gilt nach dem Satz des Pythagoras $d_1^2 = a^2 + b^2$. Für das markierte Dreieck gilt nach dem Satz des Pythagoras $d^2 = d_1^2 + (\frac{a}{2})^2$. Einsetzen ergibt
$d = \sqrt{\frac{5}{4}a^2 + b^2}$

Kathetensatz
Ist ABC ein rechtwinkliges Dreieck mit rechtem Winkel bei C und mit den Katheten a und b und teilt die Höhe h von c die Hypotenuse in zwei Teile, dann gilt $a^2 = pc$ und $b^2 = qc$.

Höhensatz
In einem rechtwinkligen Dreieck ABC mit rechtem Winkel bei C, den Katheten a und b sowie der Höhe h, die die Hypotenuse in zwei Teile teilt, gilt $h^2 = pq$.

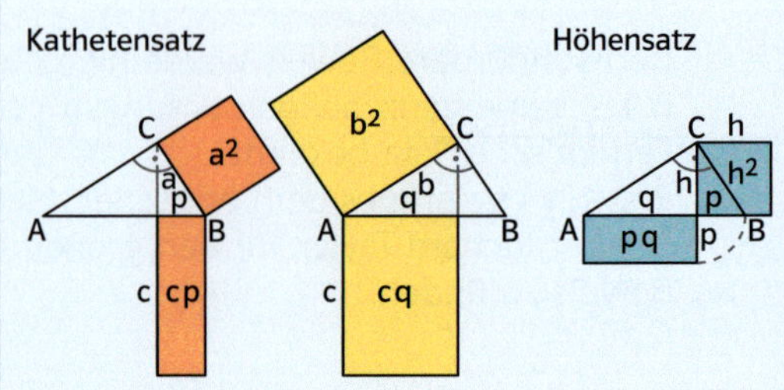

Runde 1

Lösungen | Seite 176

1 Die Geraden g und h in Fig. 1 sind zueinander parallel. Berechne die Längen der Strecken x und y.

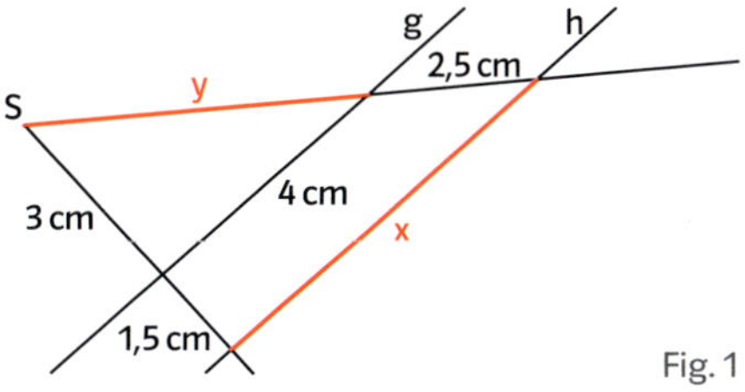

Fig. 1

2 Kathrin und Bernd peilen aus ihrem Zimmerfenster heraus einen Lichtmast auf der anderen Straßenseite an. Um die Entfernung vom Haus zu berechnen, haben sie die Strecken im Zimmer gemessen (Fig. 2). Die Fensteröffnung ist 1,20 m breit. Welche Entfernung vom Haus ergibt sich für den Mast?

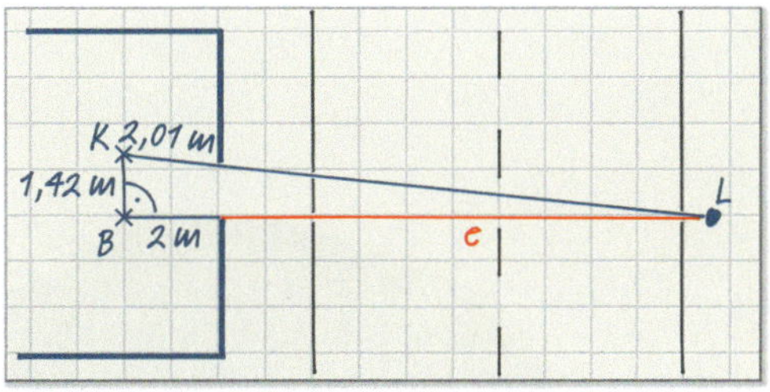

3 In einem Dreieck ist eine Seite 18 cm lang, eine andere 24 cm. Finde eine dritte Seite so, dass ein rechtwinkliges bzw. spitzwinkliges Dreieck entsteht.

Fig. 2

4 Berechne für ein Parallelogramm ABCD die Längen der Diagonalen e und f sowie den Flächeninhalt A für

a) a = 8,0 cm, b = 6,0 cm, h_a = 4,0 cm, **b)** c = 3,0 cm, d = 7,0 cm, h_a = 2,0 cm.

Runde 2

Lösungen | Seite 177

1 Berechne im Kopf die Seitenlänge x eines rechtwinkligen Dreiecks, bei dem die anderen beiden Seitenlängen gegeben sind.

a) $9 + x^2 = 10$ **b)** $3^2 + x^2 = 5^2$
c) $56 + 88 = x^2$ **d)** $8^2 + x^2 = 100$

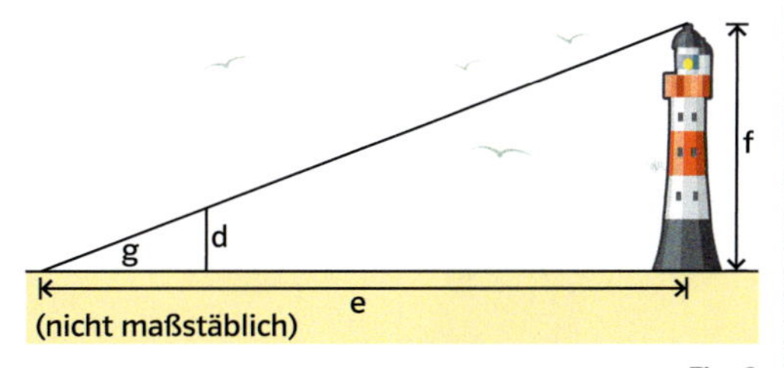

Fig. 3

2 Wie hoch ist der Leuchtturm in Fig. 3, wenn d = 210 cm, g = 85 m und e = 1,7 km sind?

3 Die Geraden g und h in Fig. 4 sind zueinander parallel. Wie lang sind die Strecken a und b (Maße in cm)?

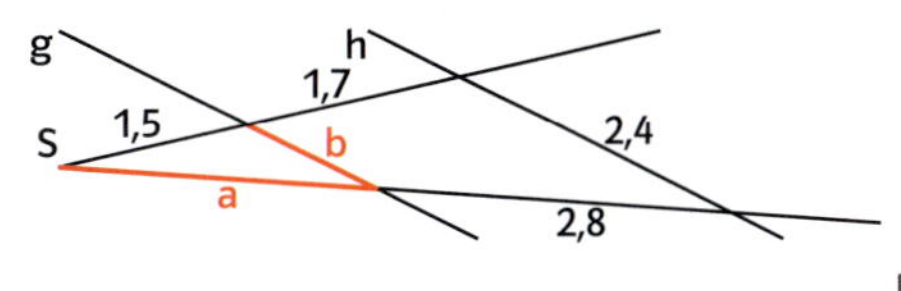

Fig. 4

4 In einem Dreieck ist eine Seite 7 cm lang, eine andere 15 cm. Finde eine dritte Seite so, dass ein rechtwinkliges bzw. stumpfwinkliges Dreieck entsteht.

5 Für Fig. 5 gilt: Das große Quadrat hat einen Flächeninhalt von $9\,dm^2$, das mittlere Quadrat von $4\,dm^2$ und das kleine Quadrat von $1\,dm^2$. Wie lang sind alle schwarzen Strecken zusammen?

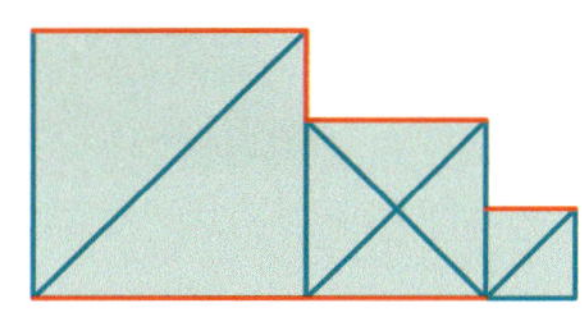

Fig. 5

6 **a)** Ein symmetrisches Trapez (Fig. 6) hat die Grundseiten a und c sowie die Höhe h. Bestimme die Länge der Diagonale d.
b) Berechne d für a = 9,0 cm, c = 6,0 cm und h = 4,5 cm.

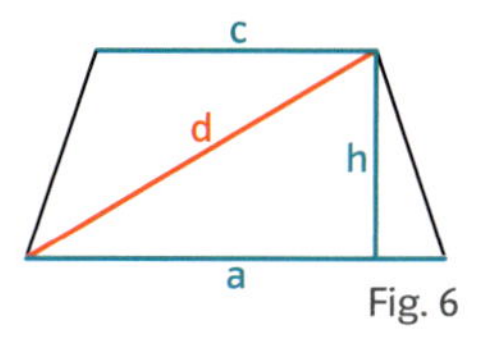

Fig. 6

V Trigonometrie – Berechnungen an Dreiecken

Das kannst du schon

- Dreiecke mithilfe von Kongruenzsätzen konstruieren
- Die Satzgruppe des Pythagoras anwenden
- Strahlensätze anwenden
- Ähnlichkeit von Dreiecken erkennen und begründen

Sicher ins Kapitel V
Seite 153

Ein Dreieck hat nicht nur drei Ecken,
hat noch Seiten und Winkel dazu!
Lass Dich davon aber nicht erschrecken,
wir berechnen alle sechs im Nu!

Das kannst du bald

- Seitenverhältnisse in rechtwinkligen Dreiecken mithilfe von Sinus, Kosinus und Tangens beschreiben
- Seitenlängen und Winkel in rechtwinkligen Dreiecken berechnen
- Zusammenhänge zwischen Sinus, Kosinus und Tangens erkennen und anwenden

Rechtwinklige Dreiecke erforschen

Vorbereitung
Zeichne mit einer DGS ein beliebiges rechtwinkliges Dreieck ABC mit $\gamma = 90°$ und einem weiteren spitzen Winkel deiner Wahl (in Fig. 1 beträgt dieser Winkel 24°). Lass die Größen des spitzen Winkels und des rechten Winkels sowie alle Seitenlängen anzeigen (vgl. Fig. 1).

Lerneinheit 1, Seite 128

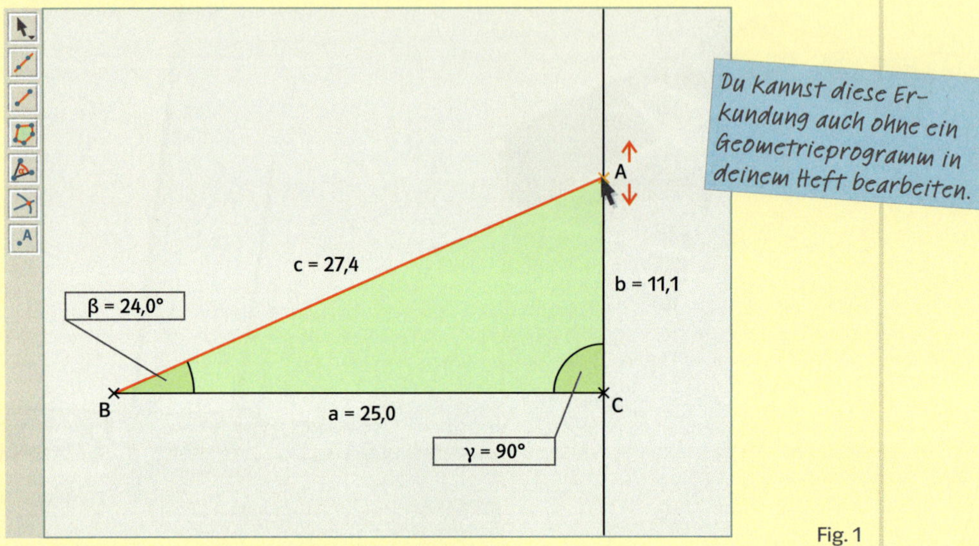

Fig. 1

Du kannst diese Erkundung auch ohne ein Geometrieprogramm in deinem Heft bearbeiten.

Forschungsauftrag 1
- Berechne die Seitenverhältnisse $\frac{a}{c}$, $\frac{b}{c}$ und $\frac{b}{a}$ für dein Dreieck.
- Zeichne weitere rechtwinklige Dreiecke mit dem gleichen Winkel α und berechne erneut die drei Seitenverhältnisse.
- Wiederhole dies für mindestens drei weitere Dreiecke und halte die Seitenverhältnisse in einer Tabelle wie in Fig. 2 fest. Notiere deine Beobachtungen.

	a	b	c	$\frac{a}{c}$	$\frac{b}{c}$	$\frac{b}{a}$
1. Dreieck						
2. Dreieck						
3. Dreieck						
…						

Fig. 2

Forschungsauftrag 2
- Vergleiche deine Ergebnisse aus Forschungsauftrag 1 mit deinem Partner und fasst eure Vermutungen in einem Satz zusammen.
- Versucht euren Satz mithilfe von Ähnlichkeitsbeziehungen zu begründen.

Lerneinheit 2, Seite 134

Forschungsauftrag 3
- Dein Taschenrechner besitzt die Tasten „sin“, „cos“ und „tan“. Mithilfe dieser Tasten und dem spitzen Winkel aus Forschungsauftrag 1 lassen sich einige Werte der Tabelle aus Forschungsauftrag 1 berechnen. Wie muss man dabei vorgehen?
- Probiere andere Winkel aus und überprüfe die Taschenrechnerwerte mit dem Geometrieprogramm oder mit einem per Hand gezeichneten Dreieck.
- Bestimme mithilfe der sin- und cos-Tasten des Taschenrechners die Kathetenlängen a und b des Dreiecks in Fig. 3. Überprüfe dein Ergebnis näherungsweise, indem du das Dreieck zeichnest und die Seitenlängen nachmisst.

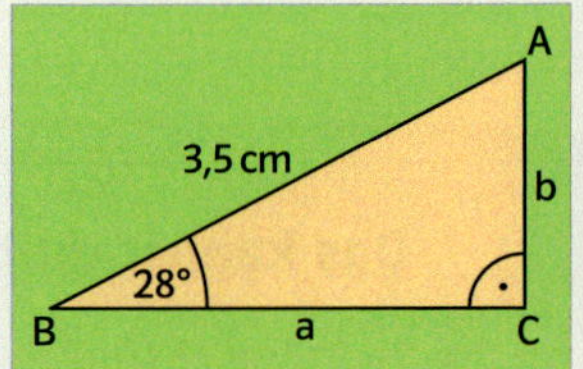

Fig. 3

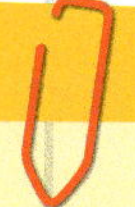

Seitenverhältnisse und Winkel

Vorbereitung
Zeichnet mit einem Dynamischen Geometrieprogramm ein rechtwinkliges Dreieck. Dabei soll jeder einen anderen spitzen Winkel β wählen.
(Vorschlag: β = 1°, 2°, 5°, 7°, 10°, 15°, 20°, … 80°, 85°, 86°, 87°, 88° und 89° verwenden.)
Lasst den spitzen Winkel β und alle Seitenlängen anzeigen. Wählt für euer Dreieck die Bezeichnungen wie in Fig. 1.
Jeder berechnet nun für „seinen" Winkel β die Seitenverhältnisse $\frac{b}{c}$, $\frac{a}{c}$ und $\frac{b}{a}$ in dem Dreieck.

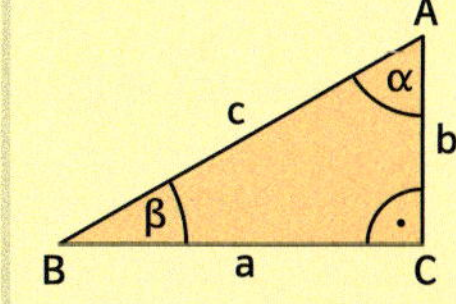

Fig. 1

Forschungsauftrag 1
Tragt eure Ergebnisse in einer Tabelle wie in Fig. 2 zusammen.

Winkel β	1°	2°	5°	7°	…	88°	89°
Verhältnis $\frac{b}{c}$							
Verhältnis $\frac{a}{c}$							
Verhältnis $\frac{b}{a}$							

Fig. 2

Teilt euch in drei Gruppen ein. Jede Gruppe beantwortet für eines der Seitenverhältnisse die folgenden Fragen:
- Um wie viel nimmt der Wert des Seitenverhältnisses zu (ab), wenn der Winkel um 1° (5°) zunimmt (abnimmt)?
- In welchen Winkelbereichen ist die Zunahme (Abnahme) am größten (am kleinsten)?
- In welchen Winkelbereichen ist die Zunahme (Abnahme) fast „gleichmäßig" (annähernd gleiche Veränderung pro Grad)?

Fasst die Antworten zu den Fragen in einer kurzen Präsentation zusammen. Zur Überprüfung eurer Ergebnisse könnt ihr noch weitere Winkel wählen und die entsprechenden Dreiecke zeichnen lassen.

Forschungsauftrag 2
Jede Gruppe trägt die Werte für das Seitenverhältnis auf einer Folie in ein Koordinatensystem ein. Auf der x-Achse werden die Winkelgrößen, auf der y-Achse die Werte des zugehörigen Seitenverhältnisses eingetragen. Verbindet die Punkte möglichst „glatt".
Überprüft mithilfe der Zeichnung, die in eurer Präsentation gefundenen Antworten auf die Fragen aus Forschungsauftrag 1.

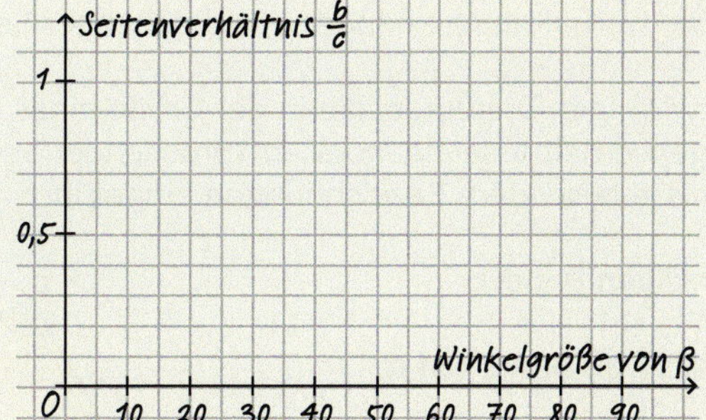

Vorlage
Koordinatenkreuz
p55z5m

Stimmt euch vor dem Zeichnen ab, sodass alle drei Gruppen denselben Maßstab benutzen oder verwendet die Vorlage, die ihr unter dem Code findet.

Forschungsauftrag 3
Legt die Folien zu den Verhältnissen $\frac{b}{c}$ und $\frac{a}{c}$ so auf den Projektor, dass die Koordinatensysteme exakt übereinander liegen.
Vergleicht beide Kurvenverläufe und nehmt zu den folgenden Behauptungen Stellung:
- Die Kurven sehen ziemlich ähnlich aus.
- Eigentlich muss man das Verhältnis $\frac{a}{c}$ gar nicht ausrechnen, wenn man das Verhältnis $\frac{b}{c}$ kennt.

Legt nun die Folie für das Verhältnis $\frac{b}{a}$ auf und beschreibt den Kurvenverlauf.
Was ist das Besondere an dieser Kurve?

1 Seitenverhältnisse in rechtwinkligen Dreiecken

Die Rampe der Achterbahn wird durch zueinander parallele Pfeilerpaare abgestützt. Die Sicherheitsvorschriften fordern, dass der Steigungswinkel α nicht mehr als 40° beträgt.
Zeichne ein Dreieck in geeignetem Maßstab und überprüfe die Sicherheitsvorschriften.
Bestimme zudem die Länge der zwei übrigen Pfeilerpaare.

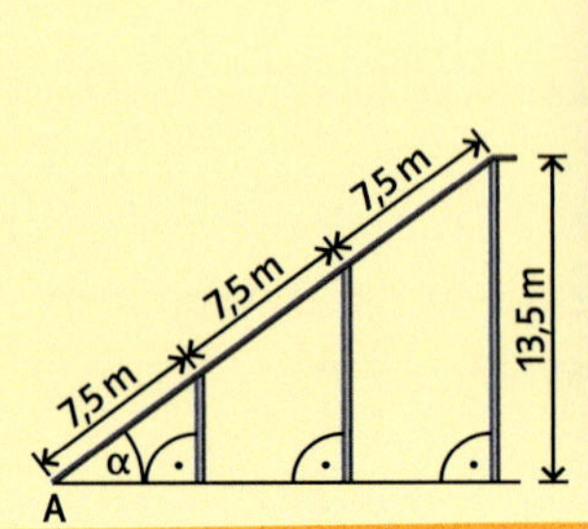

Ist bei zwei rechtwinkligen Dreiecken außer dem rechten Winkel ein weiterer Winkel gleich groß, so ist wegen der Innenwinkelsumme von 180° auch der dritte Winkel gleich groß, und die beiden Dreiecke sind zueinander ähnlich (Fig. 1).

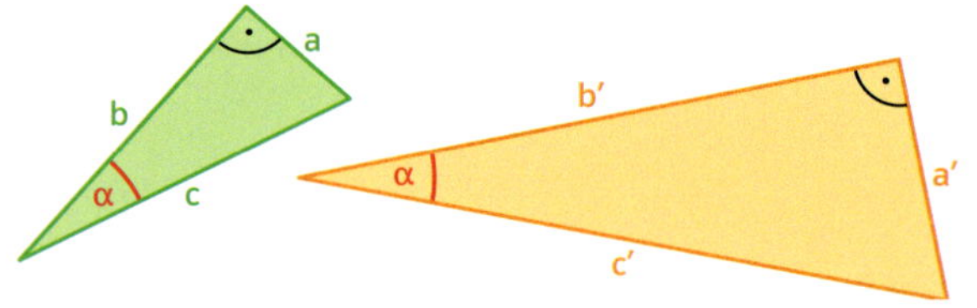

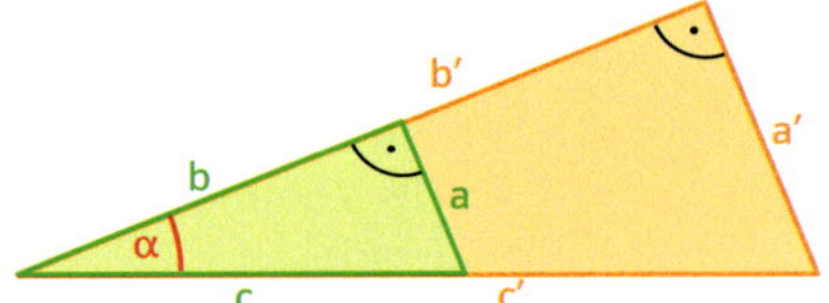

Fig. 1

Aufgrund der Ähnlichkeit sind dann auch die Längenverhältnisse einander entsprechender Seiten der beiden Dreiecke gleich, d.h., es gilt $\frac{a}{a'} = \frac{b}{b'} = \frac{c}{c'}$.
Aus $\frac{a}{a'} = \frac{c}{c'}$ folgt durch einfaches Umformen $\frac{a}{c} = \frac{a'}{c'}$. Ebenso erhält man $\frac{b}{c} = \frac{b'}{c'}$ und $\frac{a}{b} = \frac{a'}{b'}$, das heißt, die Längenverhältnisse einander entsprechender Seiten beider Dreiecke stimmen überein.
Da bei allen rechtwinkligen Dreiecken, die in der Größe eines weiteren Winkels übereinstimmen, die Längenverhältnisse einander entsprechender Seiten gleich sind, werden für die Seitenverhältnisse besondere Bezeichnungen eingeführt.

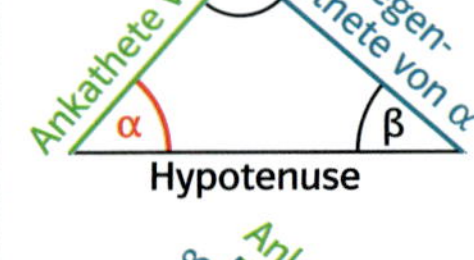

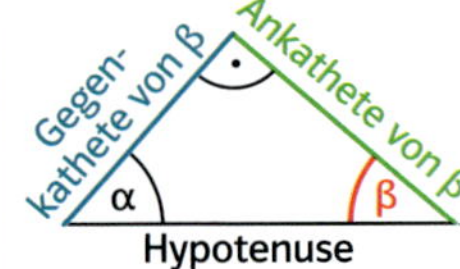

Die Gegenkathete von α ist die Ankathete von β.

In einem rechtwinkligen Dreieck bezeichnet man
das Seitenverhältnis $\frac{a}{c}$ als **Sinus von α**,
das Seitenverhältnis $\frac{b}{c}$ als **Kosinus von α** und
das Seitenverhältnis $\frac{a}{b}$ als **Tangens von α.**

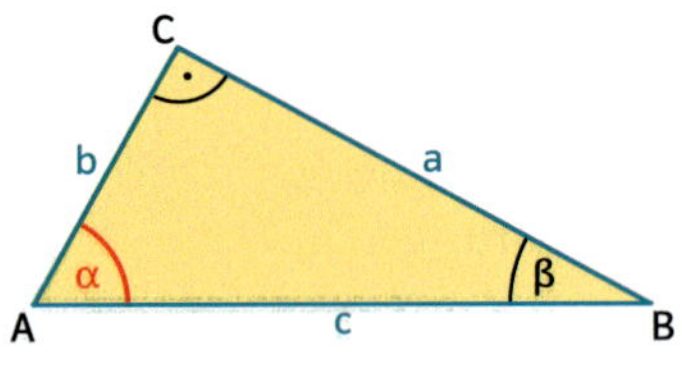

In rechtwinkligen Dreiecken, die in einem weiteren Winkel α übereinstimmen, sind die folgenden Seitenverhältnisse gleich und erhalten besondere Bezeichnungen:

$\sin(\alpha) = \frac{\text{Gegenkathete von } \alpha}{\text{Hypotenuse}}$ (gesprochen: Sinus von α),

$\cos(\alpha) = \frac{\text{Ankathete von } \alpha}{\text{Hypotenuse}}$ (gesprochen: Kosinus von α),

$\tan(\alpha) = \frac{\text{Gegenkathete von } \alpha}{\text{Ankathete von } \alpha}$ (gesprochen: Tangens von α).

Zur Vereinfachung schreibt man statt z. B. Länge der Gegenkathete kurz Gegenkathete.

Mit dem Sinus, dem Kosinus und dem Tangens lassen sich Seitenlängen und Winkelgrößen im rechtwinkligen Dreieck berechnen. Dies ermöglicht die rechnerische Lösung von Aufgaben, die bisher nur durch eine Zeichnung zu lösen waren.
Hierbei hilft der Taschenrechner, mit dem sich für jeden Winkel α die Werte für $\sin(\alpha)$, $\cos(\alpha)$ und $\tan(\alpha)$ bestimmen lassen. Der Taschenrechner muss hierfür auf „Degree" (engl. für Grad) eingestellt werden.

Zu einer vorgegebenen Winkelgröße, z.B. $\alpha = 40°$, erhält man mit dem Taschenrechner $\sin(40°) = 0{,}64278\ldots$, $\cos(40°) = 0{,}76604\ldots$ und $\tan(40°) = 0{,}83909\ldots$ Bestimmt man die Werte für sin, cos und tan mit dem Taschenrechner, so ist es sinnvoll, diese auf drei Stellen zu runden.
Wenn man aus gegebenen Seitenlängen im rechtwinkligen Dreieck eine Winkelgröße berechnen möchte, nutzt man beim Taschenrechner die Eingabe $\sin^{-1}$, $\cos^{-1}$ bzw. $\tan^{-1}$.
Zu z.B. $\sin(\alpha) = 0{,}2$ erhält man die zugehörige Winkelgröße $\alpha = \sin^{-1}(0{,}2) \approx 11{,}5°$.

Beispiel 1 Berechnungen am rechtwinkligen Dreieck
Gegeben ist das Dreieck ABC mit $\gamma = 90°$ in Fig. 1.
a) Berechne die Längen der Seiten a und b, wenn $c = 8{,}5\,\text{cm}$ und $\alpha = 43°$ ist.
b) Berechne die Größe des Winkels β, wenn $b = 6{,}7\,\text{cm}$ und $c = 7{,}3\,\text{cm}$ gilt.
Lösung
a) $\sin(\alpha) = \frac{a}{c}$, also ist $a = c \cdot \sin(\alpha) = 8{,}5 \cdot \sin(43°) \approx 5{,}8$. Die Seite a ist ca. 5,8 cm lang.
$\cos(\alpha) = \frac{b}{c}$, also ist $b = c \cdot \cos(\alpha) = 8{,}5 \cdot \cos(43°) \approx 6{,}2$. Die Seite b ist ca. 6,2 cm lang.
b) $\sin(\beta) = \frac{b}{c} = \frac{6{,}7}{7{,}3}$. Der Taschenrechner liefert $\beta = \sin^{-1}\left(\frac{6{,}7}{7{,}3}\right) \approx 66{,}6°$.

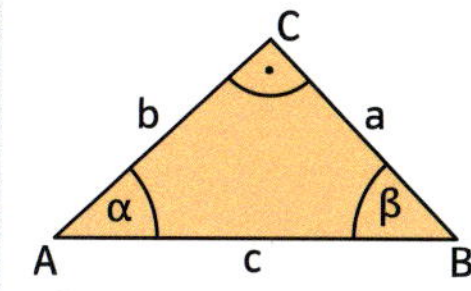

Fig. 1

Die Rechnungen werden ohne Größenangaben durchgeführt. Im Antwortsatz werden diese dann angegeben.

Beispiel 2 Anwendungen von Sinus und Kosinus
Eine 7,5 m lange Leiter lehnt in 7,2 m Höhe an einer Wand.
a) Wie groß ist der Anstellwinkel, d.h. der Winkel zwischen Leiter und Boden? Bestimme durch Zeichnung und Rechnung.
b) Berechne den Abstand des Fußendes der Leiter von der Hauswand auf zwei verschiedene Arten.
c) Zwischen welchen Höhen an der Wand kann sich das obere Leiterende befinden, wenn der Anstellwinkel zwischen 70° und 85° liegt?
Lösung
a) maßstäbliche Zeichnung: vgl. Fig. 2
Man liest $\alpha \approx 74°$ ab.
Rechnung:
$\sin(\alpha) = \frac{a}{c} = \frac{7{,}2}{7{,}5}$, also $\alpha = \sin^{-1}\left(\frac{7{,}2}{7{,}5}\right) \approx 73{,}7°$
Der Anstellwinkel α beträgt etwa 73,7°.
b) 1. Möglichkeit:
Nach dem Satz des Pythagoras gilt
$a^2 + b^2 = c^2$, also $7{,}2^2 + b^2 = 7{,}5^2$.
Daher ist $b = \sqrt{56{,}25 - 51{,}84} = \sqrt{4{,}41} = 2{,}1$.
2. Möglichkeit:
Im Dreieck ABC gilt $\cos(\alpha) = \frac{b}{c}$, also ist
$b = c \cdot \cos(\alpha) \approx 7{,}5 \cdot \cos(73{,}7°) \approx 2{,}1$.
Das Fußende der Leiter besitzt folglich einen Abstand von ca. 2,1 m zur Hauswand.
c) Im Dreieck ABC ist $\sin(\alpha) = \frac{a}{c}$, also
$a = c \cdot \sin(\alpha) = 7{,}5 \cdot \sin(\alpha)$. Der Anstellwinkel α soll zwischen 70° und 85° liegen. Es gilt $7{,}5 \cdot \sin(70°) \approx 7{,}05$ und $7{,}5 \cdot \sin(85°) \approx 7{,}47$.
Das obere Leiterende befindet sich also etwa zwischen den Höhen 7,05 m und 7,47 m.

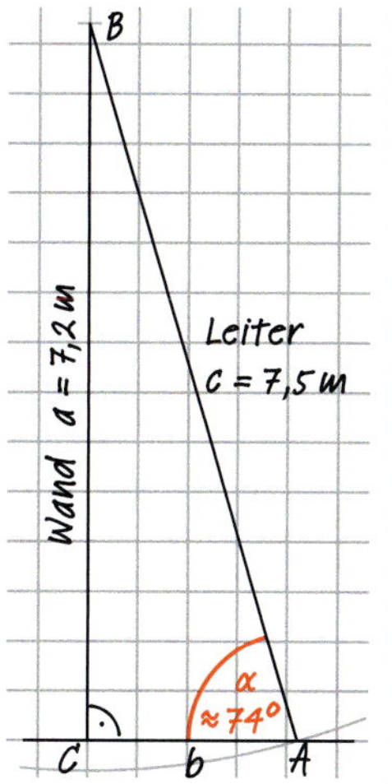

Fig. 2

Beispiel 3 Steigung einer Piste

Für einen Skiwettbewerb soll die 58 % steile Piste noch einmal geglättet werden. Laut Hersteller bewältigt die Skiraupe eine Steigung mit dem Steigungswinkel $\alpha = 25°$. Untersuche, ob die Skiraupe zum Glätten der Piste eingesetzt werden kann.

Lösung

Zunächst wird eine beschriftete Skizze angefertigt.

Es gilt: $\tan(\alpha) = \frac{58}{100} = 0{,}58$, also $\alpha = \tan^{-1}(0{,}58) \approx 30{,}11°$.

Die Skiraupe kann nicht zum Glätten der Piste eingesetzt werden.

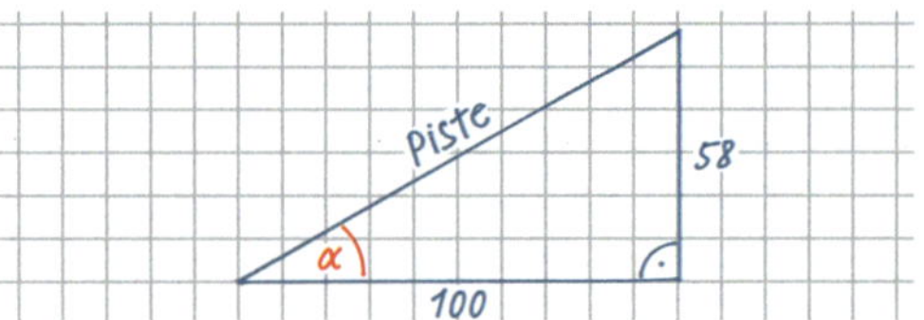

Aufgaben

○ **1** Übertrage die Gleichungen in dein Heft und ergänze die fehlenden Angaben.

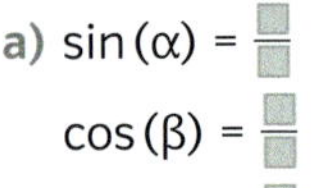

a) $\sin(\alpha) = \frac{\square}{\square}$

$\cos(\beta) = \frac{\square}{\square}$

$\tan(\beta) = \frac{\square}{\square}$

$\cos(\alpha) = \frac{\square}{\square}$

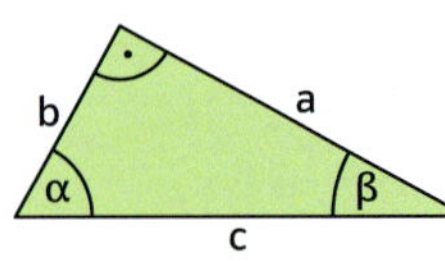

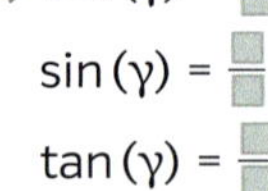

b) $\cos(\gamma) = \frac{\square}{\square}$

$\sin(\gamma) = \frac{\square}{\square}$

$\tan(\gamma) = \frac{\square}{\square}$

$\cos(\alpha) = \frac{\square}{\square}$

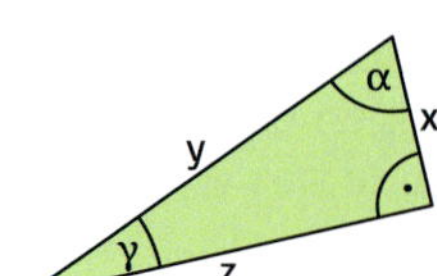

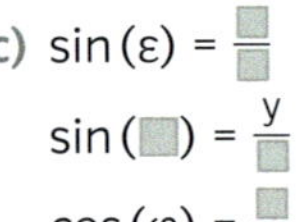

c) $\sin(\varepsilon) = \frac{\square}{\square}$

$\sin(\square) = \frac{y}{\square}$

$\cos(\varphi) = \frac{\square}{\square}$

$\tan(\square) = \frac{z}{\square}$

x, y, z, ε, φ

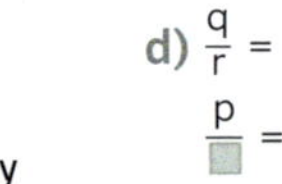

d) $\frac{q}{r} = \cos(\square)$

$\frac{p}{\square} = \sin(\square)$

$\frac{p}{r} = \cos(\square)$

$\frac{\square}{p} = \tan(\square)$

q, ε, r, p, δ

α : Alpha
β : Beta
γ : Gamma
δ : Delta
ε : Epsilon
…

○ **2** Berechne die fehlenden Seitenlängen.

a)

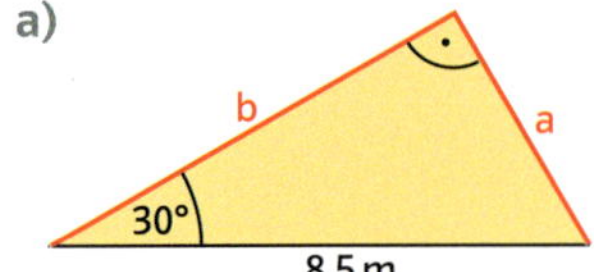

b)

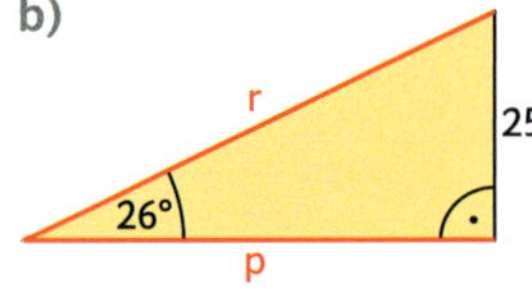

c)

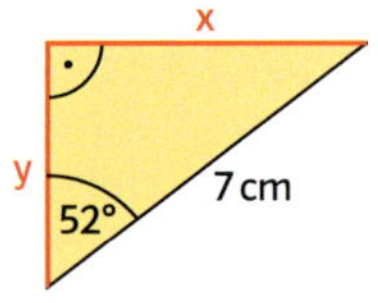

d) b, 2,5 dm, 56°, c

e)

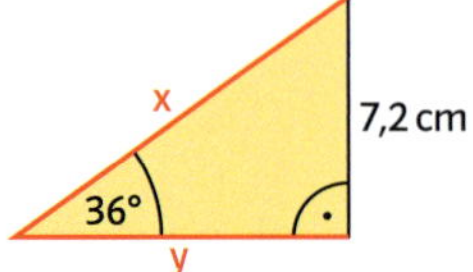

f)

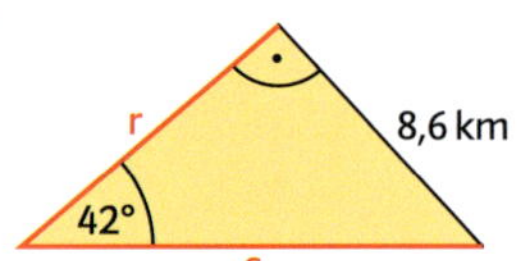

○ **3** Berechne die fehlenden Winkelgrößen.

a)

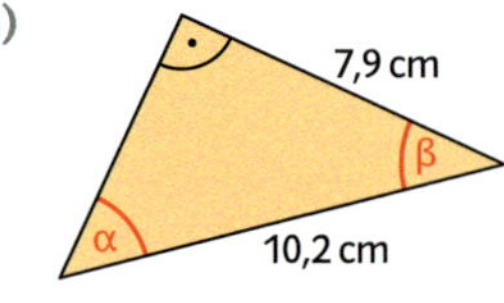

b)

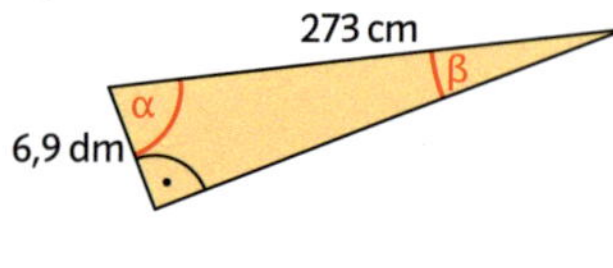

c)

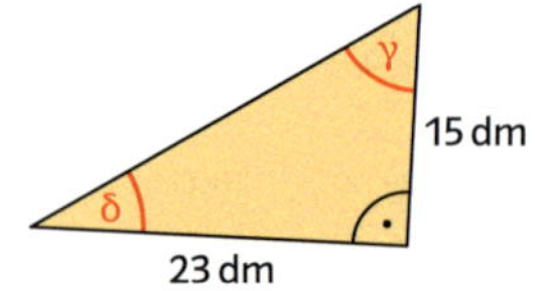

d)

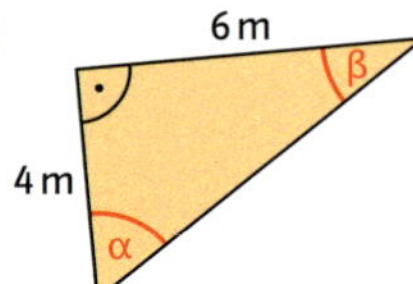

e)

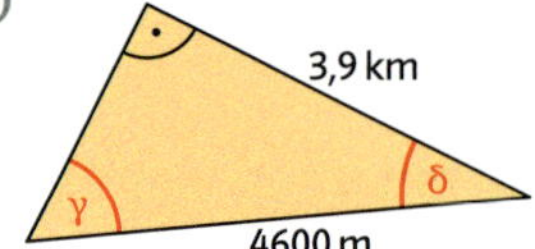

f)

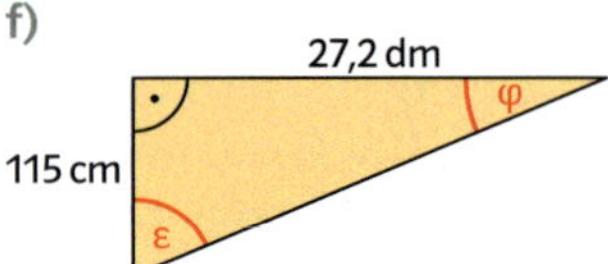

Hinweis:
Kontrolliere die berechneten Winkelgrößen mithilfe der Winkelsumme im Dreieck.

○ **4** a) Berechne die fehlenden Winkelgrößen und die fehlenden Seitenlängen im Dreieck ABC.
(1) $\gamma = 90°$, $a = 6{,}2\,cm$, $c = 9{,}6\,cm$ (2) $\alpha = 90°$, $a = 6{,}9\,cm$, $b = 4{,}7\,cm$
(3) $\alpha = 37°$, $\beta = 90°$, $c = 7{,}2\,cm$ (4) $\alpha = 90°$, $b = 5{,}2\,cm$, $c = 6{,}5\,cm$
(5) $\beta = 62°$, $\gamma = 90°$, $c = 9{,}2\,cm$ (6) $\gamma = 90°$, $a = 5{,}6\,cm$, $c = 7{,}0\,cm$
b) DGS Überprüfe deine Ergebnisse, indem du das jeweilige Dreieck konstruierst und alle fehlenden Seitenlängen und Winkelgrößen misst.

Denke an die im Dreieck üblichen Bezeichnungen der Seiten und Winkel.

◒ **5** Eine 3,70 m lange Leiter lehnt in einem Anstellwinkel von 75° an einer Hauswand.
a) Erreicht das Ende der Leiter das Fensterbrett in 3 m Höhe?
b) Berechne die Entfernung des Fußendes der Leiter zur Hauswand.
c) Zwischen welchen Höhen bewegt sich das Ende der Leiter, wenn ihr Anstellwinkel zwischen 68° und 83° betragen soll? Wieso sollte der Anstellwinkel etwa in diesem Bereich liegen?
d) Berechne die Größe des Anstellwinkels der Leiter, wenn ihr Ende genau 3,50 m hoch reichen soll?
e) Wie lang müsste eine Leiter sein, die ein 6,50 m hohes Fenster erreichen soll und deren Anstellwinkel nicht mehr als 80° betragen darf?

B
Leiter
c = 3,70 m
a
Wand
75°
C b A

◒ **6** Bestimme die Größen der Steigungswinkel der folgenden „Pisten“. Ist der Steilhang doppelt so steil wie die Skipiste bzw. die Nordwand viermal so steil wie das Joch? Begründe.
(1) Tiroler Skipiste: 40 % (2) Stilfser Joch: 15 % (3) Königsspitze Nordwand: 60 % (4) Harakiristeilhang: 80 %

◒ **7** Franz hat sich ein neues Beachvolleyballnetz gekauft. Das Netz ist 9,50 m breit und wird an den 2,50 m hohen Seitenstangen mit Schnüren gespannt. In der Anleitung steht, dass die Schnüre optimal gespannt sind, wenn der Neigungswinkel zwischen Seil und Boden etwa 60° beträgt.
a) Berechne die Mindestlänge der gespannten Schnüre.
b) Wie groß ist der Neigungswinkel, wenn die Schnüre 3 m lang sind? Wie viel Platz benötigt man dann, um das Netz inklusive der gespannten Schnüre aufzubauen?

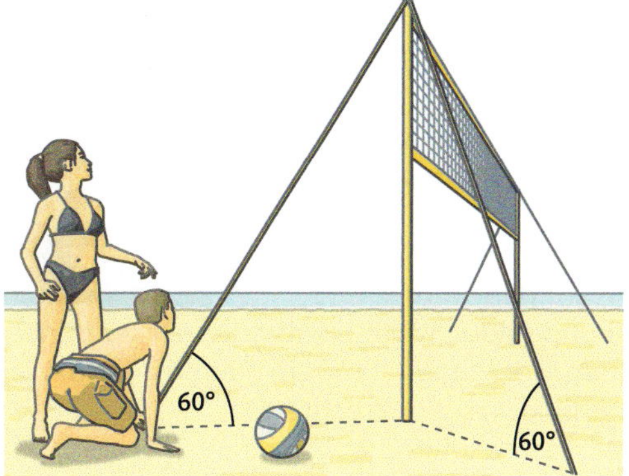

◒ **8** Ein Mast wird mit 20 m langen Stahlseilen gesichert (Fig. 1).
a) In welcher Höhe müssen die Seile am Mast angebracht werden, wenn die gespannten Seile mit dem Boden einen Neigungswinkel von 65° einschließen sollen?
b) Welchen Neigungswinkel haben die Seile, wenn sie 11,50 m vom Fußpunkt des Mastes C entfernt im Boden verankert werden? Wie hoch liegt nun der Befestigungspunkt am Mast?

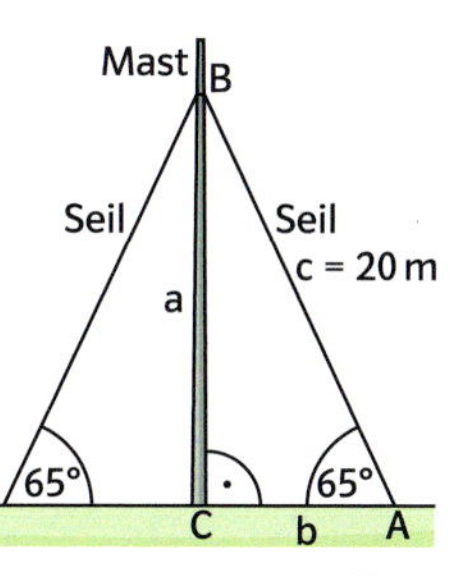

Fig. 1

Bist du schon sicher?

○ **9** Berechne die fehlenden Seitenlängen und Winkelgrößen im Dreieck ABC.

	a	b	c	α	β	γ
a)	4,5 cm		7,6 cm			90°
b)		8,61 dm		26°	90°	
c)		3,6 m	13,2 dm	90°		

○ **10** Übertrage die Gleichung in dein Heft und ergänze die fehlenden Angaben mithilfe von Fig. 1.

a) $\sin(\alpha) = \frac{\square}{\square}$ **b)** $\sin(\square) = \frac{h}{\square}$ **c)** $\sin(\delta) = \frac{\square}{\square}$ **d)** $\sin(\square) = \frac{e}{\square}$

e) $\cos(\delta) = \frac{\square}{\square}$ **f)** $\tan(\beta) = \frac{\square}{\square}$ **g)** $\tan(\square) = \frac{k}{\square}$ **h)** $\cos(\square) = \frac{e}{\square}$

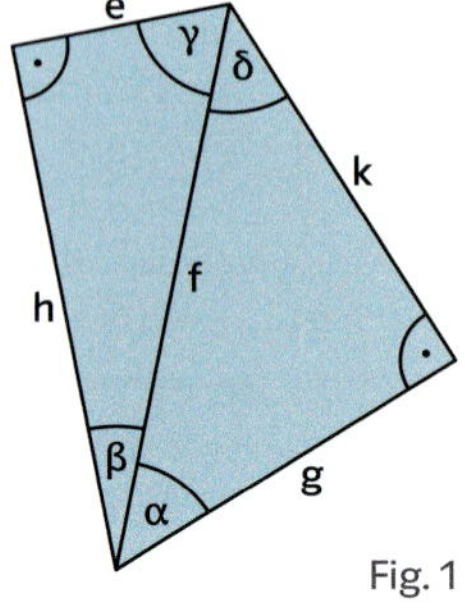

Fig. 1

◒ **11** Eine Schneeraupe fährt auf einer Skipiste, die einen Steigungswinkel von 23° besitzt. Die Raupe kann eine Steigung von maximal 50 % bewältigen.
a) Untersuche, ob die Skiraupe auf der Piste fahren kann.
b) Bestimme den maximalen Steigungswinkel, den die Raupe befahren kann.

Lösungen | Seite 177

◒ **12** Welche der Angaben gehören zusammen? Ordne zu und schreibe mit Gleichheitszeichen.

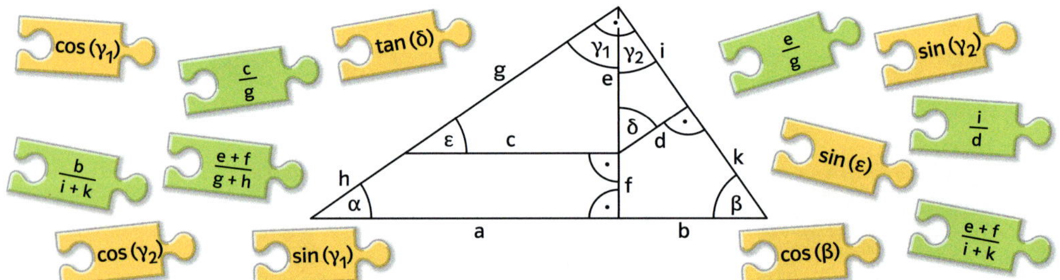

Kopiervorlage
Berechnungen am Dreieck mit CAS (I)
y9rh65

◒ **13** Der schiefe Turm von Pisa besitzt im 7. Stockwerk eine Höhe von 47,27 m. Im Jahr 1990 betrug seine Neigung gegenüber der Senkrechten 5,5°. Der Turm wurde wegen Einsturzgefahr für Besucher geschlossen.
a) Wie groß war 1990 der Überhang gegenüber der Senkrechten, d.h., wie viele Meter stand das 7. Stockwerk des Turms über der Kante am Fuße des Turms?
b) Nach 1990 wurde dann mit Sanierungsarbeiten begonnen, um den Turm wieder etwas aufzurichten und dadurch die Einsturzgefahr zu mindern. Nach zwölf Jahren hatte man es geschafft, den Überhang um 44 cm zu verringern. Welchen Neigungswinkel hatte der Turm dann gegenüber der Senkrechten?

c) Ein ebenfalls sehr schiefer Turm ist ein Kirchturm beim ostfriesischen Emden. Der Neigungswinkel dieses Turms gegenüber der Senkrechten beträgt 5,07° und er besitzt einen Überhang von 2,43 m. Wie hoch ist der Turm?
d) Recherchiere nach weiteren schiefen Türmen. Gibt es Türme von über 50 m Höhe mit noch größerer Neigung als 5,5°? Wenn ja, welche Höhe und welchen Überhang haben sie?

◒ **14** In einem gleichschenkligen Dreieck ABC mit $a = b = 5\,\text{cm}$ ist $\cos(\alpha) = 0{,}7$. Wie lang ist die Basis c, wie lang die Höhe h_c? Zeichne das Dreieck.

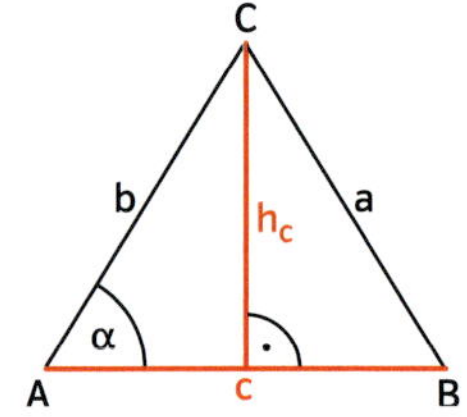

15 Frage deinen Partner nach seiner Körpergröße und miss bei strahlendem Sonnenschein die Länge seines Schattens. Berechnet daraus, um wie viel Grad die Sonne über dem Horizont steht (Sonnenhöhe). Tauscht die Rollen und vergleicht.

16 Der Mast eines Segelbootes wirft einen Schatten, dessen Länge vom Stand der Sonne abhängt. Um wie viel Grad steht die Sonne über dem Horizont, wenn der Schatten genauso lang (halb so lang; dreimal so lang) ist wie der Mast?

17 Die Sonne steht 24,5° über dem Horizont. Wie lang ist der Schatten eines
a) 20 m hohen Baums,
b) 78 m hohen Fernsehturms,
c) 10 cm hohen Maiglöckchens?

18 Ist die Aussage wahr oder falsch? Wenn man ein geeignetes rechtwinkliges Dreieck mit $\gamma = 90°$ so verändert, dass der 90°-Winkel erhalten bleibt und
a) den Winkel α verdoppelt, so verdoppelt sich auch $\tan(\alpha)$,
b) die Hypotenuse halbiert und die Ankathete von α beibehält, so verdoppelt sich $\cos(\alpha)$,
c) die Ankathete von α halbiert und die Gegenkathete verdoppelt, so vervierfacht sich $\tan(\alpha)$,
d) den Winkel α vergrößert und die Hypotenuse beibehält, so vergrößert sich $\cos(\alpha)$,
e) den Winkel α verkleinert und die Hypotenuse beibehält, so verkleinert sich $\tan(\alpha)$.

Steigungs- und Schnittwinkel bei Geraden

19 a) DGS Bestimmt die Größen der Steigungswinkel (vgl. Fig. 1) der folgenden Geraden. Einer zeichnet die Geraden in (1) und (2) und misst die Größe des jeweiligen Steigungswinkels. Die Größen der Steigungswinkel in (3) und (4) bestimmt er rechnerisch. Der andere verfährt umgekehrt. Vergleicht eure Ergebnisse.

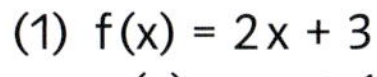

(1) $f(x) = 2x + 3$, $g(x) = -x + 1$
(2) $f(x) = 0{,}5x - 1$, $g(x) = 3{,}5x$
(3) $f(x) = -3{,}2x + 2$, $g(x) = 0{,}25x - 1$
(4) $f(x) = -\frac{3}{4}x + \frac{3}{2}$, $g(x) = 0{,}8x - 3$

b) Der Schnittwinkel zwischen zwei sich schneidenden Geraden wird als der kleinere der beiden Winkel zwischen den Geraden festgelegt. Bestimme die Größen der Schnittwinkel der Geradenpaare in (1) bis (4) rechnerisch. Kontrolliere durch Messen.

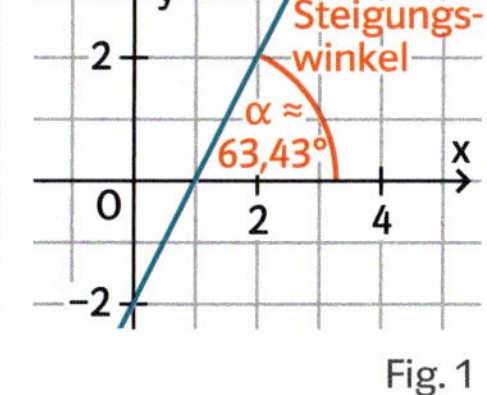

Fig. 1

20 a) Bestimme die Größe des Schnittwinkels der Geraden auf zwei verschiedene Weisen. Vergleiche deine Lösungswege mit denen deines Partners.
b) Zeichne eine Gerade auf ein Blanko-Papier. Gib das Papier deinem Partner. Er soll nun ein Koordinatensystem so auf das Blatt zeichnen, dass die Gerade die Gleichung $y = -0{,}6x + 4$ besitzt.

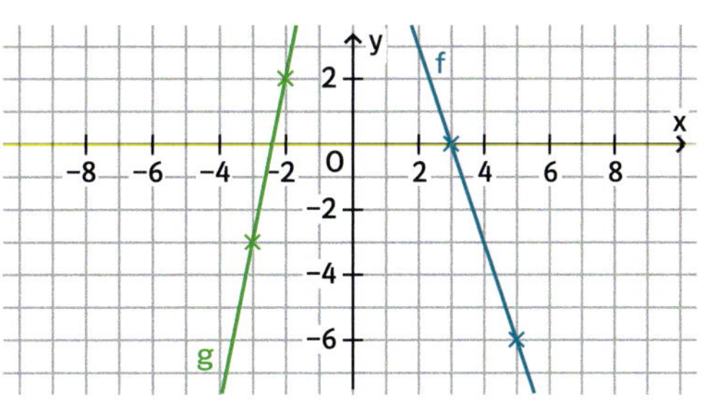

Kannst du das noch?

21 Auf sechs Kugeln sind die Buchstaben des Wortes ANANAS verteilt. Von den sechs Kugeln werden zufällig vier Kugeln gezogen und hintereinander auf den Tisch gelegt. Mit welcher Wahrscheinlichkeit entsteht das Wort ANNA, wenn man
a) mit Zurücklegen zieht,
b) ohne Zurücklegen zieht?

Lösung | Seite 177

2 Beziehungen zwischen Sinus, Kosinus und Tangens

Chris und Sarah fahren mit dem Riesenrad. Sie freuen sich auf den Ausblick aus 60 Metern Höhe.
Chris: „Wow! 60 Meter sind doch ganz schön hoch! Mir reichen die 60 Grad schon, die wir jetzt geschafft haben."
Sarah: „Aber dann sind wir doch erst 20 Meter hoch! Oder …?"

Zeichnet man einen Viertelkreis mit Radius 1 und wählt auf diesem einen Punkt Q und dazu einen Punkt P wie in Fig. 1, so erhält man ein rechtwinkliges Dreieck OPQ. In diesem Dreieck treten sin (α) und cos (α) als Seitenlängen auf. Auch tan (α) findet man als Seitenlänge, nämlich im Dreieck OP'Q'. Man erkennt:
Nähert sich α immer mehr 0°, so nähern sich sin (α) und tan (α) immer mehr 0 und cos (α) immer mehr 1 an. Wenn sich α immer mehr 90° nähert, so nähert sich sin (α) immer mehr 1 und cos (α) immer mehr 0 an. tan (α) wird dann beliebig groß.

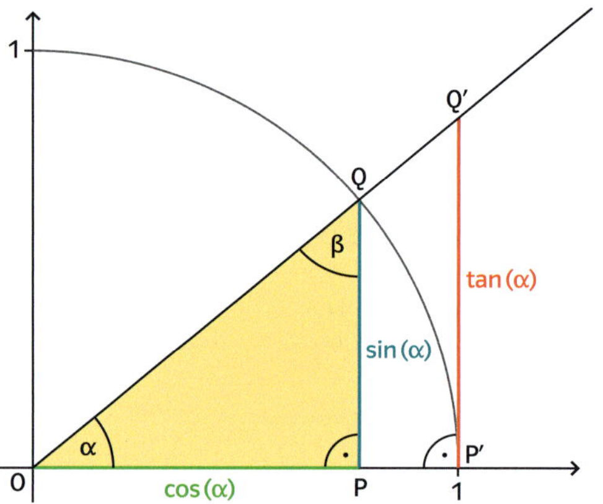

Fig. 1

$\sin(\alpha) = \frac{\overline{QP}}{\overline{OQ}} = \overline{QP}$

$\cos(\alpha) = \frac{\overline{OP}}{\overline{OQ}} = \overline{OP}$

$\tan(\alpha) = \frac{\overline{QP}}{\overline{OP}} = \frac{\overline{Q'P'}}{\overline{OP'}} = \overline{Q'P'}$

Obwohl für $\alpha = 0°$ und $\alpha = 90°$ kein Dreieck entsteht, sind die folgenden Festlegungen sinnvoll: **$\sin(0°) = 0$, $\sin(90°) = 1$, $\cos(0°) = 1$, $\cos(90°) = 0$** und **$\tan(0°) = 0$**.

Da im rechtwinkligen Dreieck die Gegenkathete von α zugleich die Ankathete von β ist, stimmen sin (α) und cos (β) sowie cos (α) und sin (β) überein, und wegen $\alpha + \beta = 90°$ gilt **$\sin(\alpha) = \cos(\beta) = \cos(90° - \alpha)$** und **$\cos(\alpha) = \sin(\beta) = \sin(90° - \alpha)$**.

Aus dem Satz des Pythagoras folgt für das bei P rechtwinklige Dreieck OPQ
$(\sin(\alpha))^2 + (\cos(\alpha))^2 = 1$ („trigonometrischer Pythagoras").
Weiterhin kann man am Dreieck OPQ ablesen:
$\tan(\alpha) = \frac{\overline{QP}}{\overline{OP}} = \frac{\sin(\alpha)}{\cos(\alpha)}$ und $\tan(90° - \alpha) = \tan(\beta) = \frac{\overline{OP}}{\overline{QP}} = \frac{1}{\tan(\alpha)}$.
Wählt man die Länge der Hypotenuse nicht als Längeneinheit, lässt aber die Winkelgrößen unverändert, so ändern sich die Seitenverhältnisse im Dreieck OPQ nicht. Daher gelten die in Fig. 1 hergeleiteten Beziehungen zwischen Sinus, Kosinus und Tangens für beliebige rechtwinklige Dreiecke.

Die Tatsache, dass der Kosinuswert eines Winkels genauso groß ist wie der Sinuswert des Ergänzungswinkels zu 90° (**Ko**mplementwinkel), begründet die Bezeichnung **Ko**sinus.

Man schreibt für $(\sin(\alpha))^2$ auch $\sin^2(\alpha)$ (lies: Sinus Quadrat α). Bei Kosinus und Tangens verfährt man ebenso.

Für alle Winkel α mit $0° \leqq \alpha \leqq 90°$ gilt
$\sin(\alpha) = \cos(90° - \alpha)$ und $\cos(\alpha) = \sin(90° - \alpha)$ sowie $\sin^2(\alpha) + \cos^2(\alpha) = 1$.
Für alle Winkel α mit $0° < \alpha < 90°$ gilt
$\tan(\alpha) = \frac{\sin(\alpha)}{\cos(\alpha)}$ und $\tan(90° - \alpha) = \frac{1}{\tan(\alpha)}$.

Du darfst dir die Länge für 1 LE selber auswählen, musst dabei aber die maßstäbliche Umrechnung beachten.

Beispiel 1 Näherungswerte grafisch bestimmen

Bestimme Näherungswerte für $\sin(50°)$, $\cos(50°)$ und $\tan(50°)$. Vergleiche mit den Näherungen, die der Taschenrechner liefert.

Lösung

Es wird ein Viertelkreis gezeichnet, dessen Radius eine Längeneinheit lang ist. Zum Winkel $\alpha = 50°$ werden die Punkte A, A_1, B und B_1 konstruiert.

abgelesene Werte:

$\sin(50°) \approx 0{,}75$, $\cos(50°) \approx 0{,}65$, $\tan(50°) \approx 1{,}2$

Taschenrechnerwerte:

$\sin(50°) \approx 0{,}766$, $\cos(50°) \approx 0{,}643$,

$\tan(50°) \approx 1{,}192$

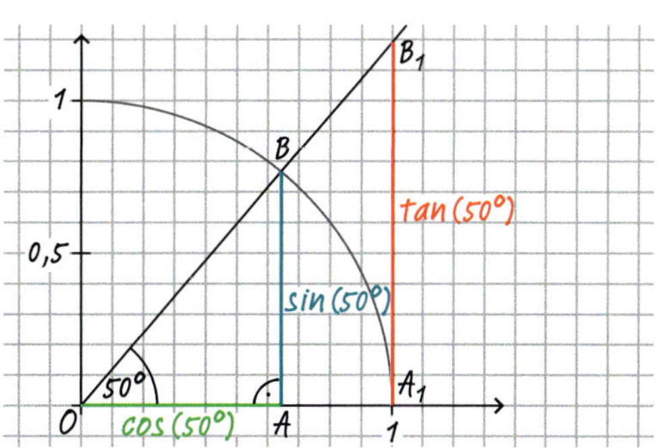

Beispiel 2 Winkelgrößen grafisch bestimmen

Bestimme die Größen der Winkel α und β grafisch für $\sin(\alpha) = 0{,}3$ und $\cos(\beta) = 0{,}8$.

Lösung

Man zeichnet einen Viertelkreis, dessen Radius eine Längeneinheit ist. Den Wert für α erhält man, indem man eine Senkrechte zur y-Achse durch $y = 0{,}3$ zeichnet. Zur Bestimmung von β zeichnet man eine Senkrechte zur x-Achse durch $x = 0{,}8$.

$\alpha \approx 17{,}5°$ und $\beta \approx 37°$

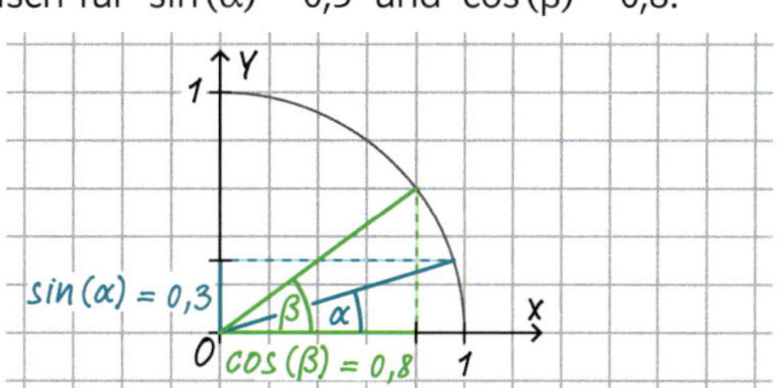

Beispiel 3 Genaue Werte berechnen

Gegeben ist $\sin(\alpha) = \frac{3}{5}$. Berechne genaue Werte für

a) $\cos(\alpha)$, **b)** $\tan(\alpha)$.

Lösung

a) $\sin^2(\alpha) + \cos^2(\alpha) = 1$,

also: $\cos^2(\alpha) = 1 - \sin^2(\alpha) = 1 - \left(\frac{3}{5}\right)^2 = \frac{16}{25}$

und somit $\cos(\alpha) = \sqrt{\frac{16}{25}} = \frac{4}{5}$.

b) $\tan(\alpha) = \frac{\sin(\alpha)}{\cos(\alpha)} = \frac{\frac{3}{5}}{\frac{4}{5}} = \frac{3}{4}$

Beispiel 4 Genaue Sinus-, Kosinus- und Tangenswerte für 30° bestimmen

Bestimme die Länge der Höhe h eines gleichseitigen Dreiecks der Seitenlänge a. Berechne mit dem Ergebnis genaue Werte für $\sin(30°)$, $\cos(30°)$ und $\tan(30°)$.

Lösung

Die Höhe h teilt die zugehörige Grundseite in zwei gleich lange Teilstücke (Fig. 1).

Also gilt mit dem Satz des Pythagoras $h = \sqrt{a^2 - \left(\frac{a}{2}\right)^2} = \frac{a}{2}\sqrt{3}$.

Die Größe der Innenwinkel im gleichseitigen Dreieck beträgt 60°. Da die Höhe hier zugleich Winkelhalbierende ist, entsteht ein 30°-Winkel. Somit gilt

$\sin(30°) = \frac{\frac{a}{2}}{a} = \frac{1}{2}$, $\cos(30°) = \frac{h}{a} = \frac{\frac{a}{2}\sqrt{3}}{a} = \frac{1}{2}\sqrt{3}$ und $\tan(30°) = \frac{\frac{a}{2}}{h} = \frac{\frac{a}{2}}{\frac{a}{2}\sqrt{3}} = \frac{1}{\sqrt{3}} = \frac{1}{3}\sqrt{3}$.

Fig. 1

Beispiel 5 Terme vereinfachen

a) Vereinfache den Term $\frac{\tan^2(\alpha)}{1 + \tan^2(\alpha)}$.

b) Drücke $\sin(\alpha)$ durch $\cos(\alpha)$ aus.

Lösung

a) $\frac{\tan^2(\alpha)}{1 + \tan^2(\alpha)} = \frac{\frac{\sin^2(\alpha)}{\cos^2(\alpha)}}{1 + \frac{\sin^2(\alpha)}{\cos^2(\alpha)}} = \frac{\frac{\sin^2(\alpha)}{\cos^2(\alpha)}}{\frac{\cos^2(\alpha) + \sin^2(\alpha)}{\cos^2(\alpha)}} = \frac{\sin^2(\alpha)}{\cos^2(\alpha)} \cdot \frac{\cos^2(\alpha)}{\cos^2(\alpha) + \sin^2(\alpha)} = \frac{\sin^2(\alpha)}{\cos^2(\alpha) + \sin^2(\alpha)} = \frac{\sin^2(\alpha)}{1}$

$= \sin^2(\alpha)$

b) $\sin^2(\alpha) = 1 - \cos^2(\alpha)$, also $\sin(\alpha) = \sqrt{1 - \cos^2(\alpha)}$, da $\cos^2(\alpha) \leq 1$.

Aufgaben

○ **1** Erläutere, wie man grafisch Näherungswerte für sin (40°) und cos (40°) bestimmen kann, und gib diese an.

○ **2** Bestimme grafisch einen Näherungswert für
a) sin (35°), b) cos (35°), c) tan (35°), d) sin (55°).

Zum Lösen der Aufgaben 2 bis 5 kannst du auch eine DGS verwenden.

○ **3** Bestimme die Größe des Winkels α grafisch.
a) sin (α) = 0,7 b) tan (α) = 0,7 c) cos (α) = 0,4 d) tan (α) = 2

○ **4** Bestimme cos (α) ohne Taschenrechner für einen Winkel α mit
a) $\sin(\alpha) = \frac{4}{5}$, b) $\sin(\alpha) = \frac{5}{13}$, c) $\sin(\alpha) = \frac{2}{3}$, d) sin (α) = 0,3.

○ **5** Bestimme grafisch Näherungswerte für sin (α), cos (α) und tan (α). Wähle α = 38° (α = 27°; α = 63°) und vergleiche mit den Näherungen, die der Taschenrechner liefert. Berechne jeweils $\frac{\sin(\alpha)}{\cos(\alpha)}$ und $\sin^2(\alpha) + \cos^2(\alpha)$.

○ **6** Konstruiere ein Dreieck ABC mit γ = 90° und a = 4,5 cm sowie
a) tan (α) = 0,8, b) tan (α) = 1,4, c) tan (α) = 0,6, d) tan (α) = 1,5.

◒ **7** In der nebenstehenden Tabelle sind einige Sinus- und Kosinuswerte zusammengestellt.
a) Begründe den Sinus- und Kosinuswert für α = 45°. Zeichne dazu ein rechtwinklig-gleichschenkliges Dreieck.
b) Berechne $\sin^2(\alpha) + \cos^2(\alpha)$ für die angegebenen Winkelgrößen.

α	sin (α)	cos (α)
0°	$\frac{1}{2}\sqrt{0}$	$\frac{1}{2}\sqrt{4}$
30°	$\frac{1}{2}\sqrt{1}$	$\frac{1}{2}\sqrt{3}$
45°	$\frac{1}{2}\sqrt{2}$	$\frac{1}{2}\sqrt{2}$
60°	$\frac{1}{2}\sqrt{3}$	$\frac{1}{2}\sqrt{1}$
90°	$\frac{1}{2}\sqrt{4}$	$\frac{1}{2}\sqrt{0}$

Bist du schon sicher?

○ **8** Bestimme grafisch einen Näherungswert für
a) sin (35°), **b)** cos (35°), **c)** tan (35°), **d)** sin (55°).

○ **9** Bestimme die Größe des Winkels α grafisch.
a) sin (α) = 0,4 **b)** tan (α) = 0,6 **c)** cos (α) = 0,5 **d)** tan (α) = 1,5

→ Lösungen | Seite 178

◒ **10** Bestimme mithilfe eines geeigneten Dreiecks die genauen Werte für sin (60°) und cos (60°).

◒ **11** Rechts sind spezielle Tangenswerte aufgelistet. Begründe die Tangenswerte
a) mithilfe eines geeigneten Dreiecks,
b) mithilfe der Gleichung $\tan(\alpha) = \frac{\sin(\alpha)}{\cos(\alpha)}$.

α	0°	30°	45°	60°	90°
tan (α)	0	$\frac{1}{\sqrt{3}} = \frac{1}{3}\sqrt{3}$	1	$\sqrt{3}$	–

◒ **12** In einem gleichschenkligen Dreieck ABC mit a = b = 5 cm ist tan (α) = 0,8. Berechne die Länge der Höhe h_c und der Grundseite c. Verwende dazu die Beziehung aus Beispiel 5 a).

◒ **13** a) Drücke tan (α) nur durch sin (α) (nur durch cos (α)) aus.
b) Berechne tan (α) mit der passenden Gleichung aus Teilaufgabe a), wenn $\sin(\alpha) = \frac{12}{13}$ ist (wenn $\cos(\alpha) = \frac{1}{3}\sqrt{5}$ ist).

Kopiervorlage
Berechnungen am Dreieck mit CAS (II)
9j3s6i

14 a) Nimm Fig. 1 zu Hilfe und drücke sowohl $\sin(\alpha)$ als auch $\cos(\alpha)$ nur durch $\tan(\alpha)$ aus.
b) Berechne $\sin(\alpha)$ für $\tan(\alpha) = 2\frac{1}{5}$.
c) Berechne $\cos(\alpha)$ für $\tan(\alpha) = \frac{1}{6}\sqrt{3}$.

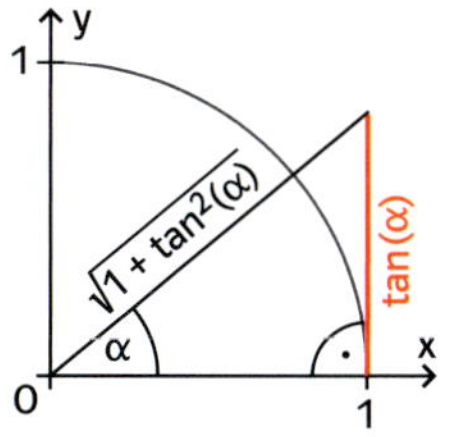

Fig. 1

Tipp zu den Teilaufgaben d) und h): Verwende Fig. 2.

15 Von den Werten $\sin(\alpha)$, $\cos(\alpha)$ und $\tan(\alpha)$ ist jeweils nur einer gegeben. Berechne die beiden anderen.

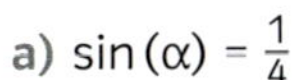

a) $\sin(\alpha) = \frac{1}{4}$
b) $\cos(\alpha) = 0{,}7$
c) $\sin(\alpha) = \frac{3}{4}$
d) $\tan(\alpha) = \frac{3}{4}$
e) $\cos(\alpha) = 0{,}1$
f) $\sin(\alpha) = \frac{1}{5}\sqrt{3}$
g) $\cos(\alpha) = \frac{1}{3}\sqrt{6}$
h) $\tan(\alpha) = \frac{1}{2}\sqrt{5}$

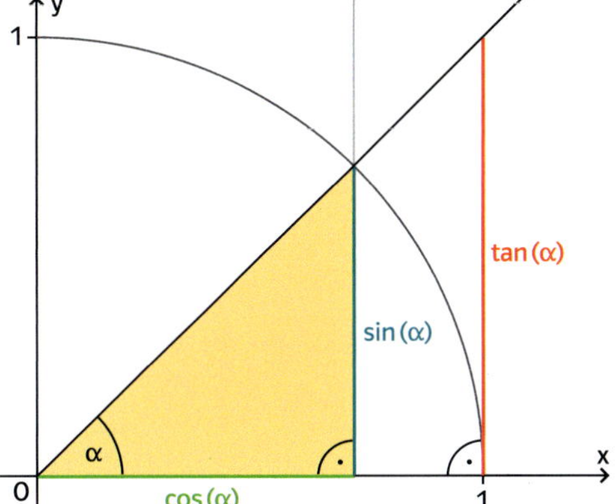

Fig. 2

16 Welche Beziehungen zwischen Sinus, Kosinus und Tangens ergeben sich, wenn man in Fig. 2 die Ähnlichkeitssätze für Dreiecke anwendet?

17 Bestimme $\sin(\alpha)$ ohne Taschenrechner für einen Winkel α mit
a) $\cos(\alpha) = 0{,}75$,
b) $\cos(\alpha) = \frac{1}{4}\sqrt{7}$,
c) $\cos(\alpha) = \frac{2}{7}\sqrt{7}$,
d) $\cos(\alpha) = 0{,}15$.

18 Gegeben ist $\sin(\alpha) = \frac{2}{7}\sqrt{6}$. Bestimme ohne Taschenrechner.
a) $\cos(\alpha)$
b) $\tan(\alpha)$
c) $\sin(90° - \alpha)$
d) $\tan(90° - \alpha)$

19 Vereinfache.
a) $\tan(\alpha) \cdot \cos(\alpha)$
b) $\frac{\sin(\alpha)}{\tan(\alpha)}$
c) $\sin^3(\alpha) + \sin(\alpha) \cdot \cos^2(\alpha)$
d) $\frac{1}{\tan(\alpha) \cdot \cos(\alpha)}$
e) $\sqrt{1 + \cos(\alpha)} \cdot \sqrt{1 - \cos(\alpha)}$
f) $\sin(\alpha) + \frac{\cos(\alpha)}{\tan(\alpha)}$
g) $\sin^4(\alpha) - \cos^4(\alpha)$
h) $\frac{\tan(\alpha)}{\sin(\alpha)} - \tan(\alpha) \cdot \cos(\alpha)$

20 Beweise.
a) $\frac{1}{\cos^2(\alpha)} = 1 + \tan^2(\alpha)$
b) $\frac{1}{\sin^2(\alpha)} = 1 + \tan^2(90° - \alpha)$

21 Welche Beziehungen zwischen Sinus, Kosinus und Tangens erhält man, wenn man die Beziehung $a^2 + b^2 = c^2$ im rechtwinkligen Dreieck ABC mit $\gamma = 90°$ durch a^2 (durch b^2; durch c^2) dividiert?

Kannst du das noch?

22 a) Lies den Schnittpunkt der beiden Geraden ab.
b) Stelle die Geradengleichungen auf und berechne die Koordinaten des Schnittpunktes.

(1)
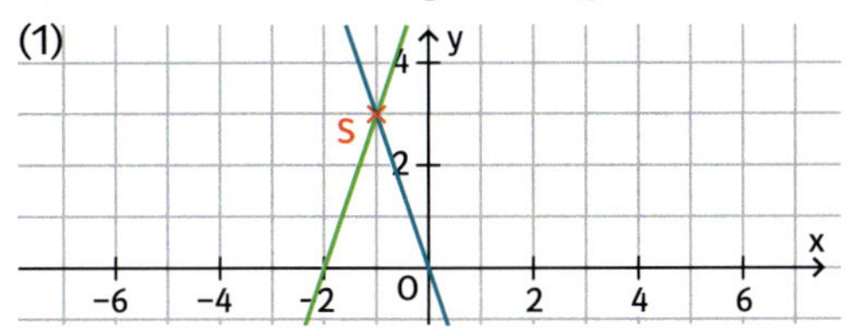

(2)
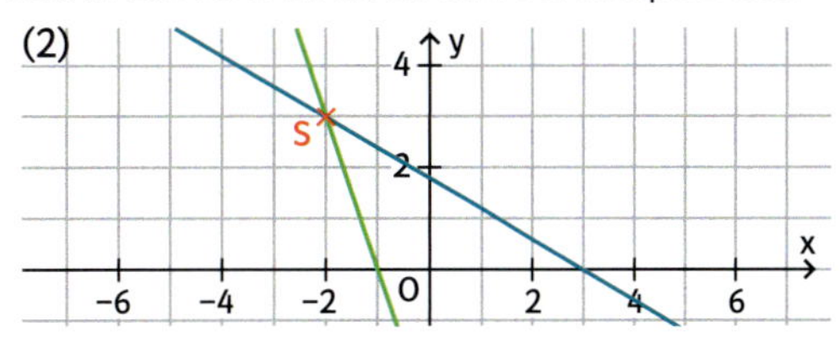

Lösung | Seite 179

3 Berechnungen an Figuren

Nicht nur Dachkonstruktionen enthalten eine Vielzahl von Dreiecken.
Oft sind diese rechtwinklig und als Teildreiecke in anderen Figuren oder im Raum versteckt …

In vielen Figuren sind rechtwinklige Dreiecke versteckt, die man oft nicht sofort sieht. Mithilfe der Seitenverhältnisse Sinus, Kosinus und Tangens dieser Dreiecke lassen sich dann fehlende Streckenlängen, Winkelgrößen oder Flächeninhalte von zusammengesetzten Figuren berechnen.

Zur Berechnung von Streckenlängen und Winkelgrößen in Figuren ist folgende Vorgehensweise sinnvoll:
- Fertige eine Planskizze an und benenne alle gegebenen und gesuchten Strecken und Winkel.
- Suche rechtwinklige Teildreiecke. Zeichne, falls nötig, Hilfslinien ein.
- Berechne mithilfe der Seitenverhältnisse, des Satzes von Pythagoras oder der Winkelsumme im Dreieck die gesuchten Streckenlängen und Winkelgrößen.

B β C α A

$\sin(\alpha) = \frac{a}{c}$, $\cos(\alpha) = \frac{b}{c}$,
$\tan(\alpha) = \frac{a}{b}$, $\sin(\beta) = \frac{b}{c}$,
$\cos(\beta) = \frac{a}{c}$, $\tan(\beta) = \frac{b}{a}$,
$\gamma = 90°$, $\alpha + \beta = 90°$,
$c^2 = a^2 + b^2$

Kennst du in einem rechtwinkligen Dreieck zwei Seitenlängen oder eine Seitenlänge und eine weitere Winkelgröße, so kannst du alle fehlenden Größen berechnen.

Beispiel 1 Berechnung an einer Dachkonstruktion
Bei einem Dach sind die Dachneigungen und die Länge einer Dachkante bekannt.
a) Wie lang ist der Träger? Wie weit ist der Fußpunkt des Trägers vom Punkt B entfernt?
b) Wie lang ist der längere Dachsparren?

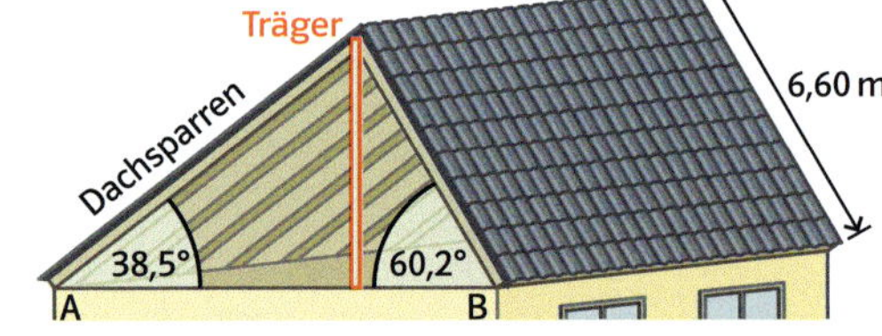

Lösung
Zuerst fertigt man eine Skizze mit geeigneten Bezeichnungen an (Fig. 1), die beim Lösen der Aufgabe benutzt werden können.
a) Im Teildreieck DBC sind außer dem rechten Winkel die Längen der Hypotenuse a und die Größe des Winkels β bekannt, die Längen der Katheten h und p sind gesucht.

$\sin(\beta) = \frac{h}{a}$, also $h = a \cdot \sin(\beta) = 6{,}60 \cdot \sin(60{,}2°) \approx 5{,}73$

$\cos(\beta) = \frac{p}{a}$, also $p = a \cdot \cos(\beta) = 6{,}60 \cdot \cos(60{,}2°) \approx 3{,}28$

Der Abstand p kann auch mit dem Satz des Pythagoras berechnet werden:

$h^2 + p^2 = a^2$, also $p = \sqrt{a^2 - h^2} = \sqrt{6{,}60^2 - 5{,}73^2} \approx 3{,}28$.

Der Träger ist etwa 5,73 m lang, sein Fußpunkt ist etwa 3,28 m vom Punkt B entfernt.
b) Im rechtwinkligen Teildreieck ADC sind die Werte von α und h bekannt, die Länge der Hypotenuse b ist gesucht.

$\sin(\alpha) = \frac{h}{b}$, also $b = \frac{h}{\sin(\alpha)} = \frac{5{,}73}{\sin(38{,}5°)} \approx 9{,}20$

Dieser Wert erscheint in Bezug auf die anderen Größen des Daches sinnvoll. Der längere Dachsparren ist also etwa 9,20 m lang.

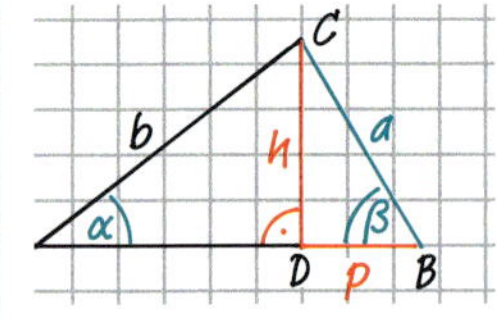

Fig. 1

Beispiel 2 Flächeninhalt eines Parallelogramms
In einem Parallelogramm ist $a = 6{,}5\,\text{cm}$, $b = 3{,}5\,\text{cm}$ und $\alpha = 62°$. Berechne den Flächeninhalt A des Parallelogramms.
Lösung
Teildreieck AFD: $\sin(\alpha) = \frac{h}{b}$, also $h = b \cdot \sin(\alpha)$
Flächeninhalt: $A = a \cdot h = a \cdot b \cdot \sin(\alpha) = 6{,}5 \cdot 3{,}5 \cdot \sin(62°) \approx 20{,}1$
Der Flächeninhalt beträgt ca. $20{,}1\,\text{cm}^2$.

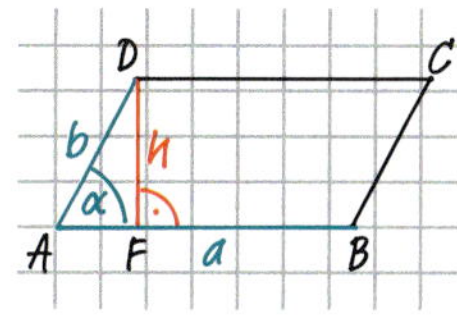

Aufgaben

○ **1** Berechne im gleichschenkligen Dreieck ABC die fehlenden Seitenlängen und Winkelgrößen sowie den Flächeninhalt.
a) $a = 5{,}9\,\text{cm}$, $\alpha = 32°$
b) $a = 4{,}5\,\text{dm}$, $\gamma = 98°$
c) $a = 65{,}4\,\text{m}$, $c = 54{,}7\,\text{m}$
d) $b = 6{,}2\,\text{cm}$, $\beta = 75°$

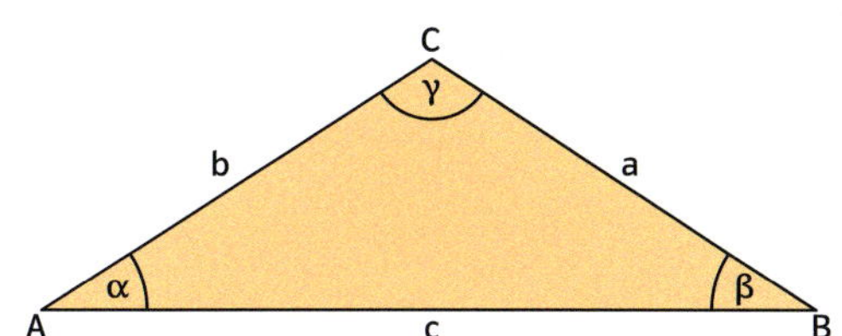

○ **2** In einem Parallelogramm ABCD sind $a = 4{,}1\,\text{cm}$ und $b = 3{,}4\,\text{cm}$. Berechne den Flächeninhalt A für

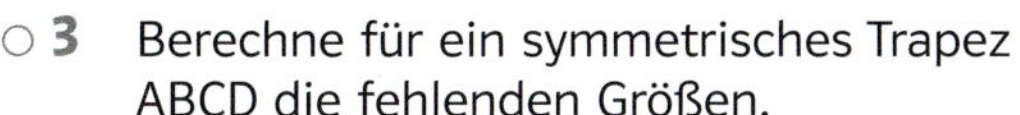
a) $\alpha = 42°$, b) $\alpha = 115°$.
Zeichne das Parallelogramm und trage die Höhen ein.

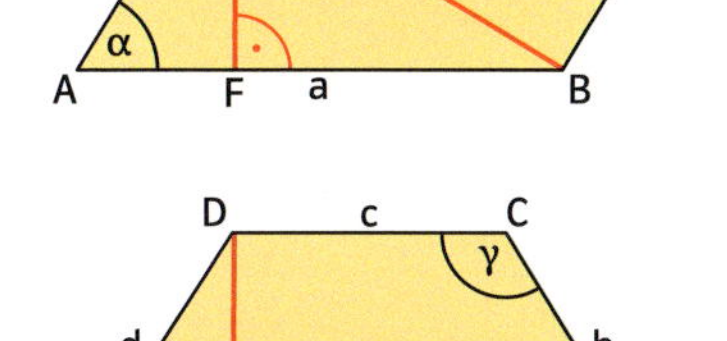

○ **3** Berechne für ein symmetrisches Trapez ABCD die fehlenden Größen.
a) $a = 9{,}2\,\text{cm}$, $b = 4{,}0\,\text{cm}$, $\alpha = 40°$
b) $a = 5{,}1\,\text{cm}$, $h = 3{,}2\,\text{cm}$, $\gamma = 108°$
c) $b = 7{,}5\,\text{cm}$, $c = 3{,}4\,\text{cm}$, $h = 5{,}0\,\text{cm}$
d) $a = 8{,}5\,\text{cm}$, $c = 4{,}9\,\text{cm}$, $\gamma = 116°$

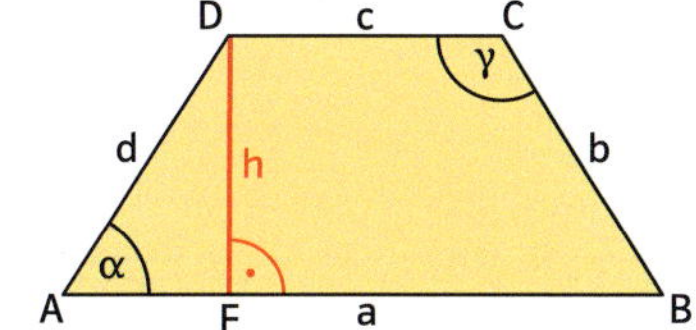

○ **4** Bei einer Stehleiter mit 3 m langen Holmen beträgt der Öffnungswinkel γ zwischen den Holmen 30°.
a) In welcher Höhe befindet sich das Leitergelenk G über dem Boden? Wie weit sind die Fußpunkte der Leiter voneinander entfernt?
b) Wie groß kann der Öffnungswinkel γ höchstens sein, wenn die Sperrketten jeweils 1,20 m lang und genau in der Mitte der Leiterholme befestigt sind?

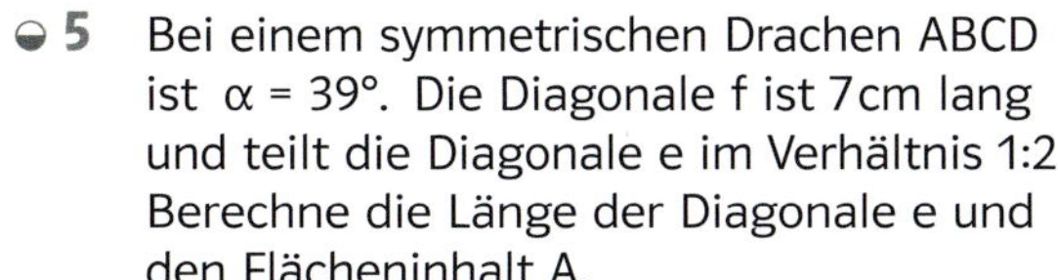
◒ **5** Bei einem symmetrischen Drachen ABCD ist $\alpha = 39°$. Die Diagonale f ist 7 cm lang und teilt die Diagonale e im Verhältnis 1:2. Berechne die Länge der Diagonale e und den Flächeninhalt A.

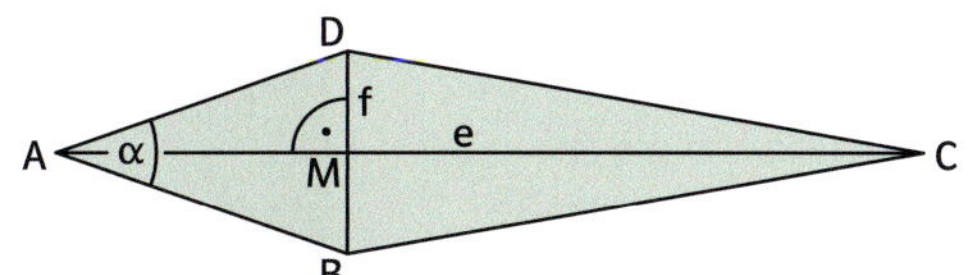

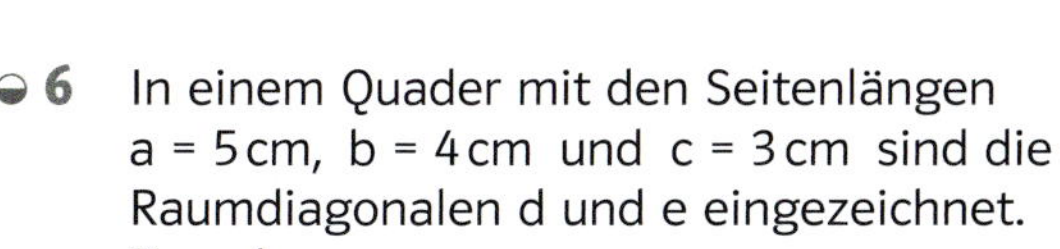
◒ **6** In einem Quader mit den Seitenlängen $a = 5\,\text{cm}$, $b = 4\,\text{cm}$ und $c = 3\,\text{cm}$ sind die Raumdiagonalen d und e eingezeichnet. Berechne
a) die Größen der Winkel α, β und γ, die die Raumdiagonale d mit den Quaderkanten einschließt,
b) die Größe des Winkels δ, unter dem sich die Raumdiagonalen d und e schneiden.

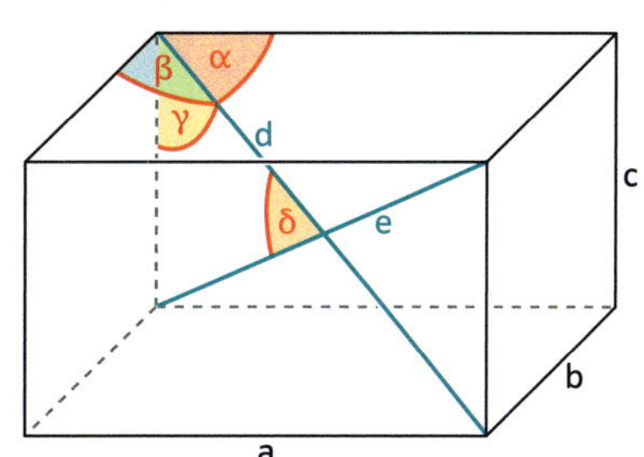

7 In einem Würfel mit der Kantenlänge a ist die Raumdiagonale e eingezeichnet (Fig. 1).
a) Bestimme die Größe des Winkels, den die Raumdiagonale e mit der Grundfläche des Würfels einschließt.
b) Begründe: Die drei eingezeichneten Winkel, die die Raumdiagonale e mit den Würfelkanten einschließt, sind gleich groß. Berechne die Größen dieser Winkel.

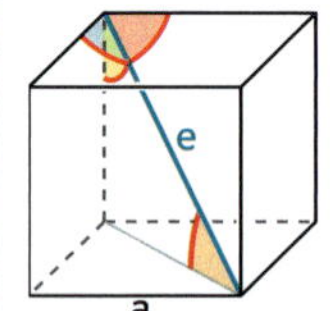

Fig. 1

Bist du schon sicher?

8 Der Giebel eines Daches hat die Breite b = 8,4 m und die Höhe h = 5,4 m (Fig. 2). Berechne die Dachneigung α und die Länge der Dachkante a.

9 Eine Dachfläche hat die Form eines symmetrischen Trapezes, bei dem die zueinander parallelen Seiten 12,8 m und 9,6 m lang und zwei der Innenwinkel 72° groß sind. Berechne den Inhalt der Dachfläche.

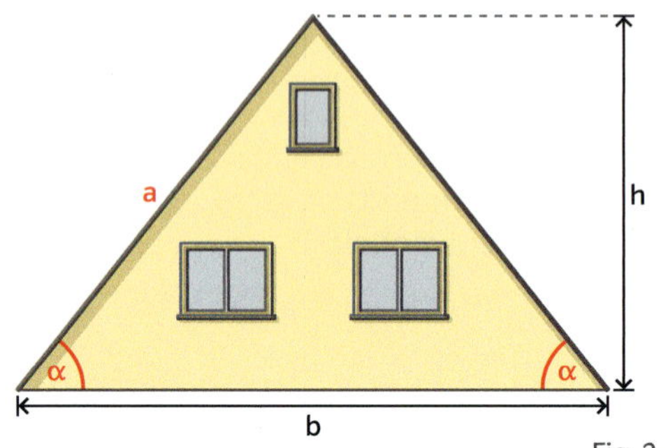

Fig. 2

10 In einem Parallelogramm mit den Seitenlängen 12,0 m und 7,2 m beträgt ein Innenwinkel 30°. Berechne den Flächeninhalt des Parallelogramms.

Lösungen | Seite 179

11 Der Gleitpfad des Instrumenten-Lande-Systems führt die Flugzeuge automatisch zur Landebahn.

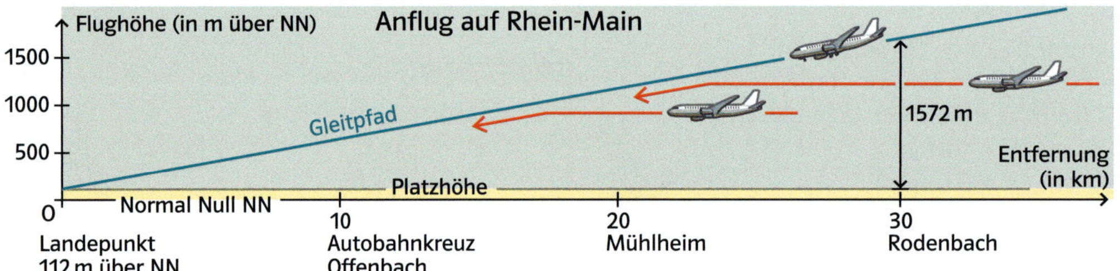

a) Gib die Steigung des Gleitpfads in Grad und Prozent an.
b) Wie viele Kilometer fliegt ein Flugzeug auf dem Gleitpfad, das in 3000 Fuß Höhe auf die Bahn einschwenkt (1 Fuß = 30,5 cm)?
c) In welcher Höhe befindet sich ein Flugzeug auf dem Gleitpfad, das 25 km vom Flughafen entfernt ist?

Kopiervorlage
Berechnungen am Dreieck mit CAS (III)
e3ni42

12 Die Loreley ist ein Schieferfelsen bei Sankt Goarshausen, der aus dem östlichen Ufer des Rheins herausragt. Die Spitze der Loreley liegt etwa 132 m höher als der Rhein. Von der Spitze aus sieht man die beiden Flussufer unter den Tiefenwinkeln α = 41,4° und β = 65,6°.
Bestimme die Breite des Rheins an dieser Stelle.

13 Ein Heißluftballon mit dem Durchmesser d = 20 m wird unter einem Sehwinkel von α = 0,4° beobachtet (Fig. 3).
Berechne die Entfernung des Ballons vom Beobachter. Fertige hierzu eine Skizze an.

Fig. 3

14 **Rund um den Turm**

C Rund um den Turm
Ein Turm ist 28,6 m hoch und 6,0 m vom Ufer eines Flusses entfernt Vom Turm aus erscheint die Flussbreite unter dem Sehwinkel von 17°. Wie breit ist der Fluss?

A Rund um den Turm
Eine Turmspitze erscheint von einer Stelle aus, die in horizontaler Richtung 141 m vom Fuß des Turms entfernt ist, unter einem Erhebungswinkel von 48,5°. Berechne die Turmhöhe (Augenhöhe 1,5 m).

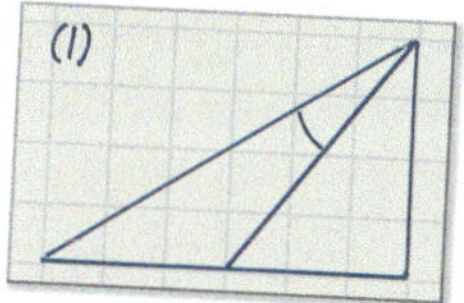

B Rund um den Turm
Auf einem 15,0 m hohen Turm ist ein Fahnenmast befestigt. Ein Beobachter ist 12,0 m vom Turm entfernt. Ihm erscheinendie beiden Enden des Mastes unter einem Sehwinkel von 6,5°. Seine Augenhöhe beträgt 1,6 m. Wie lang ist der Fahnenmast?

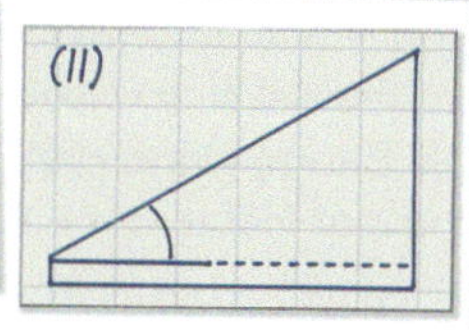

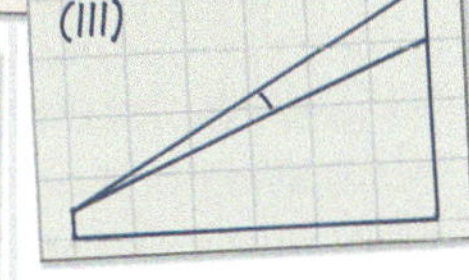

a) Ordne jedem der Aufgabentexte eine der Skizzen zu. Besprich dich mit deinem Partner. Bearbeitet eine der Aufgaben gemeinsam.
b) Jeder berechnet nun eine weitere Aufgabe. Erklärt euch gegenseitig den Lösungsweg.

15 Wählt auf eurem Schulhof einen schwer erreichbaren Punkt A aus, dessen Entfernung ihr von eurem Standort B aus bestimmen wollt. Geht dabei so vor wie in Fig. 1. Hierzu benötigt ihr ein möglichst langes Maßband und zwei Fluchtstäbe. Stellt eure Messvorgänge anschließend der Klasse vor.

Das Basteln einer Winkelscheibe kann für die Messungen hilfreich sein.

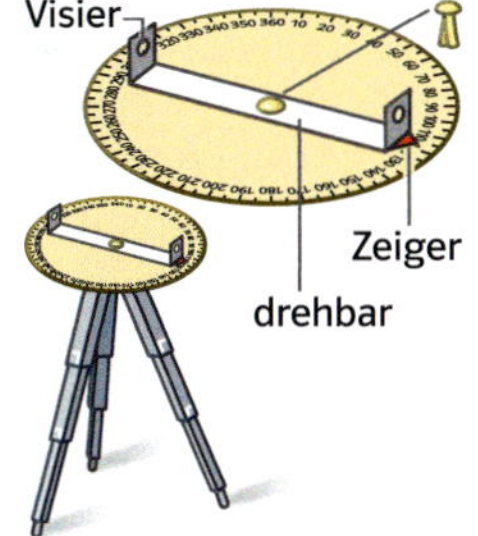

Punkt A
Entfernung ?
90°
Standort B
Peilpunkt C
Fluchtstab
1. Peilung

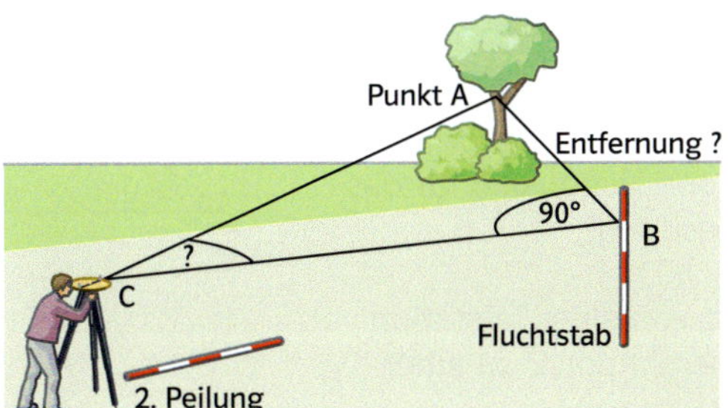

Fig. 1

16 Man kann die Entfernung x zu einem unzugänglichen Turm im Gelände auch mithilfe des Höhenwinkelmessers bestimmen. Man wählt zwei Messpunkte A und B in einer Linie mit dem Fußpunkt des Turms. Anschließend misst man von beiden Punkten aus den Höhenwinkel zur Spitze des Objekts und die Entfernung der Punkte A und B. Berechne die Entfernung x zum Turm.

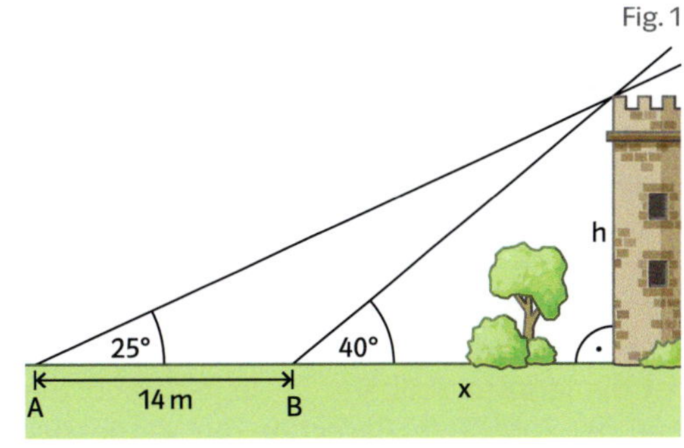

17 Die Figur zeigt den Giebel eines Pultdaches, bei dem eine symmetrische Trapezfläche durch eine Dreiecksfläche ergänzt ist.
a) Berechne die fehlenden Längenangaben a, h_1, h_2, h und d.
b) Wie groß ist der Flächeninhalt des Giebels?

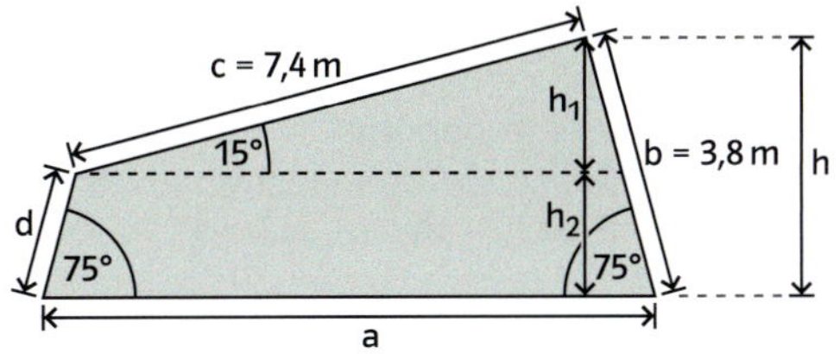

Kannst du das noch?

18 Bestimme den Funktionsterm der linearen Funktion, deren Graph durch den Punkt P verläuft und die Steigung m besitzt.
a) P(1 | 3), m = 2 b) P(−3 | 4), $m = -\frac{1}{2}$ c) P(−4 | −1), m = 1,1 d) P(5 | −3), m = −4

vgl. Seite 163
Lösung | Seite 179

1 Um die Höhe eines Baumes zu messen, muss man nicht auf den Baum klettern. Auch die Höhe von Gebäuden und Bergen kann man folgendermaßen bestimmen. Von einem Hochsitz aus wird der Fußpunkt F eines Baumes unter dem Tiefenwinkel $\delta = 15°$ gesehen, der höchste Punkt H unter dem Erhebungswinkel $\varepsilon = 48°$.
a) Wie hoch ist der Baum, wenn der Beobachtungspunkt B in der Höhe $h = 6{,}5\,m$ liegt?
b) Wie weit ist der Beobachtungspunkt B von den Punkten F und H entfernt (Luftlinie)?

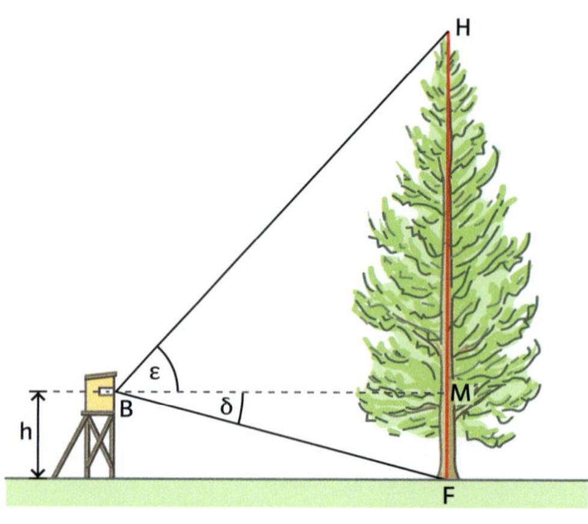

2 a) Begründe die Ähnlichkeit der Dreiecke ABC, ADC und BCD in der Figur.
b) Gib für $\sin(\alpha)$, $\cos(\alpha)$ und $\tan(\alpha)$ jeweils drei verschiedene Seitenverhältnisse an. Verwende die Variablen a, b, c, h, p und q aus der Figur.
c) Entwickle aus der Gleichheit der Streckenverhältnisse in Teilaufgabe b) den Kathetensatz und den Höhensatz für das rechtwinklige Dreieck ABC.

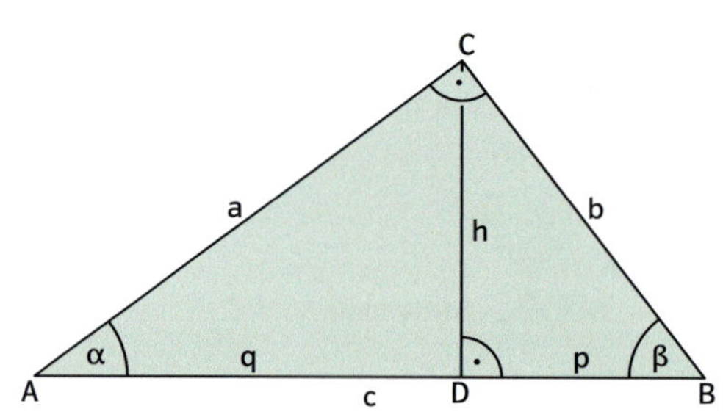

3 Eine Seilbahn führt von einer Talstation T über eine Zwischenstation Z zu einer Bergstation B.
Die durchschnittlichen Neigungswinkel des Seiles sind $\alpha = 26°$ zwischen T und Z sowie $\beta = 37°$ zwischen Z und B. Die Bergstation wird von der Talstation aus unter dem Erhebungswinkel $\gamma = 33°$ gesehen. Berechne, wie hoch die Bergstation über der Talstation liegt, wenn die Zwischenstation 450 m höher als die Talstation liegt.

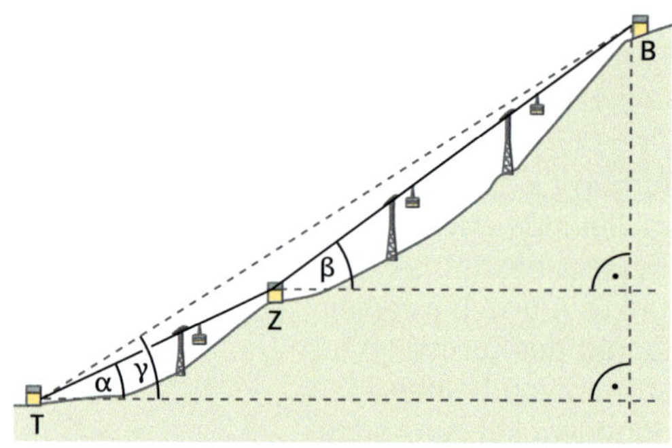

4 Die Zugspitzbahn ist die längste Seilbahn in Deutschland. Sie führt von der Talstation am Eibsee auf den Gipfel der Zugspitze. Berechne die Mindestlänge des Seiles und die durchschnittliche Seilneigung. Entnimm dazu aus Fig. 1 alle erforderlichen Angaben.

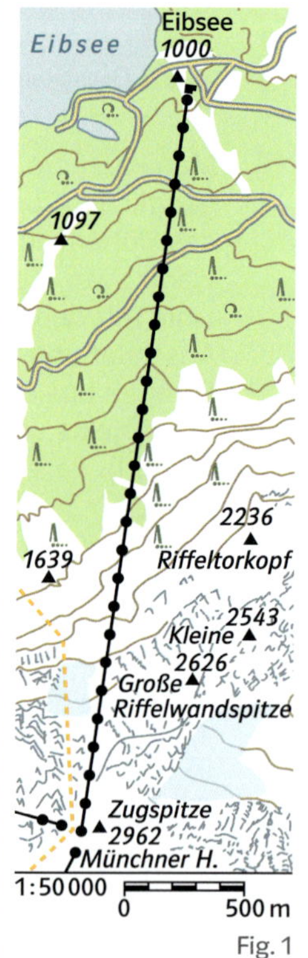

Fig. 1

5 In einem gleichschenkligen Dreieck mit der Basis c und der Schenkellänge s sind α und β die Basiswinkel, γ liegt der Basis gegenüber.
Berechne die fehlenden Größen sowie den Flächeninhalt des Dreiecks.
a) $s = 5{,}9\,cm$, $\alpha = 62°$ b) $s = 45{,}2\,m$, $\gamma = 98°$ c) $c = 54\,dm$, $s = 0{,}0654\,km$

6 Der Bodensee ist $b = 63{,}5\,km$ lang. Wie viele Meter steht das Wasser in der Mitte des Sees höher als an den Enden?
In der nebenstehenden Grafik ist übertrieben dargestellt, warum die Seemitte höher liegt. Berechne zunächst die Größe des Winkels α und damit die Länge der Höhe h.

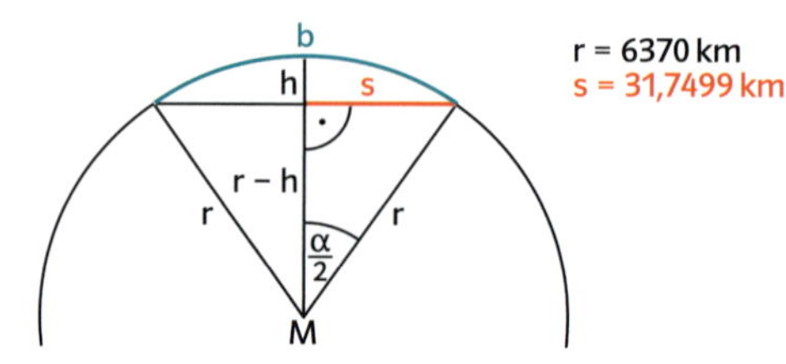

Pyramiden, Astronomie und Sehnenrechnung

Wie die Ägypter Winkel festlegten

Die ägyptischen Pyramiden wurden schichtweise aus großen Kalksteinquadern gebaut und dann nach außen mit Kalksteinplatten verkleidet. Der Neigungswinkel α aller vier Seitenflächen ist immer gleich und liegt meistens, wie bei der um 2500 v. Chr. erbauten Cheopspyramide, zwischen 52° und 54°. Die Pyramidenbauer kannten kein Winkelmaß. Wie schafften sie es trotzdem, bei einem riesigen Bauwerk Winkel so genau einzuhalten?

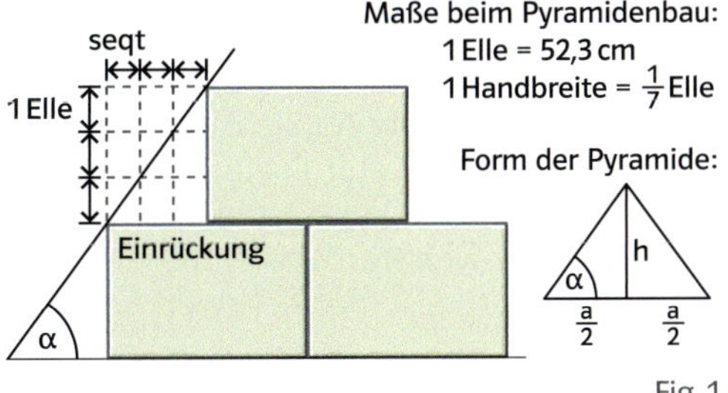

Fig. 1

Die Ägypter legten die Neigung der Seitenflächen fest, indem sie vorschrieben, wie weit je Elle Höhe jeweils die nächste Schicht zurückgesetzt werden muss (Fig. 1). Dieses Maß hieß seqt (Rücksprung, sprich: seket) und nach heutiger Sprechweise ergibt sich für den Neigungswinkel α:

$\tan(\alpha) = \frac{1\text{ Elle}}{1\text{ seqt}}$, also $1\text{ seqt} = \frac{1\text{ Elle}}{\tan(\alpha)}$.

Aus einem Papyrus aus der Zeit um 1700 v. Chr.:

Beispiel der Berechnung einer Pyramide,
360 Ellen in der Länge, 250 Ellen in der Höhe.
Lass mich wissen ihren seqt.
Nimm $\frac{1}{2}$ von 360, es ist 180.
Rechne mit 250, um 180 zu erhalten. Es ist $\bar{2}\ \bar{5}\ \overline{50}$ Elle.
Eine Elle hat 7 Handbreiten. Nimm mal 7.

1	2
$\bar{2}$	$3\ \bar{2}$
$\bar{5}$	$1\ 3\ \overline{15}$
$\overline{50}$	$\overline{10}\ \overline{25}$

Der seqt ist $5\ \overline{25}$ Handbreiten.

Fig. 2

Die Beispiele in altägyptischen Rechenbüchern zeigen, dass der seqt tatsächlich als Seitenverhältnis im rechtwinkligen Dreieck berechnet wurde. So wird zum Beispiel in Fig. 2 der seqt als Quotient 180 : 250 berechnet, also halbe Grundkante : Pyramidenhöhe. Als Ergebnis wird der Bruch $\bar{2}\ \bar{5}\ \overline{50}$ Ellen angegeben, in der heutigen Schreibweise

$\frac{1}{2} + \frac{1}{5} + \frac{1}{50}$ Ellen, also $\frac{18}{25}$ Ellen. Dann wird der seqt noch in Handbreiten umgerechnet:

$1\text{ seqt} = \frac{18}{25}$ Ellen $= 5\frac{1}{25}$ Handbreiten (Fig. 1).

Für den Neigungswinkel α ergibt sich $\tan(\alpha) = \frac{1\text{ Elle}}{\frac{18}{25}\text{ Ellen}} = \frac{25}{18}$ und damit $\alpha \approx 54{,}2°$.

Aus der Astronomie

Dass die Babylonier ursprünglich Winkel durch Seitenverhältnisse von rechtwinkligen Dreiecken festlegten, schließt man aus gefundenen Tontafeln.
Die Tafel in Fig. 3 stammt aus dem 18. Jahrhundert v. Chr. Von rechts gezählt geben die erste und zweite Spalte die Längen der Katheten a und b eines rechtwinkligen Dreiecks an, in der letzten Spalte (ganz links) findet sich $\left(\frac{b}{a}\right)^2$, also $\tan^2(\beta)$, wobei β der Kathete b gegenüberliegt.

Fig. 3

Zur Orientierung, zum Beispiel in der Wüste oder auf dem Meer, beobachtete man schon sehr früh die Stellungen von Sonne, Mond und Planeten. So entwickelte sich aus Aufzeichnungen über den Weg der Sonne durch die Tierkreissternbilder langsam ein Winkelmaß, das auf der Unterteilung des Vollkreises beruht. Babylonische, später auch ägyptische Kenntnisse wurden von griechischen Mathematikern aufgegriffen und ergänzt.

Im 3. Jahrhundert v. Chr. verwendete **Aristarchos von Samos** in seiner Schrift „Über die Größen und Abstände von Sonne und Mond" das Seitenverhältnis Sinus, ohne es so zu nennen. Um das Verhältnis der Sonnenentfernung s zur Mondentfernung e zu bestimmen, berücksichtigte er, dass das Dreieck EMS in Fig. 1 bei M einen 90°-Winkel hat, wenn der Mond für einen Beobachter auf der Erde exakt als Halbmond zu sehen ist. Für diesen Zeitpunkt bestimmte Aristarchos die Größe des Winkels α zwischen den Richtungen zur Sonne und zum Mond. Nach dem www-Ähnlichkeitsatz für Dreiecke sind die entsprechenden Längenverhältnisse der Seiten zweier Dreiecke gleich groß, wenn die Dreiecke in zwei Winkelgrößen übereinstimmen. Daher kann man durch Konstruktion eines rechtwinkligen Dreiecks, bei dem ein weiterer Winkel die Größe des Winkels α hat, das Verhältnis von s zu e bestimmen. Es wird also der Kehrwert von $\sin(\beta)$ bestimmt: $\frac{s}{e} = \frac{1}{\sin(\beta)}$.

Aristarchos von Samos, 310 v. Chr. bis 230 v. Chr., griechischer Astronom und Mathematiker, gilt wegen seiner Gedanken zum heliozentrischen Weltbild als „griechischer Kopernikus".

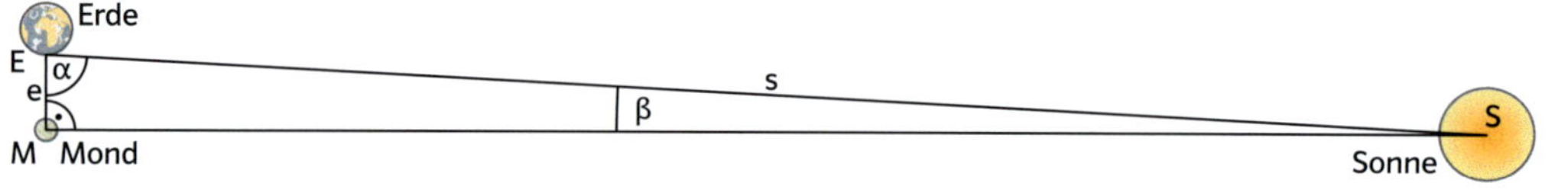

Fig. 1

Aristarchos erhielt $18 < \frac{s}{e} < 20$, was einem Winkel α von etwa 87° entspricht. Die Erde ist nach Aristarchos also 18- bis 20-mal weiter von der Sonne entfernt als vom Mond. Allerdings ist der Winkel α nach heutigen Erkenntnissen mit 89,85° deutlich größer als von Aristarchos angenommen. Wegen $\sin(\beta) = \sin(0{,}15°) \approx 0{,}002\,618 \approx \frac{1}{380}$ ist die Sonne tatsächlich etwa 380-mal weiter von der Erde entfernt als der Mond.

1 Konstruiere ein rechtwinkliges Dreieck, bei dem ein weiterer Winkel 87° beträgt. Bestimme durch Messen das Seitenverhältnis $\frac{s}{e}$. Vergleiche mit dem von Aristarchos angegebenen Wert. Berechne das Verhältnis auch mit dem Sinus.

Griechische Sehnenrechnung

Ein Problem für Aristarchos war, dass er keine Tafeln mit Sinuswerten zur Verfügung hatte. Etwa um 150 v. Chr. soll der griechische Mathematiker **Hipparchos von Nicäa** eine „Sehnentafel" aufgestellt haben. Sie ist nicht überliefert, hatte jedoch wahrscheinlich eine Schrittweite von 7,5° für den Mittelpunktswinkel und gab die Länge $S(\alpha)$ der Sehne in Abhängigkeit von α an (Fig. 2). Wegen der Beziehung $S(\alpha) = 2r \cdot \sin\left(\frac{\alpha}{2}\right)$ gibt eine solche Tafel indirekt auch Sinuswerte an.

Hipparchos von Nicäa, 190 v. Chr. bis 120 v. Chr., griechischer Astronom, Geograf und Mathematiker

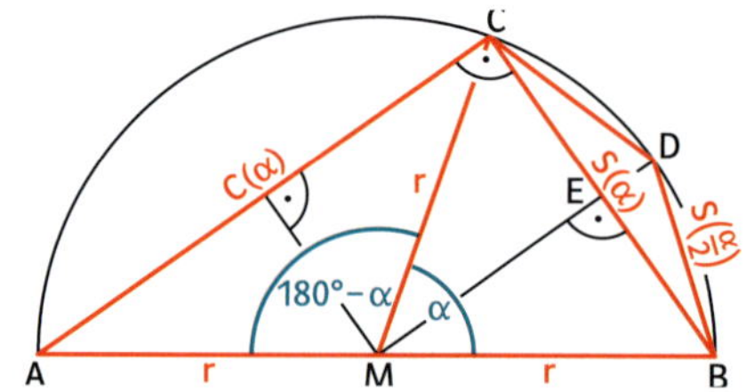

Fig. 2

Sehnenrechnung

$C^2(\alpha) + S^2(\alpha) = 4r^2$ und

$S^2\left(\frac{\alpha}{2}\right) = \frac{1}{4}S^2(\alpha) + (r - \overline{ME})^2$

Mit $\overline{ME} = \frac{1}{2}C(\alpha)$ folgt daraus

$S^2\left(\frac{\alpha}{2}\right) = \frac{1}{4}S^2(\alpha) + \left(r - \frac{1}{2}C(\alpha)\right)^2$

$= 2r^2 - r \cdot C(\alpha)$.

Fig. 3

2 Begründe die Sehnenrechnung des Hipparchos (Fig. 3). Welche Aussagen ergeben sich für $S(180° - \alpha)$ und $C(180° - \alpha)$ in Fig. 2? Erläutere den Zusammenhang.

3 Entwickle ausgehend von $S(90°)$ und $S(60°)$ die Sehnenlängen $S(\alpha)$ mit einer Schrittweite von 15°. Schreibe die Ergebnisse als Wurzelterme und notiere eine „Sehnentafel".
Hinweis: Bei der Entwicklung der Sehnentafel erhältst du aus den Startwerten $S(90°)$ und $S(60°)$ weitere Sehnenlängen, indem du den Winkel α halbierst und zu 180° ergänzt.

Sehnentafel:

α	$S(\alpha)$	$C(\alpha)$
0°	0	2 r
15°		
30°		
…		
180°		

4 Die Sehnentafel aus Aufgabe 3 soll als Grundlage für Sinus- und Kosinuswerte dienen. Welche Schrittweite ist für den Mittelpunktswinkel α möglich? Schreibe die für $\sin(\alpha)$ und $\cos(\alpha)$ erhaltenen Wurzelterme in Tabellenform und ergänze eine Spalte für $\tan(\alpha)$.

Wie der Sinus zu seinem Namen kam

Im 2. Jahrhundert n. Chr. bewies **Ptolemaios** Additionssätze, mit deren Hilfe er die Sehnenlänge S(1°) bestimmte. Daraus konnte er eine Sehnentabelle mit einer Schrittweite von nur 0,5° berechnen. Noch heute existiert eine arabische Übersetzung dieser Tafel.
Die Mathematik der folgenden Jahrhunderte wurde durch Inder und Araber geprägt. In Indien wurde im 5. Jahrhundert die Sehnenrechnung durch eine „Halbsehnenrechnung" ersetzt und damit der Sinus und Kosinus eingeführt. Die Araber ergänzten diese Betrachtungen mit der Festlegung des Tangens und dessen Kehrwertes.
Vermutlich wurde aus dem indischen Wort jîva für Sehne im Arabischen „dschiba". Da in der arabischen Schrift nur Konsonanten notiert werden, wird es „dschb" geschrieben. Auch das arabische Wort „dschaib" für Busen, Brustbeutel, Bucht wird „dschb" geschrieben. Bei der Übertragung mathematischer Texte vom Arabischen ins Lateinische übersetzte **Gerhard von Cremona** (1114 – 1187) das Wort „dschb" mit sinus, dem lateinischen Begriff für Krümmung, Bucht, Geldtasche.

Claudios Ptolemaios (ca. 100 – ca. 175), Mathematiker, Geograf und Astronom

Landesvermessung und Trigonometrie

Aus dem zunehmenden Interesse, die Erdoberfläche immer genauer auszumessen und abzubilden, entwickelte sich im mittelalterlichen Europa mit der Geodäsie eine eigene Wissenschaft, die sich vorzugsweise trigonometrischer Berechnungen bedient.
Grundlage für Vermessungsarbeiten und Kartenerstellung ist die **Triangulation** (Aufteilung einer Fläche in Dreiecke). Mithilfe von Triangulationsverfahren berechnete **W. Snellius** Anfang des 17. Jahrhunderts die Länge eines Meridianbogens und konnte damit den Erdumfang angeben.
Etwa 200 Jahre später führte C. F. Gauß mit einem Triangulationsnetz eine flächendeckende Vermessung des damaligen Königreiches Hannover durch.
Seit den 80er-Jahren werden die klassischen Methoden durch satellitengestützte Messverfahren ergänzt (**GPS**: **G**lobal **P**ositioning **S**ystem, zunächst militärisch genutztes System zur Standortbestimmung). Der Vorzug der Winkelmessung gegenüber der Längenmessung verliert in der Geodäsie zunehmend an Bedeutung. Dennoch finden trigonometrische Verfahren, bei denen oft riesige Datenmengen verarbeitet werden, bis heute insbesondere im Ingenieurwesen Anwendung.

Willebrord van Roijen Snell (1580 – 1626)

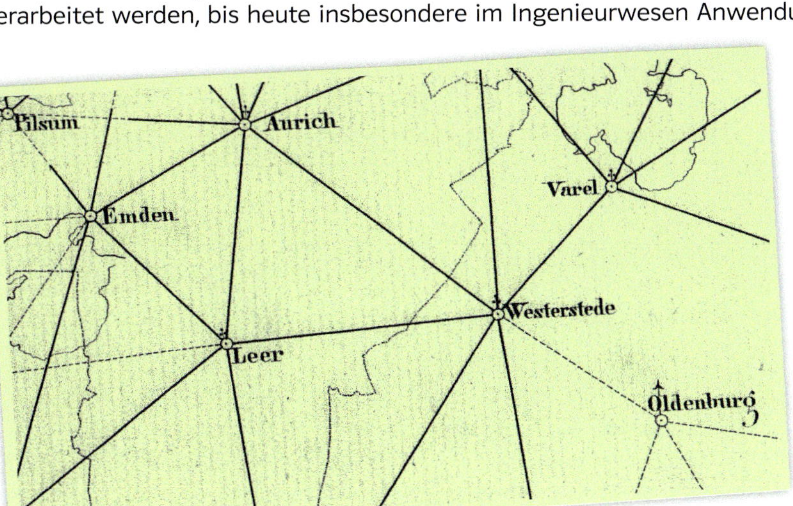

Carl Friedrich Gauß (1777 – 1855)

Sinus, Kosinus und Tangens im rechtwinkligen Dreieck
In rechtwinkligen Dreiecken, die in einem weiteren Winkel α übereinstimmen, sind die folgenden Seitenverhältnisse gleich und erhalten besondere Bezeichnungen:

$\sin(\alpha) = \frac{\text{Gegenkathete von } \alpha}{\text{Hypotenuse}}$,

$\cos(\alpha) = \frac{\text{Ankathete von } \alpha}{\text{Hypotenuse}}$ und

$\tan(\alpha) = \frac{\text{Gegenkathete von } \alpha}{\text{Ankathete von } \alpha}$.

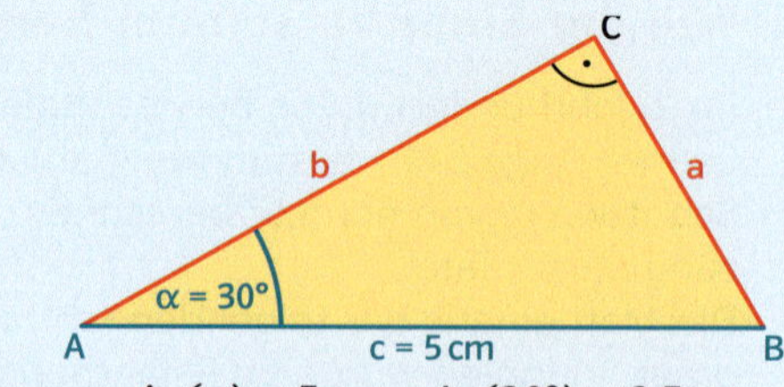

$a = c \cdot \sin(\alpha) = 5\,\text{cm} \cdot \sin(30°) = 2{,}5\,\text{cm}$
$b = c \cdot \cos(\alpha) = 5\,\text{cm} \cdot \cos(30°) \approx 4{,}3\,\text{cm}$

Zeichnerische Bestimmung von Sinus-, Kosinus- und Tangenswerten
In der Grafik rechts ist sin(α) die y-Koordinate und cos(α) die x-Koordinate des Kreispunktes B, der dem Winkel α zugeordnet ist; tan(α) wird durch den Tangentenabschnitt $\overline{A_1B_1}$ dargestellt.

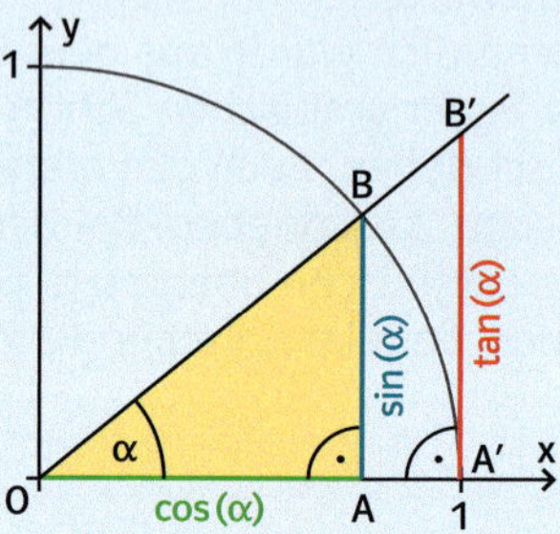

Zusammenhänge zwischen Sinus, Kosinus und Tangens
Zwischen Sinus und Kosinus bestehen die Zusammenhänge
$\sin(\alpha) = \cos(90° - \alpha)$, $\cos(\alpha) = \sin(90° - \alpha)$ und
$\sin^2(\alpha) + \cos^2(\alpha) = 1$ $(0° \leqq \alpha \leqq 90°)$.
Für $0° \leqq \alpha < 90°$ ist $\tan(\alpha) = \frac{\sin(\alpha)}{\cos(\alpha)}$.
Sinus- und Kosinuswerte gibt es auch für Winkel α mit $90° < \alpha \leqq 180°$, und es gilt $\sin(\alpha) = \sin(180° - \alpha)$ und $\cos(\alpha) = -\cos(180° - \alpha)$.

$\alpha = 30°$: $\sin(30°) = \cos(60°) = \frac{1}{2}$
$\cos(30°) = \sin(60°) = \frac{1}{2}\sqrt{3}$
$\sin^2(30°) + \cos^2(30°) = \left(\frac{1}{2}\right)^2 + \left(\frac{1}{2}\sqrt{3}\right)^2 = 1$
$\tan(30°) = \frac{\sin(30°)}{\cos(30°)} = \frac{\frac{1}{2}}{\frac{1}{2}\sqrt{3}} = \frac{1}{\sqrt{3}}$
$\sin(150°) = \sin(180° - 150°) = \sin(30°) = \frac{1}{2}$
$\cos(120°) = -\cos(180° - 120°)$
$= -\cos(60°) = -\frac{1}{2}$

Runde 1

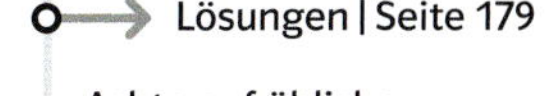
Lösungen | Seite 179

Achte auf übliche Bezeichnungen im Dreieck ABC.

1 Berechne die fehlenden Größen des Dreiecks ABC.

	α	β	γ	a	b	c
a)	90°		23°		25,72 m	
b)	37°	90°			37,5 km	
c)			90°	13,2 dm	36 cm	

2 Berechne die farbig hervorgehobenen Größen.

a)

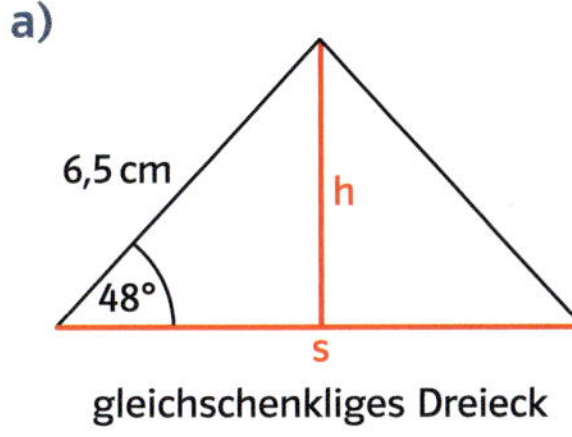

gleichschenkliges Dreieck

b)

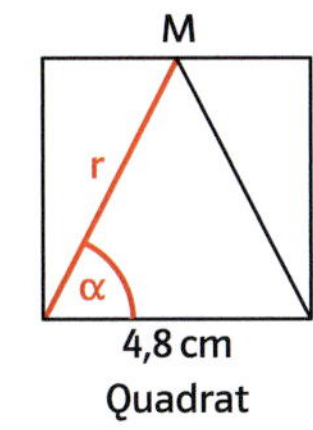

Quadrat

c)

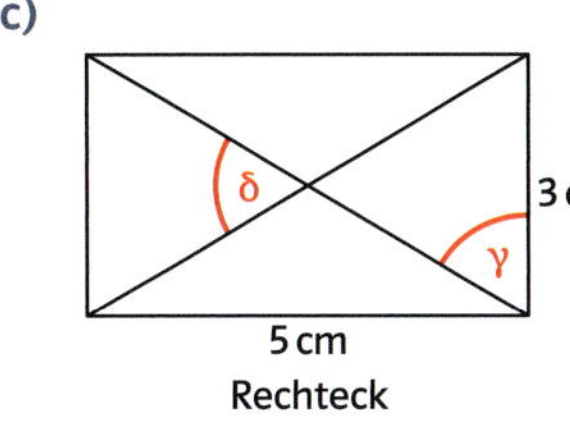

Rechteck

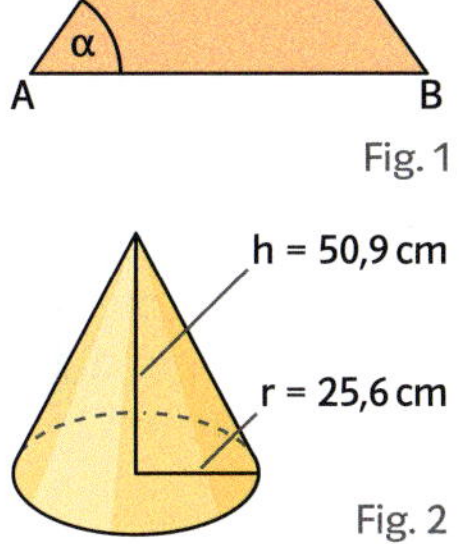

Fig. 1

3 Die beiden zueinander parallelen Seiten des gleichschenkligen Trapezes in Fig. 1 sind 3,2 cm und 6,8 cm lang. Sie haben den Abstand 2,6 cm zueinander. Wie groß ist α? Wie lang sind die Schenkel?

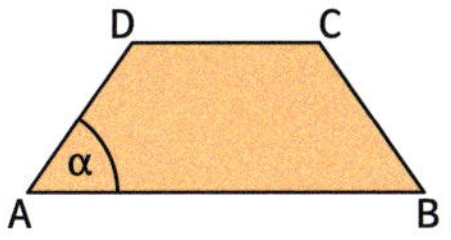

h = 50,9 cm
r = 25,6 cm
Fig. 2

4 Die Grundfläche eines Kegels (Fig. 2) hat den Radius 25,6 cm. Der Kegel hat eine Höhe von 50,9 cm. Welche Größe hat der Winkel an der Spitze?

Runde 2

Lösungen | Seite 179

1 Berechne die fehlenden Seitenlängen und Winkelgrößen im Dreieck PQR (Fig. 3).
a) p = 4,80 m, r = 6,40 m **b)** q = 12,5 km, δ = 64° **c)** r = 5,4 mm, ε = 25°

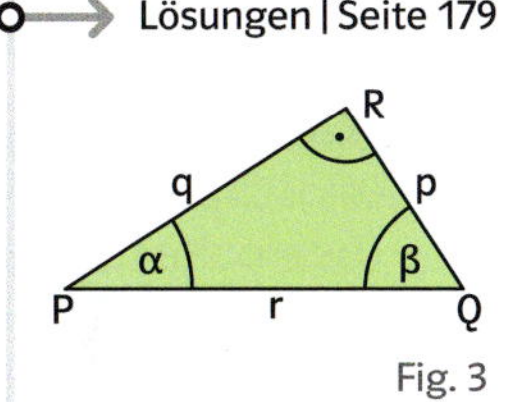

Fig. 3

2 **a)** Ein Drachenflieger startet am Wurmberg. Nach einer Gleitstrecke von 3,8 km landet er im 400 m tiefer liegenden Tal. Berechne seinen Gleitwinkel.
b) Welche Länge hat seine Gleitstrecke, wenn er am Wurmberg startet und mit einem Gleitwinkel von 5° fliegt?

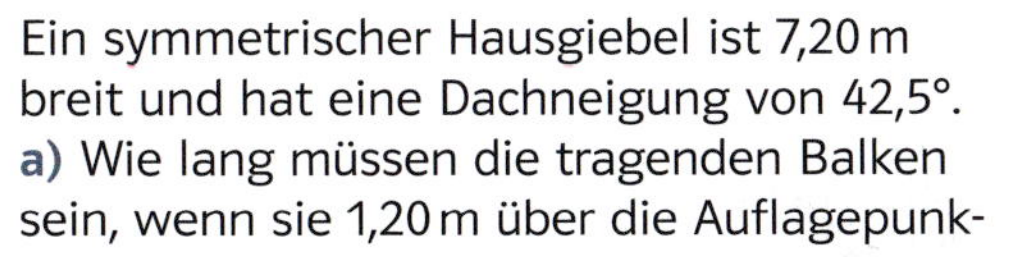
3 Ein symmetrischer Hausgiebel ist 7,20 m breit und hat eine Dachneigung von 42,5°.
a) Wie lang müssen die tragenden Balken sein, wenn sie 1,20 m über die Auflagepunkte A und A′ hinausragen sollen (Fig. 4)?
b) Wie viele Quadratmeter Fensterfläche ergeben sich, wenn die Verglasung eine Breite von 3,90 m hat?

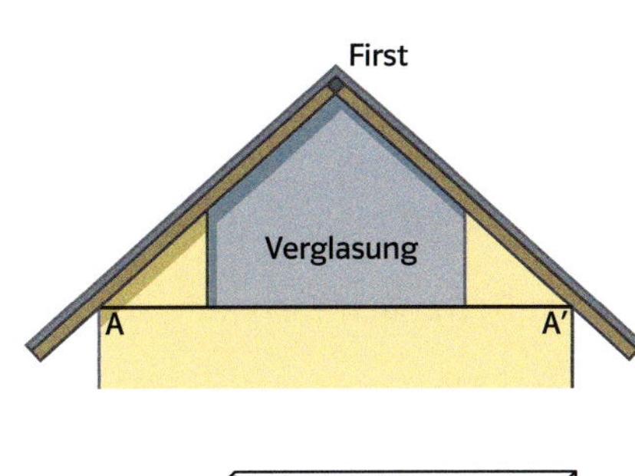

Fig. 4

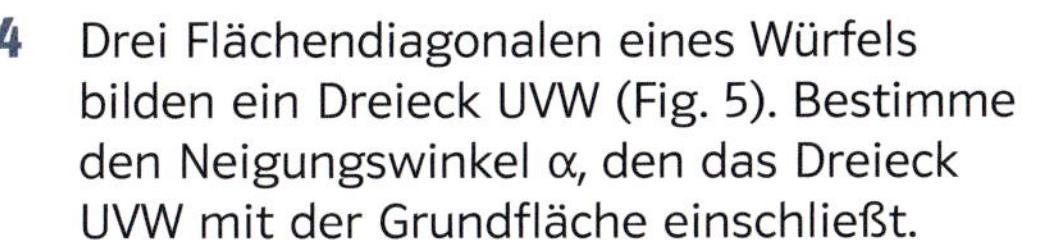
4 Drei Flächendiagonalen eines Würfels bilden ein Dreieck UVW (Fig. 5). Bestimme den Neigungswinkel α, den das Dreieck UVW mit der Grundfläche einschließt.

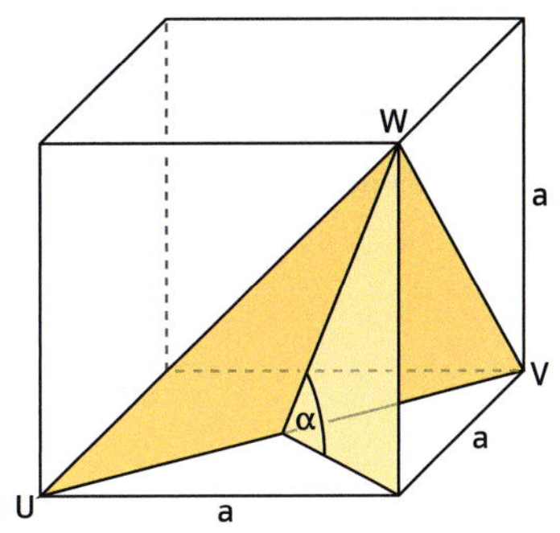

Fig. 5

Grundlagen überprüfen und trainieren

Beim Sport wärmst du dich vor dem Training oder einem Wettkampf auf.
Du kannst dich auch „mathematisch aufwärmen", bevor du mit einem neuen Kapitel deines Mathebuches beginnst.
Auf den folgenden Seiten findest du zu jedem Kapitel einige passende „Aufwärmübungen".

Bevor mit einem Kapitel begonnen wird, kannst du überprüfen, ob du schon fit genug bist.

Für jedes Kapitel gibt es eine **Checkliste**, mit der du zunächst einschätzen kannst, wie gut du bestimmte Dinge noch kannst, die für das Kapitel wichtig sind. Wenn du nicht genau weißt, was gemeint ist, sieh dir die entsprechende Aufgabe an.

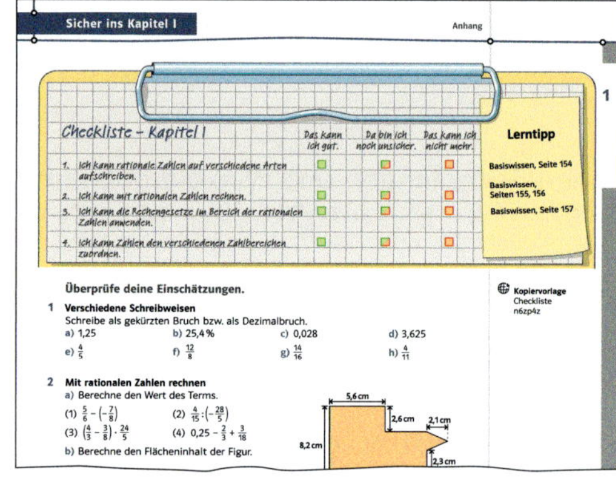

Sicher ins Kapitel I — Anhang

Checkliste – Kapitel I	Das kann ich gut.	Da bin ich noch unsicher.	Das kann ich nicht mehr.	Lerntipp
1. Ich kann rationale Zahlen auf verschiedene Arten aufschreiben.	☐	☐	☐	Basiswissen, Seite 154
2. Ich kann mit rationalen Zahlen rechnen.	☐	☐	☐	Basiswissen, Seiten 155, 156
3. Ich kann die Rechengesetze im Bereich der rationalen Zahlen anwenden.	☐	☐	☐	Basiswissen, Seite 157
4. Ich kann Zahlen den verschiedenen Zahlbereichen zuordnen.	☐	☐	☐	

Überprüfe deine Einschätzungen.

Kopiervorlage Checkliste n6zp4z

1 Verschiedene Schreibweisen
Schreibe als gekürzten Bruch bzw. als Dezimalbruch.
a) 1,25 b) 25,4 % c) 0,028 d) 3,625
e) $\frac{4}{5}$ f) $\frac{12}{8}$ g) $\frac{14}{16}$ h) $\frac{4}{11}$

2 Mit rationalen Zahlen rechnen
a) Berechne den Wert des Terms.
(1) $\frac{5}{6}-\left(-\frac{7}{8}\right)$ (2) $\frac{4}{15}:\left(-\frac{28}{5}\right)$
(3) $\left(\frac{4}{3}-\frac{3}{8}\right)\cdot\frac{24}{5}$ (4) $0,25-\frac{2}{3}+\frac{3}{18}$
b) Berechne den Flächeninhalt der Figur.

Du kannst die Liste entweder in dein Heft übertragen oder über den angegebenen Code herunterladen. Kreuze dann in der Liste das passende Kästchen an.

Kontrolliere anschließend deine Selbsteinschätzung, indem du die Aufgaben bearbeitest.
Zu Punkt 1 gehört Aufgabe 1, zu Punkt 2 gehört Aufgabe 2 usw.

Deine Ergebnisse kannst du mit den Lösungen weiter hinten im Buch vergleichen.

Ein **Lerntipp** zeigt dir, wo du im Buch nachlesen kannst, wenn du etwas nicht mehr genau weißt.

Lerntipp

Merkkasten, Seite 13

Merkkasten, Seite 20

Basiswissen, Seite 156

Wenn es anschließend noch Themen geben sollte, bei denen du unsicher bist, solltest du diese Inhalte nacharbeiten. Eine Hilfe zu manchen Themen bietet dir das **Basiswissen** am Ende des Buches.
Deine Grundlagen kannst du zudem trainieren, indem du die Aufgaben zu **„Kannst du das noch?"** am Ende einer jeden Lerneinheit bearbeitest.

1

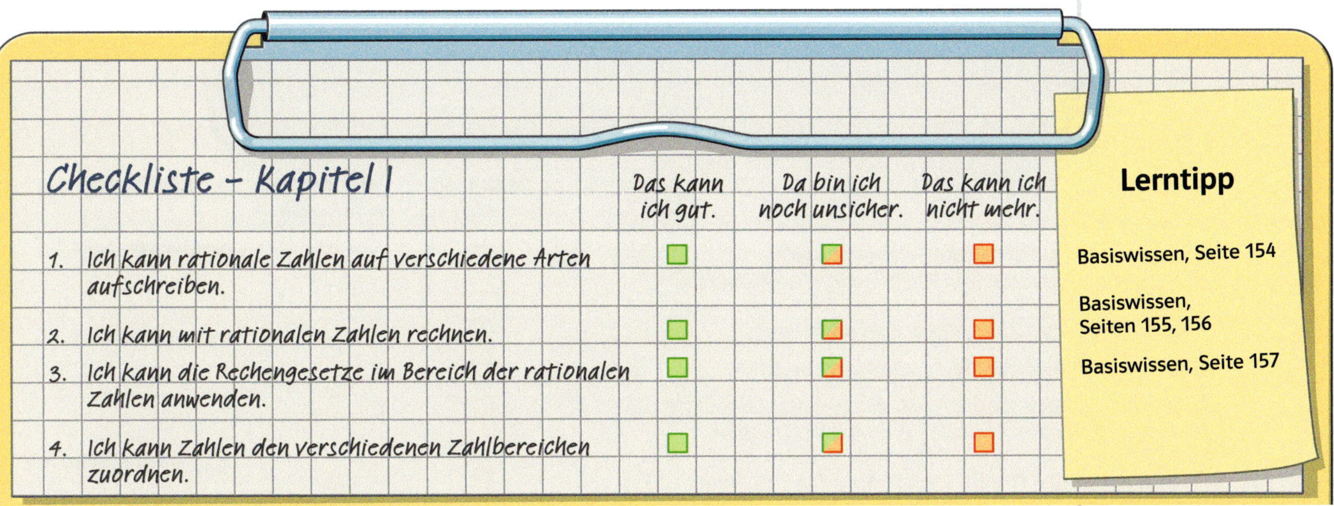

Überprüfe deine Einschätzungen.

Kopiervorlage
Checkliste
n6zp4z

1 Verschiedene Schreibweisen

Schreibe als gekürzten Bruch bzw. als Dezimalbruch.

a) 1,25 b) 25,4 % c) 0,028 d) 3,625

e) $\frac{4}{5}$ f) $\frac{12}{8}$ g) $\frac{14}{16}$ h) $\frac{4}{11}$

2 Mit rationalen Zahlen rechnen

a) Berechne den Wert des Terms.

(1) $\frac{5}{6} - \left(-\frac{7}{8}\right)$ (2) $\frac{4}{15} : \left(-\frac{28}{5}\right)$

(3) $\left(\frac{4}{3} - \frac{3}{8}\right) \cdot \frac{24}{5}$ (4) $0{,}25 - \frac{2}{3} + \frac{3}{18}$

b) Berechne den Flächeninhalt der Figur.

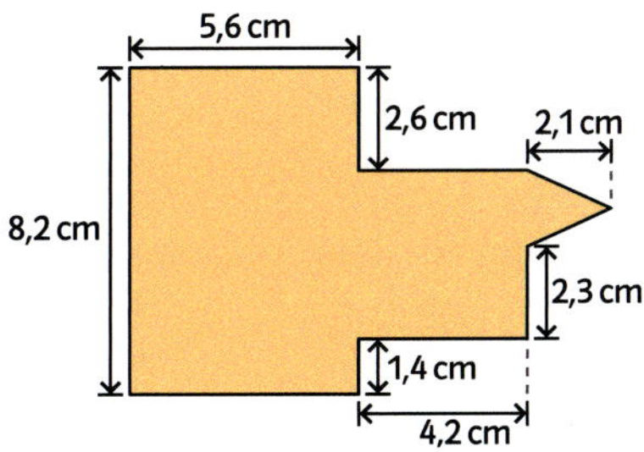

3 Rechengesetze anwenden

Rechne auf zwei Arten. Entscheide, welche Rechnung geschickter ist.

a) 13,4 − (12,8 + 16,4) b) $\frac{4}{3} - \frac{27}{16} - \frac{11}{6} + \frac{1}{2}$ c) $15 \cdot \left(\frac{19}{5} - 4\right)$ d) 12 · (25,3 + 4,7)

4 Zahlbereiche

Übertrage die Tabelle in dein Heft und fülle sie aus.

Zahl	positive Zahl	rationale Zahl	ganze Zahl	natürliche Zahl
25,3				
$-\frac{3}{7}$				
$\frac{48}{16}$				
$-\frac{36}{9}$				
$\frac{15}{45}$				
$-\frac{7}{4}$				

Lösungen | Seite 180

Checkliste – Kapitel II

	Das kann ich gut.	Da bin ich noch unsicher.	Das kann ich nicht mehr.	Lerntipp
1. Ich kann binomische Formeln erkennen und beim Ausmultiplizieren und Ausklammern verwenden.	□	□	□	Basiswissen, Seite 157
2. Ich kann Terme mit Quadratwurzeln umformen.	□	□	□	Basiswissen, Seite 157
3. Ich kann Gleichungen mithilfe von Wurzeln lösen.	□	□	□	
4. Ich kann bei Geraden die Steigung, den y-Achsenabschnitt und den Schnittpunkt mit der x-Achse bestimmen.	□	□	□	
5. Ich kann den Schnittpunkt zweier Geraden bestimmen.	□	□	□	Basiswissen, Seite 164

Kopiervorlage
Checkliste
6z24cw

Überprüfe deine Einschätzungen.

1 Binomische Formeln anwenden

a) Fülle die Lücken, so dass eine binomische Formel entsteht.
(1) $(2x - y)^2 = 4x^2 + y^2 + \square$ (2) $(2x - 3b)(\square) = 4x^2 - 9b^2$ (3) $(3s\ \square)^2 = 9s^2 + 12s\ \square$

b) Verwandle in eine Summe. Benutze binomische Formeln.
(1) $\left(\frac{1}{2}k - 4p\right)^2$ (2) $\left(3c + \frac{1}{3}\right)^2$ (3) $(6y + 3x)(3x - 6y)$

c) Verwandle in ein Produkt. Benutze, falls möglich, binomische Formeln.
(1) $16c^2 + 9v^2 - 24cv$ (2) $4f^2 - 5s^2$ (3) $18x^2 + 12xy + 8y^2$ (4) $3z^2 - 3$

2 Wurzelterme umformen

Prüfe, ob die Umformung richtig ist. Begründe deine Entscheidung.
a) $\sqrt{48} = 4 \cdot \sqrt{3}$ **b)** $\sqrt{64} - \sqrt{15} = \sqrt{49}$ **c)** $\frac{\sqrt{60}}{\sqrt{12}} = \sqrt{5}$ **d)** $\frac{\sqrt{6}}{\sqrt{7}} = \frac{1}{7}\sqrt{42}$

3 Geraden untersuchen

a) Bestimme die Schnittpunkte der Geraden mit der Gleichung $y = -0{,}5x - 1{,}5$ mit den Koordinatenachsen.
b) Bestimme die Gleichung der Geraden g in der Figur.
c) Die Gerade h ist parallel zu g und verläuft durch den Punkt $P(1\,|\,-1)$. Bestimme die Schnittpunkte der Geraden h mit den Koordinatenachsen.

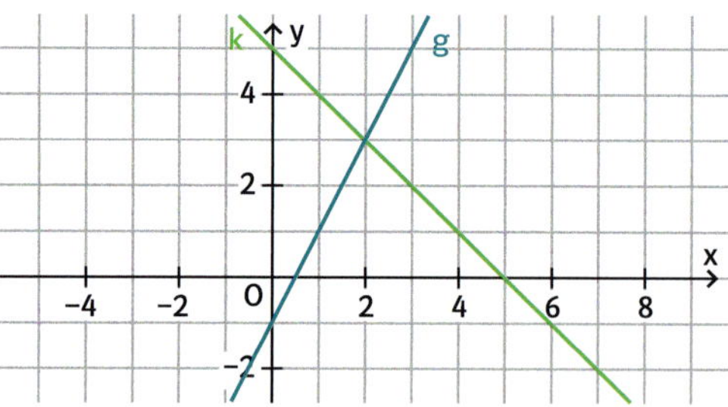

4 Schnittpunkte von Geraden bestimmen

a) Lies den Schnittpunkt der Geraden g und k aus der Figur ab und überprüfe durch Rechnung.
b) Zeichne die zu den Gleichungen gehörigen Geraden jeweils in dasselbe Koordinatensystem und lies gemeinsame Punkte ab. Löse dann das Gleichungssystem.

(1) $2x + 3y - 9 = 0$; $x - y - 2 = 0$
(2) $x = 1 - y$; $3x = 6 - 3y$
(3) $15y = 3 - 12x$; $5y = 1 - 4x$
(4) $2x - 6y = 21$; $2x - 0{,}75y = 0$

Lösungen | Seite 180

1

Checkliste – Kapitel III

	Das kann ich gut.	Da bin ich noch unsicher.	Das kann ich nicht mehr.	Lerntipp
1. Ich kann Anteile berechnen und in Prozent angeben.	☐	☐	☐	Basiswissen, Seite 156
2. Ich kann mit Brüchen rechnen.	☐	☐	☐	Basiswissen, Seite 155
3. Ich kann absolute und relative Häufigkeiten bestimmen.	☐	☐	☐	Basiswissen, Seite 164
4. Ich kann Wahrscheinlichkeiten mithilfe relativer Häufigkeiten abschätzen.	☐	☐	☐	Basiswissen, Seite 165

Kopiervorlage
Checkliste
gu62iu

Überprüfe deine Einschätzungen.

1 Anteile

a) Von 16 € Taschengeld spart Nina 3 €. Wie viel Prozent des Taschengeldes gibt sie aus?
b) In der Stufe 7 gibt es 75 Mädchen und 63 Jungen. Die Stufe 8 besuchen 128 Schülerinnen und Schüler. Davon sind 69 Mädchen. In welcher Stufe ist der Anteil der Jungen größer?

2 Mit Brüchen rechnen

a) Zwei Brüche sollen addiert werden. Beschreibe allgemein, wie du vorgehen musst.
b) Wie multipliziert man Brüche? Erkläre allgemein.
c) Wie lautet die Regel für die Division zweier Brüche?
d) Wie muss man vorgehen, wenn man zwei Brüche vergleichen soll?
e) Berechne den Wert der folgenden Terme.

(1) $\frac{5}{6} + \frac{5}{8}$ (2) $\frac{11}{4} - \frac{21}{6}$ (3) $\frac{18}{14} \cdot \frac{21}{12}$ (4) $\frac{45}{24} : \left(-\frac{5}{8}\right)$

f) Ordne die Brüche $\frac{9}{7}$; $\frac{5}{4}$ und $\frac{11}{12}$ der Größe nach. Beginne mit dem kleinsten.

3 Absolute und relative Häufigkeiten

a) Wie wahrscheinlich ist es, dass man mit einem normalen Würfel eine Sechs würfelt?
b) Wie oft wird etwa bei 900 Würfen eine Zwei gewürfelt?
c) Jan hat 1000-mal gewürfelt und 165-mal eine Drei erhalten. Berechne die relative Häufigkeit, mit der Jan eine Drei erhalten hat. Vergleiche die relative Häufigkeit mit der Wahrscheinlichkeit, eine Drei zu würfeln.

4 Wahrscheinlichkeiten schätzen

In einem Topf befinden sich 13 Kugeln. Xenia zieht 22-mal je eine Kugel, notiert sich die Farbe und legt die gezogene Kugel wieder zurück. Carlo zieht 100-mal. Xenia hat 7-mal eine rote Kugel gezogen, Carlo 31-mal.
a) Berechne die relative Häufigkeit einer roten Kugel bei beiden Versuchsreihen.
b) Wie groß ist etwa die Wahrscheinlichkeit dafür, dass man eine rote Kugel zieht?
c) Wie viele rote Kugeln befinden sich vermutlich im Topf?

→ Lösungen | Seite 181

Checkliste – Kapitel IV

	Das kann ich gut.	Da bin ich noch unsicher.	Das kann ich nicht mehr.	Lerntipp
1. Ich kann mit Quadratwurzeln rechnen.	☐	☐	☐	Merkkasten, Seite 20
2. Ich kann die Seitenlänge eines Quadrats bei bekanntem Flächeninhalt berechnen.	☐	☐	☐	Beispiel, Seite 13
3. Ich kann rechtwinklige Dreiecke konstruieren.	☐	☐	☐	Basiswissen, Seite 161
4. Ich kann Streckenlängen mithilfe maßstabsgerechter Zeichnungen bestimmen.	☐	☐	☐	
5. Ich kann Formeln umstellen.	☐	☐	☐	Basiswissen, Seite 157

Überprüfe deine Einschätzungen.

Kopiervorlage Checkliste 4n7i8q

1 Rechnen mit Quadratwurzeln
Vereinfache.

a) $\sqrt{27}:\sqrt{9}$ b) $\sqrt{\frac{45}{32}}\cdot\sqrt{\frac{8}{5}}$ c) $\sqrt{117}:\sqrt{0{,}13}$
d) $\sqrt{13x^2+3x^2}$ e) $\sqrt{13b^2-3b^2}$ f) $\sqrt{9x^2+6x+1}$

2 Seitenlängen von Quadraten berechnen
a) Der Flächeninhalt eines Quadrats beträgt $A = 30\,\text{cm}^2$. Berechne die Länge einer Seite.
b) Der Flächeninhalt eines rechtwinkligen gleichschenkligen Dreiecks beträgt $25\,\text{cm}^2$. Berechne die Seitenlängen.

3 Rechtwinklige Dreiecke konstruieren
a) Die Strecken $a = 4\,\text{cm}$ und $b = 5\,\text{cm}$ bilden den rechten Winkel eines rechtwinkligen Dreiecks. Konstruiere das Dreieck.
b) Die längste Seite eines rechtwinkligen Dreiecks ist 10 cm lang, der Abstand von dieser Seite zum Scheitelpunkt des rechten Winkels beträgt 3 cm. Konstruiere das Dreieck.

4 Streckenlängen bestimmen
a) Der Giebel eines Daches hat die Form eines gleichschenkligen Dreiecks. Die Grundseite ist 11 m lang. Der Abstand zur Spitze beträgt 6 m.
Fertige eine maßstabsgetreue Skizze an und bestimme die Länge der Dachsparren.
b) Das Tor einer Pferdekoppel ist 6 m breit und hat zwei Flügel. Ein Schrägbalken ist 3,50 m lang. Bestimme die Höhe der Torflügel mithilfe einer geeigneten Skizze.

5 Formeln umstellen
Der Flächeninhalt A sowie die Länge der Seite c des Trapezes sind bekannt. Stelle eine Formel zur Berechnung der Höhe h auf. Berechne h für $c = 5\,\text{cm}$ und $A = 28\,\text{cm}^2$.

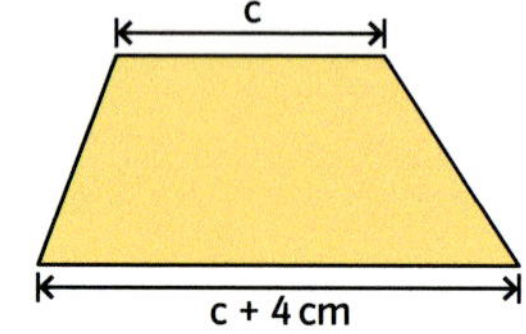

Lösungen | Seite 181

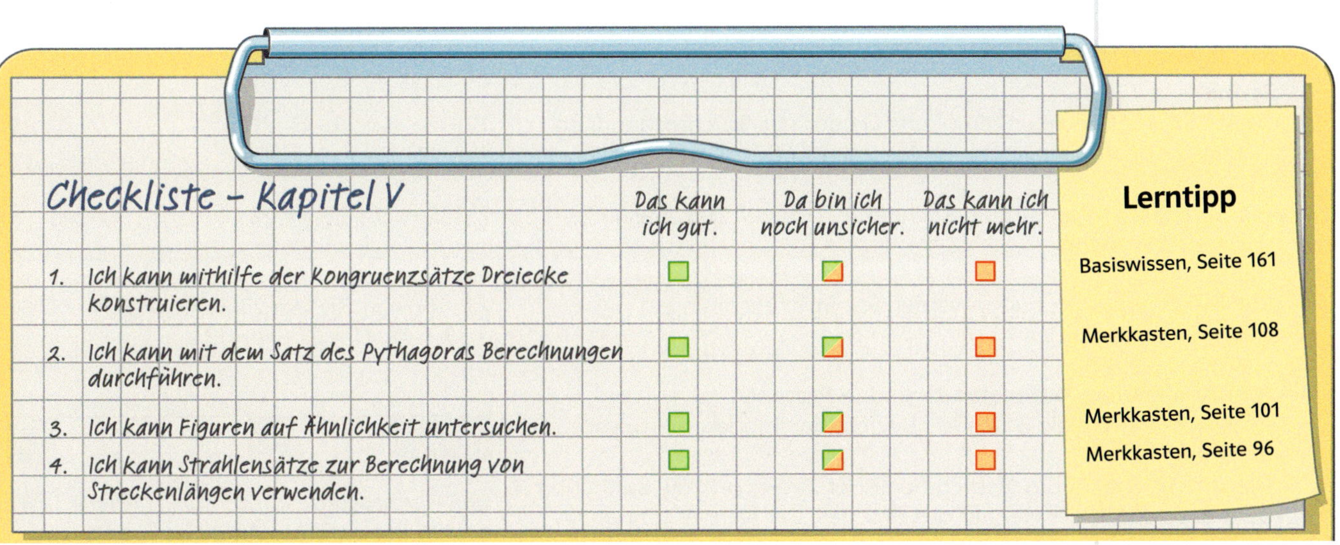

Überprüfe deine Einschätzungen.

Kopiervorlage
Checkliste
7bw437

1 Dreiecke konstruieren

a) Konstruiere ein gleichseitiges Dreieck mit der Seitenlänge 6 cm.

b) Konstruiere ein gleichschenkliges und rechtwinkliges Dreieck, dessen Flächeninhalt 18 cm² groß ist.

c) Die Hypotenuse c eines rechtwinkligen Dreiecks ABC ist 10 cm lang. Die Höhe h_c ist 3 cm lang. Konstruiere das Dreieck.

2 Satz des Pythagoras

a) Berechne den Flächeninhalt eines gleichseitigen Dreiecks mit der Seitenlänge 6 cm.

b) Der Flächeninhalt eines gleichschenkligen und rechtwinkligen Dreiecks beträgt 18 cm². Berechne die Länge der Hypotenuse und der Höhe.

c) Die Hypotenuse c eines rechtwinkligen Dreiecks ABC ist 10 cm lang. Die Höhe h_c ist 3 cm lang. Berechne die Länge der Katheten und der Hypotenusenabschnitte.

3 Ähnlichkeit erkennen und anwenden

Ein Rechteck hat die Seitenlängen a = 8 cm und b = 6 cm. Zeichnet man wie in der Figur von A und C aus die Orthogonalen zur Diagonale, so erhält man verschiedene Dreiecke.

a) Welche Dreiecke sind ähnlich? Begründe deine Entscheidung.

b) Berechne die Seitenlängen der Dreiecke AED und ABE.

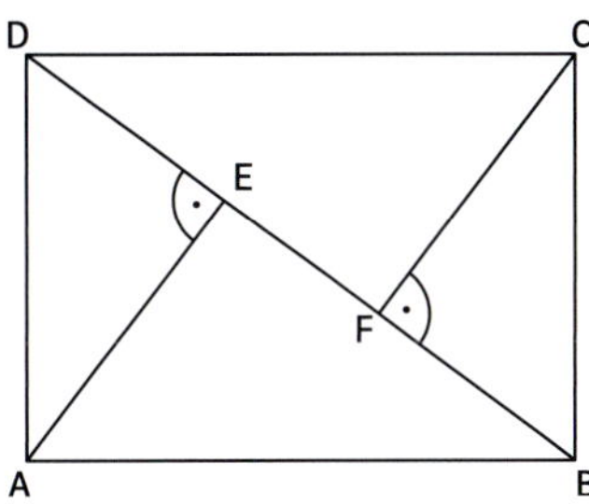

4 Strahlensätze anwenden

Kathrin und Bernd peilen aus ihrem Zimmer heraus einen Lichtmast auf der anderen Straßenseite an. Um die Entfernung zu berechnen, haben sie die Strecken im Zimmer gemessen. Die Fensteröffnung beträgt 1,20 m. Welche Entfernung können die beiden für den Mast bestimmen?

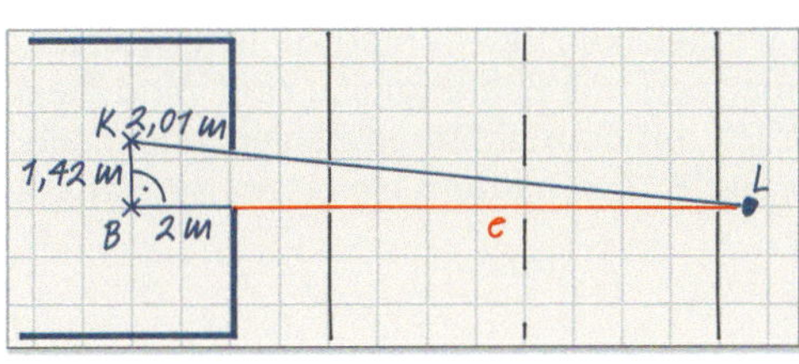

Lösungen | Seite 182

Zahlen und Operationen

Terme

Wenn nur Punktrechnungen (· und :) oder nur Strichrechnungen (+ und −) vorkommen, dann wird von links nach rechts gerechnet.

$12 + 7 - 8 = 19 - 8 = 11$
$119 : 17 \cdot 5 = 7 \cdot 5 = 35$

Bei Termen mit Klammern berechnet man zuerst das, was in der Klammer steht.

$7 \cdot (12 - 8) = 7 \cdot 4 = 28$

Punktrechnungen (· und :) werden vor Strichrechnungen (+ und −) ausgeführt.

$23 - (4 + 5 \cdot 8) : 11 = 23 - (4 + 40) : 11$
$= 23 - 44 : 11 = 23 - 4 = 19$

Anteile als Bruch, Dezimalbruch und in Prozent

Anteile kann man als Bruch, als Dezimalbruch oder in Prozent angeben.
Die Zahl über dem Bruchstrich heißt der Zähler und die Zahl unter dem Bruchstrich der Nenner des Bruches. Der Nenner gibt an, in wie viele gleich große Teile man ein Ganzes teilt. Der Zähler gibt an, wie viele dieser Teile man betrachtet.
Anteile werden auch häufig in Prozent angegeben.
Dabei ist 1% eine andere Schreibweise für $\frac{1}{100}$. Dies entspricht dem Dezimalbruch 0,01.

Das Ganze wurde in zehn gleiche Teile geteilt. Der gefärbte Anteil ist $\frac{4}{10}$ oder 0,4 oder $\frac{40}{100}$ = 40 %.

$0{,}4 = \frac{4}{10} = \frac{40}{100} = 40\,\%$

Erweitern und Kürzen

Ein Bruch wird erweitert, indem man den Zähler und den Nenner mit derselben natürlichen Zahl (ungleich null) multipliziert.
Ein Bruch wird gekürzt, indem man den Zähler und den Nenner durch dieselbe natürliche Zahl (ungleich null) dividiert.
Alle Brüche, die aus einem Bruch durch Erweitern oder Kürzen entstehen, bezeichnen dieselbe Zahl. Sie werden auf dem Zahlenstrahl an derselben Stelle eingetragen.

$\frac{5}{6}$ mit 3 erweitert ergibt $\frac{15}{18}$.
$\frac{8}{12}$ mit 4 gekürzt ergibt $\frac{2}{3}$.

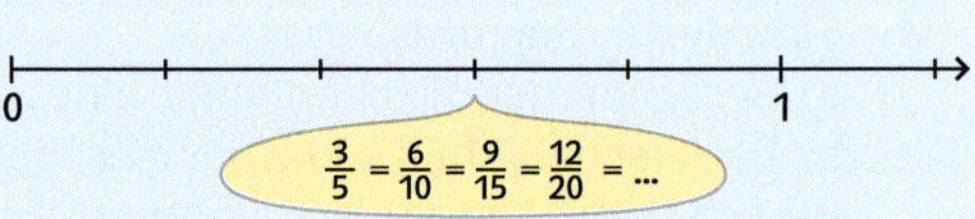

Dezimalbrüche und Brüche

Dezimalbrüche mit einer, zwei, drei … Nachkommastellen sind eine andere Schreibweise für Brüche mit dem Nenner 10, 100, 1000 …
Will man einen Bruch in einen Dezimalbruch umwandeln, so erweitert oder kürzt man den Nenner auf eine Zehnerpotenz, oder man dividiert den Zähler durch den Nenner.
Wandelt man einen Bruch durch Division in einen Dezimalbruch um, so erhält man einen abbrechenden oder einen periodischen Dezimalbruch.

$0{,}4 = \frac{4}{10}$
$0{,}17 = \frac{17}{100}$
$0{,}513 = \frac{513}{1000}$
$\frac{12}{75} = \frac{4}{25} = \frac{16}{100} = 0{,}16$
$\frac{15}{40} = 15 : 40 = 0{,}375$
$\frac{15}{99} = 15 : 99 = 0{,}151515\ldots = 0{,}\overline{15}$

Dezimalbrüche und Brüche vergleichen

Dezimalbrüche vergleicht man, indem man die Ziffern stellenweise miteinander vergleicht.
Brüche lassen sich vergleichen, indem man sie so erweitert oder kürzt, dass die Nenner oder die Zähler gleich sind. Sind die Nenner gleich, so ist der Bruch mit dem größeren Zähler größer. Sind die Zähler gleich, so ist der Bruch mit dem kleineren Nenner größer.

$0{,}4 < 0{,}5$ $\quad 0{,}091 < 0{,}126$ $\quad 0{,}0102 < 0{,}02$

$\frac{2}{5} < \frac{1}{2}$, denn $\frac{2}{5} < \frac{2}{4} = \frac{1}{2}$
$\frac{1}{7} < \frac{4}{21}$, denn $\frac{1}{7} = \frac{3}{21} < \frac{4}{21}$

Addieren bzw. Subtrahieren von Brüchen
1. Man bringt die Brüche auf gleiche Nenner.
2. Man schreibt die Brüche auf einen gemeinsamen Bruchstrich.
3. Man addiert bzw. subtrahiert die Zähler.

$\frac{1}{3} + \frac{3}{4} = \frac{4}{12} + \frac{9}{12} = \frac{4+9}{12} = \frac{13}{12}$

$\frac{5}{8} - \frac{1}{4} = \frac{5}{8} - \frac{2}{8} = \frac{5-2}{8} = \frac{3}{8}$

Addieren bzw. Subtrahieren von Dezimalbrüchen
Man addiert oder subtrahiert Dezimalbrüche, indem man sie so untereinanderschreibt, dass Komma unter Komma steht. Dann addiert bzw. subtrahiert man stellenweise.

$$\begin{array}{rr} & 23{,}126 \\ + & 0{,}075 \\ & {\scriptstyle 1\,1} \\ \hline & 23{,}201 \end{array} \qquad \begin{array}{rr} & 6{,}00 \\ - & 0{,}07 \\ & {\scriptstyle 1\,1} \\ \hline & 5{,}93 \end{array}$$

Multiplizieren von Brüchen
Man multipliziert zwei Brüche miteinander, indem man Zähler mit Zähler und Nenner mit Nenner multipliziert.

$\frac{5}{24} \cdot \frac{16}{17} = \frac{5 \cdot 16}{24 \cdot 17} = \frac{5 \cdot 2}{3 \cdot 17} = \frac{10}{51}$

$\frac{2}{3} \cdot 5 = \frac{2 \cdot 5}{3} = \frac{10}{3}$

$4 \cdot \frac{3}{7} = \frac{4}{1} \cdot \frac{3}{7} = \frac{4 \cdot 3}{1 \cdot 7} = \frac{12}{7}$

Dividieren durch einen Bruch
Man dividiert durch einen Bruch, indem man mit seinem Kehrbruch multipliziert.

$\frac{7}{9} : \frac{5}{18} = \frac{7}{9} \cdot \frac{18}{5} = \frac{7 \cdot 18}{9 \cdot 5} = \frac{7 \cdot 2}{1 \cdot 5} = \frac{14}{5}$

$\frac{5}{3} : 7 = \frac{5}{3} : \frac{7}{1} = \frac{5}{3} \cdot \frac{1}{7} = \frac{5 \cdot 1}{3 \cdot 7} = \frac{5}{21}$

$5 : \frac{3}{4} = \frac{5}{1} : \frac{3}{4} = \frac{5}{1} \cdot \frac{4}{3} = \frac{5 \cdot 4}{3} = \frac{20}{3}$

Multiplizieren von Dezimalbrüchen
1. Man multipliziert zuerst, ohne auf das Komma zu achten.
2. Man setzt das Komma so, dass das Ergebnis genauso viele Stellen nach dem Komma hat wie beide Faktoren zusammen.

$$\begin{array}{r} \underline{2{,}1 \cdot 6{,}34} \\ 126 \\ 63 \\ \underline{84} \\ 13{,}314 \end{array} \qquad \begin{array}{r} \underline{0{,}23 \cdot 0{,}4} \\ \underline{92} \\ 0{,}092 \end{array}$$

Dividieren durch Dezimalbrüche
Man verschiebt das Komma der beiden Zahlen um gleich viele Stellen nach rechts, sodass die Zahl, durch die dividiert wird, eine natürliche Zahl ist.

$$\begin{array}{l} 3{,}78 : 1{,}4 = 37{,}8 : 14 = 2{,}7 \\ \phantom{3{,}78 : 1{,}4 = }\underline{-28} \\ \phantom{3{,}78 : 1{,}4 = 3}98 \\ \phantom{3{,}78 : 1{,}4 = }\underline{-98} \\ \phantom{3{,}78 : 1{,}4 = 30}0 \end{array}$$

Anordnung – Gegenzahl – Betrag
Von zwei rationalen Zahlen ist diejenige größer, die auf der Zahlengeraden weiter rechts liegt.
Die Gegenzahl zu einer rationalen Zahl liegt auf der Zahlengeraden spiegelbildlich zu null.
Den Abstand einer rationalen Zahl zur Zahl Null nennt man ihren Betrag.

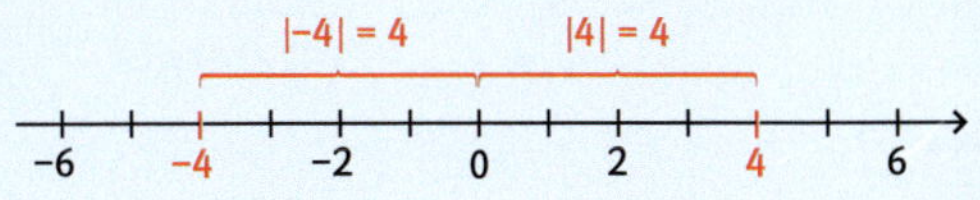

Addieren und Subtrahieren rationaler Zahlen
Addieren einer positiven Zahl: Gehe auf der Zahlengeraden nach rechts.
Subtrahieren einer positiven Zahl: Gehe auf der Zahlengeraden nach links.
Addieren einer negativen Zahl: Gehe auf der Zahlengeraden nach links (lässt sich als Subtraktion ausdrücken).
Subtrahieren einer negativen Zahl: Gehe auf der Zahlengeraden nach rechts (lässt sich als Addition ausdrücken).

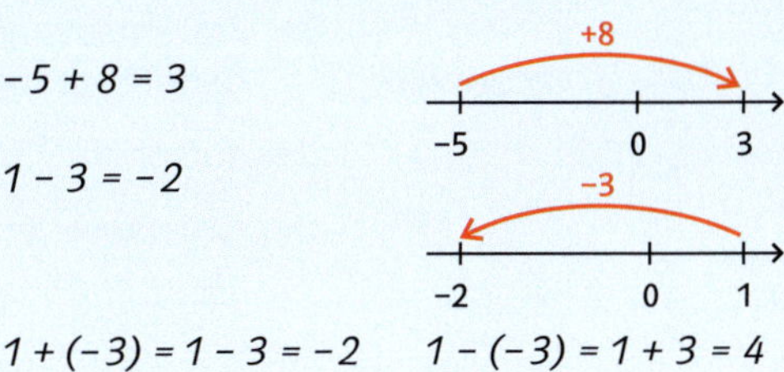

$-5 + 8 = 3$

$1 - 3 = -2$

$1 + (-3) = 1 - 3 = -2$ $\quad 1 - (-3) = 1 + 3 = 4$

Multiplizieren und Dividieren rationaler Zahlen

Multipliziert oder dividiert man zwei negative Zahlen, so ist das Ergebnis positiv.
Multipliziert oder dividiert man eine negative und eine positive Zahl, so ist das Ergebnis negativ.
Durch 0 kann man nicht dividieren.

$8 \cdot 4 = 32$ $\quad 8 : 4 = 2$
$(-8) \cdot (-4) = 32$ $\quad (-8) : (-4) = 2$
$(-12) \cdot 3 = -36$ $\quad (-12) : 3 = -4$
$12 \cdot (-3) = -36$ $\quad 12 : (-3) = -4$

Dezimalbrüche in die Prozentschreibweise umwandeln

Um einen Dezimalbruch in der Prozentschreibweise anzugeben, verschiebt man das Komma um zwei Stellen nach rechts und ergänzt das Prozentzeichen. Auch periodische Dezimalbrüche lassen sich so in Prozent schreiben.

$0{,}2 = 20\,\%$
$0{,}125 = 12{,}5\,\%$
$0{,}1\overline{6} = 0{,}166\ldots = 16{,}\overline{6}\,\%$

Brüche in die Prozentschreibweise umwandeln

Um einen Bruch in der Prozentschreibweise anzugeben, erweitert man ihn auf den Nenner 100, sofern dies möglich ist.
Man kann einen Bruch auch in die Prozentschreibweise umwandeln, indem man ihn zunächst in einen Dezimalbruch umformt. Auf diese Weise lassen sich auch Brüche in Prozent schreiben, deren Nenner sich nicht auf 100 erweitern lassen.

$\frac{1}{5} = \frac{20}{100} = 20\,\%$
$\frac{5}{4} = \frac{125}{100} = 125\,\%$
$\frac{1}{3} = 1 : 3 = 0{,}\overline{3} = 33{,}\overline{3}\,\%$

Prozentangaben

Der Ausdruck 15 % ist eine andere Schreibweise für $\frac{15}{100}$.

$\frac{1}{1} = 100\,\%$ $\quad \frac{1}{2} = 50\,\%$ $\quad \frac{1}{3} = 33\frac{1}{3}\,\%$
$\frac{1}{4} = 25\,\%$ $\quad \frac{1}{10} = 10\,\%$ $\quad \frac{2}{1} = 200\,\%$

Prozentsatz – Prozentwert – Grundwert

Um den Prozentsatz auszurechnen, teilt man den Prozentwert durch den Grundwert.

$$\text{Prozentsatz} = \frac{\text{Prozentwert}}{\text{Grundwert}}$$

Berechnen des Prozentsatzes
Prozentwert: 40 €
Grundwert: 200 €
Prozentsatz: $\frac{40\,€}{200\,€} = \frac{20}{100} = 20\,\%$

Der Prozentwert lässt sich aus dem Grundwert und dem Prozentsatz mit dem Dreisatz berechnen:

(:100) 100 % entsprechen dem Grundwert.
1 % entspricht $\frac{\text{Grundwert}}{100}$. (:100)
(· Prozentsatz) Der Prozentwert entspricht
Prozentsatz · $\frac{\text{Grundwert}}{100}$. (· Prozentsatz)

Berechnen des Prozentwertes
Grundwert: 250 €
Prozentsatz: 15 %

(:100) 100 % entsprechen 250 €. (:100)
(· 15) 1 % entspricht 2,5 €. (· 15)
15 % entsprechen 37,5 €.

kurz: 250 € : 100 · 15 = 37,5 €
Prozentwert: 37,50 €

Der Grundwert lässt sich aus dem Prozentwert und dem Prozentsatz mit dem Dreisatz berechnen:

(: Prozentsatz) Der Prozentsatz entspricht dem Prozentwert. (: Prozentsatz)
1 % entspricht $\frac{\text{Prozentwert}}{\text{Prozentsatz}}$.
(· 100) Der Grundwert entspricht (· 100)
$\frac{\text{Prozentwert}}{\text{Prozentsatz}} \cdot 100$.

Berechnen des Grundwertes
Prozentwert: 280
Prozentsatz: 80 %

(:80) 80 % entsprechen 280. (:80)
(· 100) 1 % entspricht 3,5. (· 100)
100 % entsprechen 350.

kurz: 280 : 80 · 100 = 350
Grundwert: 350

2

Termumformungen

Rechenregeln, Rechengesetze und Rechenvorteile

Bei Termen mit Klammern berechnet man zuerst das, was in der Klammer steht.

$7 \cdot (12 - 8) = 7 \cdot 4 = 28$

Punktrechnungen ($\cdot$ und $:$) werden vor Strichrechnungen ($+$ und $-$) ausgeführt.

$23 - (4 + 5 \cdot 8) : 11 = 23 - (4 + 40) : 11$
$= 23 - 44 : 11 = 23 - 4 = 19$

Durch Anwenden von Rechengesetzen kann man einen Term in einen äquivalenten Term umformen. Dabei werden vor allem folgende Rechengesetze angewendet.

			Beispiel
Assoziativgesetz:	$a + (b + c) = (a + b) + c$	und	$2 + (4 + x) = (2 + 4) + x$
	$a \cdot (b \cdot c) = (a \cdot b) \cdot c$		$5 \cdot (3 \cdot x) = (5 \cdot 3) \cdot x$
Kommutativgesetz:	$a + b = b + a$		$7 + x = x + 7$
	$a \cdot b = b \cdot a$		$6 \cdot x = x \cdot 6$
Distributivgesetz:	$a \cdot (b + c) = a \cdot b + a \cdot c$	und	$3 \cdot (2 + x) = 3 \cdot 2 + 3 \cdot x$
	$a \cdot (b - c) = a \cdot b - a \cdot c$		$5 \cdot (x - 4) = 5 \cdot x - 5 \cdot 4$

Ausmultiplizieren und Ausklammern

Durch Anwenden des Distributivgesetzes kann man Produkte zu Summen und Summen zu Produkten umformen.

$(a + b) \cdot (c + d) = ac + ad + bc + bd$ (Ausmultiplizieren)

$(3 + x) \cdot (2 - x) = 3 \cdot 2 - 3x + x \cdot 2 - x \cdot x$
$= 6 - x - x^2$

$a \cdot x + a \cdot y = a \cdot (x + y)$ (Ausklammern)

$5b - b^2 = b \cdot (5 - b)$

Vereinfachen von Termen mit mehreren Variablen

Für Terme mit mehreren Variablen gelten die bekannten Rechenregeln. Beim Vereinfachen geht man in folgenden Schritten vor:

1. Gleiche Faktoren in Produkten zu Potenzen zusammenfassen,
2. Klammern auflösen,
3. ordnen,
4. diejenigen Summanden zusammenfassen, bei denen gleiche Variablen in gleichen Potenzen vorkommen.

$3ab^2 + a \cdot 4ab - (ba \cdot (-a) + 2ab \cdot b)$
$= 3ab^2 + 4a^2b - (-a^2b + 2ab^2)$
$= 3ab^2 + 4a^2b + a^2b - 2ab^2$
$= 3ab^2 - 2ab^2 + 4a^2b + a^2b$
$= ab^2 + 5a^2b$

Binomische Formeln

1. binomische Formel: $(a + b)^2 = a^2 + 2ab + b^2$
2. binomische Formel: $(a - b)^2 = a^2 - 2ab + b^2$
3. binomische Formel: $(a + b) \cdot (a - b) = a^2 - b^2$

$(3x + 5y)^2 = 9x^2 + 30xy + 25y^2$
$(2u - 4v)^2 = 4u^2 - 16uv + 16v^2$
$(3p + 2q) \cdot (3p - 2q) = 9p^2 - 4q^2$

Gleichungen und Ungleichungen

Zahlen, die beim Einsetzen für die Variable eine Gleichung erfüllen, heißen Lösungen der Gleichung.
Eine Ungleichung kann mehrere Lösungen haben. Diese Lösungen können an einer Zahlengeraden veranschaulicht werden.

Die Gleichung $5x + 6 = 16$ hat die Lösung 2.
Bei der Ungleichung $5x + 6 < 16$ sind alle Zahlen kleiner als 2 Lösungen.

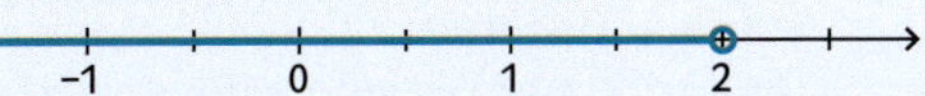

Äquivalenzumformungen von Gleichungen

Eine Umformung einer Gleichung, bei der alle Lösungen erhalten bleiben und keine neuen Lösungen hinzukommen, heißt Äquivalenzumformung.
Wichtige Äquivalenzumformungen von Gleichungen sind:
- beidseitige Addition oder Subtraktion einer Zahl oder eines Terms,
- beidseitige Multiplikation oder Division mit einer Zahl ungleich null.

$3 \cdot (4x - 5) = 8x - 27$ | Vereinfachen
$12x - 15 = 8x - 27$ | $-8x$
$4x - 15 = -27$ | $+15$
$4x = -12$ | $:4$
$x = -3$

Größen und Messen

Gewichtseinheiten

Tonne t
Kilogramm kg 1000 kg = 1 t
Gramm g 1000 g = 1 kg

5000 kg = 5 t *3050 kg = 3,05 t*
9000 g = 9 kg *4 kg 300 g = 4300 g*

Längeneinheiten

Kilometer km
Meter m 1000 m = 1 km
Dezimeter dm 10 dm = 1 m
Zentimeter cm 10 cm = 1 dm
Millimeter mm 10 mm = 1 cm

3000 m = 3 km
80 dm = 8 m
741 cm = 7 m 41 cm
1,1 cm = 11 mm

10 mm 1 cm

Flächeneinheiten

Flächeninhalte kann man in den Einheiten 1 mm², 1 cm², 1 dm², 1 m², 1 a, 1 ha und 1 km² messen.
Multipliziert man eine Flächeneinheit mit 100, so erhält man die nächstgrößere, bei Division durch 100 die nächstkleinere Einheit.

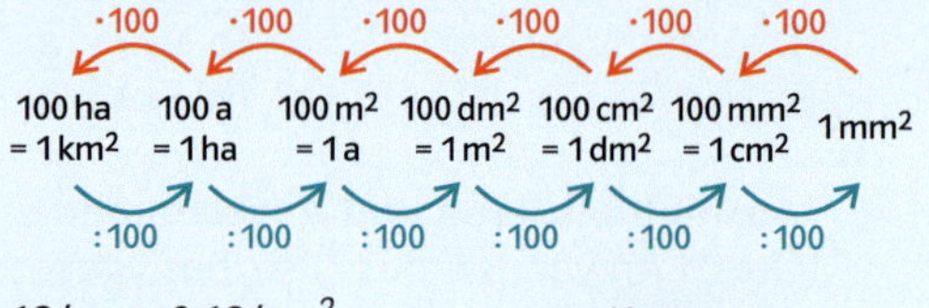

Quadratkilometer km²
Hektar ha 100 ha = 1 km²
Ar a 100 a = 1 ha
Quadratmeter m² 100 m² = 1 a
Quadratdezimeter dm² 100 dm² = 1 m²
Quadratzentimeter cm² 100 cm² = 1 dm²
Quadratmillimeter mm² 100 mm² = 1 cm²

12 ha = 0,12 km²
= 1200 a
20 050 mm²
= 200 cm² 50 mm²

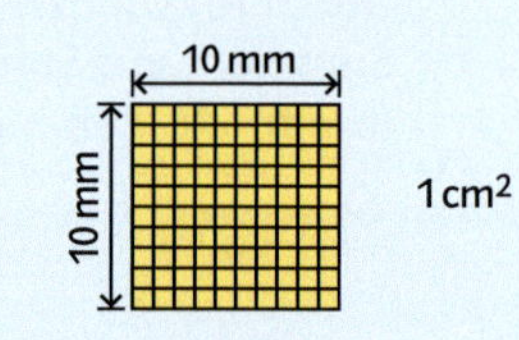

Volumeneinheiten

Volumina kann man in den Einheiten 1 mm³, 1 cm³ = 1 ml, 1 dm³ = 1 l und 1 m³ messen.
Multipliziert man eine Volumeneinheit mit 1000, so erhält man die nächstgrößere, bei Division durch 1000 die nächstkleinere Einheit.

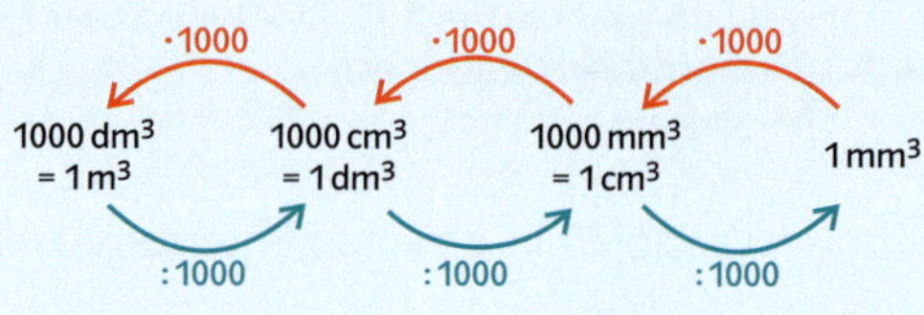

Kubikmeter m³
Kubikdezimeter dm³ Liter l 1000 dm³ = 1 m³
Kubikzentimeter cm³ Milliliter ml 1000 cm³ = 1 dm³ = 1 l
Kubikmillimeter mm³ 1000 mm³ = 1 cm³ = 1 ml

12 m³ = 12 000 dm³
= 12 000 l
143 dm³ 3 cm³
= 143 003 cm³

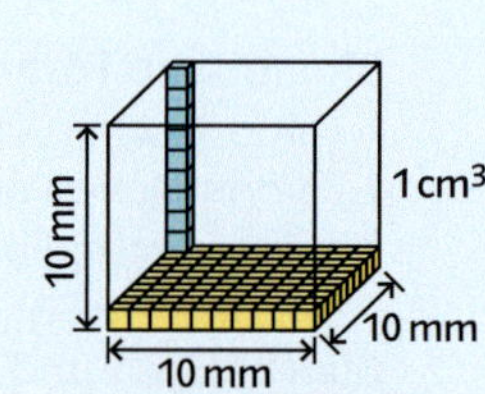

Messen von Winkelgrößen

Zum Messen von Winkelgrößen benutzt man Skalen, wie man sie auf dem Geodreieck findet.
Die Größe von Winkeln wird in Grad angegeben.
Je nach Größe unterscheidet man verschiedene Winkelarten:

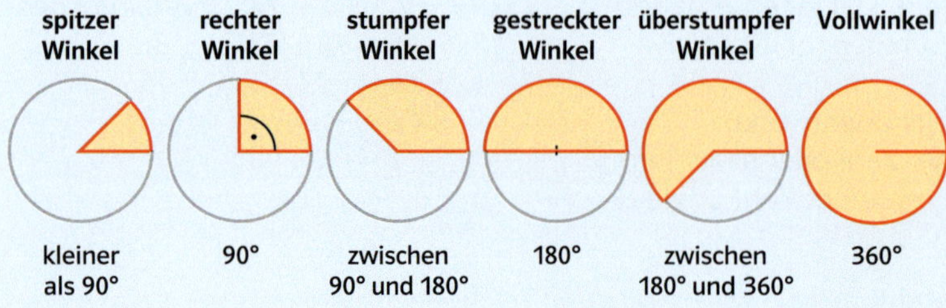

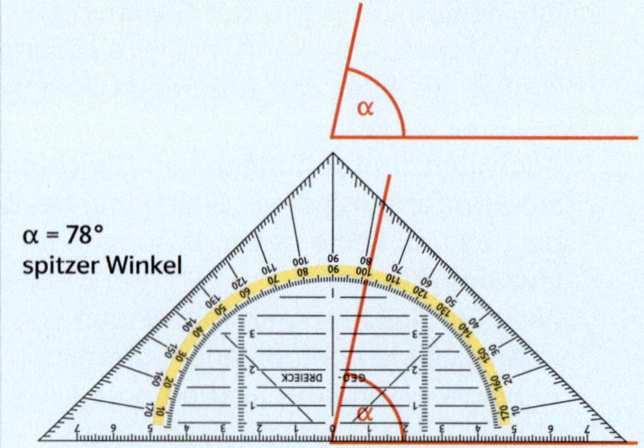

Raum und Form

Scheitelwinkel und Nebenwinkel

An zwei sich schneidenden Geraden sind Scheitelwinkel gleich groß. Nebenwinkel ergeben zusammen 180°.

Stufenwinkel

Wenn zwei zueinander parallele Geraden von einer weiteren Geraden geschnitten werden, dann sind die Stufenwinkel gleich groß. Wenn die Geraden g und h von der Geraden k geschnitten werden und die Winkel β und γ gleich groß sind, dann sind die Geraden g und h zueinander parallel.

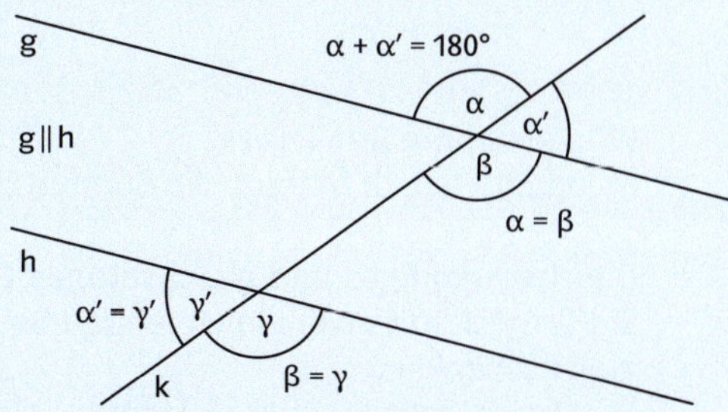

Volumen und Oberflächeninhalt eines Quaders

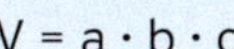

$V = a \cdot b \cdot c$

$O = 2 \cdot a \cdot b + 2 \cdot b \cdot c + 2 \cdot a \cdot c$

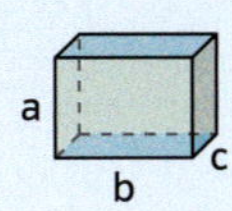

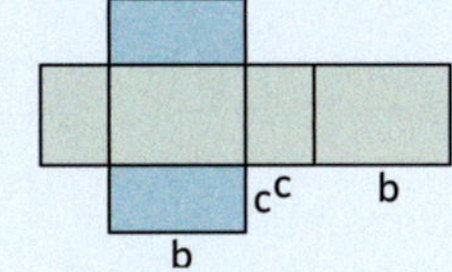

Für ein Quader mit $a = 4\,cm$, $b = 2\,cm$ und $c = 3\,cm$ gilt:

$V = 4\,cm \cdot 2\,cm \cdot 3\,cm = 24\,cm^3$

$O = 2 \cdot 4\,cm \cdot 2\,cm + 2 \cdot 2\,cm \cdot 3\,cm + 2 \cdot 4\,cm \cdot 3\,cm = 52\,cm^2$

Volumen und Oberflächeninhalt von Prismen

Für ein Prisma mit der Grundfläche G, der Höhe h und der Mantelfläche M gilt:

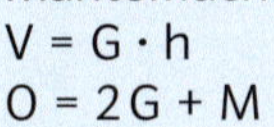

$V = G \cdot h$

$O = 2G + M$

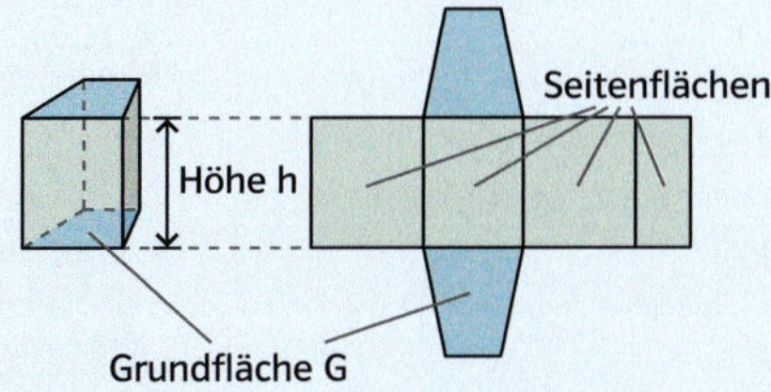

Für ein Prisma der Höhe 11 cm, dessen Grundfläche ein rechtwinkliges Dreieck mit $a = 6\,cm$, $b = 8\,cm$, $c = 10\,cm$ und $\gamma = 90°$ ist, gilt:

$G = \frac{1}{2} \cdot 6\,cm \cdot 8\,cm = 24\,cm^2$,

$V = 24\,cm^2 \cdot 11\,cm = 264\,cm^3$,

$M = (6\,cm + 8\,cm + 10\,cm) \cdot 11\,cm = 264\,cm^2$,

$O = 2 \cdot 24\,cm^2 + 264\,cm^2 = 312\,cm^2$.

Flächeninhalt eines Dreiecks

$A = \frac{1}{2} \cdot a \cdot h_a$

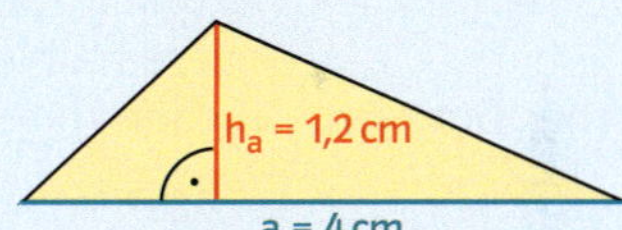

$A = \frac{1}{2} \cdot 4\,cm \cdot 1{,}2\,cm = 2{,}4\,cm^2$

Flächeninhalt besonderer Vierecke

Parallelogramm: $A = a \cdot h_a$

Trapez: $A = \frac{1}{2} \cdot (a + c) \cdot h$

Drachen: $A = \frac{1}{2} \cdot e \cdot f$

Raute: $A = a \cdot h$

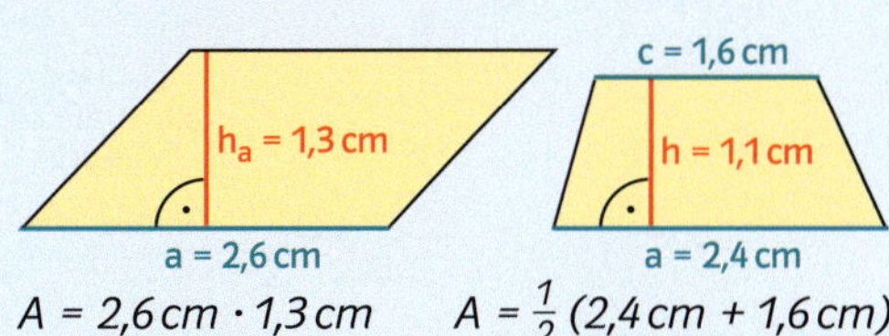

$A = 2{,}6\,cm \cdot 1{,}3\,cm = 3{,}38\,cm^2$

$A = \frac{1}{2}(2{,}4\,cm + 1{,}6\,cm) \cdot 1{,}1\,cm = 2{,}2\,cm^2$

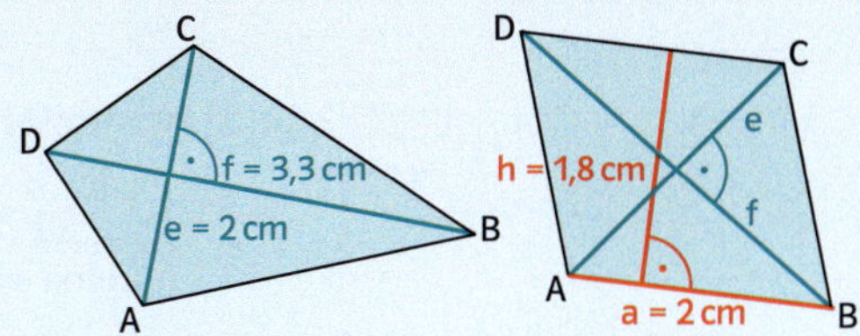

$A = \frac{1}{2} \cdot 2\,cm \cdot 3{,}3\,cm = 3{,}3\,cm^2$

$A = 2\,cm \cdot 1{,}8\,cm = 3{,}6\,cm^2$

Winkelsumme im Dreieck
In jedem Dreieck beträgt die Summe der drei Innenwinkel 180°.

Winkelsumme im Viereck
In jedem Viereck beträgt die Summe der vier Innenwinkel 360°.

Gleichschenkliges und gleichseitiges Dreieck
Ein Dreieck mit zwei gleich langen Seiten nennt man gleichschenklig.
Ein Dreieck mit drei gleich langen Seiten nennt man gleichseitig.
Wenn ein Dreieck gleichschenklig ist, dann sind die Basiswinkel gleich groß (Basiswinkelsatz).
Umgekehrt gilt auch: Wenn in einem Dreieck zwei Winkel gleich groß sind, dann ist es gleichschenklig.
In einem gleichseitigen Dreieck sind alle Winkel 60° groß.

Vierecke

Parallelogramm:	Viereck, bei dem gegenüberliegende Seiten parallel sind
Raute:	Viereck mit vier gleich langen Seiten
Rechteck:	Viereck mit vier rechten Winkeln
Quadrat:	Viereck mit vier gleich langen Seiten und vier rechten Winkeln
Trapez:	Viereck mit (mindestens) einem Paar paralleler Seiten
symmetrisches Trapez:	Trapez mit Symmetrieachse
Drachen:	Viereck, in dem die eine Diagonale die andere halbiert
symmetrischer Drachen:	Drachen mit einer Diagonale als Symmetrieachse

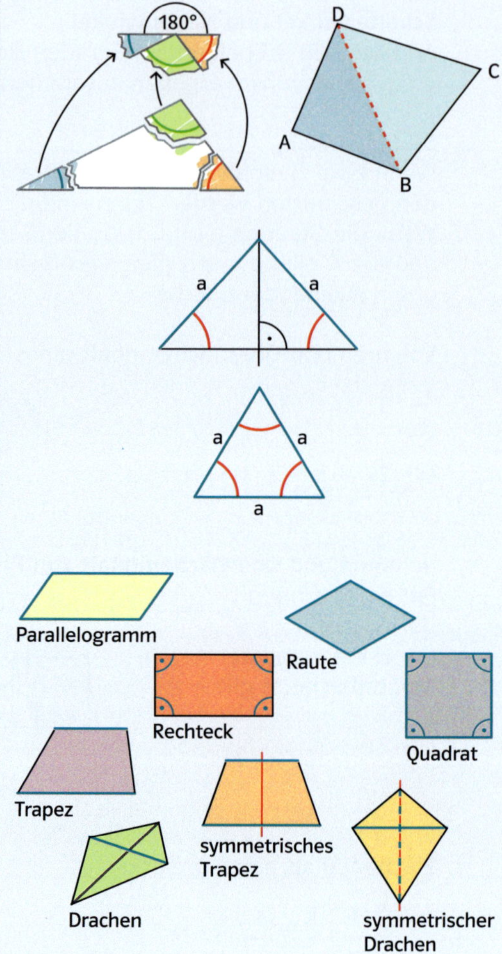

Großes Haus der Vierecke

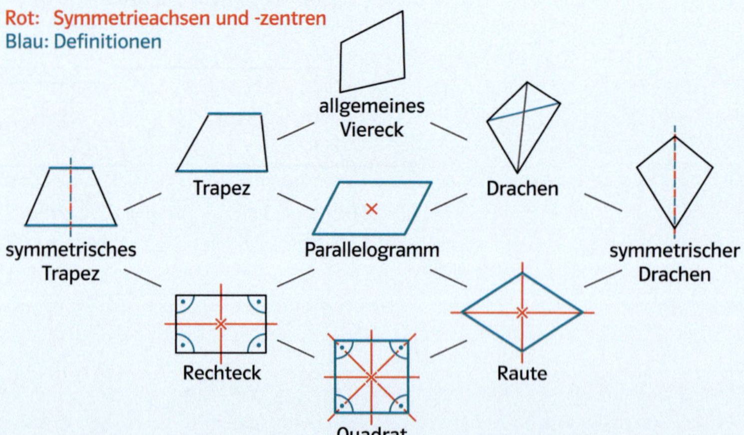

Im großen Haus der Vierecke gilt: Wenn zwei Vierecke durch eine oder mehrere Verbindungslinien in gleicher Richtung miteinander verbunden sind, dann „erbt" das „untere" Viereck die Eigenschaften des „oberen" Vierecks.

Jedes Parallelogramm ist ein Drachen.
Jedes Rechteck ist ein symmetrisches Trapez.
Da jedes Quadrat auch ein Rechteck ist, ist ein Quadrat auch ein symmetrisches Trapez.

Satz des Thales
Wenn ein Punkt C auf dem Halbkreis über einer Strecke $\overline{AB}$ liegt, dann hat das Dreieck ABC bei C einen rechten Winkel.
Ein solcher Kreis heißt Thaleskreis.

Umkehrung des Satzes von Thales
Wenn das Dreieck ABC im Punkt C rechtwinklig ist, dann liegt der Punkt C auf dem Thaleskreis über der Strecke $\overline{AB}$.

Zueinander kongruente Figuren
Zwei Figuren sind zueinander kongruent, wenn sie in Form und Größe übereinstimmen, d.h., wenn man sie so übereinanderlegen kann, dass sie sich vollständig zur Deckung bringen lassen.

Kongruenzsätze
Wenn zwei Dreiecke in
- den drei Seiten (sss),
- einer Seite und zwei Winkeln (wsw),
- zwei Seiten und dem eingeschlossenen Winkel (sws),
- zwei Seiten und dem der längeren Seite gegenüberliegenden Winkel (Ssw)

übereinstimmen, dann sind sie zueinander kongruent.

Mittelsenkrechte und Winkelhalbierende
Die Gerade, die senkrecht zu einer Strecke $\overline{AB}$ ist und durch deren Mittelpunkt verläuft, heißt Mittelsenkrechte der Strecke $\overline{AB}$.
Auf der Mittelsenkrechten zu einer Strecke $\overline{AB}$ liegen diejenigen Punkte, die von A und B den gleichen Abstand haben.
Die Gerade, die einen Winkel α in zwei gleich große Teile teilt, heißt Winkelhalbierende von α.
Auf der Winkelhalbierenden eines Winkels liegen diejenigen Punkte, die von den Schenkeln des Winkels den gleichen Abstand haben.

Umkreis, Inkreis, Schwerpunkt
In jedem Dreieck schneiden sich die drei Mittelsenkrechten, die drei Winkelhalbierenden und die drei Seitenhalbierenden jeweils in einem Punkt. Dadurch ergeben sich der Umkreis- und Inkreismittelpunkt sowie der Schwerpunkt des Dreiecks.

Höhen eines Dreiecks
In jedem Dreieck schneiden sich die drei Höhenlinien in einem Punkt, dem Höhenschnittpunkt.

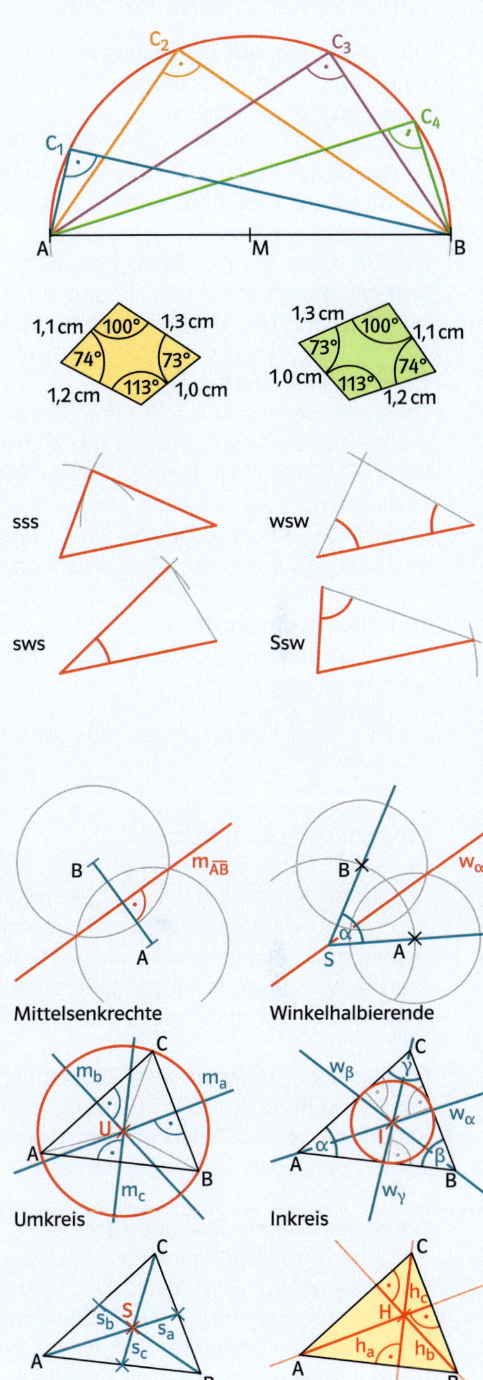

Funktionaler Zusammenhang

Darstellungen von Zuordnungen

Eine Zuordnung kann dargestellt werden
- in Form einer Tabelle,
- durch ein Diagramm oder eine andere bildliche Veranschaulichung,
- mithilfe von Pfeilen,
- durch einen Text.

Bei der Angabe einer Zuordnung benennt man die Ausgangswerte und die zugeordneten Werte und verbindet die beiden Begriffe durch einen Pfeil. Die Einheiten werden in Klammern angegeben.

Uhrzeit	6	9	12	15
Temperatur (in °C)	−4	0	2	1

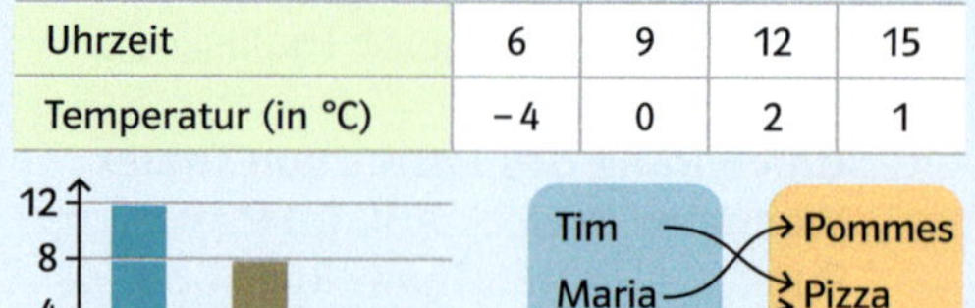

Uhrzeit → Temperatur (in °C)

Graphen von Zuordnungen

Um eine Zuordnung durch einen Graphen darzustellen, werden die Wertepaare als Punkte in ein Koordinatensystem eingetragen. Wenn es sinnvoll ist, werden die Punkte durch eine passende Linie verbunden.
Verschiedene Eigenschaften einer Zuordnung lassen sich anhand des Graphen auf einen Blick erkennen.

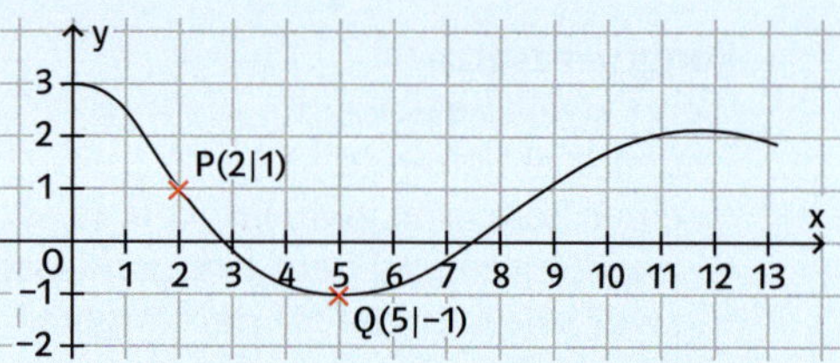

Zuordnungsvorschriften

Viele Zuordnungen können durch eine Zuordnungsvorschrift beschrieben werden.

Bei Quadraten mit der Seitenlänge s betrachtet man die Zuordnung Seitenlänge (in cm) → Umfang (in cm).
Zuordnungsvorschrift: $s \mapsto 4 \cdot s$
(sprich: „s wird $4 \cdot s$ *zugeordnet.")*

Proportionale Zuordnungen

Bei einer proportionalen Zuordnung wird dem 2-, 3- bzw. n-fachen Ausgangswert auch der 2-, 3- bzw. n-fache zugeordnete Wert zugeordnet. Der Quotient aus einem zugeordneten Wert und dem dazugehörigen Ausgangswert ist stets gleich (Quotientengleichheit); man nennt diesen Proportionalitätsfaktor. Ist der Proportionalitätsfaktor z. B. 4, so lautet die Zuordnungsvorschrift $x \mapsto 4 \cdot x$.

Dreisatz bei proportionalen Zuordnungen

Liegt eine proportionale Zuordnung vor, so kann man Wertetabellen über einen Zwischenschritt vervollständigen. Man rechnet dabei auf beiden Seiten „gleichartig".

25 l Benzin kosten 30 €. Wie viel kosten 60 l Benzin?
Die Zuordnung Benzinmenge (in l) → Preis (in €) *ist proportional. Dreisatz:*

Benzinmenge (in l)	Preis (in €)
25	30
:5 ↓ 5	6 ↓ :5
·12 ↓ 60	72 ↓ ·12

60 l Benzin kosten 72 €.

Antiproportionale Zuordnungen

Bei einer antiproportionalen Zuordnung wird dem 2-, 3- bzw. n-fachen Ausgangswert der 2., 3. bzw. n-te Teil des zugeordneten Wertes zugeordnet. Das Produkt aus einem Ausgangswert und dem zugeordnetem Wert ist für alle Wertepaare gleich (Produktgleichheit). Ist dieses Produkt z. B. 5, so lautet die Zuordnungsvorschrift $x \mapsto \frac{5}{x}$.

Dreisatz bei antiproportionalen Zuordnungen

Liegt eine antiproportionale Zuordnung vor, so kann man Wertetabellen über einen Zwischenschritt vervollständigen. Man rechnet dabei auf den unterschiedlichen Seiten „auf entgegengesetzte Weise".

Ein Heuvorrat reicht für 6 Kühe 50 Tage. Wie lange reicht der Vorrat für 10 Kühe?
Die Zuordnung Anzahl der Kühe → Zeit (in Tagen) *ist antiproportional. Dreisatz:*

Anzahl der Kühe	Zeit (in Tagen)
6	50
:6 ↓ 1	300 ↓ ·6
·10 ↓ 10	30 ↓ :10

Für 10 Kühe reicht der Vorrat 30 Tage.

Funktion und Funktionsgraph

Eine Zuordnung, die jedem Wert für x genau einen Wert für y zuordnet, heißt Funktion.
Ein Graph ist nur dann der Graph einer Funktion, wenn jede Parallele zur y-Achse den Graphen in höchstens einem Punkt schneidet.

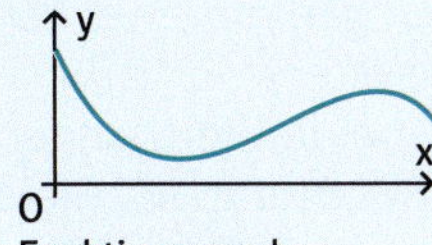

Funktionsgraph

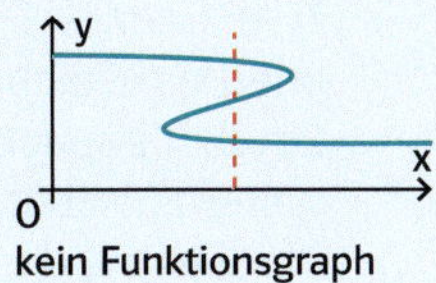

kein Funktionsgraph

Funktionsterm und Funktionsgleichung

Lässt sich eine Funktion f mit f(x) durch einen Term beschreiben, so kann man zu jedem Wert von x den zugeordneten Funktionswert f(x) mithilfe des Funktionsterms berechnen.
Die Menge aller Punkte $P(x\,|\,f(x))$ erfüllen, bilden den Funktionsgraphen.

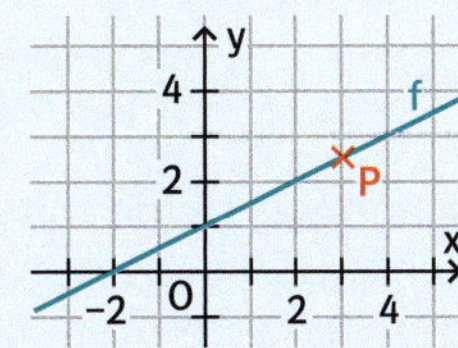

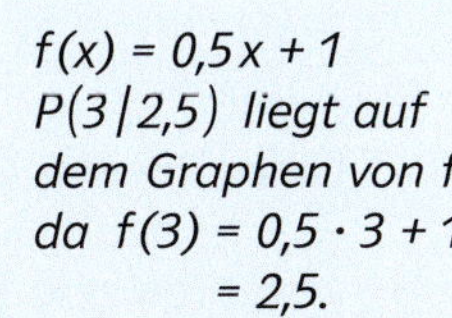

$f(x) = 0{,}5x + 1$
$P(3\,|\,2{,}5)$ liegt auf dem Graphen von f, da $f(3) = 0{,}5 \cdot 3 + 1 = 2{,}5$.

Lineare Funktionen

Eine Funktion mit $f(x) = mx + b$ heißt lineare Funktion. Ihr Graph ist eine Gerade mit der Steigung m und dem y-Achsenabschnitt b.
Ist $m = 0$, so verläuft der Graph der Funktion parallel zur x-Achse.
Im Falle $b = 0$ liegt eine proportionale Funktion vor.

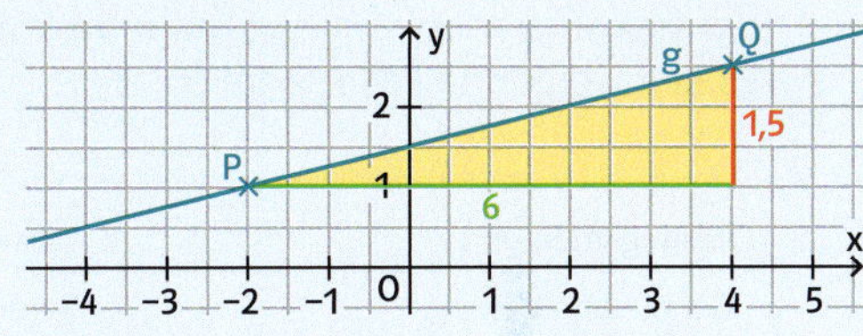

Sind $P(x_1\,|\,y_1)$ und $Q(x_2\,|\,y_2)$ Punkte des Graphen einer linearen Funktion $g(x) = mx + b$, so gilt: $m = \frac{y_2 - y_1}{x_2 - x_1}$.

$P(-2\,|\,1)$ und $Q(4\,|\,2{,}5)$ liegen auf dem Graphen einer linearen Funktion $g(x) = mx + b$.
Wegen $m = \frac{2{,}5 - 1}{4 - (-2)} = \frac{1{,}5}{6} = \frac{1}{4}$ gilt
$g(x) = \frac{1}{4}x + b$.

Bei bekannter Steigung ergibt sich der Wert für b aus der Geradengleichung $y = mx + b$ durch Einsetzen der Koordinaten von P oder Q.

Insbesondere ist $g(-2) = \frac{1}{4} \cdot (-2) + b = 1$.
Es ergibt sich $b = 1{,}5$, also $g(x) = \frac{1}{4}x + 1{,}5$.

Lineare Gleichungen

Die Lösung der linearen Gleichung $mx + b = c$ ist die Stelle x, an der die lineare Funktion $g(x) = mx + b$ den Funktionswert c annimmt.

Im Sonderfall $c = 0$ ist die Lösung der Gleichung die **Nullstelle** der Funktion. An dieser Stelle schneidet der Graph die x-Achse.

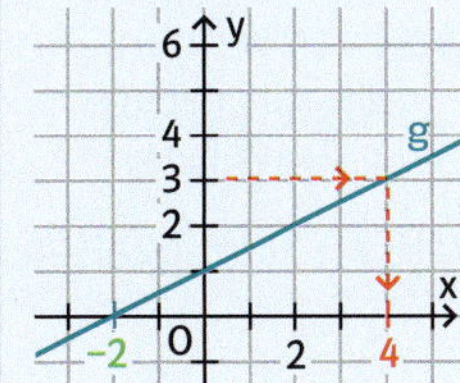

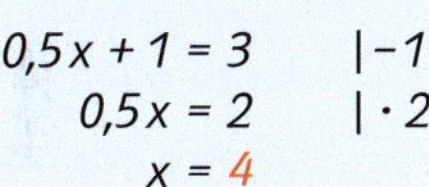

$0{,}5x + 1 = 3 \quad |-1$
$0{,}5x = 2 \quad |\cdot 2$
$x = 4$

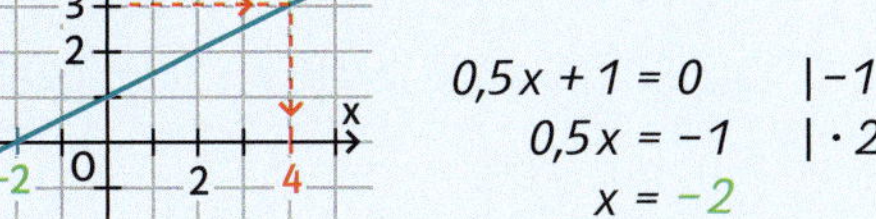

$0{,}5x + 1 = 0 \quad |-1$
$0{,}5x = -1 \quad |\cdot 2$
$x = -2$

Lineare Ungleichungen

Die Lösungen der linearen Ungleichung $mx + b < c$ $(mx + b > c)$ sind diejenigen Stellen x, an denen die Funktionswerte der linearen Funktion $g(x) = mx + b$ kleiner als c (größer als c) sind.

$(2 - x) \cdot 7 < -21 \quad |$ vereinfachen
$14 - 7x < -21 \quad |-14$
$-7x < -35 \quad |:(-7)$
$x > 5$
$L = \{x\,|\,x > 5\}$

Ungleichungen können mit den gleichen Verfahren gelöst werden wie Gleichungen. Zu beachten ist, dass das Relationszeichen umgedreht werden muss, wenn eine Ungleichung beidseitig mit der gleichen negativen Zahl multipliziert oder durch die gleiche negative Zahl dividiert wird.
Die Gesamtheit aller Lösungen einer Ungleichung fasst man zur Lösungsmenge L zusammen.

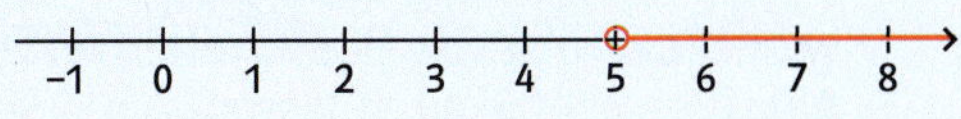

2

Lineare Gleichungssysteme mit zwei Variablen
Zwei lineare Gleichungen mit zwei Variablen bezeichnet man als lineares Gleichungssystem.
Ein Zahlenpaar, das beide Gleichungen eines linearen Gleichungssystems erfüllt, heißt Lösung des Gleichungssystems.
Die Lösung des linearen Gleichungssystems ist der Schnittpunkt der zu den Gleichungen gehörenden Geraden.

I: $y = 0{,}4x + 1$
II: $y = -0{,}6x + 6$
Graphische Lösung

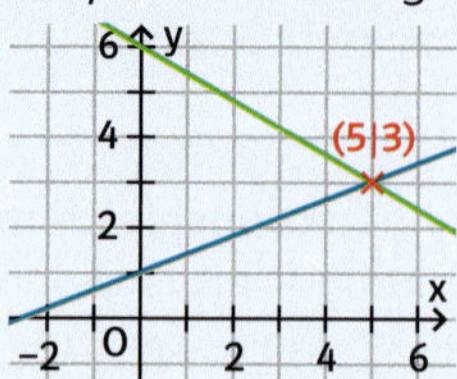

Die Geraden schneiden sich in S(5|3). Also ist (5|3) Lösung des Gleichungssystems.

Lösen linearer Gleichungssysteme mit zwei Variablen
Gleichsetzungsverfahren, Einsetzungsverfahren und Additionsverfahren sind Rechenverfahren zum Lösen linearer Gleichungssysteme. Alle Verfahren haben das Ziel, aus zwei Gleichungen mit zwei Variablen eine einzelne Gleichung zu erzeugen, in der eine der beiden Variablen nicht mehr vorkommt.
Es sind folgende Fälle möglich:

Lösungsmenge	Veranschaulichung
Genau eine Lösung	Geraden schneiden sich
Keine Lösung	Geraden sind parallel
Unendlich viele Lösungen	Geraden sind identisch

Gleichungssystem: I: $y = 2x$
II: $x + y = 3$
Lösung mit drei verschiedenen Verfahren:
Einsetzungsverfahren
I in II: $x + 2x = 3$, also $x = 1$.
Einsetzen in I (oder II) ergibt $y = 2$.
Gleichsetzungsverfahren
II: $y = 3 - x$
I = II: $2x = 3 - x$, also $x = 1$.
Einsetzen in I (oder II) ergibt $y = 2$.
Additionsverfahren
I: $2x - y = 0$
I + II: $3x + 0y = 3$, also $x = 1$.
Einsetzen in I (oder II) ergibt $y = 2$.
Lösung des Gleichungssystems: (1|2)

Daten und Zufall

Absolute und relative Häufigkeiten
Durch Auszählen von Daten ermittelt man absolute Häufigkeiten. Beim Vergleichen von absoluten Häufigkeiten kann man jeweils die relative Häufigkeit verwenden:

relative Häufigkeit = $\frac{\text{absolute Häufigkeit}}{\text{Gesamtanzahl}}$.

Die Summe der relativen Häufigkeiten ergibt 100 %.

Tier	kein Haustier	Hund	Katze	Vogel	Hamster
absolute Häufigkeit	6	3	6	6	9
relative Häufigkeit	20 %	10 %	20 %	20 %	30 %

Umfrageergebnis zu „Ich habe (k)ein Haustier“

Diagramme
Beim Darstellen und Vergleichen von Zahlen helfen Diagramme. Bei den Diagrammen muss man u. a. genau auf die verwendeten Skalen, Längen und Flächen achten.
Zum Darstellen von relativen Häufigkeiten eignen sich Kreisdiagramme besonders gut. Grundwert (entspricht 100 %) ist hier der Vollwinkel 360°.
Bei einem Kreisdiagramm spiegeln die Größen der Mittelpunktswinkel die relativen Häufigkeiten wider.
Absolute Häufigkeiten lassen sich übersichtlich in Säulendiagrammen darstellen.
Beim Säulendiagramm werden Streifen verwendet, die aufrecht nebeneinander angeordnet sind.

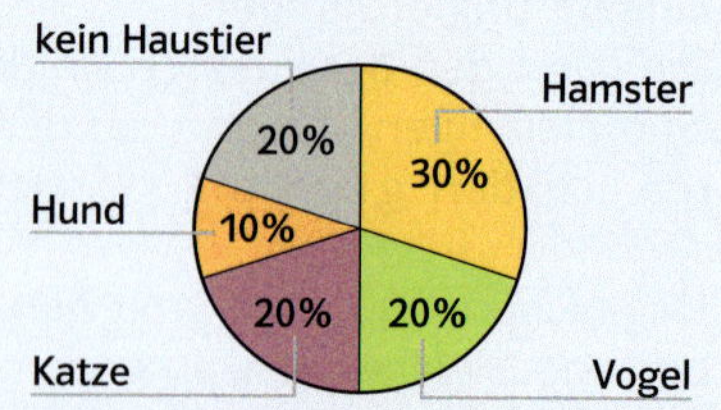

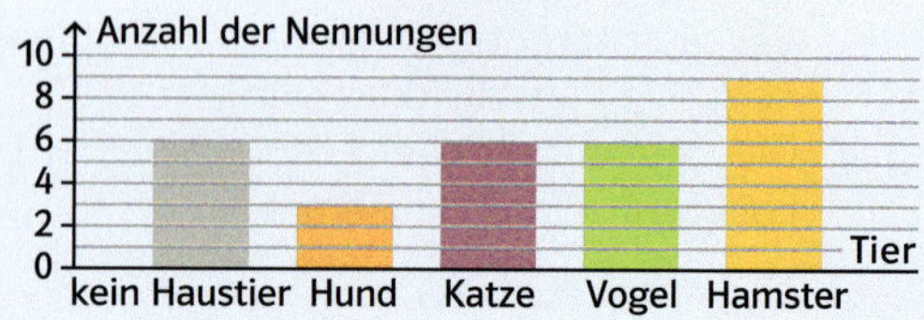

Mittelwert, Zentralwert, Spannweite

Ist eine bestimmte Anzahl von Werten gegeben, so kann man verschiedene Kennzahlen berechnen:

- Den Mittelwert: $\frac{\text{Summe der einzelnen Werte}}{\text{Anzahl der Werte}}$.
- Den Zentralwert: Man sortiert die Werte der Größe nach und nimmt den Wert in der Mitte.
- Die Spannweite: Differenz des größten und des kleinsten Werts.

Sechs Freunde bekommen unterschiedlich viel Taschengeld: 12 €, 9 €, 7 €, 8 €, 19 €, 11 €.

Mittelwert: $\frac{12\,€ + 9\,€ + 7\,€ + 8\,€ + 19\,€ + 11\,€}{6} = 11\,€$

Zentralwert: 7 €, 8 €, 9 €, 11 €, 12 €, 19 €

$\frac{9\,€ + 11\,€}{2} = 10\,€$

Spannweite: $19\,€ - 7\,€ = 12\,€$

Erkennungsmerkmale eines Zufallsexperiments

1. Zu einem Zufallsexperiment wird eine Ergebnismenge festgelegt.
2. Es wird genau ein Ergebnis aus der Ergebnismenge eintreten.
3. Welches der möglichen Ergebnisse auftreten wird, lässt sich nicht vorhersagen.
4. Das Experiment kann unter den gleichen Bedingungen beliebig oft wiederholt werden.

Werfen einer Münze
Ergebnismenge z. B.: S = {Wappen; Zahl}

Würfeln
Ergebnismenge z. B:
S = {gerade Zahl; ungerade Zahl}

Wahrscheinlichkeiten und relative Häufigkeiten

Wenn man ein Zufallsexperiment oft wiederholt, dann sind die ermittelten relativen Häufigkeiten der Ergebnisse gute Schätzwerte für deren Wahrscheinlichkeiten.
Die den einzelnen Ergebnissen zugeordneten Wahrscheinlichkeiten müssen zusammen 1 (= 100 %) ergeben.

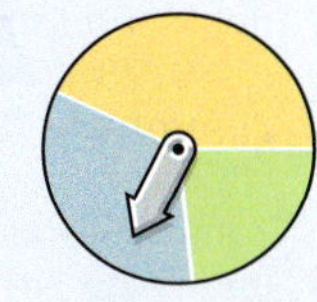

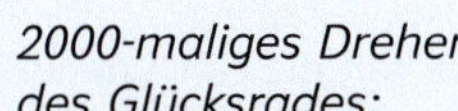

2000-maliges Drehen des Glücksrades:

Ergebnis	„gelb"	„grün"	„blau"
absolute Häufigkeit	871	460	669
relative Häufigkeit	43,55 %	23,00 %	33,45 %
geschätzte Wahrscheinlichkeit	43,5 %	23,0 %	33,5 %

Laplace-Experimente

Zufallsexperimente, bei denen man eine Ergebnismenge so angeben kann, dass alle Ergebnisse gleich wahrscheinlich sind, nennt man Laplace-Experimente.

Beim Werfen eines Würfels sind die sechs Ergebnisse „1", „2", „3", „4", „5" und „6" alle gleich wahrscheinlich.

Ereignis

Mehrere Ergebnisse eines Zufallsexperiments können zu einem Ereignis zusammengefasst werden.

mögliche Ereignisse beim Würfeln: „gerade Augenzahl" oder „Augenzahl durch 3 teilbar"

Summenregel

Man berechnet die Wahrscheinlichkeit eines Ereignisses, indem man die Summe der Wahrscheinlichkeiten der zugehörigen Ergebnisse addiert.

Komplementärregel

Die Wahrscheinlichkeit eines Ereignisses und die Wahrscheinlichkeit des zugehörigen Gegenereignisses ergänzen sich immer zu 1:
P(Ereignis) + P(Gegenereignis) = 1.

Wahrscheinlichkeit für das Ereignis „blau":
$P(\text{blau}) = \frac{6}{20} = \frac{3}{10}$
Wahrscheinlichkeit für das Ereignis „rot, grün oder blau":
$P(\text{rot, grün oder blau})$
$= 1 - P(\text{weiß})$
$= 1 - \frac{3}{20} = \frac{17}{20}$

Kapitel I, Bist du schon sicher?, Seite 10

6

a) Beispiel: 3,523 333 **333 3**… = $3{,}52\overline{3}$ ist rational.

$\left(= \frac{1}{100} \cdot (352 + 0{,}\overline{3}) = \frac{1}{300} \cdot (1056 + 1) = \frac{1057}{300}\right)$

3,523 333 **123 456 789 101 112**… ist irrational (diese Zahl hat unendlich viele Stellen und keine Ziffernfolge wiederholt sich).

b) Beispiel: 1,272 272 22**2 222 2…** = $1{,}272\,27\overline{2}$ ist rational.

$\left(= \frac{1}{100\,000} \cdot (127\,227 + 0{,}\overline{2}) = \frac{1}{900\,000} \cdot (1\,145\,043 + 2) = \frac{1\,145\,045}{900\,000}\right)$

1,272 272 22**7 222 272 222 27**… ist irrational (die Anzahl der Zweien zwischen den Siebenern erhöht sich jeweils um eins; die Zahl hat unendlich viele Stellen und keine Ziffernfolge wiederholt sich).

c) Beispiel: 0,862 662 662 **662 662 662**… = $0{,}862\overline{662}$ ist rational.

$\left(\frac{1}{1000} \cdot (862 + 0{,}\overline{662}) = \frac{1}{999\,000} \cdot (861\,138 + 662) = \frac{861\,800}{999\,000}\right)$

0,862 662 662 **101 001 000 100 001**… ist irrational (die Anzahl der Nullen zwischen zwei Einsen ab der 10. Nachkommastelle erhöht sich jeweils um eins. Die Zahl hat unendlich viele Stellen und keine Ziffernfolge wiederholt sich.).

d) Beispiel: 5,780 278 027 **802 780 278 02**… = $5{,}\overline{7802}$ ist rational (periodische Dezimalzahl).

5,780 278 027 **802 178 022 780 23**… ist irrational (Zwischen die Ziffernfolge 7802 wird jeweils die Ziffernfolge einer natürlichen Zahl gesetzt. Dabei wird immer die nächste natürliche Zahl verwendet. So erhält die Zahl unendlich viele Stellen und keine Ziffernfolge wiederholt sich.)

7

Die Zahl	ist eine natürliche Zahl,	ist eine ganze Zahl,	ist eine rationale Zahl.
$\frac{5}{2}$	nein	nein	ja
−8,0	nein	ja	ja
$9{,}1\overline{17}$	nein	nein	ja
4,131 331 333…	nein	nein	nein
3,121 212 12…	nein	nein	ja

Die Zahl	ist eine irrationale Zahl,	ist eine reelle Zahl.
$\frac{5}{2}$	nein	ja
−8,0	nein	ja
$9{,}1\overline{17}$	nein	ja
4,131 331 333…	ja	ja
3,121 212 12…	nein	ja

8

Es ist $\frac{1}{6} = 0{,}166\,66\ldots < 0{,}167$.

Mögliche Antwort:
$0{,}1\overline{6}$ < **0,166 667** < **0,166 67** < **0,1667** < 0,167

9

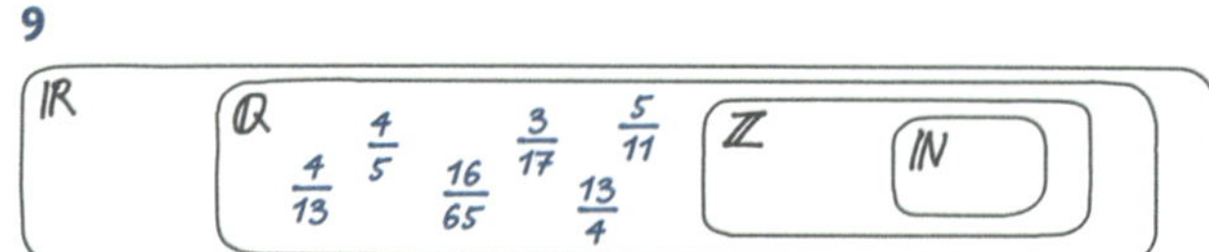

Kapitel I, Kannst du das noch?, Seite 11

18

$F_1(5\,|\,-3)$; $F_2(-1\,|\,3)$; $F_3(9\,|\,1)$; $F_4(3\,|\,7)$

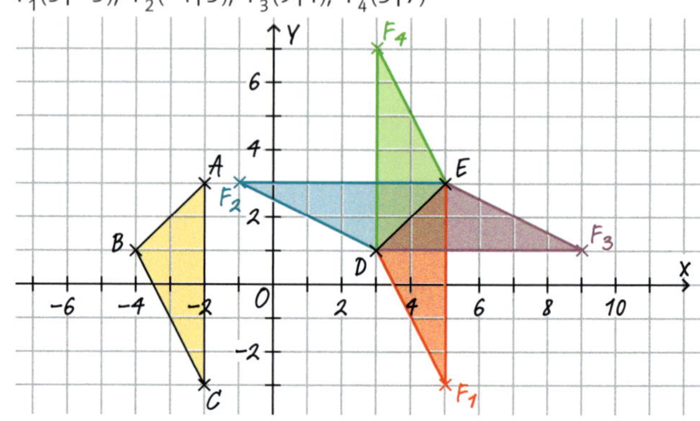

19

a) $\alpha = 180° - (95° + 46°) = 39°$; $c \approx 6{,}86\,\text{cm}$; $b \approx 9{,}5\,\text{cm}$

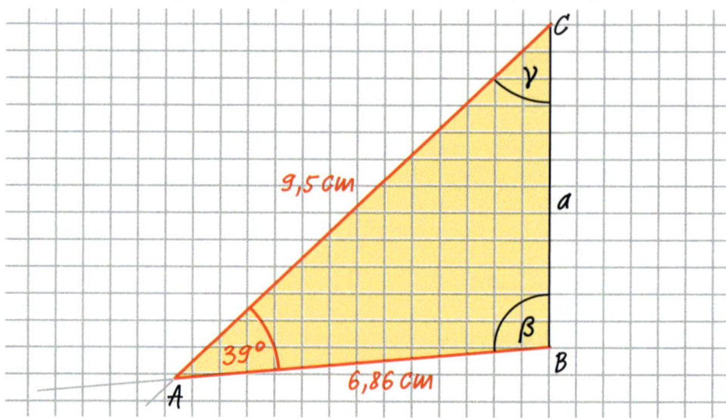

b) $c \approx 5{,}74\,\text{cm}$; $\alpha = \beta = 55°$

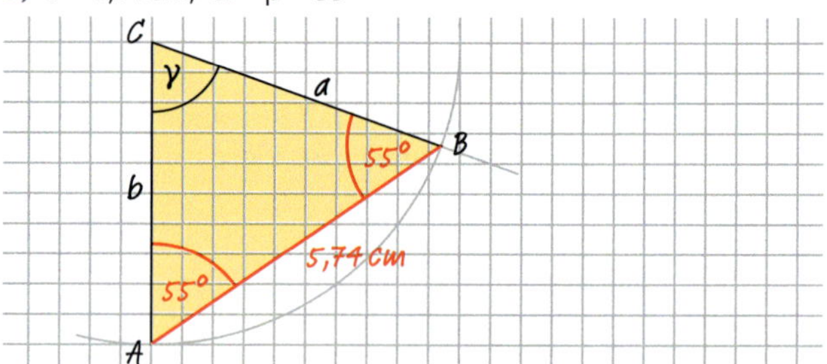

c) $b \approx 6{,}9\,\text{cm}$; $\beta \approx 117°$; $\gamma \approx 23°$

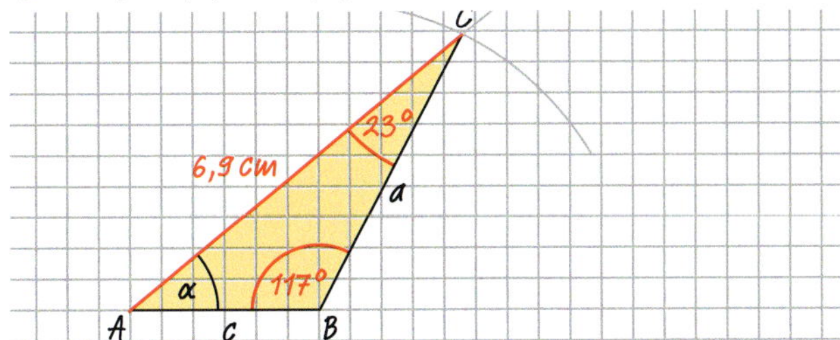

Kapitel I, Bist du schon sicher?, Seite 15

13

a) $6 < \sqrt{45} < 7$ b) $12 < \sqrt{150} < 13$
c) $20 < \sqrt{410} < 21$ d) $30 < \sqrt{930} < 31$

14

a) 9 b) 0,1 c) 1,7 d) 3

15

a) 3 und −3 b) 0,3 und −0,3
c) 0,03 und −0,03 d) ≈ 0,095 und ≈ −0,095

Kapitel I, Kannst du das noch?, Seite 16

26

a) $\alpha = 62°$; $\gamma = 90°$ (Thales); $\beta = 180° - 90° - 62° = 28°$
b) $\alpha = 37°$; $\gamma = 90°$ (Thales); $\beta = 180° - 90° - 37° = 53°$

Kapitel I, Bist du schon sicher?, Seite 18

4

Schritt	Seite x	Seite y
1	$x_1 = 37$	$y_1 = 1$
2	$x_2 = 19$	$y_2 = \frac{37}{19} = 1{,}94\ldots$
3	$x_3 = \frac{199}{19} = 10{,}47\ldots$	$y_3 = \frac{703}{199} = 3{,}53\ldots$
4	$x_4 = 7{,}003\ldots$	$y_4 = 5{,}283$
5	$x_5 = 6{,}14$	$y_5 = 6{,}02\ldots$
6	$x_6 = 6{,}08$	$y_6 = 6{,}08\ldots$

Also ist $\sqrt{37} \approx 6{,}08\ldots$

5

Taschenrechner: $\sqrt{37}$ = **6,08276**2 53…
a) Startwert 6: $x_3 = 6{,}0827\ldots$
b) Startwert 12: $x_5 = 6{,}0827\ldots$
c) Startwert 100: $x_8 = 6{,}0827\ldots$
d) Startwert 1000: $x_{12} = 6{,}0827\ldots$

Kapitel I, Kannst du das noch?, Seite 19

12

a) Falsch.
Gegenbeispiel:

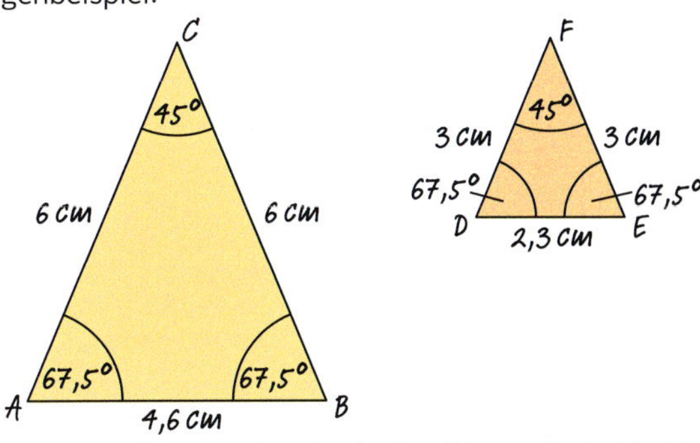

b) Wahr. Da die Dreiecke gleichschenklig sind, sind beide Schenkel gleich lang. Die beiden Dreiecke stimmen also in drei Seiten überein. Sie sind kongruent nach sss.
c) Falsch.
Gegenbeispiel:

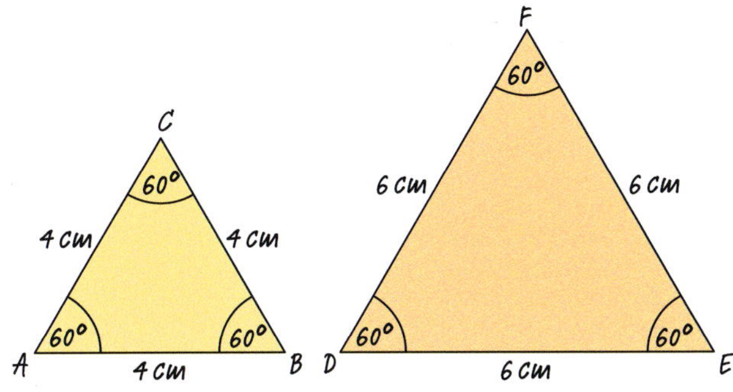

d) Wahr. Kennt man die Größe des Winkels an der Spitze, so kennt man auch die Größe der Basiswinkel. Nach wsw sind die Dreiecke kongruent.

13

a) $\beta = 50°$ (Basiswinkel)
$\gamma = 80°$ (Winkelsumme)

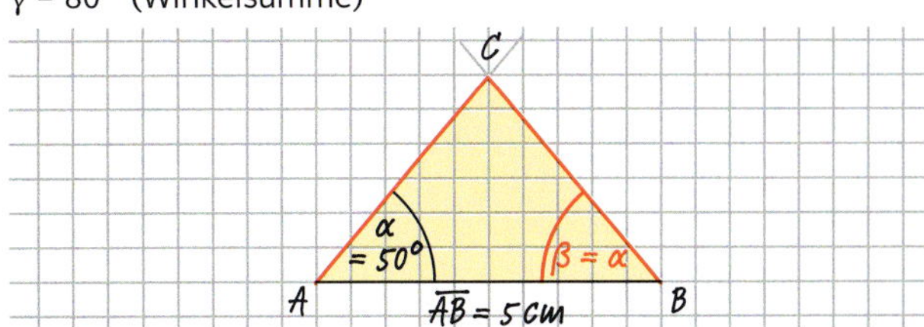

b) $\overline{BC} = 4\,\text{cm}$ (gleichschenkliges Dreieck)
$\alpha = (180° - 130°) : 2 = 25°$

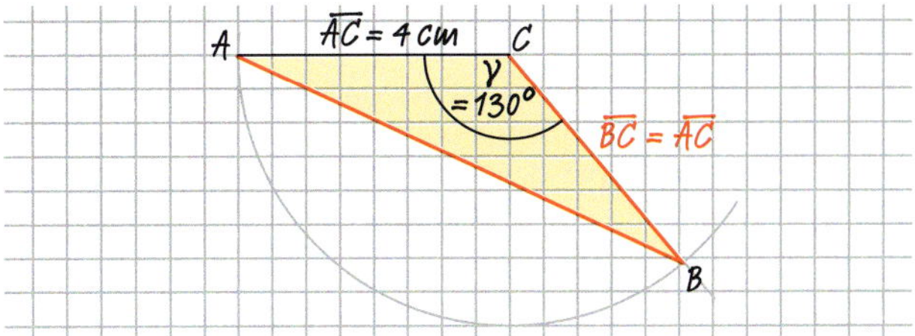

c) $\overline{AC} = 6\,cm$ (gleichschenkliges Dreieck)
$\alpha = (180° - 60°) : 2 = 60°$
Das Dreieck ist gleichseitig.

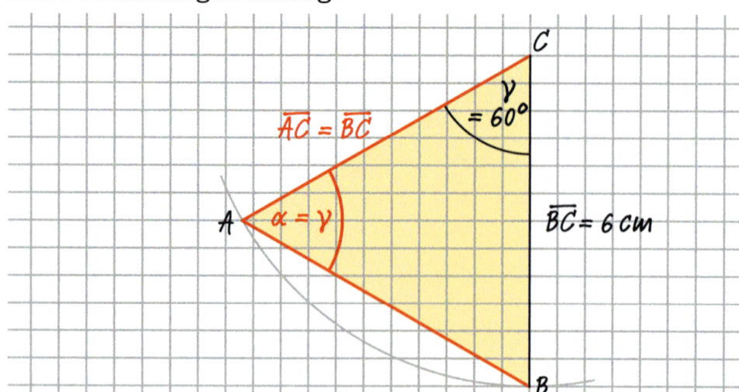

Kapitel I, Bist du schon sicher?, Seite 22

10
a) 30 b) 33 c) 8 d) $\sqrt{3}$ e) 70 f) 2

11
a) $10 \cdot \sqrt{10}$ b) $7 \cdot \sqrt{2}$ c) $3 \cdot \sqrt{6}$
d) $30 \cdot \sqrt{2}$ e) $10 \cdot \sqrt{5}$ f) $60 \cdot \sqrt{5}$

12
a) $3 \cdot \sqrt{3}$ b) $\sqrt{5}$ c) $\sqrt{2}$
d) 0 e) $7 \cdot \sqrt{3}$ f) $-4 \cdot \sqrt{5}$

Kapitel I, Kannst du das noch?, Seite 24

26
Fehlende Größen:
$\alpha_1 = 25°$; $\alpha_2 = 55°$; $\alpha_3 = 55°$; $\alpha_4 = 100°$
$a = 3{,}6\,cm$; $b = 7\,cm$; $c = 8{,}4\,cm$

Kapitel I, Training Runde 1, Seite 31

1
a) 1,305 003 000 500 003 000 005 000 0
b) Zu jedem Zeitpunkt kann man immer noch Stellen anfügen, deshalb hat die Zahl unendlich viele Stellen nach dem Komma. Da die Anzahl der Nullen zwischen den abwechselnden Ziffern 3 und 5 immer größer wird, liegt auch keine Periode vor. Die Zahl ist also nicht rational.

2
$\sqrt{5\,cm^2} \approx 2{,}236\,cm$

3
a) Die Aussage ist wahr. Zum Beispiel kann die Zahl, die in Aufgabe 1 beschrieben wird, nicht als Bruch geschrieben werden.
b) Diese Aussage ist falsch. Jeder Bruch kann in Dezimaldarstellung geschrieben werden, indem man den Zähler durch den Nenner dividiert.

4
Das Quadrat über der Diagonale d hat den doppelten Flächeninhalt wie das Quadrat mit der Seitenlänge 6 cm.
Es gilt also: $d^2 = 2 \cdot (6\,cm)^2$; $d = \sqrt{72\,cm^2} \approx 8{,}5\,cm$.

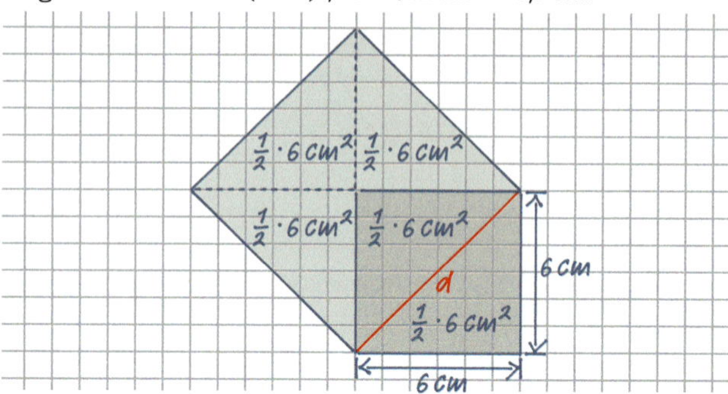

5
a) $-58\sqrt{13} \approx -209{,}12$ b) $11\sqrt{3} + 9\sqrt{5} \approx 39{,}18$

Kapitel I, Training Runde 2, Seite 31

1
a) $1{,}\overline{5}$; $\frac{5}{3} = 1{,}\overline{6}$; $\sqrt{2{,}5} \approx 1{,}581139$; 1,6

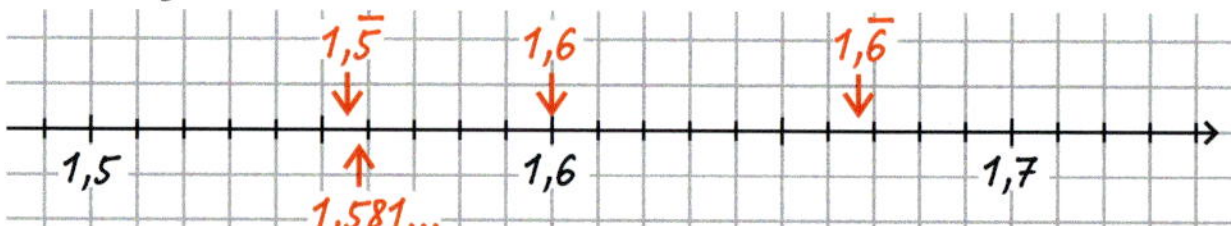

b) 0,3; $0{,}\overline{3}$; $\frac{1}{3} = 0{,}\overline{3}$; $\sqrt{0{,}09} = 0{,}3$; $\sqrt{0{,}1} = 0{,}316\,228$

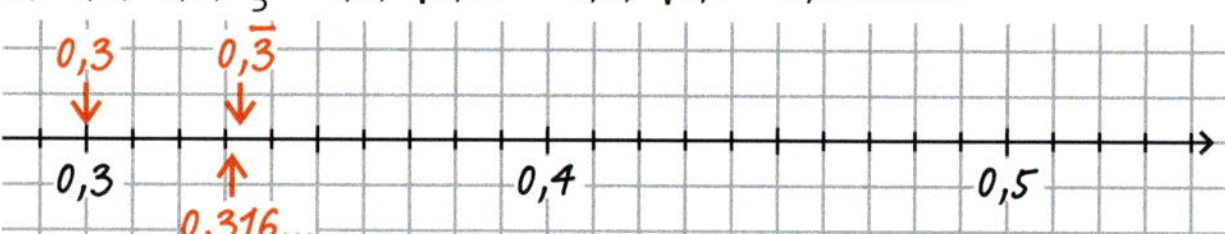

2
individuelle Lösung, zum Beispiel:
a) 1,5 b) -3 c) $-\frac{2}{3}$ d) 0 e) $-\sqrt{2}$

3
a) $(11 - 3)\sqrt{5} = 8\sqrt{5}$ b) $(0{,}1 - 1)\sqrt{7} = -0{,}9\sqrt{7}$
c) $\left(\frac{3}{5} - \frac{1}{2}\right)\sqrt{2} = \frac{1}{10}\sqrt{2}$

4
a) $\sqrt{4 \cdot 7} + \sqrt{5 \cdot 49} = 2\sqrt{7} + 7\sqrt{5}$
b) $\sqrt{16 \cdot 0{,}03} - \sqrt{0{,}03} = (4 - 1)\sqrt{0{,}03} = 3\sqrt{0{,}03}$
c) $\sqrt{a^2 \cdot b} + \sqrt{a \cdot b^2} = |a|\sqrt{b} + |b|\sqrt{a}$

5
a) Die Diagonale eines Quadrats ist immer das $\sqrt{2}$-Fache der Seitenlänge des Quadrats. Deshalb ist die Seitenlänge des nächsten Quadrats das $\sqrt{2}$-Fache der Seitenlänge des Vorgängers.

	Q_1	Q_2	Q_3	Q_4	Q_5	Q_6	Q_7
Seitenlänge a (in cm)	1	$1 \cdot \sqrt{2} = \sqrt{2}$	$\sqrt{2} \cdot \sqrt{2} = 2$	$2 \cdot \sqrt{2}$	$2 \cdot \sqrt{2} \cdot \sqrt{2} = 4$	$4 \cdot \sqrt{2}$	$4 \cdot \sqrt{2} \cdot \sqrt{2} = 8$
Flächeninhalt A (in cm²)	1	$\sqrt{2}^2 = 2$	$2^2 = 4$	$(2 \cdot \sqrt{2})^2 = 8$	$4^2 = 16$	$(4 \cdot \sqrt{2})^2 = 32$	$8^2 = 64$

b) Der Flächeninhalt des n-ten Quadrats beträgt:
$A = ((\sqrt{2})^{n-1})^2 = 2^{n-1}\,cm^2$.
Man muss eine Seite des n-ten Quadrats $(\sqrt{2})^{n-1}$ cm lang zeichnen.

c) $x = 0$ und $x = -2$; **d)** keine.

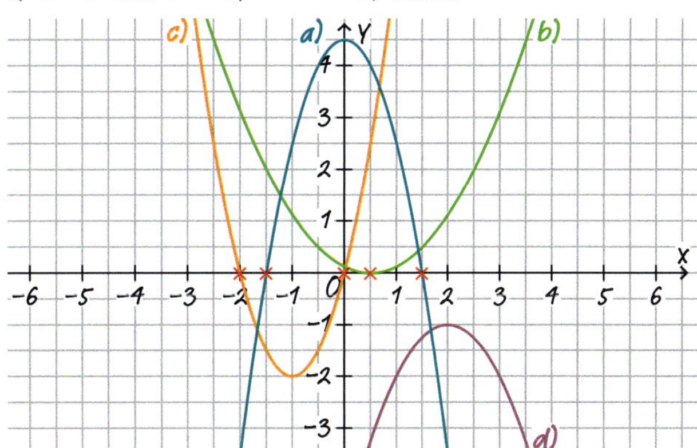

Kapitel II, Bist du schon sicher?, Seite 38

7 

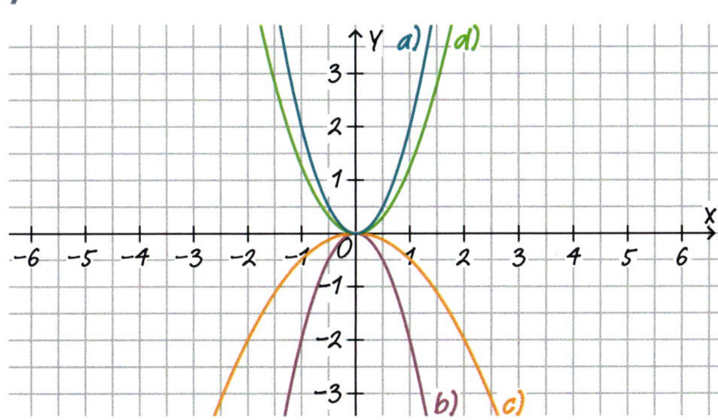

8

a) $P(2|8)$ **b)** $R(10|-50)$ **c)** $A\left(1\middle|\frac{5}{2}\right)$ **d)** $G(3|-36)$

Kapitel II, Kannst du das noch?, Seite 39

16

a) $(a + b)^2$ **b)** $(c - d)^2$ **c)** $(x - 2)^2$ **d)** $(3x + 5)^2$

17

a) $f(x) = -\frac{1}{2}x - 1$ **b)** $f(x) = \frac{1}{3}x - \frac{1}{3}$ **c)** $f(x) = \frac{3}{2}x$

Kapitel II, Bist du schon sicher?, Seite 43

10

a) $f(x) = x^2 + 3$ **b)** $f(x) = (x - 2)^2$ **c)** $f(x) = (x + 5)^2 - 1$

11

a) $S(0|-3)$; $f(x) = 3x^2 - 3$
b) $S(3{,}5|0)$; $f(x) = 0{,}5(x - 3{,}5)^2$
c) $S(-1{,}5|-1)$; $f(x) = (x + 1{,}5)^2 - 1$
d) $S(-3|3)$; $f(x) = -(x + 3)^2 + 3$

12

Die Nullstellen sind
a) $x = -1{,}5$ und $x = 1{,}5$; **b)** $x = 0{,}5$;

Kapitel II, Kannst du das noch?, Seite 44

19

a) Wahr. Beispiel 1: $-1 = -\frac{1}{1}$ (Bruch = reelle Zahl);
Beispiel 2: $-3 = -\frac{12}{4}$ (Bruch = reelle Zahl)

b) Falsch. Gegenbeispiel: $\sqrt{2} - \sqrt{2} = 0$, aber 0 ist keine irrationale Zahl.

c) Wahr. Beispiel 1: $\sqrt{2} \cdot \sqrt{2} = 2$, und 2 ist eine natürliche und damit auch eine rationale Zahl; Beispiel 2: $\sqrt{5} \cdot \sqrt{5} = 5$, und 5 ist eine natürliche und damit auch eine rationale Zahl. 3

d) Falsch. Gegenbeispiel: $\sqrt{16} = \pm 4$, aber 4 bzw. −4 sind keine irrationalen Zahlen.

e) Falsch. Gegenbeispiel: 1,5 ist eine reelle Zahl, aber $1{,}5 = \frac{3}{2}$.

20

a) 3,16 **b)** 19 **c)** 70 **d)** 9,49 **e)** 1000

Kapitel II, Bist du schon sicher?, Seite 48

11

a) $f(x) = x^2 - 4x + 11$
Bestimmung der quadratischen Ergänzung liefert:
$d = \frac{4}{2} = 2$, also $d^2 = 2^2$, also: $f(x) = x^2 - 4x + 11 =$
$x^2 - 4x + 2^2 - 2^2 + 11 = (x^2 - 4x + 2^2) - 2^2 + 11 = (x - 2)^2 + 7$.

b) $f(x) = 2x^2 - 14x + 3{,}5$ wird zu $f(x) = 2 \cdot (x^2 - 7x) + 3{,}5$.
Bestimmung der quadratischen Ergänzung liefert:
$d = \frac{7}{2} = 3{,}5$, also $d^2 = 3{,}5^2$, also:
$f(x) = 2 \cdot (x^2 - 7x + 3{,}5^2 - 3{,}5^2) + 3{,}5 =$
$2 \cdot (x^2 - 7x + 3{,}5^2) - 2 \cdot 3{,}5^2 + 3{,}5 = 2 \cdot (x - 3{,}5)^2 - 21$.

c) $f(x) = -3x^2 + 12x - 1{,}2$ wird zu $f(x) = -3 \cdot (x^2 - 4x) - 1{,}2$.
Bestimmung der quadratischen Ergänzung liefert:
$d = \frac{4}{2} = 2$, also $d^2 = 2^2$, also:
$f(x) = -3 \cdot (x^2 - 4x + 2^2 - 2^2) - 1{,}2 =$
$-3(x^2 - 4x + 2^2) - 3 \cdot (-4) - 1{,}2 = -3(x - 2)^2 + 3 \cdot 4 - 1{,}2 =$
$-3(x - 2)^2 + 10{,}8$.

12

a) Nullstellenform: $f(x) = a(x - n)(x - m)$
P(−1 | 0), Q(3 | 0)
$f(x) = a(x + 1)(x - 3)$
$f(x) = a(x^2 - 2x - 3)$
z. B. $f(x) = \frac{1}{2}x^2 - x - \frac{3}{2}$

b) allgemeine Form: $f(x) = ax^2 + bx + c$
P(0 | 2)
$f(x) = ax^2 + bx + 2$
z. B. $f(x) = x^2 + x + 2$

c) Scheitelpunktform: $f(x) = a(x - n)^2 + v$
S(−2 | 3), a > 0
$f(x) = a(x + 2)^2 + 3$
$f(x) = a(x^2 + 4x + 4) + 3$
z. B. $f(x) = x^2 + 4x + 7$

Kapitel II, Kannst du das noch?, Seite 49

19

a) 11 **b)** $\frac{7}{10}$ **c)** 7 **d)** −0,56 **e)** 1,5

Kapitel II, Bist du schon sicher?, Seite 52

7

a) Die Nullstellen der Funktion mit dem Term
$f(x) = 6x^2 + 6x - 36$ liegen bei $x = -3$ und $x = 2$.
Dies sind auch die Lösungen der Gleichung.

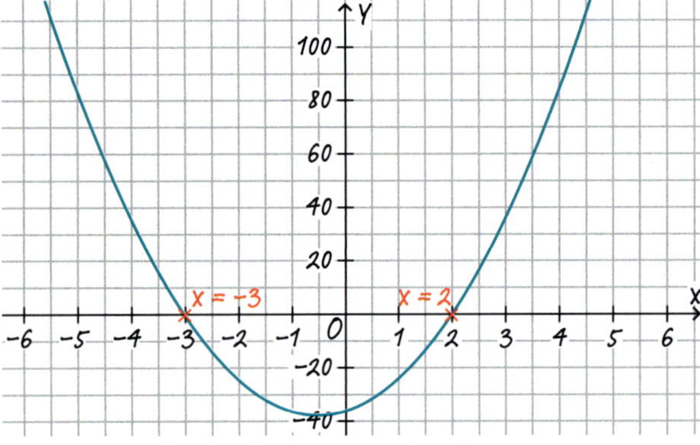

b) Die Nullstelle der Funktion mit dem Term
$f(x) = 5x^2 - 10x + 5$ liegt bei $x = 1$.
Dies ist demnach auch die Lösung der Gleichung.

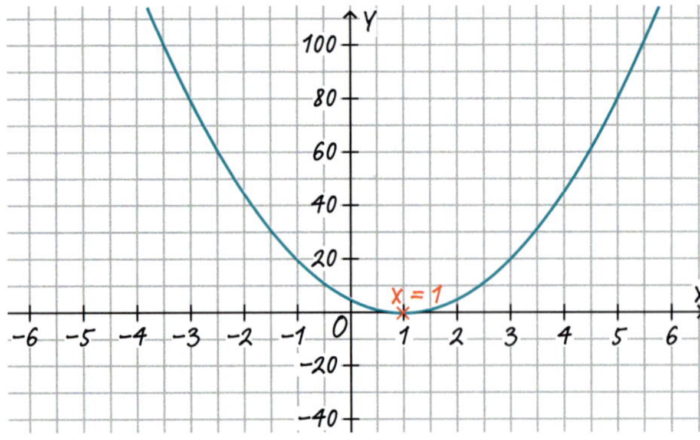

c) Die Nullstelle der Funktion mit dem Term
$f(x) = -\frac{3}{2}x^2 + 6x - 6$ liegt bei $x = 2$.
Dies ist die Lösung der Gleichung.

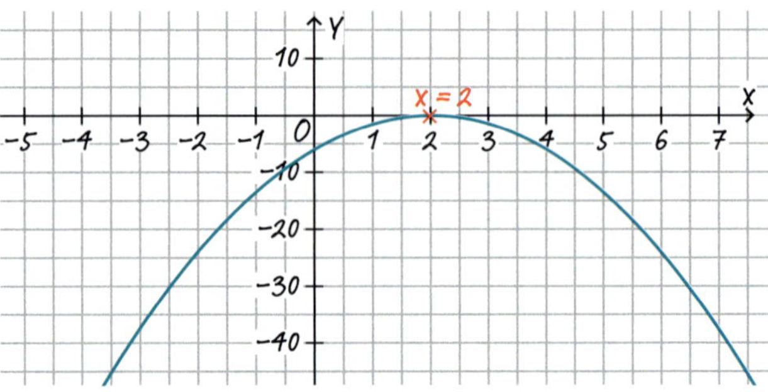

d) Die Nullstelle der Funktion mit dem Term
$f(x) = x^2 - 2x + 1$ liegt bei $x = 1$.
Dies ist die Lösung der Gleichung.

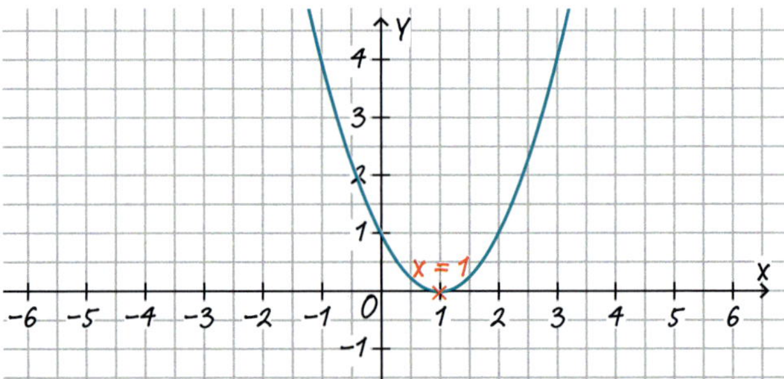

8

a) $x^2 + 6x = 0$
$x \cdot (x + 6) = 0$
$x_1 = 0;\ x_2 = -6$

b) $9{,}5x^2 + 19x - 95 = 0$ bzw.
$x^2 + 2x - 10 = 0;\ p = 2,\ q = -10$
$x = -\frac{2}{2} + \sqrt{\left(\frac{2}{2}\right)^2 + 10} = -1 + \sqrt{11} \approx 2{,}3166$ und
$x = -\frac{2}{2} - \sqrt{\left(\frac{2}{2}\right)^2 + 10} = -1 - \sqrt{11} \approx 4{,}3166$

c) $5x^2 - 3x + 6 = 0$ bzw.
$x = \frac{3}{10} + \sqrt{\left(\frac{3}{10}\right)^2 - \frac{6}{5}} = \frac{3}{10} + \sqrt{-\frac{111}{100}}$ und
$x^2 - \frac{3}{5}x + \frac{6}{5} = 0;\ p = -\frac{3}{5},\ q = \frac{6}{5}$
$x = \frac{3}{10} - \sqrt{\left(\frac{3}{10}\right)^2 - \frac{6}{5}} = \frac{3}{10} - \sqrt{-\frac{111}{100}}$
Es gibt keine Lösungen, da die Diskriminante negativ ist.

d) $3x^2 - 6x + 3 = 0$ bzw.
$x^2 - 2x + 1 = 0;\ p = -2,\ q = 1$
$x = \frac{2}{2} + \sqrt{\left(\frac{2}{2}\right)^2 - 1} = 1$ und
$x = \frac{2}{2} - \sqrt{\left(\frac{2}{2}\right)^2 - 1} = 1$
Es gibt nur eine Lösung (x = 1), weil die Diskriminante den Wert 0 annimmt.

Kapitel II, Kannst du das noch?, Seite 54

20

a) $\sqrt{81} = 9$ b) $\sqrt{196} = 14$ c) $\sqrt{144} = 12$ d) $\sqrt{36} = 6$

21

a) $|p|$ b) $|5x|$ c) $|9a|$ d) $|x - y|$

22

a) $\sqrt{100} + \sqrt{25} = 15$ b) $3\sqrt{36} + \sqrt{16} = 22$

c) $\frac{\sqrt{90}}{\sqrt{10}} - \frac{\sqrt{4{,}9}}{\sqrt{10}} = \sqrt{9} - \sqrt{\frac{49}{100}} = 3 - \frac{7}{10} = 2\frac{3}{10}$

Kapitel II, Bist du schon sicher?, Seite 57

4

Verstehen der Aufgabe:
Zur Bestimmung des maximalen Fassungsvermögens muss die Querschnittsfläche der gebogenen Platte maximal werden; somit ist nur die Breite (25 m) der Platte von Bedeutung.
Ausdenken des Plans:
Wenn man die Höhe der Rinne mit x bezeichnet, erhält man für die Querschnittsfläche A die Formel:
$A = x \cdot (25 - 2x) = 25x - 2x^2$. Von dieser Funktionsgleichung kann man nun die Scheitelpunktform bestimmen. Der Scheitelpunkt des dazugehörigen Graphen liefert die maximale Querschnittsfläche.
Durchführen des Plans:
$A(x) = -2x^2 + 25x = -2(x^2 - 12{,}5x) =$
$-2(x^2 - 12{,}5x + 6{,}25^2 - 6{,}25^2) =$
$-2(x^2 - 12{,}5x + 6{,}25^2) - 2 \cdot (-6{,}25^2) = -2(x - 6{,}25)^2 + 78{,}125.$
Also $S(6{,}25 \mid 78{,}125)$.
Rückblick:
Beispielsweise kann man anhand des Graphen erkennen, dass der Scheitelpunkt richtig berechnet wurde:
Wenn man die Metallplatte in der Breite jeweils um 6,25 cm hochbiegt, wird das Fassungsvolumen mit $78{,}125\,cm^2 \cdot 500\,cm = 39\,062{,}5\,cm^3 \approx 39\,dm^3 = 39$ Liter maximal.

5

Aus der Aufgabenstellung ergibt sich $b = \frac{3}{4} \cdot a$ und damit $a = \frac{4}{3} \cdot b$. Außerdem gilt: $\overline{AC} = b + 2$.
Nach dem Satz des Pythagoras folgt nun für das Dreieck ABC:

$$\overline{AC}^2 = \left(\tfrac{4}{3}b\right)^2 + b^2$$
$$(b + 2)^2 = \tfrac{16}{9}b^2 + b^2$$
$$b^2 + 4b + 4 = \tfrac{16}{9}b^2 + b^2$$
$$4b + 4 = \tfrac{16}{9}b^2$$
$$\tfrac{16}{9}b^2 - 4b - 4 = 0$$
$$\tfrac{4}{9}b^2 - b - 1 = 0$$
$$4b^2 - 9b - 9 = 0$$
$$b^2 - \tfrac{9}{4}b - \tfrac{9}{4} = 0$$

Lösung mit der pq-Formel:

$$b_{1/2} = +\tfrac{9}{8} \pm \sqrt{\left(-\tfrac{9}{8}\right)^2 + \tfrac{9}{4}}$$
$$b_{1/2} = \tfrac{9}{8} \pm \sqrt{\tfrac{81}{64} + \tfrac{144}{64}}$$
$$b_{1/2} = \tfrac{9}{8} \pm \sqrt{\tfrac{225}{64}}$$
$$b_{1/2} = \tfrac{9}{8} \pm \tfrac{15}{8}$$

Also gilt: $b_1 = \frac{9}{8} + \frac{15}{8} = \frac{24}{8} = 3$

$b_2 = \frac{9}{8} - \frac{15}{8} = -\frac{6}{8} = -\frac{3}{4}$

Da eine Seitenlänge nicht negativ werden kann, ist $b_1 = 3$ die gesuchte Lösung für die Seite b. Damit gilt für die Seite $a = \frac{4}{3} \cdot b = 4$. Die Seiten des Rechtecks sind $a = 4\,m$ und $b = 3\,m$ lang.

Kapitel II, Kannst du das noch?, Seite 57

19

a) Wahr. 1. Beispiel: $2 = \frac{2}{1}$; 2. Beispiel: $7 = \frac{7}{1}$

b) Falsch. Gegenbeispiel: $\sqrt{\frac{16}{25}} = \frac{4}{5}$ und sowohl $\frac{16}{25}$ als auch $\frac{4}{5}$ sind rationale Zahlen.

c) Falsch. Gegenbeispiel: $\sqrt{-1}$ ist nicht ausführbar, obwohl -1 eine reelle Zahl ist.

d) Falsch. Gegenbeispiel: 2 ist eine natürliche Zahl. Da aber alle natürlichen Zahlen in den anderen Zahlbereichen $\mathbb{Z}$, $\mathbb{Q}$ und $\mathbb{R}$ enthalten sind, ist auch 2 in all diesen Zahlbereichen enthalten.

Kapitel II, Bist du schon sicher?, Seite 60

3

Aus den Angaben erhält man die Punkte $P(0 \mid 0{,}5)$, $Q(1 \mid 24{,}1)$ und $R(50 \mid 0)$, wobei der erste Wert (x) die horizontale Entfernung des Flugkörpers zum Abschusspunkt und der zweite Wert (y) die Höhe des Flugkörpers jeweils in Metern beschreibt.
Man kann näherungsweise davon ausgehen, dass die Flugbahn des Flugkörpers durch eine quadratische Funktion beschrieben wird. Daher stellt man als erstes den Funktionsterm auf. Da der Scheitelpunkt nicht gegeben ist, verwendet man die Normalform $f(x) = ax^2 + bx + c$. Aus P erhält man $c = 0{,}5$. Durch Einsetzen der anderen beiden Punkte erhält man die Gleichungen:
I: $a \cdot 1^2 + b \cdot 1 + 0{,}5 = 24{,}1$, also $a + b = 23{,}6$ und
II: $a \cdot 50^2 + b \cdot 50 + 0{,}5 = 0$, also $2500a + 50b = -0{,}5$.
Durch Umrechnungen erhält man: $a \approx -0{,}4818$ und $b \approx 24{,}0818$. Also: $f(x) \approx -0{,}4818x^2 + 24{,}0818x + 0{,}5$.
Den höchsten Punkt hat es ca. in 24,99 m horizontaler Entfernung zum Abschusspunkt (die Hälfte der Strecke bis zum Punkt $(49{,}98 \mid 0{,}5)$, kurz vorm Landepunkt).
$f(x) \approx -0{,}4818 \cdot 25^2 + 24{,}0818 \cdot 25 + 0{,}5 \approx 301{,}42$.
Also kann man davon ausgehen, dass der Feuerwerkskörper eine Höhe von 300 m erreicht.

3

Kapitel II, Kannst du das noch?, Seite 60

5

a) $3 + 2 \cdot \sqrt{15} + 5 = 8 + 2 \cdot \sqrt{15}$
b) $2(6 - 7) = -2$
c) $6\sqrt{16} - 6\sqrt{2} + 6\sqrt{2} - 6\sqrt{16} = 0$
d) $27 + 2 \cdot \sqrt{81} + 3 = 48$
e) $1 - 2 = -1$
f) $10\sqrt{30} - 25 - 30\sqrt{10}$

6

a) $2\sqrt{2} + 2 - 2 - \sqrt{2} = \sqrt{2}$; der Term stellt keine rationale Zahl dar, weil $\sqrt{2}$ irrational ist.

b) $\frac{\sqrt{27}}{\sqrt{3}} - \frac{\sqrt{243}}{\sqrt{3}} = \sqrt{\frac{27}{3}} - \sqrt{\frac{243}{3}} = \sqrt{9} - \sqrt{81} = 3 - 9 = -6$; der Term stellt eine rationale Zahl dar, weil -6 rational ist.

c) $\frac{\sqrt{5}}{\sqrt{5} + 5\sqrt{5}} = \frac{\sqrt{5}}{6\sqrt{5}} = \frac{1}{6}$; der Term stellt eine rationale Zahl dar, weil $\frac{1}{6}$ rational ist.

Kapitel II, Training Runde 1, Seite 67

1

a) $f(x) = x^2 + 5{,}7$
b) $f(x) = (x - 2{,}5)^2 - 5$
c) $f(x) = \left(x - \frac{5}{4}\right)^2 + 1{,}1$
d) $f(x) = (x + 2{,}5)^2 - \frac{2}{5}$

2

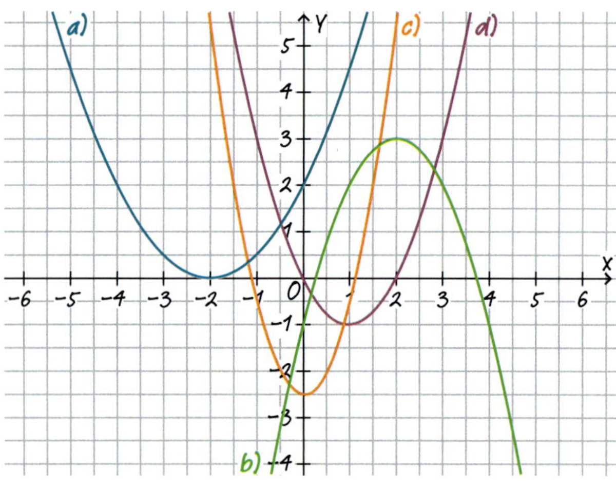

3

a) $y = -2(x - 1)^2 + 2$
b) $x_1 = 0$ und $x_2 = 2$

4

a) Beim Abwurf ist $t = 0$. $h(0) = 1{,}5$. Rico wirft den Stein aus 1,5 Metern Höhe ab.

b) Gesucht sind die Koordinaten des Scheitels von h.

$h(t) = -0{,}4(t^2 - 5t) + 1{,}5$

$h(t) = -0{,}4\left(t^2 - 5t + \frac{25}{4} - \frac{25}{4}\right) + 1{,}5$

$h(t) = -0{,}4\left(t - \frac{5}{2}\right)^2 + 2{,}5 + 1{,}5$

$h(t) = -0{,}4\left(t - \frac{5}{2}\right)^2 + 4$

Der Scheitel ist $S\left(\frac{5}{2} \middle| 4\right)$. Nach 2,5 Sekunden ist der Stein am höchsten Punkt. Er ist dann 4 Meter hoch.

c) Gesucht ist die Lösung der Gleichung $h(t) = 0$ für $t > 0$.

$$
\begin{aligned}
-0{,}4(t - 2{,}5)^2 + 4 &= 0 \\
-0{,}4(t - 2{,}5)^2 &= -4 \\
(t - 2{,}5)^2 &= 10 \\
t - 2{,}5 &= \pm\sqrt{10} \\
t &= +\sqrt{10} + 2{,}5 \\
t &\approx 5{,}7
\end{aligned}
$$

Der Stein fällt nach etwa 5,7 Sekunden ins Wasser.

Kapitel II, Training Runde 2, Seite 67

1

a)
$$
\begin{aligned}
f(t) &= t^2 - 4t + 7 \\
&= t^2 - 4t + 4 - 4 + 7 \\
&= (t - 2)^2 + 3
\end{aligned}
$$
$S(2|3)$

b)
$$
\begin{aligned}
g(z) &= -z^2 + 2z \\
&= -(z^2 - 2z + 1 - 1) \\
&= -((z - 1)^2 - 1) \\
&= -(z - 1)^2 + 1
\end{aligned}
$$
$S(1|1)$

2

a) $f(x) = (x + 1)^2 - 4$
b) $f(x) = (x - 3)^2 - 1$
c) $f(x) = 2(x - 2)^2 - 3$
d) $f(x) = -\frac{1}{2}x^2 + 2$

3

a) keine Lösungen
b) $x_1 = -4$ und $x_2 = -1$
c) $x = 3$

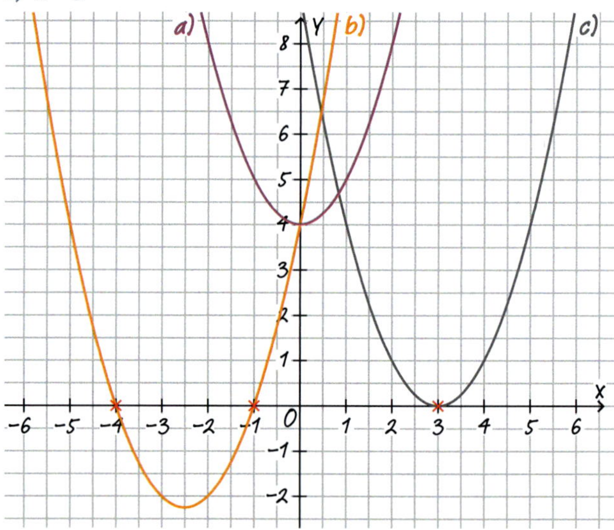

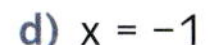

d) $x = -1$

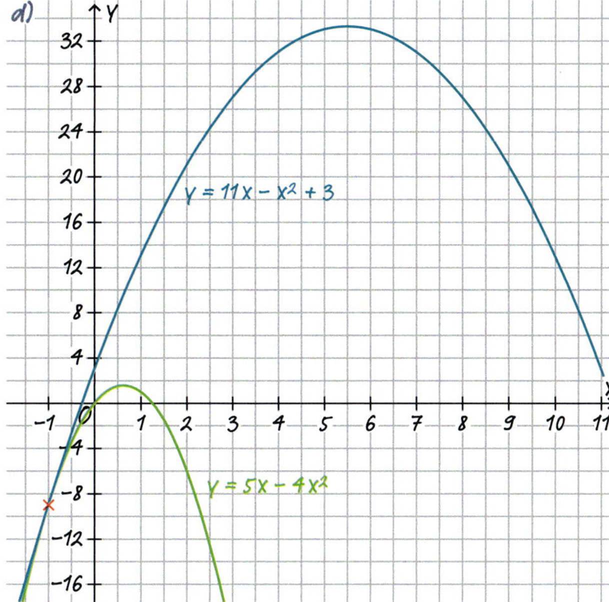

e) $x_1 = 4$; $x_2 = 6$

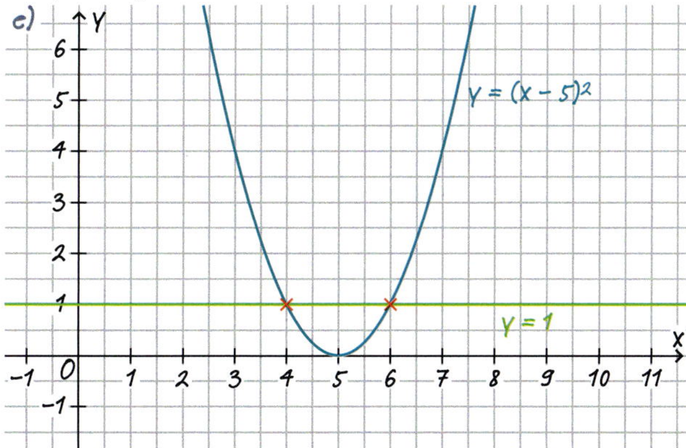

4

a) Jedes Kaninchen benötigt mindestens eine Fläche von $5\,m^2$, vier Kaninchen also $20\,m^2$.
Bezeichnet man die Breite mit b (inklusive des Holztores), so gilt für die Länge l des Zaunes $9 = l + (l - 4) + (b - 2)$; also ist $b = 15 - 2l$.
Der Term für die Fläche ist $A = l b$.
Durch Einsetzen des Terms für b ergibt sich $A = l(15 - 2l)$ $= 15l - 2l^2$.
Diese Fläche soll nun $20\,m^2$ groß sein. Daraus ergibt sich die quadratische Gleichung
$15l - 2l^2 = 20$, also $-2l^2 + 15l - 20 = 0$.
Als Lösungen erhält man $l \approx 5{,}77$ und $l \approx 1{,}73$. Für die Breite ergibt sich damit $b \approx 3{,}47$ und $b \approx 11{,}53$.
Die Länge 1,73 m ist nicht möglich, da die Länge aufgrund der Garagenwand mindestens 4 m betragen muss.
Die Maße des Geheges sind somit:
Länge 5,77 m, Breite 3,47 m.

b) Dazu muss man prüfen, ob die eingeschlossene Fläche $l(15 - 2l)$ noch größere Werte als 20 annehmen kann.
Man kann dazu den Graphen der quadratischen Funktion $y = -2x^2 + 15x$ betrachten.
Am Graphen erkennt man, dass z. B. zu $x = 5$ der Funktionswert 25 gehört.
Der größte Funktionswert beträgt 28,125 und gehört zu $x = 3{,}75$.
Damit tritt der maximale Flächeninhalt von $28{,}125\,m^2$ bei einer Länge von 3,75 m auf.

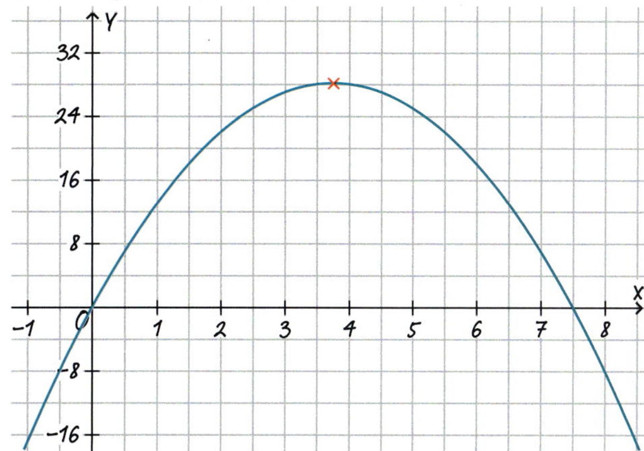

Kapitel III, Bist du schon sicher?, Seite 74

7

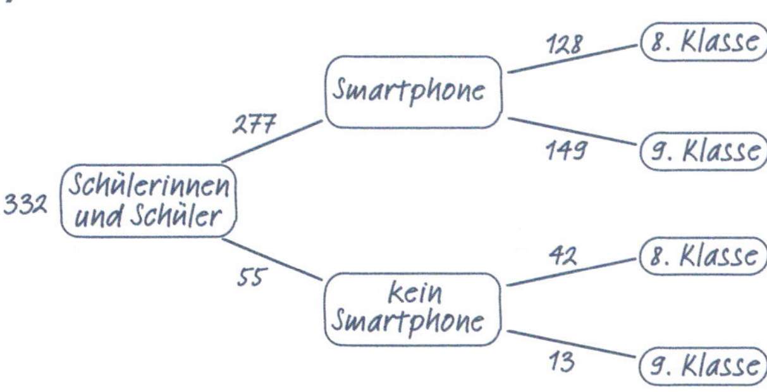

Kapitel III, Kannst du das noch?, Seite 74

13

Ein Prisma hat zwei zueinander parallele, kongruente Vielecke als Grundflächen. Die Seitenflächen sind Rechtecke. Von den abgebildeten Körpern sind die folgenden Prismen: 1 (Grundfläche Quadrat), 2 (Grundfläche Trapez), 5 (Grundfläche Dreieck).

Kapitel III, Bist du schon sicher?, Seite 77

5

70 Vollmilchschokolinsen sind rot.

Kapitel III, Kannst du das noch?, Seite 77

10

Die Angaben (1) und (4) entsprechen 3 Litern.

3

Kapitel III, Bist du schon sicher?, Seite 81

6

a)

	m	w	gesamt
jünger als 14	50	90	140
14 oder älter	80	130	210
gesamt	130	220	350

b) Anteil der Mädchen an der Leserschaft, die jünger als 14 sind, beträgt: $\frac{90}{350} = \frac{9}{35} \approx 25{,}7\,\%$.

c) Die Wahrscheinlichkeit dafür, dass ein Leser 13 Jahre alt und ein Mädchen ist, beträgt: $\frac{90}{140} = \frac{9}{14} \approx 64{,}3\,\%$.

Kapitel III, Kannst du das noch?, Seite 81

10

a) $V = 30\,cm^2 \cdot 0{,}2\,cm = 6\,cm^3$

b) $V = 75\,cm^2 \cdot 6\,cm = 450\,cm^3$

Kapitel III, Bist du schon sicher?, Seite 85

5

a)

	Frauen	Männer	gesamt
mit Brille	24	12	36
ohne Brille	12	12	24
gesamt	36	24	60

b) (I) P(„männlich") = 0,4

(II) P(„männlich" und „Brille") = 0,2

(III) $P = 0{,}6\overline{7}$

c) $P = 0{,}6\overline{7}$

Kapitel III, Kannst du das noch?, Seite 85

8

$O = 2 \cdot 12\,dm \cdot 5\,dm + 2 \cdot 4\,dm \cdot 5\,dm + 2 \cdot 4\,dm \cdot 12\,dm + 2 \cdot 1\,dm \cdot 3\,dm + 2 \cdot 1\,dm \cdot 4\,dm$

$O = 270\,dm^2 = 2{,}7\,m^2$

$V = 12\,dm \cdot 4\,dm \cdot 5\,dm + 3\,dm \cdot 4\,dm \cdot 1\,dm$

$V = 252\,dm^3 = 0{,}252\,m^3$

Kapitel III, Training Runde 1, Seite 91

1

a)

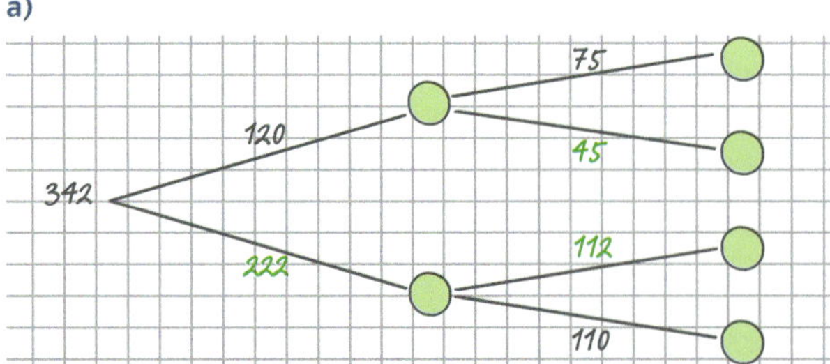

b)

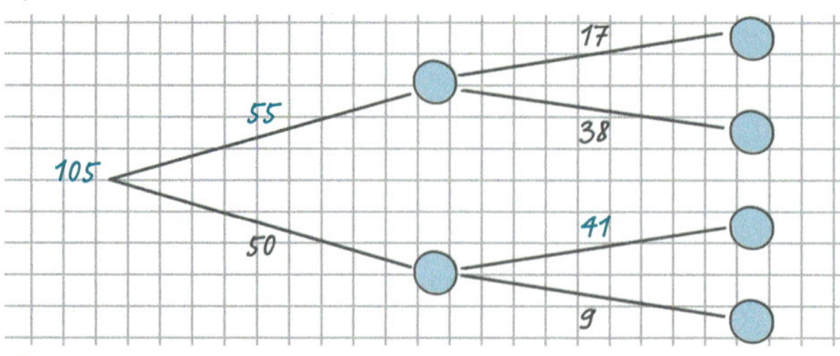

c)

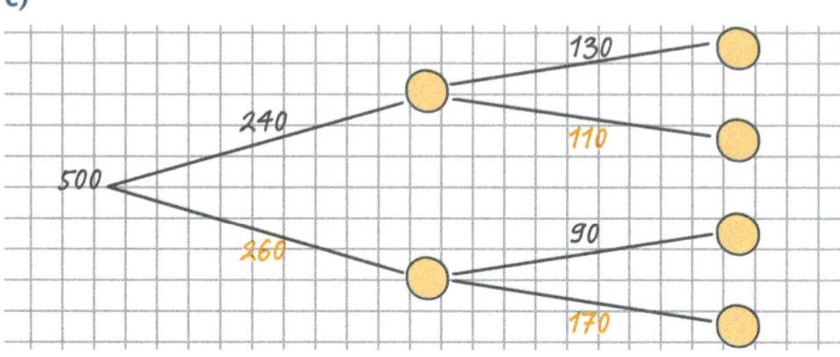

2

a) 100 Schülerinnen und Schüler haben einen eigenen PC und eine Spielekonsole.

b) Die Wahrscheinlichkeit liegt bei 31,25 %.

3

a)

	Mädchen	Junge	gesamt
nutzt	330	236	566
nutzt nicht	83	101	184
gesamt	413	337	750

b) Der Anteil beträgt etwa 80 %.

c) Die Wahrscheinlichkeit beträgt etwa 55 %.

Kapitel III, Training Runde 2, Seite 91

1

a)

Merkmal	B	$\overline{B}$	gesamt
A	115	240	536
$\overline{A}$	296	112	408
gesamt	411	352	944

b)

Merkmal	B	$\overline{B}$	gesamt
A	0,2	0,15	0,35
$\overline{A}$	0,6	0,05	0,65
gesamt	0,8	0,2	1

2

	Firma A	Firma B	gesamt
defekt	0,021	0,018	0,039
nicht defekt	0,679	0,282	0,961
gesamt	0,7	0,3	1

3,9 % der gelieferten Bauteile sind defekt.

3

a) P = 0,9 (90 %) **b)** P = $0,9\overline{8}$ (98,8 %)

c)

zu a)

Test-personen — 0,1 — positiv — 0,01 — gesund; 0,09 — krank

Test-personen — 0,9 — negativ

zu b)

Test-personen — 0,1 — positiv

Test-personen — 0,9 — negativ — 0,89 — gesund; 0,01 — krank

Kapitel IV, Bist du schon sicher?, Seite 99

8

$\frac{a}{2{,}8\,cm} = \frac{1{,}5\,cm}{1{,}7\,cm} \Rightarrow a \approx 2{,}47\,cm$

$\frac{b}{2{,}4\,cm} = \frac{1{,}5\,cm}{3{,}2\,cm} \Rightarrow b = 1{,}125\,cm$

9

$\frac{f}{d} = \frac{e}{g} \Rightarrow f = \frac{e \cdot d}{g} = \frac{2600\,m \cdot 0{,}018\,m}{0{,}64\,m} = 73{,}125\,m$

Der Fernsehturm ist etwa 73 m hoch.

Kapitel IV, Kannst du das noch? Seite 100

21

	a)	b)	c)	d)
Steigung m	3	−2	0	−1
y-Achsen-abschnitt b	−1	4	2	2

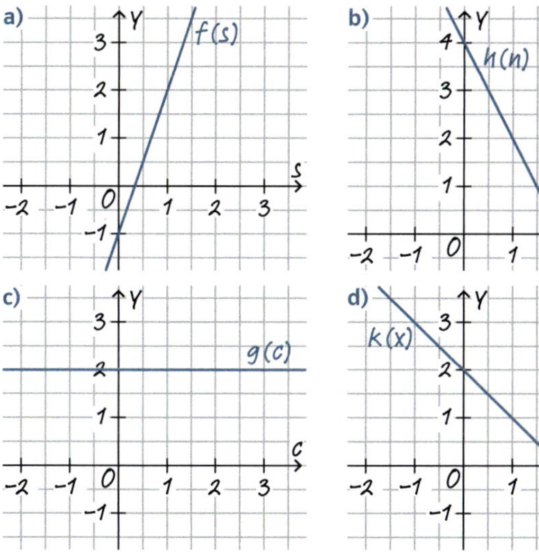

Kapitel IV, Bist du schon sicher?, Seite 103

5

Die Figuren sind nicht ähnlich. Dies erkennt man z. B. an den unterschiedlichen Winkeln $\alpha \neq \alpha'$ und $\beta \neq \beta'$.
Eine andere Möglichkeit: Die kleinste Seite der rechten Figur ist genauso lang wie die kleinste Seite der linken Figur. Alle anderen Seiten sind jedoch kleiner als bei der linken Figur.

$\alpha = \beta = 108°$

$\alpha' = \beta' = 117°$

6

A, B, C, D; A', B', C', D'

Kapitel IV, Kannst du das noch?, Seite 103

10

a) $A = 6{,}4\,cm \cdot 7{,}1\,cm + \frac{1}{2} \cdot 6{,}4\,cm \cdot (17{,}4\,cm - 7{,}1\,cm) = 78{,}4\,cm^2$

b) $A = \frac{1}{2} \cdot (1{,}4\,m + 2{,}4\,m) \cdot 1{,}2\,m = 2{,}28\,m^2$

Kapitel IV, Bist du schon sicher?, Seite 106

5

a) Zwei Dreiecke sind ähnlich, wenn sie in allen Winkeln übereinstimmen. ∢ BCA und ∢ DCE sind Scheitelwinkel, also gleich groß. Da ein zweiter Winkel in beiden Dreiecken 100° groß ist, stimmen die Dreiecke nach dem Winkelsummensatz auch im dritten Winkel überein. Die Dreiecke sind also ähnlich.

b) Da die Dreiecke ähnlich sind, sind die Verhältnisse einander entsprechender Seiten gleich. Man erhält damit

$\frac{\overline{AC}}{\overline{CD}} = \frac{\overline{AB}}{\overline{DE}}$, also $\overline{AC} = 18\,cm$ sowie

$\frac{\overline{CE}}{\overline{BC}} = \frac{\overline{DE}}{\overline{AB}}$, also $\overline{CE} = 11{,}7\,cm$.

Kapitel IV, Kannst du das noch?, Seite 107

20

a) $6c - 18 = 15 - 5c$; $11c = 33$; $c = 3$

b) $27 + 18x = -9$; $18x = 18$; $x = 1$

c) $-12 + 2y + 6 = 24$; $2y = 30$; $y = 15$

d) $4u + 20 = 9u + 5$; $15 = 5u$; $u = 3$

e) $40 + 56s = 4s + 14$; $52s = -26$; $s = -\frac{1}{2}$

f) $38 - 19a = 5a + 2a + 14$; $24 = 26a$; $a = \frac{12}{13}$

3

Kapitel IV, Bist du schon sicher?, Seite 111

11

a) $c^2 = (6{,}5\,\text{cm})^2 + (15{,}6\,\text{cm})^2 = 285{,}61\,\text{cm}^2$
$\Rightarrow c \approx 16{,}9\,\text{cm}$
b) $a^2 = (15{,}6\,\text{cm})^2 - (6{,}5\,\text{cm})^2 = 201{,}11\,\text{cm}^2$
$\Rightarrow a \approx 14{,}2\,\text{cm}$

12

a) $a^2 + b^2 = 28^2 + 45^2 = 2809$
$c^2 = 2809$
Das Dreieck ist rechtwinklig.
b) $a^2 + b^2 = 48^2 + 286^2 = 84\,100$
$c^2 = 290^2 = 84\,100$
Das Dreieck ist rechtwinklig.

Kapitel IV, Kannst du das noch?, Seite 113

29

Korrekturen:

$\frac{\sqrt{2}}{\sqrt{10}} = \sqrt{\frac{2}{10}} = \sqrt{0{,}2}$

$\frac{\sqrt{10}}{\sqrt{2}} = \sqrt{\frac{10}{2}} = \sqrt{5}$

$\frac{\sqrt{3}}{\sqrt{7}} = \sqrt{\frac{3}{7}}$

$\sqrt{16} + \sqrt{9} = 4 + 3 = 7$

$\sqrt{3^2 - 2^2} = \sqrt{9 - 4} = \sqrt{5}$

$\sqrt{5} \cdot \sqrt{5 + 20} = \sqrt{5} \cdot \sqrt{25} = 5\sqrt{5}$

Kapitel IV, Bist du schon sicher?, Seite 115

7

Die Länge der Dammsohle setzt sich aus der Länge der Dammkrone und zwei gleich langen Strecken der Seitenlänge a zusammen. Wenn man von der Ecke oben links die Höhe einzeichnet, erkennt man ein rechtwinkliges Dreieck, mit dem man a berechnen kann.
$a^2 = (5{,}25\,\text{m})^2 - (3{,}2\,\text{m})^2 = 17{,}3225\,\text{m}^2$
$\Rightarrow a \approx 4{,}16\,\text{m}$
$2 \cdot 4{,}16\,\text{m} + 8{,}50\,\text{m} = 16{,}82\,\text{m}$
Die Dammsohle ist ca. 16,82 m lang.

8

Für die Diagonale d im Rechteck mit den Seiten $a = 5\,\text{cm}$ und $b = 4\,\text{cm}$ gilt:
$d^2 = (4\,\text{cm})^2 + (5\,\text{cm})^2 = 41\,\text{cm}^2 \Rightarrow d \approx 6{,}4\,\text{cm}$
Für den Flächeninhalt A der Schnittfläche gilt also:
$A \approx 6{,}4\,\text{cm} \cdot 6\,\text{cm} = 38{,}4\,\text{cm}^2$

Kapitel IV, Kannst du das noch?, Seite 116

18

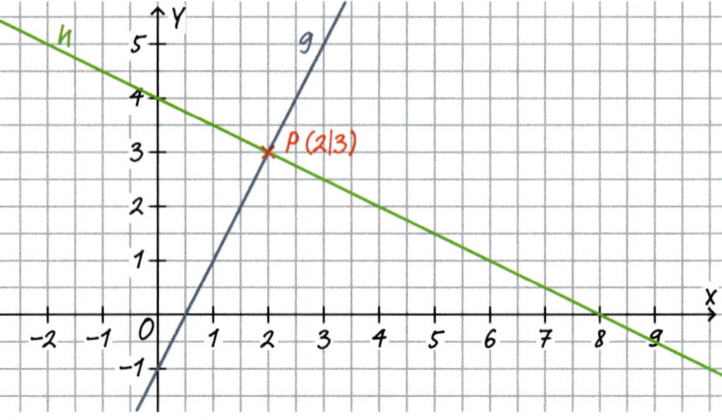

Die Graphen der Funktionen $g(x) = 2x - 1$ und $h(x) = -\frac{1}{2}x + 4$ schneiden sich im Punkt $P(2\,|\,3)$.

Kapitel IV, Training Runde 1, Seite 123

1

(1) $\frac{4}{3} = \frac{x}{4{,}5}$
$3x = 18$
$x = 6$

(2) $\frac{y}{4} = \frac{y + 2{,}5}{6}$
$6y = 4y + 10$
$y = 5$

2

Mit x für den Abstand (in m), den der Lichtmast vom Haus hat, ergibt sich $\frac{x}{x + 2} = \frac{1{,}2}{1{,}42}$, also $1{,}42x = 1{,}2x + 2{,}4$ und damit $x = \frac{2{,}4}{0{,}22} \approx 10{,}9$.
Der Lichtmast steht etwa 10,9 m vom Haus entfernt.
(Für die „schräg" gemessene Entfernung y (in m) ergibt sich $y \approx 10{,}96$.)

3

rechtwinkliges Dreieck für $x = 30\,\text{cm}$,
spitzwinkliges Dreieck für $x < 30\,\text{cm}$
oder
rechtwinkliges Dreieck für $x = \sqrt{252}\,\text{cm} \approx 15{,}87\,\text{cm}$,
spitzwinkliges Dreieck für $x > \sqrt{252}\,\text{cm}$

4

a) $a = c$; $b = d$

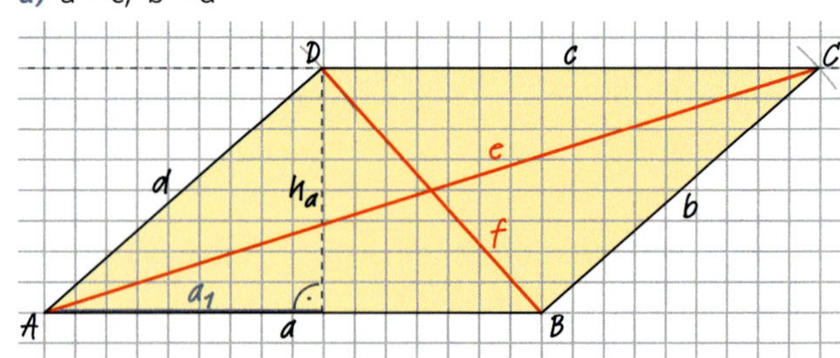

$a_1^2 + h_a^2 = a^2 \Leftrightarrow a_1^2 = d^2 - h_a^2$

$a_1^2 = (6\,\text{cm})^2 - (4\,\text{cm})^2 = 20\,\text{cm}^2$

$a_1 = 2\sqrt{5}\,\text{cm} \approx 4{,}47\,\text{cm}$

$f^2 = h_a^2 + (a - a_1)^2$

$f^2 = (4\,\text{cm})^2 + (8\,\text{cm} - 4{,}47\,\text{cm})^2 = 28{,}46\,\text{cm}^2$

$f \approx 5{,}33\,\text{cm}$

$e^2 = h_a + (c + a_1)^2$

$e^2 = (4\,\text{cm})^2 + (8\,\text{cm} + 4{,}47\,\text{cm})^2 = 171{,}5\,\text{cm}^2$

$e \approx 13{,}1\,\text{cm}$

$A = a \cdot h_a = 8\,\text{cm} \cdot 4\,\text{cm} = 32\,\text{cm}^2$

b) $c = a;\ d = b$

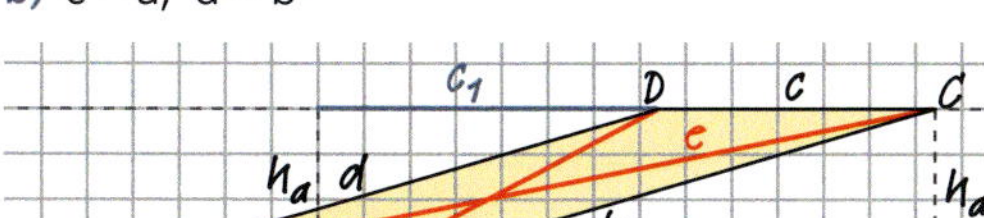

$a_1^2 + h_a^2 = a^2 \Leftrightarrow a_1^2 = d^2 - h_a^2$

$a_1^2 = (7\,\text{cm})^2 - (2\,\text{cm})^2 = 45\,\text{cm}^2$

$a_1 = 3\sqrt{5}\,\text{cm} \approx 6{,}71\,\text{cm}$

$e^2 = h_a^2 + (a + a_1)^2$

$e^2 = (2\,\text{cm})^2 + (3\,\text{cm} + 6{,}71\,\text{cm})^2 = 98{,}28\,\text{cm}^2$

$e \approx 9{,}91\,\text{cm}$

$c_1 = a_1 - c$

$c_1 = 6{,}71\,\text{cm} - 3\,\text{cm} = 3{,}71\,\text{cm}$

$f^2 = h_a^2 + c_1^2$

$f^2 = (2\,\text{cm})^2 + (3{,}71\,\text{cm})^2 = 17{,}76\,\text{cm}^2$

$f \approx 4{,}21\,\text{cm}$

$A = a \cdot h_a = 3\,\text{cm} \cdot 2\,\text{cm} = 6\,\text{cm}^2$

Kapitel IV, Training Runde 2, Seite 123

1

a) $x = 1$ **b)** $x = 4$ **c)** $x = 12$ **d)** $x = 6$

2

$\frac{f}{d} = \frac{e}{g}$

$\frac{f}{2{,}1\,\text{m}} = \frac{1700\,\text{m}}{85\,\text{m}}$

$f = \frac{1700}{85} \cdot 2{,}1\,\text{m}$

$f = 42\,\text{m}$

Der Leuchtturm ist 42 m hoch.

3

$\frac{a}{2{,}8\,\text{cm}} = \frac{1{,}5\,\text{cm}}{1{,}7\,\text{cm}}$, also $a = \frac{1{,}5}{1{,}7} \cdot 2{,}8\,\text{cm} \approx 2{,}47\,\text{cm}$

$\frac{b}{2{,}4\,\text{cm}} = \frac{1{,}5\,\text{cm}}{1{,}5\,\text{cm} + 1{,}7\,\text{cm}}$, also $b = \frac{1{,}5}{3{,}2} \cdot 2{,}4\,\text{cm} = 1{,}125\,\text{cm}$

4

rechtwinkliges Dreieck für $x = \sqrt{274}\,\text{cm} \approx 16{,}55\,\text{cm}$,
stumpfwinkliges Dreieck für $x > \sqrt{274}\,\text{cm}$
oder
rechtwinkliges Dreieck für $x = \sqrt{176}\,\text{cm} \approx 13{,}27\,\text{cm}$,
stumpfwinkliges Dreieck für $x < \sqrt{176}\,\text{cm}$

5

Die Gesamtlänge der roten Striche beträgt 12 dm.

6

Es gilt $d^2 = h^2 + (c + x)^2$ mit $c + 2x = a$, also $x = \frac{a-c}{2}$.

Damit erhält man $d^2 = h^2 + \left(\frac{a+c}{2}\right)^2$ und eingesetzt

$d^2 = 76{,}5$, also $d = \sqrt{76{,}5} \approx 8{,}7$. Die Diagonale ist ungefähr 8,7 cm lang.

Kapitel V, Bist du schon sicher?, Seite 132

9

3

	a	b	c	α	β	γ
a)	4,5 cm	**6,1 cm**	7,6 cm	**36,3°**	**53,7°**	90°
b)	**3,77 dm**	8,61 dm	**7,74 dm**	26°	90°	**64°**
c)	**3,83 m**	3,6 m	13,2 dm	90°	**69,9°**	**20,1°**

Teilweise handelt es sich um gerundete Werte.

10

a) $\sin(\alpha) = \frac{k}{f}$ **b)** $\sin(\gamma) = \frac{h}{f}$ **c)** $\sin(\delta) = \frac{g}{f}$ **d)** $\sin(\beta) = \frac{e}{f}$

e) $\cos(\delta) = \frac{k}{f}$ **f)** $\tan(\beta) = \frac{e}{h}$ **g)** $\tan(\alpha) = \frac{k}{g}$ **h)** $\cos(\gamma) = \frac{e}{f}$

11

a) Es gilt: $\tan(23°) \approx 0{,}424 = 42{,}4\,\%$. Da die Schneeraupe eine maximale Steigung von 50 % bewältigen kann, kann sie auf der Skipiste fahren.

b) Es gilt: $\tan(\alpha) = 0{,}5$, also ist $\alpha \approx 26{,}565°$. Der maximale Steigungswinkel, den die Raupe überwinden kann, beträgt also etwa 26,565°.

Kapitel V, Kannst du das noch?, Seite 133

21

a) $P(\text{ANNA}) = \frac{1}{2} \cdot \frac{1}{3} \cdot \frac{1}{3} \cdot \frac{1}{2} = \frac{1}{36} \approx 0{,}027$

b) $P(\text{ANNA}) = \frac{1}{2} \cdot \frac{2}{5} \cdot \frac{1}{4} \cdot \frac{2}{3} = \frac{1}{30} \approx 0{,}03$

Kapitel V, Bist du schon sicher?, Seite 136

8

a) sin (35°) ≈ 0,57
b) cos (35°) ≈ 0,82
c) tan (35°) ≈ 0,7
d) sin (55°) = cos (35°) ≈ 0,82

9

a)

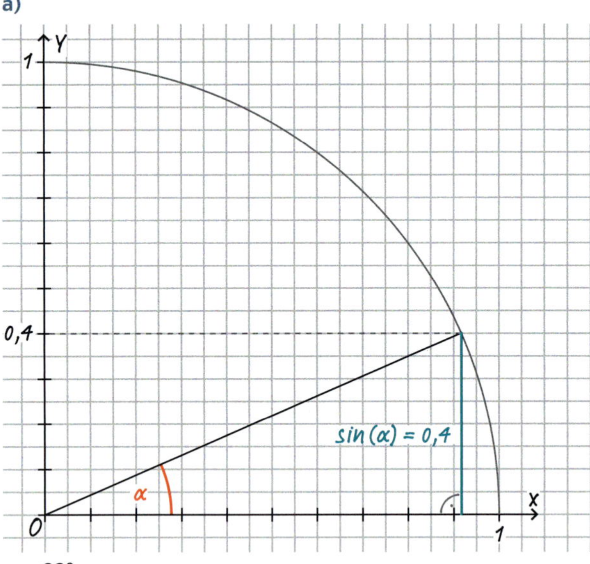

α ≈ 23°

b)

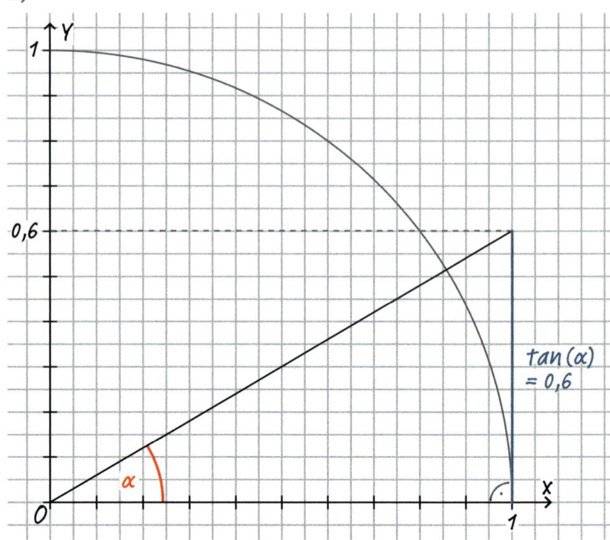

α ≈ 31°

c)

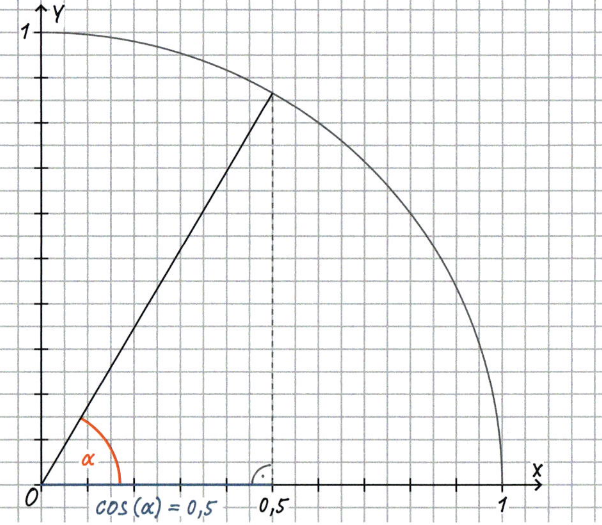

α ≈ 60°

d)

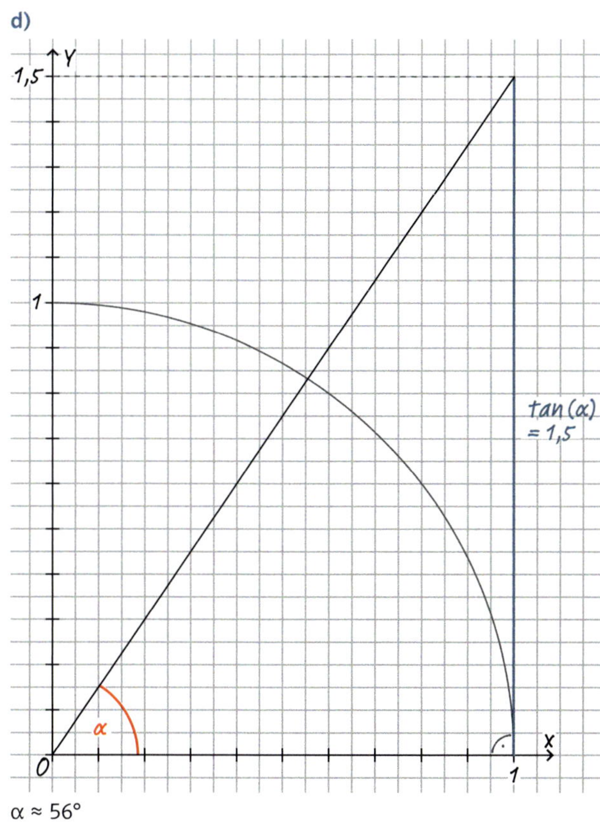

$\alpha \approx 56°$

Kapitel V, Kannst du das noch?, Seite 137

22

a) (1) $S(-1\,|\,3)$ (2) $S(-2\,|\,3)$

b) (1) $f(x) = 3x + 6$; $f(x) = -3x$

(2) $f(x) = -3x - 3$; $f(x) = -\frac{3}{5}x + 1{,}8$

Kapitel V, Bist du schon sicher?, Seite 140

8

Die Symmetrieachse teilt das gleichschenklige Dreieck in Fig. 1 in zwei kongruente rechtwinklige Dreiecke. Es gilt:

$\tan(\alpha) = \frac{h}{\frac{b}{2}} = \frac{5{,}4\,m}{4{,}2\,m}$, also $\alpha \approx 52{,}1°$;

$a = \sqrt{h^2 + \left(\frac{b}{2}\right)^2} = \sqrt{5{,}4^2 + 4{,}2^2}\,m \approx 6{,}84\,m.$

Das Dach hat eine Neigung von etwa 52,1°. Die Dachkante ist etwa 6,84 m lang.

9

Mit h für den Abstand der parallelen Trapezseiten gilt

$\tan(72°) = \frac{h}{\frac{1}{2}(12{,}8 - 9{,}6)\,m}$, also $h = 1{,}6\,m \cdot \tan(72°) \approx 4{,}92\,m.$

Damit hat die trapezförmige Dachfläche den Flächeninhalt

$A = \frac{1}{2}(12{,}8\,m + 9{,}6\,m) \cdot h \approx 55{,}15\,m^2.$

10

$\sin(30°) = \frac{h_a}{7{,}2\,cm}$

$h_a = 7{,}2\,cm \cdot \sin(30°)$

$h_a = 3{,}6\,cm$

$A = a \cdot h_a$

$= 12\,cm \cdot 3{,}6\,cm$

$= 43{,}2\,cm^2$

Kapitel V, Kannst du das noch?, Seite 141

18

Werte in $f(x) = mx + b$ einsetzen.

a) $3 = 2 \cdot 1 + b$

$b = 1$

$f(x) = 2x + 1$

b) $4 = -\frac{1}{2} \cdot (-3) + b$

$b = \frac{5}{2}$

$f(x) = -\frac{1}{2}x + \frac{5}{2}$

c) $-1 = 1{,}1 \cdot (-4) + b$

$b = 3{,}4$

$f(x) = 1{,}1x + 3{,}4$

d) $-3 = -4 \cdot 5 + b$

$b = 17$

$f(x) = -4x + 17$

Kapitel V, Training Runde 1, Seite 147

1

	α	β	γ	a	b	c
a)	90°	67°	23°	27,9 m	25,72 m	10,92 m
b)	37°	90°	53°	22,6 km	37,5 km	29,9 km
c)	75°	15°	90°	13,2 dm	36 cm	137 cm

2

a) $h = 6{,}5\,cm \cdot \sin(48°) \approx 4{,}8\,cm$

$s = 2 \cdot 6{,}5\,cm \cdot \cos(48°) \approx 8{,}7\,cm$

b) $\tan(\alpha) = \frac{4{,}8\,cm}{2{,}4\,cm} = 2$, also $\alpha \approx 63{,}4°$

$r = \frac{4{,}8\,cm}{\sin(\alpha)} \approx 5{,}4\,cm$

c) $\tan\left(\frac{\delta}{2}\right) = \frac{3\,cm}{5\,cm} = 0{,}6$, also $\delta \approx 61{,}9°$; $\gamma = 90° - \frac{\delta}{2} \approx 59{,}05°$

3

$\alpha \approx 55{,}3°$; $s \approx 3{,}2\,cm$

4

Der Winkel an der Spitze hat eine Größe von 53,4°.

Kapitel V, Training Runde 2, Seite 147

1

a) $\sin(\delta) = \frac{p}{r} = \frac{4{,}80\,m}{6{,}40\,m}$ und damit $\delta \approx 48{,}6°$

$\varepsilon = 90° - \delta \approx 41{,}4°$

$q = \sqrt{r^2 - p^2} = \sqrt{6{,}4^2 - 4{,}8^2}\,m \approx 4{,}2\,m$

b) $\varepsilon = 90° - \delta = 26°$

$\tan(\delta) = \frac{p}{q}$, also $p = q \cdot \tan(\delta) = 12{,}5\,km \cdot \tan(64°) \approx 25{,}6\,km$

$r = \sqrt{p^2 + q^2} \approx 28{,}5\,km$

c) $\delta = 90° - \varepsilon = 65°$

$\cos(\varepsilon) = \frac{p}{r}$, also $p = r \cdot \cos(\varepsilon) = 5{,}4\,mm \cdot \cos(25°) \approx 4{,}9\,mm$

$\sin(\varepsilon) = \frac{q}{r}$, also $q = r \cdot \sin(\varepsilon) = 5{,}4\,mm \cdot \sin(25°) \approx 2{,}3\,mm$

3

2

a) Für den Gleitwinkel α gilt:

$\sin(\alpha) = \frac{1000\,m}{8200\,m}$, also $\alpha \approx 7{,}0°$.

b) Für die Gleitstrecke s gilt:

$\frac{1000\,m}{s} = \sin(5°)$, also $s = \frac{1000\,m}{\sin(5°)} \approx 11\,474\,m \approx 11{,}5\,km$.

3

Mit x für den Teil der Balkenlänge von A bis zum First

ergibt sich $\cos(42{,}5°) = \frac{\frac{1}{2} \cdot 7{,}20\,m}{x}$, also $x = \frac{3{,}60\,m}{\cos(42{,}5°)} \approx 4{,}88\,m$.

Der Balken ist somit etwa $4{,}88\,m + 1{,}20\,m = 6{,}08\,m$ lang.

4

$\tan(\alpha) = \frac{a}{\frac{a}{2}\sqrt{2}} = \sqrt{2}$, also $\alpha = 54{,}7°$

Sicher ins Kapitel I, Seite 149

1

a) $\frac{5}{4}$ **b)** $\frac{127}{5}$ **c)** $\frac{7}{250}$ **d)** $\frac{29}{8}$

e) 0,8 **f)** 1,5 **g)** 0,875 **h)** $0{,}\overline{36}$

2

a) (1) $\frac{5}{6} - \left(-\frac{7}{8}\right) = \frac{5}{6} + \frac{7}{8} = \frac{20 + 21}{24} = \frac{41}{24}$

(2) $\frac{4}{15} : \left(-\frac{28}{5}\right) = -\frac{4}{15} \cdot \frac{5}{28} = -\frac{4 \cdot 5}{15 \cdot 28} = -\frac{1 \cdot 1}{3 \cdot 7} = -\frac{1}{21}$

(3) $\left(\frac{4}{3} - \frac{3}{8}\right) \cdot \frac{24}{5} = \frac{32 - 9}{24} \cdot \frac{24}{5} = \frac{23 \cdot 24}{24 \cdot 5} = \frac{23 \cdot 1}{1 \cdot 5} = \frac{23}{5}$

(4) $0{,}25 - \frac{2}{3} + \frac{3}{18} = \frac{1}{4} - \frac{2}{3} + \frac{3}{18} = \frac{9 - 12 + 6}{36} = \frac{3}{36} = \frac{1}{12}$

b) $A = 8{,}2\,cm \cdot 5{,}6\,cm + 4{,}2\,cm \cdot 4{,}2\,cm + 1{,}9\,cm \cdot 2{,}1\,cm : 2$
$= 65{,}555\,cm^2$

3

a) 1. Klammer zuerst ausrechnen:
$13{,}4 - (12{,}8 + 16{,}4) = 13{,}4 - 29{,}2 = -15{,}8$
2. Klammer zuerst auflösen und dann Kommutativgesetz anwenden:
$13{,}4 - (12{,}8 + 16{,}4) = 13{,}4 - 12{,}8 - 16{,}4 = 13{,}4 - 16{,}4 - 12{,}8$
$= -3 - 12{,}8 = -15{,}8$
Der zweite Weg ist geschickter.

b) 1. Von links nach rechts mit Hauptnenner für alle Brüche:
$\frac{4}{3} - \frac{27}{16} - \frac{11}{6} + \frac{1}{2} = \frac{64 - 81 - 88 + 24}{48} = -\frac{81}{48} = -\frac{27}{16}$
2. Kommutativgesetz anwenden und Teilsummen bilden:
$\frac{4}{3} - \frac{27}{16} - \frac{11}{6} + \frac{1}{2} = \frac{4}{3} + \frac{1}{2} - \frac{11}{6} - \frac{27}{16} = \frac{8 + 3}{6} - \frac{11}{6} - \frac{27}{16}$
$= \frac{11}{6} - \frac{11}{6} - \frac{27}{16} = -\frac{27}{16}$
Der zweite Weg ist geschickter.

c) 1. Klammer zuerst:
$15 \cdot \left(\frac{19}{5} - 4\right) = 15 \cdot \frac{19 - 20}{5} = 15 \cdot \left(-\frac{1}{5}\right) = -3$
2. Distributivgesetz verwenden:
$15 \cdot \left(\frac{19}{5} - 4\right) = 15 \cdot \frac{19}{5} - 15 \cdot 4 = 3 \cdot 19 - 15 \cdot 4 = 57 - 60$
$= -3$
Der erste Weg ist geschickter.

d) 1. Klammer zuerst:
$12 \cdot (25{,}3 + 4{,}7) = 12 \cdot 30 = 360$
2. Distributivgesetz verwenden:
$12 \cdot (25{,}3 + 4{,}7) = 12 \cdot 25{,}3 + 12 \cdot 4{,}7 = 303{,}6 + 56{,}4 = 360$
Der erste Weg ist geschickter.

4

Zahl	positive Zahl	rationale Zahl	ganze Zahl	natürliche Zahl
25,3	X	X		
$-\frac{3}{7}$		X		
$\frac{48}{16}$	X	X	X	X
$-\frac{36}{9}$		X	X	
$\frac{15}{45}$	X	X		
$-\frac{7}{4}$		X		

Sicher ins Kapitel II, Seite 150

1

a) (1) $(2x - y)^2 = 4x^2 + y^2 + (-4xy)$ (2. binomische Formel)
(2) $(2x - 3b)(2x + 3b) = 4x^2 - 9b^2$ (3. binomische Formel)
(3) $(3s + 2)^2 = 9s^2 + 12s + 4$ (1. binomische Formel)

b) (1) $\frac{1}{4}k^2 - 4kp + 16p^2$ (2) $9c^2 + 2c + \frac{1}{9}$
(3) $9x^2 - 36y^2$

c) (1) $16c^2 + 9v^2 - 24cv = (4c)^2 - 2 \cdot 4c \cdot 3v + (3v)^2$
$= (4c - 3v)^2$
(2) $(2f + \sqrt{5}s)(2f - \sqrt{5}s)$
(3) $18x^2 + 12xy + 8y^2 = 2 \cdot (9x^2 + 6xy + 4y^2)$; Klammer ist nicht weiter zerlegbar, da keine binomische Formel passt.
(4) $3(z^2 - 1) = 3(z + 1)(z - 1)$

2

a) Richtig: $48 = 16 \cdot 3$. Man darf die Wurzel aus den einzelnen Faktoren ziehen.
b) Falsch: Bei einer Differenz zweier Wurzeln darf man die Radikanden nicht subtrahieren.
c) Richtig: Man darf die Radikanden dividieren.
d) Richtig: Es wurde mit $\sqrt{7}$ erweitert und danach die Wurzeln im Zähler und im Nenner wie in Teilaufgabe a) umgeformt.

3

a) $-0{,}5 \cdot 0 - 1{,}5 = -1{,}5$ P(0|−1,5)
$-0{,}5x - 1{,}5 = 0$
$\Rightarrow x = -3$ Q(−3|0)
Schnittpunkte mit den Koordinatenachsen sind P(0|−1,5) und Q(−3|0).

b) y-Achsenabschnitt: −1
Steigung: 2
g: $y = 2x - 1$

c) h: $y = 2x + b$
Einsetzen der Koordinaten von P(1|−1) in den Funktionsterm: $-1 = 2 \cdot 1 + b$; $b = -3$
Also ist h: $2x - 3$
Schnittpunkte mit den Koordinatenachsen:
$y = 2 \cdot 0 - 3 \Rightarrow y = -3$ P(0|−3)
$0 = 2x - 3 \Rightarrow x = \frac{3}{2}$ $Q\left(\frac{3}{2}\middle|0\right)$

4

a) Schnittpunkt $S(2\,|\,3)$

Geradengleichungen g: $y = 2x - 1$; k: $y = -x + 5$

Überprüfung durch Rechnung:

$2x - 1 = -x + 5$
$3x \quad = 6$
$x \quad = 2$

Einsetzen der x-Koordinate in g:

$y = 4 - 1 = 3$

$\Rightarrow S(2\,|\,3)$ ist richtig abgelesen.

b) (1)

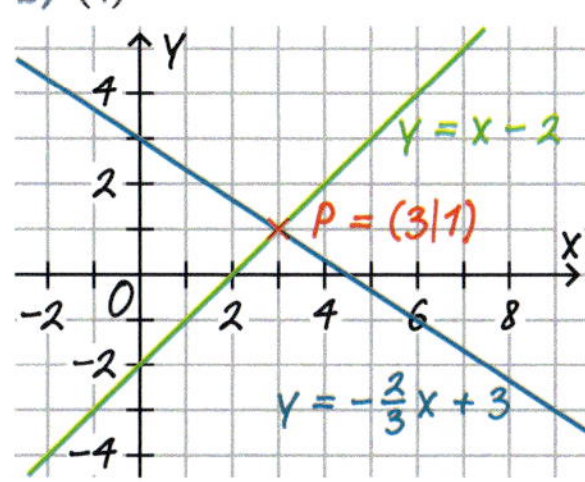

(I) $2x + 3y - 9 = 0$
(II) $x - y - 2 = 0 \qquad |\cdot 3$

(I) $2x + 3y - 9 = 0 \qquad |+$
(II) $3x - 3y - 6 = 0$

(I + II) $5x - 15 = 0$
(I + II) $x = 3$

Einsetzen in

(II) $3 - y - 2 = 0 \Rightarrow y = 1$

$L = \{(3\,|\,1)\}$

(2)

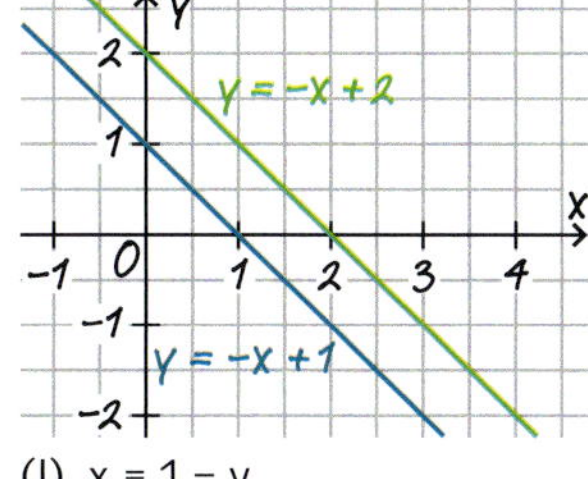

(I) $x = 1 - y$
(II) $3x = 6 - 3y$

(I) $x = 1 - y$
(II + (−3) · I) $0 = 3 \qquad L = \{\ \}$

(3)

(I) $15y = 3 - 12x$
(II) $5y = 1 - 4x$

(I + (−3) · II) $0 = 0$

(II) $y = \frac{1}{5} - \frac{4}{5}x$

$L = \{(x\,|\,y)\,|\,y = \frac{1}{5} - \frac{4}{5}x\}$

Das Gleichungssystem hat unendlich viele Lösungen. Alle Punkte der Gerade

$y = \frac{1}{5} - \frac{4}{5}x$

sind Lösungen.

(4)

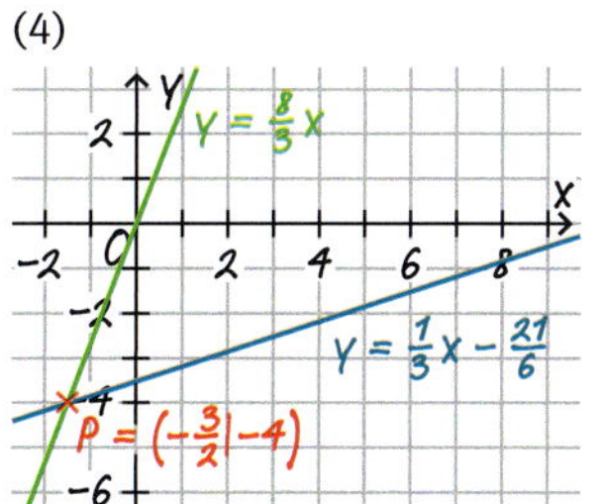

(I) $2x - 6y = 21$
(II) $2x - 0{,}75y = 0$

(I + (−1) · II) $-5{,}25y = 21$
$y = -4$

Einsetzen in

(I) $2x + 24 = 21$
$x = -\frac{3}{2}$

$L = \left\{\left(-\frac{3}{2}\,\middle|\,-4\right)\right\}$

Sicher ins Kapitel III, Seite 151

1

a) Sie gibt 13 € aus.

$p\,\% = \frac{W}{G} = \frac{13}{16} = 0{,}8125 = 81{,}25\,\%$

Sie gibt 81,25 % des Taschengeldes aus.

b) Jungenanteil in Stufe 7: $\frac{63}{75 + 63} \approx 0{,}457$

Jungenanteil in Stufe 8: $\frac{128 - 69}{128} \approx 0{,}461$

Der Anteil der Jungen ist in Stufe 8 größer.

2

a) Gleichnamig machen und die Zähler addieren. Ergebnis so weit wie möglich kürzen.

b) Zähler multiplizieren und Nenner multiplizieren. Vor dem Ausrechnen kürzen.

c) Mit dem Kehrbruch des zweiten Bruches multiplizieren.

d) Gleichnamig machen und Zähler vergleichen oder in Dezimalbrüche umwandeln.

e) (1) $\frac{5}{6} + \frac{5}{8} = \frac{20 + 15}{24} = \frac{35}{24}$ (2) $\frac{11}{4} - \frac{21}{6} = \frac{33 - 42}{12} = -\frac{9}{12} = -\frac{3}{4}$

(3) $\frac{18}{14} \cdot \frac{21}{12} = \frac{18 \cdot 21}{14 \cdot 12} = \frac{3 \cdot 3}{2 \cdot 2} = \frac{9}{4}$ (4) $\frac{45}{24} : \left(-\frac{5}{8}\right) = -\frac{45 \cdot 8}{24 \cdot 5} = -\frac{9 \cdot 1}{3 \cdot 1} = -3$

f) $\frac{11}{12}$ ist der kleinste Bruch, denn sein Wert ist als einziger kleiner als eins.

Gleichnamig machen:

$\frac{9}{7} = \frac{36}{28}$; $\frac{5}{4} = \frac{35}{28}$

Dezimalbrüche:

$\frac{9}{7} = 1{,}\overline{285714}$; $\frac{5}{4} = 1{,}25$

Ergebnis: $\frac{11}{12} < \frac{5}{4} < \frac{9}{7}$

3

a) 1 von 6, also Wahrscheinlichkeit $P = \frac{1}{6}$. Alle anderen Augenzahlen haben die gleiche Wahrscheinlichkeit.

b) $\frac{1}{6}$ von 900 ist 150. Es wird ungefähr 150-mal eine Zwei gewürfelt (absolute Häufigkeit).

c) Relative Häufigkeit $h = \frac{165}{1000} = 0{,}165$; $P = 0{,}1\overline{6}$. Die relative Häufigkeit liegt in der Nähe der Wahrscheinlichkeit.

4

a) Xenia: $h = \frac{7}{22} = 0{,}3\overline{18}$. Carlo: $h = \frac{31}{100} = 0{,}31$

b) Schätzwerte für die Wahrscheinlichkeit. $0{,}3 < P < 0{,}32$

c) Absolute Häufigkeit H: $0{,}3 \cdot 13 < H < 0{,}32 \cdot 13$, also $3{,}9 < H < 416$.

Das Ergebnis führt zu der Annahme, dass 4 rote Kugeln im Topf liegen.

Sicher ins Kapitel IV, Seite 152

1

a) $\sqrt{27} : \sqrt{9} = \sqrt{27 : 9} = \sqrt{3}$

b) $\sqrt{\frac{45}{32}} \cdot \sqrt{\frac{8}{5}} = \sqrt{\frac{45 \cdot 8}{32 \cdot 5}} = \sqrt{\frac{9}{4}} = \frac{3}{2}$

c) $\sqrt{117} : \sqrt{0{,}13} = \sqrt{\frac{117}{0{,}13}} = \sqrt{900} = 30$

d) $\sqrt{13x^2 + 3x^2} = \sqrt{16x^2} = 4x \qquad (x > 0)$

e) $\sqrt{13b^2 - 3b^2} = \sqrt{10b^2} = b \cdot \sqrt{10} \quad (b > 0)$

f) $\sqrt{9x^2 + 6x + 1} = \sqrt{(x + 3)^2} = x + 3 \qquad (x > -3)$

2

a) Seitenlänge: $s \to A = s^2 \to s = \sqrt{A}$; $s = \sqrt{30\,\text{cm}^2} \approx 5{,}48\,\text{cm}$.

b) Schenkellänge: $s \to A = s^2 : 2 \to s = \sqrt{2A}$; $s = \sqrt{50\,\text{cm}^2} \approx 7{,}1\,\text{cm}$.

3

3

a) Beschreibung der Konstruktion: Zeichne einen rechten Winkel mit den Schenkellängen 4 cm und 5 cm. Verbinde die Endpunkte der Strecken. (Die dritte Seite des Dreiecks ist 6,4 cm lang.)

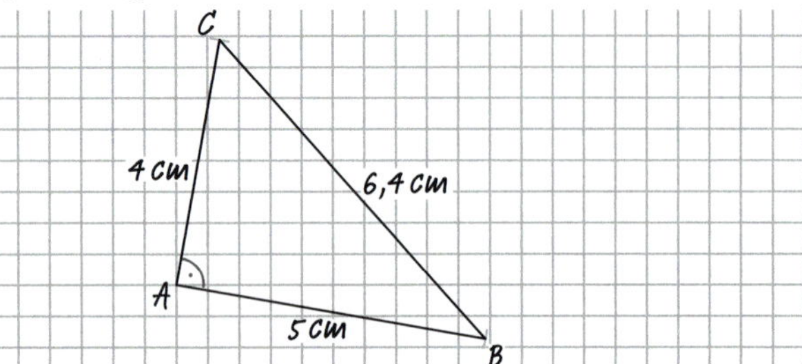

b) Zeichne eine 10 cm lange Strecke und den zugehörigen Thaleskreis. Zeichne eine Parallele zur Strecke im Abstand 3 cm. Der Schnittpunkt der Parallele mit dem Thaleskreis ist die fehlende Ecke des Dreiecks. Es gibt zwei mögliche Dreiecke.

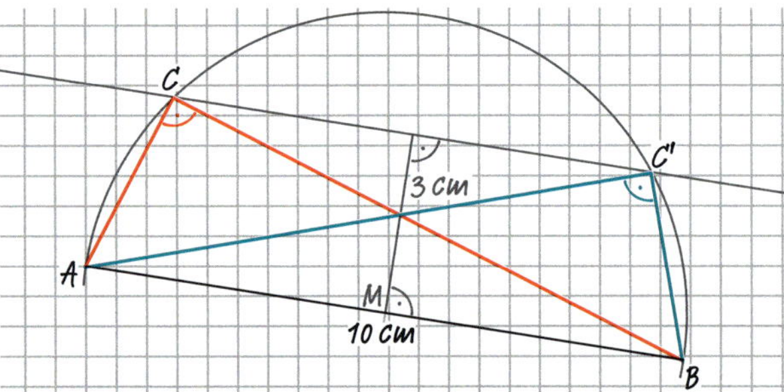

c) Wie Teilaufgabe b). Man kann jeden beliebigen Punkt des Thaleskreises mit den Endpunkten der Strecke verbinden.

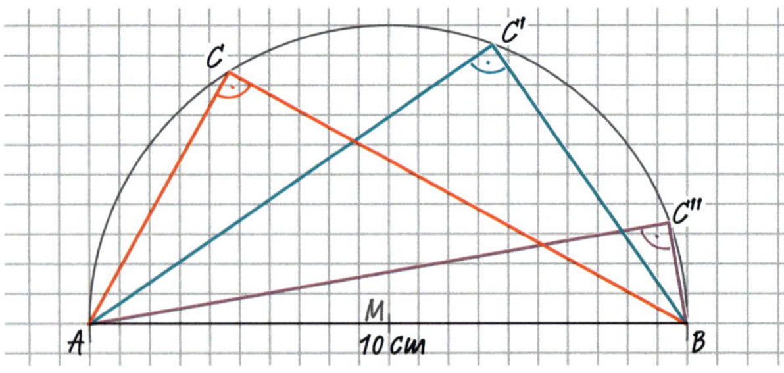

4

a) Maßstab 1:100 ergibt ein Dreieck mit den Seitenlängen 6 cm und 5,5 cm (eine Hälfte des Giebels).
Dessen längste Seite ist je nach Zeichengenauigkeit 8 cm bis 8,1 cm lang.

Ergebnis: Die Sparren sind mindestens 8 m lang.

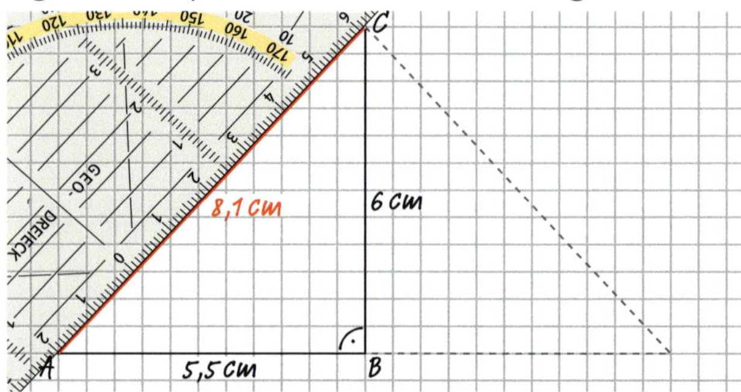

b) Maßstab 1:100 ergibt ein Dreieck mit den Seitenlängen 3 cm und 3,5 cm (eine Hälfte des Tores).
Die fehlende Seitenlänge ist etwa 1,8 cm lang.
Ergebnis: Das Tor ist etwa 1,80 m hoch.

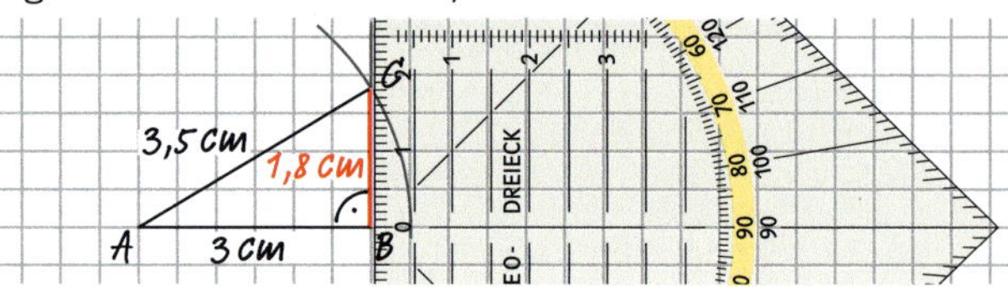

5

$$A = \frac{c + (c + 4)}{2} \cdot h = (c + 2) \cdot h \rightarrow h = \frac{A}{c + 2}$$

$h = \frac{28\,\text{cm}^2}{7\,\text{cm}} = 4\,\text{cm}$. Das Trapez ist 4 cm hoch.

Sicher ins Kapitel V, Seite 153

1

a) Konstruktion nach sss

b) Die zum Quadrat ergänzte Figur hätte einen Flächeninhalt von 36 cm². Es wäre also ein Quadrat mit der Kantenlänge 6 cm. Zu konstruieren ist also ein gleichschenklig rechtwinkliges Dreieck mit der Kantenlänge 6 cm. Konstruktion nach sws

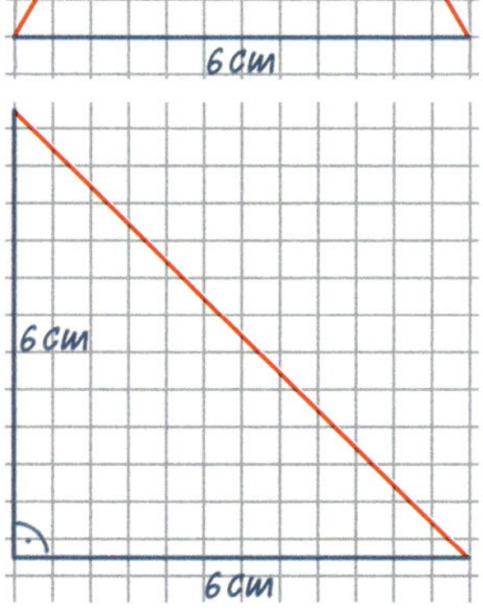

c) Konstruktion mit dem Satz des Thales

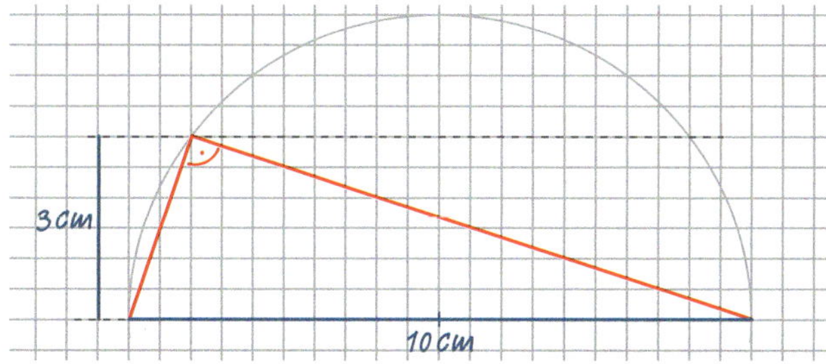

2

a) Für die Höhe h gilt $h^2 + 3^2 = 6^2$ also $h = 5$.

$A = \frac{1}{2} g \cdot h = \frac{1}{2} \cdot 6\,\text{cm} \cdot 5\,\text{cm} = 15\,\text{cm}^2$.

b) Jedes rechtwinklig gleichschenklige Dreieck lässt sich durch Spiegelung an der Hypotenuse zu einem Quadrat mit doppeltem Flächeninhalt ergänzen. Die Hypotenuse des Dreiecks entspricht der Diagonale des Quadrats. Die Höhe des Dreiecks entspricht einer halben Diagonale.
Das Quadrat hat also den Flächeninhalt $36\,\text{cm}^2$. Eine Kantenlänge des Quadrats ist 6 cm lang.
Für die Hypotenuse c des Dreiecks gilt:
$c^2 = 2 \cdot (6\,\text{cm})^2 = 72\,\text{cm}^2$. Also $c = 6 \cdot \sqrt{2}\,\text{cm} \approx 8{,}49\,\text{cm}$.

Für die Höhe h des Dreiecks gilt: $h = \frac{1}{2} c = 3 \cdot \sqrt{2}\,\text{cm} \approx 4{,}24\,\text{cm}$

c) Die Hypotenusenabschnitte werden mit p und q bezeichnet. Es gilt $p + q = c$ und mit dem Höhensatz $h^2 = p \cdot q$.
Hier gilt also $p \cdot q = 9\,\text{cm}^2$ und $p + q = 10\,\text{cm}$. Damit erhält man die quadratische Gleichung $q^2 - 10q + 9 = 0$.
Die Lösung ergibt $q = 1\,\text{cm}$ oder $q = 9\,\text{cm}$.
Wir wählen hier $q = 1\,\text{cm}$. Dann erhält man $p = 9\,\text{cm}$.
Mit dem Satz des Pythagoras lassen sich nun auch die Katheten bestimmen.
$b^2 = h^2 + q^2$ ergibt $b^2 = 9\,\text{cm}^2 + 1\,\text{cm}^2 = 10\,\text{cm}^2$ also $b \approx 3{,}16\,\text{cm}$.
$a^2 = h^2 + p^2$ ergibt $a^2 = 9\,\text{cm}^2 + 81\,\text{cm}^2 = 90\,\text{cm}^2$ also $a \approx 9{,}49\,\text{cm}$.

3

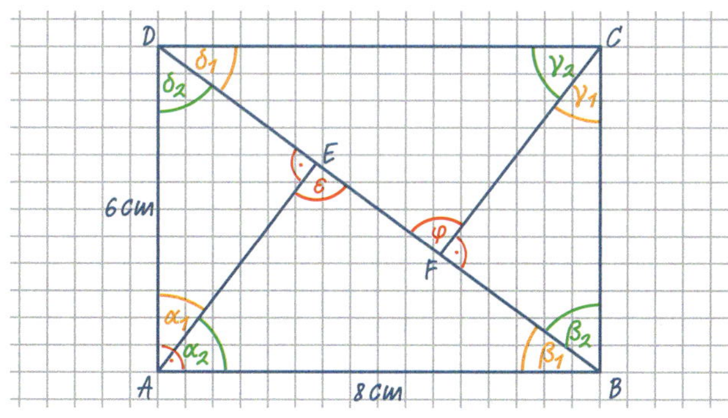

a) Alle 6 Dreiecke sind ähnlich. Das sind die Dreiecke ABD, ABE, AED, DBC, DFC und FBC.
Die Ähnlichkeit lässt sich über die Gleichheit der Winkel begründen, z. B.:
Für die Dreiecke ABE und DFC: ε und φ sind jeweils rechte Winkel, da sie Nebenwinkel von rechten Winkeln sind. δ_1 und β_1 sind gleich groß, da sie Wechselwinkel an parallelen Geraden sind. Da die Winkelsumme im Dreieck immer 180° beträgt, sind folglich auch α_2 und γ_2 gleich groß.

Für die Dreiecke AED und FBC: Die Winkel δ_2 und β_2 sind gleich groß. Da beide Dreiecke auch einen rechten Winkel haben, stimmen sie im dritten Winkel α_1 bzw. γ_1 ebenfalls überein.
Für die Dreiecke ABE und ABD: α_1 und α_2 bilden zusammen einen 90°-Winkel im Dreieck ABD. β_2 ist ein Winkel beider Dreiecke. Also müssen die Dreiecke im dritten Winkel ebenfalls übereinstimmen, d. h.
$\delta_2 = \alpha_2$.
Aus $\delta_2 = \alpha_2$ folgt auch, dass die Dreiecke AED und ABE ähnlich sind.
Damit ist die Ähnlichkeit aller 6 Dreiecke gezeigt.

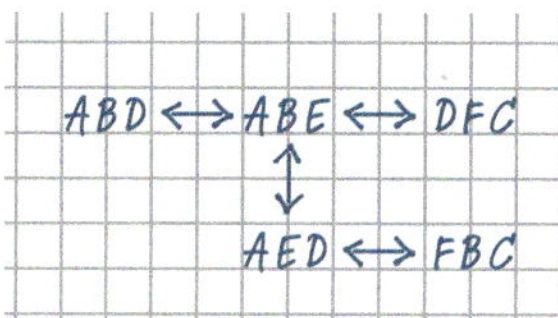

Die Ähnlichkeit wurde über die oben stehenden Beziehungen gezeigt. Andere Argumentationen sind ebenso möglich.

b) $\overline{BD} = \sqrt{6^2 + 8^2}\,\text{cm} = 10\,\text{cm}$
Da alle Dreiecke ähnlich sind, stimmen sie in ihren Seitenverhältnissen überein.

$\frac{\overline{DE}}{6\,\text{cm}} = \frac{6\,\text{cm}}{10\,\text{cm}} \Rightarrow DE = 3{,}6\,\text{cm}$

$\frac{\overline{AE}}{6\,\text{cm}} = \frac{8\,\text{cm}}{10\,\text{cm}} \Rightarrow AE = 4{,}8\,\text{cm}$

$\frac{\overline{EB}}{8\,\text{cm}} = \frac{8\,\text{cm}}{10\,\text{cm}} \Rightarrow EB = 6{,}4\,\text{cm}$

4

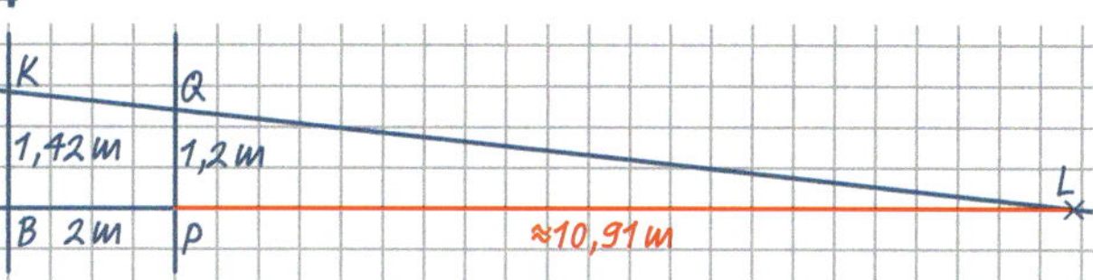

Aufgrund der Strahlensätze gilt
$\frac{\overline{PQ}}{\overline{BK}} = \frac{\overline{LP}}{\overline{LB}}$ und es gilt $\overline{LB} = \overline{LP} + 2$.
Damit erhält man

$\overline{LP} = (\overline{LP} + 2) \cdot \frac{\overline{PQ}}{\overline{BK}}$

$\overline{LP} \cdot \left(1 - \frac{\overline{PQ}}{\overline{BK}}\right) = 2 \cdot \frac{\overline{PQ}}{\overline{BK}}$

$\overline{LP} = 2 \cdot \frac{\overline{PQ}}{\overline{BK}} : \left(1 - \frac{\overline{PQ}}{\overline{BK}}\right)$

Mit $\overline{PQ} = 1{,}2\,\text{m}$ und $\overline{BK} = 1{,}42\,\text{m}$ erhält man $\overline{LP} \approx 10{,}91\,\text{m}$.
Der Listmast steht etwa 10,9 m vom Haus entfernt.

S

T

U

V

W

Z

Textquellen

4 Die ganzen Zahlen hat der liebe Gott gemacht, alles andere ist Menschenwerk, Leopold Kronecker (1823-1891)

Bildquellennachweis

U1.1 Mauritius Images (Alamy/Angelo Cavalli), Mittenwald; **U1.2** Masterfile Deutschland GmbH (RF/RM), Düsseldorf; **2.1** Fotolia.com (Andrei Nekrassov), New York; **2.2** laif (Wayne Lynch/Arcticphoto), Köln; **2.3** laif (Jochen Eckel/SZ Photo), Köln; **2.4** Corbis (Rubberball/Rubberball), Berlin; **3** Masterfile Deutschland GmbH (RF/RM), Düsseldorf; **4** Fotolia.com (Andrei Nekrassov), New York; **5** ddp images GmbH (ddp/Thomas Lohnes), Hamburg; **12** Fotolia.com (Lilyana Vynogradova), New York; **28.1** Corbis (Gianni Dagli Orti), Berlin; **28.2** jugend und musik, Rastatt; **29** Corbis (145/Sami Sarkis/Ocean), Berlin; **32.1** Masterfile Deutschland GmbH (Rommel), Düsseldorf; **32.2** laif (Wayne Lynch/Arcticphoto), Köln; **33.1** Getty Images (Photolibrary/Allan Baxter), München; **33.2** Fotolia.com (M. Schuppich), New York; **36** shutterstock.com (Yauhen_D), New York, NY; **40** Fotolia.com (Tilio & Paolo), New York; **47** iStockphoto (SerrNovik), Calgary, Alberta; **48** iStockphoto (ROMAOSLO), Calgary, Alberta; **49.1** shutterstock.com (Maxisport), New York, NY; **49.2** shutterstock.com (Nagel Photography), New York, NY; **50** MEV Verlag GmbH, Augsburg; **54** „Francois Viete". Lizenziert unter Gemeinfrei über Wikimedia Commons - https://commons.wikimedia.org/wiki/File:Francois_Viete.jpg#/media/File:Francois_Viete.jpg; **56** Fotolia.com (industrieblick), New York; **58** Mauritius Images (Alamy/Maria Galan), Mittenwald; **59** iStockphoto (Craig Dingle), Calgary, Alberta; **62** Corbis (Bettmann), Berlin; **63** akg-images, Berlin; **65** FOCUS (Gustoimages/Science Photo Library), Hamburg; **68.1** laif (Jochen Eckel/SZ Photo), Köln; **68.2** Fotolia.com (Monkey Business), New York; **69** iStockphoto (majo1122331), Calgary, Alberta; **70.1** Fotolia.com (ryna Tiumentseva), New York; **70.2** iStockphoto (sturti), Calgary, Alberta; **71** shutterstock.com (Andrey_Popov), New York, NY; **72** Getty Images (Stone/Sean Justice), München; **73.1** iStockphoto (IPGGutenbergUKLtd), Calgary, Alberta; **73.2** 123rf (Yuliya Kravchenko), Nidderau; **74.1** iStockphoto (Pamela Moore), Calgary, Alberta; **74.2** iStockphoto (Maica), Calgary, Alberta; **80** Getty Images (AFP/ODD ANDERSEN), München; **81** Picture-Alliance (dpa/Frank Leonhardt), Frankfurt; **82** iStockphoto (Antonio_Diaz), Calgary, Alberta; **84.1** Ullstein Bild GmbH (Lambert), Berlin; **84.2** 123rf (Luca Bertolli), Nidderau; **85** Fotolia.com (olgahofman), New York; **86** Picture-Alliance (dpa/ZB/Hendrik Schmidt), Frankfurt; **88.1** Fotolia.com (JackF), New York; **88.2** Fotolia.com (BillionPhotos.com), New York; **88.3** Getty Images (The Image Bank/DreamPictures), München; **88.4** Thinkstock (Hemera Technologies), München; **91.4** Getty Images (Stone/Gregor Schuster), München; **92** Corbis (Rubberball/Rubberball), Berlin; **93.1** Picture-Alliance (Arco Images GmbH/TUNS), Frankfurt; **93.2** Picture-Alliance (Arco Images GmbH/TUNS), Frankfurt; **93.3** Kramer, Sybille Tezzele, Montan (BZ); **99** shutterstock.com (PhotoWeges), New York, NY; **101.1** Glow Images GmbH (ImageBROKER RM), München; **101.2** Glow Images GmbH (ImageBROKER RM), München; **103.1** dreamstime.com (Pius Lee), Brentwood, TN; **103.2** dreamstime.com (Pius Lee), Brentwood, TN; **103.3** shutterstock.com (WGXC), New York, NY; **108** Thinkstock (Photos.com), München; **114** Thinkstock (iStock/piccaya), München; **116** Picture-Alliance (dpa/Soeren Stache), Frankfurt; **120** Corbis, Düsseldorf; **121.1** shutterstock.com (Marzolino), New York, NY; **121.2** Von Klaus Barner - Eigenes Werk, CC BY-SA 3.0, https://commons.wikimedia.org/w/index.php?curid=27366870; **124** Masterfile Deutschland GmbH (RF/RM), Düsseldorf; **125.1** iStockphoto (Buxton), Calgary, Alberta; **125.2** Masterfile Deutschland GmbH (Sherman Hines), Düsseldorf; **125.3** Masterfile Deutschland GmbH (RF/RM), Düsseldorf; **128** shutterstock.com (pjmorley), New York, NY; **131.1** Huber Images (R. Schmid), Garmisch-Partenkirchen; **131.2** Getty Images (Robert Harding/Neil Emmerson), München; **131.3** Picture-Alliance (WILDLIFE/R. Hoelzl), Frankfurt; **131.4** Getty Images (Cultura RM/Holger Thalmann), München; **132.1** Fotolia.com (Lucky Dragon), New York; **132.2** Picture-Alliance (dpa/Ingo Wagner), Frankfurt; **133** laif (Michael Amme), Köln; **134** iStockphoto (Jan Tyler), Calgary, Alberta; **138** shutterstock.com (Jamie Hooper), New York, NY; **140** iStockphoto (Mark22), Calgary, Alberta; **143** gemeinfrei; **144.1** akg-images, Berlin; **144.2** akg-images (North Wind Picture Archives), Berlin; **145.1** Corbis (Bettmann), Berlin; **145.2** Picture-Alliance (©MP/Leemage), Frankfurt; **145.3** Ullstein Bild GmbH (Granger Collection), Berlin; **145.4** Niedersächsisches Landesarchiv, Oldenburg (Das Archivgut ist Eigentum des Niedersächsischen Landesarchivs. Ohne vorherige schriftliche Zustimmung des Niedersächsischen Landesarchivs darf diese Abbildung nicht gespeichert, reproduziert, archiviert, dupliziert, kopiert, verändert oder auf andere Weise genutzt werden.); **148** Getty Images (Photodisc/Jacqueline Veissid), München

***3 Lizenzbestimmungen zu CC-BY-SA-4.0 siehe: http://creativecommons.org/licenses/by-sa/4.0/de/**

Sollte es in einem Einzelfall nicht gelungen sein, den korrekten Rechteinhaber ausfindig zu machen, so werden berechtigte Ansprüche selbstverständlich im Rahmen der üblichen Regelungen abgegolten.

Olga Swerlowa

Deutsch für Kinder

Lehrbuch

3

Klett Polska sp. z o.o.
ul. Polska 114
60-401 Poznań
Tel.: 61 62 69 090
Fax: 61 84 96 212
doradcy@klett.pl
www.klett.pl

ISBN 978-83-8063-827-3
1343604

Konzeption des Kurses: Olga Swerlowa, Beata Ćwikowska, Daria Miedziejko, Katarzyna Sroka
Redaktion: Daria Miedziejko, Kornelia Kucharska, Arleta Fischer-Król
Korrektur: Magdalena Jaworowska
Sprachliche Beratung: Nicole Krohn-Nadarzyński
Illustrationen: Paweł Miedziński
Umschlaggestaltung: H7 / H7agency.pl
Layout: H7 / H7agency.pl
Satz: Karina Kopczyńska
Fotos:
© Umschlagfoto: iStock.com/vadimguzhva
BE&W: 6 (1, 2); 8 (3)
Fotolia: 26 (2, 3, 5); 77; 78 (3-5)
iStock: 7 (1); 16 (4); 18 (3); 26 (4); 34 (2, 3, 5); 76 (1, 3, 4, 8, 9); 78 (1, 2)
Getty Images Polska: Getty Images Polska/frantic00 (4.1); Getty Images Polska/Liderina (4.2); Getty Images Polska/Nick David (4.3); Getty Images Polska/Peter Cade (4.4); Getty Images Polska/mbbirdy (5.1); Getty Images Polska/Adam Smigielski (5.2); Getty Images Polska/wingmar (5.3); Getty Images Polska/porcorex (5.4); Getty Images Polska/Damien VERRIER (5.5); Getty Images Polska/bluejayphoto (6.3); Getty Images Polska/Hung_Chung_Chih (7.2); Getty Images Polska/Sylvain Sonnet (7.3); Getty Images Polska/rclassenlayouts (7.4); Getty Images Polska/Peter Adams (8.1); Getty Images Polska/Photos.com (8.2); Getty Images Polska/Borisb17 (9.1); Getty Images Polska/Blaine Harrington III (9.2); Getty Images Polska/Yuri Tkach (9.3); Getty Images Polska/fotyma (10); Getty Images Polska/Jose Luis Pelaez Inc (16.1); Getty Images Polska/Anthony Lee (16.2); Getty Images Polska/Peter Cade (16.3); Getty Images Polska/kemirada (18.1); Getty Images Polska/Paul Bradbury (18.2); Getty Images Polska/Marina113 (18.4); Getty Images Polska/czarny_bez (18.5); Getty Images Polska/Anastasiia Boriagina (26.1); Getty Images Polska/ghoststone (32.1); Getty Images Polska/the-lightwriter (32.2); Getty Images Polska/olgna (32.3); Getty Images Polska/Tara Moore (32.4); Getty Images Polska/Sopone Nawoot (32.5); Getty Images Polska/Rohappy (32.6); Getty Images Polska/Creative Crop (32.7); Getty Images Polska/master1305 (32.8); Getty Images Polska/Grant Faint (34.1); Getty Images Polska/Mike Hill (34.4); Getty Images Polska/Sylvia_Adams (42.1); Getty Images Polska/suefeldberg (42.2, 42.3, 42.7); Getty Images Polska/Rawlinson_Photography (42.4); Getty Images Polska/ChamilleWhite (42.5); Getty Images Polska/DmyTo (42.6); Getty Images Polska/Andrey Zhuravlev (50.1); Getty Images Polska/SunRay BRI Cattery RU (50.2); Getty Images Polska/Guido Mieth (50.3); Getty Images Polska/Konstantin Aksenov (50.4); Getty Images Polska/Patrick J. Endres (58.1); Getty Images Polska/Anup Shah (58.2); Getty Images Polska/slowmotiongli (58.3); Getty Images Polska/Dennis Stogsdill (58.4); Getty Images Polska/Adam Jones (66.1); Getty Images Polska/The-Vagabond (66.2); Getty Images Polska/Peter Finch (66.3); Getty Images Polska/miroslav_1 (66.4); Getty Images Polska/chris-mueller (74.1); Getty Images Polska/DGLimages (74.2); Getty Images Polska/Eva Blanco (74.3); Getty Images Polska/Anastasiia Shavshyna (74.4); Getty Images Polska/djmilic (76.2); Getty Images Polska/andrewburgess (76.6); Getty Images Polska/AlexLMX (76.7); Getty Images Polska/LightFieldStudios (83.1); Getty Images Polska/Leander Baerenz (83.2); Getty Images Polska/Tom Merton (83.3)

Tonaufnahmen: Studio MM, Poznań
Sprecher: Maja Nadarzyńska, Patrick Kobriger, Johannes Ackermann, Daniel Bock, Josephine Braun, Georgia Cavalco, Sophie Eull, Vincent Gosch, Marcin Henschel, Adriana Kobriger, Ana-Maria Kobriger, Christian Kobriger, Nicole Krohn-Nadarzyński, Ana Lindtner, Julia Loose, Lena Nadarzyńska, Jacek Nadarzyński, Frank Papouschek, Anton Papouschek, Carina Rassek, Paulene Wegelein, Marc Tobias Winterhagen
Komposition der Lieder: Stefan Gąsieniec *(Abschluss-Rap)*, Grzegorz Kopala *(Ferien-Rap, Wo warst du in den Ferien?, Wetter-Rap, Eine schöne Zeit, Körper-Rap, Ich hab' alles, was ich brauch', Zahlen-Rap, Auf dem Flohmarkt, Möbel-Rap, Im neuen Zimmer, Klamotten-Rap, Jahreszeiten im Schrank, Zoo-Rap, Hallo im Zoo, Reise-Song)*

Bedanken möchten wir uns bei Herrn Marcin Lemiszewski und den Kindern von Willy-Brandt-Schule Warschau für ihre Teilnahme an den Tonaufnahmen.

Was gibt es Neues?

Hallo und willkommen zurück in München. Hier wohnen unsere Freunde Anna, Benno, Grazia …

Die Kinder haben noch Ferien. Das Wetter ist schön und sie gehen ins Schwimmbad, auf den Spielplatz oder fahren Rad.

Viele Kinder machen Ausflüge und besuchen ihre Verwandten und Freunde in Deutschland, Österreich und in der Schweiz.

Anna besucht ihre Cousine Lydia. Lydia wohnt in Berlin – das ist die Hauptstadt von Deutschland. Anna und Lydia machen eine Stadtrundfahrt.

Lydia will Anna alle interessanten Orte in Berlin zeigen. Zuerst gehen sie zum Alexanderplatz. Dann sehen sie sich das Brandenburger Tor an.

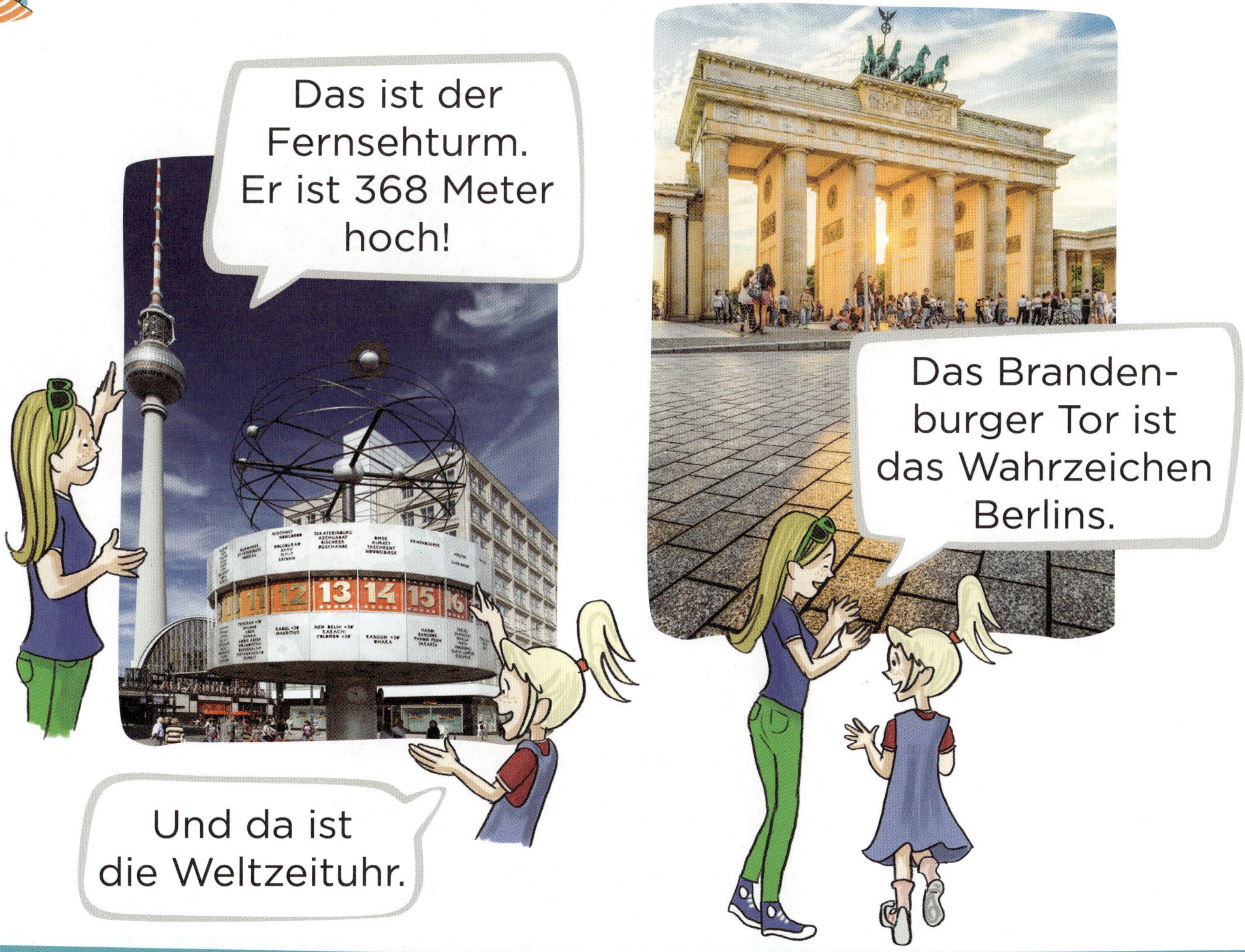

Das ist der Fernsehturm. Er ist 368 Meter hoch!

Und da ist die Weltzeituhr.

Das Brandenburger Tor ist das Wahrzeichen Berlins.

Anna will auch in den Zoo gehen. Der Berliner Zoo ist der älteste und größte Zoo in Deutschland. Man kann hier viele Tiere sehen, auch Pandas!

Dann gehen Anna und Lydia spazieren. Jetzt sind sie an der Spree. Die Spree ist der Hauptfluss von Berlin.

1.8

Dann musst du eine Currywurst probieren.

Das ist eine Berliner Spezialität.

Ach, ich habe so einen Hunger!

Tinas Opa wohnt in Salzburg. Salzburg liegt in Österreich. Tina und ihr Opa gehen oft spazieren. Die Stadt ist sehr schön.

Heute besuchen Tina und ihr Opa das Mozarthaus. Tina sieht das Portät des kleinen Wolfgang Amadeus und ist begeistert.

Ach, Mozart! Ich möchte auch so toll Klavier spielen!

Hier, Tina, du kannst Mozart nicht nur hören, du kannst ihn schmecken!

Benno und seine Eltern machen heute einen Ausflug in die Schweiz. Sie fahren nach Bern. Bern ist die Hauptstadt der Schweiz.

Am Nachmittag geht Bennos Mutter in den Rosengarten. Sie mag Blumen. Benno und sein Vater gehen in den Bärenpark.

Wiederholungsspiel

Hast du in der 2. Klasse gut aufgepasst? Wenn ja – dann wirst du dieses Spiel gewinnen. Auf die Plätze, fertig, los!

... Rad fahren? Ja, ... Rad fahren.

Was ist das?

Laura kann ... und ...

Geh zurück zum Start!

Oje!

Das ist eine ... Die ... ist schön.

Was machst du nicht gern?

Was machst du gern?

Wie geht es dir?

Geh zwei Felder vor!

Hurra!

Was machst du?

13, 14, ..., 16, ..., 18, ..., 20

Wie heißt du?

Tina und Lisa
...

Montag,
..., ...,
Donnerstag,
..., ...
Sonntag

Auf dem Tisch
sind ...

Ich
habe
...

Geh drei
Felder vor!

Wow!

... eine Maus.

Geh drei
Felder
zurück!

Schade!

Ich möchte ...
mit ...

Ich habe ...

Wir gehen ...

Gewonnen!

Ich gehe ...

... auf dem
Spielplatz.

1 2 3

Anna, Benno, Grazia und ihre Freunde sind jetzt in der dritten Klasse. Willst du wissen, wie die Geschichte weitergeht? – Dann hör und lies, was die Kinder erzählen.

1 Ferien ade

Das neue Schuljahr fängt bald an. Anna und Benno kaufen gerade Stifte und Hefte im Schreibwarenladen um die Ecke. Da kommt Grazia.

Hör zu und sprich nach.

Hey, Grazia, guten Morgen.

Hallo Anna! Hallo Benno! Wie geht's euch?

Sehr gut, danke! Und dir?

Mir geht's gut. Ich war in Italien.

Wow! Und wie war's?

Fantastisch! Es war toll!

Nach den Ferien ist die Klasse 3a wieder zusammen.
Frau Kamm fragt die Kinder, wo sie im Sommer waren.

Hör zu und sprich nach.

Kinder, wer war wo in den Ferien?

Ich war am Meer. Das Wasser war sauber und warm.

Und ich war in den Bergen. Das Wetter war super.

Und wo warst du, Benno?

Ich ... Ich war bei Oma und Opa auf dem Land.

Aha. Wie war's? Interessant?

Nee. Langweilig. Kein Computer, kein Lego, keine Cola, keine Pizza.

Ferien-Rap

1.19

In den Bergen, am Meer und am Strand.
Da war ich, da war ich.
Bei Oma und Opa auf dem Land.
Da war ich, da war ich.

In Italien, in Spanien, am See.
Da war ich, da war ich.
Zu Hause, mit Freunden im Eiscafé.
Da war ich, da war ich.

Ich war da, wo du nicht warst

Ferienort-Symbole

Kettenspiel

Hand auf Hand

Erzählen ohne Worte

Reisepartner suchen

1 Eine Collage: Unsere Ferien

1.20

Lisa, Anna, Daniel und Lukas machen eine Foto-Collage. Dabei erzählen sie von ihren Ferien. Wer erzählt zuerst?

Hör zu und nummeriere.

1.21

Wo waren die Kinder?

Hör das Gespräch noch einmal und ordne zu.

Wo warst du in den Ferien?

Hör zu und sprich nach. Hör zu und sing mit.

Wo warst du, wo warst du,
wo warst du in den Ferien?
Erzähl mir, wo du warst.
Ich war in den Bergen.
Ich war in den Bergen.
Und es war sehr schön.

Berlin
Warschau
Paris
Bern
Wien
Athen

Ach, wo ich war? – Na, da und hier.
Und wenn du willst, erzähle ich's dir.
Gesehen hab' ich schon Bern und Wien.
Warschau und Athen, Paris, Berlin.

Ich war am Bodensee.
Ich war am Bodensee.
Und es war sehr schön.

Ich war auf dem Land.
Ich war auf dem Land.
Und es war sehr schön.

Scherz-Zoo

Ein Goldfisch stellt sich vor.

Lies die Texte. Verbinde.

A

1 Hallo, mein Name ist Fridolin. Ich bin ein Fisch, ein Goldfisch. Ich bin gelb, rot und orange. Ich werde bis zu 30 Jahre alt und bis zu 20 cm lang.

B

2 Fische leben im Wasser. Wir Goldfische sind Süßwasserfische. Wir leben im See oder im Teich. Hier können wir viel schwimmen.

C

3 Viele meiner Freunde leben wie ich in einem Aquarium. Wir sind überall auf der Welt beliebte Haustiere.

D

4 Eigentlich kommen wir aus China. In China sind wir immer noch ein beliebtes Motiv für Kunstwerke aller Art. Aber auch Kinder malen oder zeichnen uns gern.

E

5 Es gibt aber auch Filme, Comics und Bücher über uns. Die Geschichten sind immer interessant.

Humor-Labor

Anna und Benno gehen heute zusammen in die Schule.
Anna fragt, wo Benno gestern war.

Hör zu und schau dir die Bilder an.

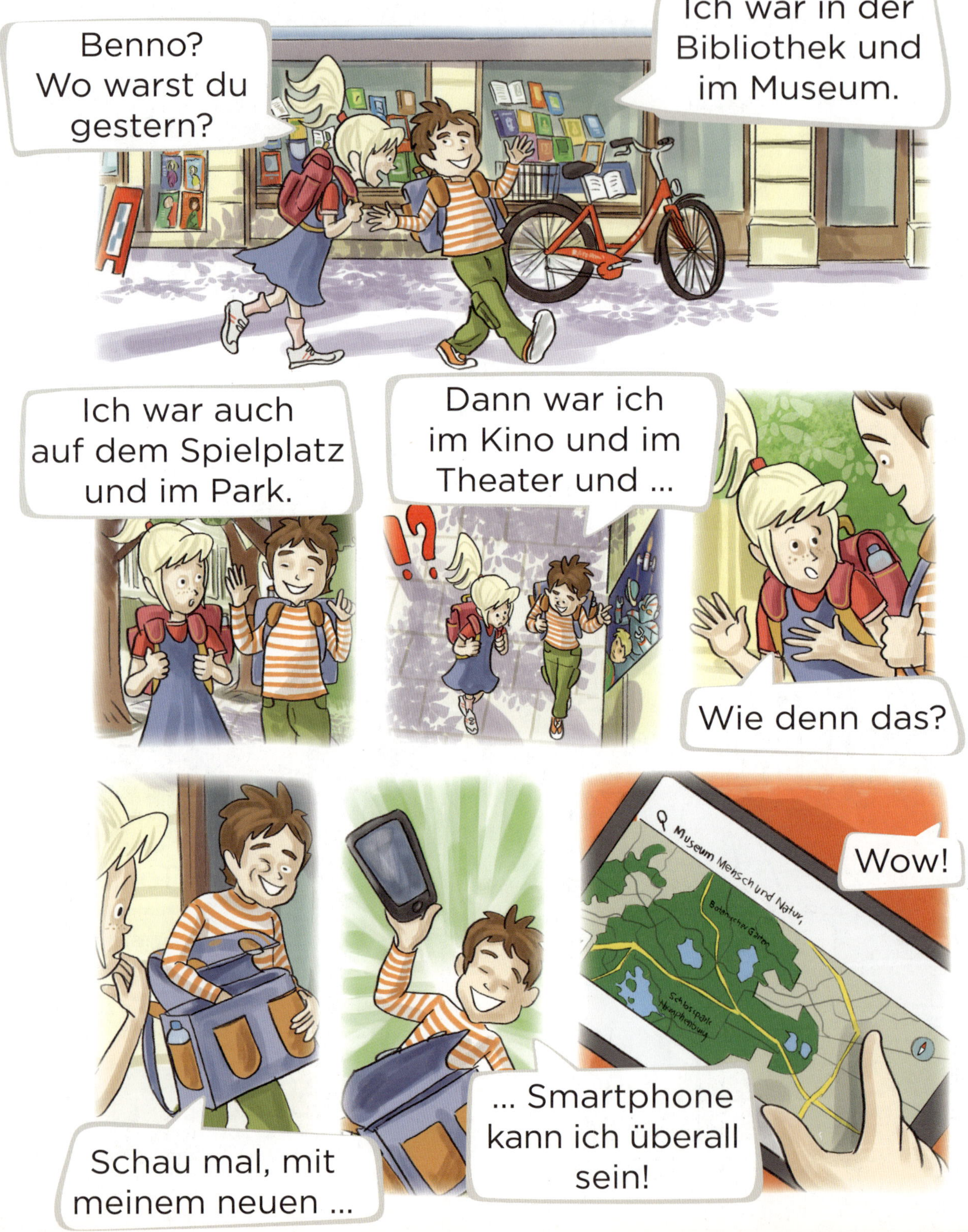

Benno? Wo warst du gestern?

Ich war in der Bibliothek und im Museum.

Ich war auch auf dem Spielplatz und im Park.

Dann war ich im Kino und im Theater und ...

Wie denn das?

Schau mal, mit meinem neuen ...

... Smartphone kann ich überall sein!

Wow!

2 Der Herbst ist da

Das Wetter ist schlecht. Es regnet. Es ist kalt. Anna, Benno und Grazia sind traurig. Sie können nicht draußen spielen.

Hör zu und sprich nach.

Was für ein Wetter! Es regnet. Der Himmel ist grau.

Brr! Ich friere. Es ist kalt und windig.

Wir können heute nicht auf dem Spielplatz spielen Alles ist nass.

Was machen wir jetzt?

Ich habe eine Idee ...

Na los. Sag schon!

Toll!

Wir bauen einen Drachen.

Am nächsten Tag ist das Wetter schön. Die Kinder gehen in den Park. Sie wollen den Drachen ausprobieren.

Hör zu und sprich nach.

Wetter-Rap

Es regnet.
Es regnet und es schneit.
Es regnet und es schneit und es ist sehr kalt.

Die Sonne scheint.
Die Sonne scheint und es ist heiß.
Die Sonne macht den Himmel blau-weiß.

2 Wir spielen und üben

Alles hört auf mein Kommando

Kalt und warm

Musikalische Wörter

Kegeldrehen

Richtig zuhören

Jahreszeiten im Klassenraum

2 Eine Umfrage in der Klasse

1.37

Anna möchte wissen: Welche Jahreszeit mögen Benno, Fabian und Lisa?

Hör zu und verbinde.

1.38

Warum mögen die Kinder diese Jahreszeiten?

Hör noch einmal zu. Ordne zu.

Eine schöne Zeit

Hör zu und sprich nach. Hör zu und sing mit.

1.39-41

Der Winter – eine schöne Zeit.
Es schneit und es ist sehr kalt.
Im Park, im Garten ist viel Schnee
Und alle freuen sich, juchhe!

Mal ist es warm, mal ist es kalt,
Schön ist das Wetter jederzeit.
Wir sitzen nie zu Haus'.
Wir gehen immer raus.

Der Frühling – eine schöne Zeit.
Der Himmel lacht, die Sonne scheint.
Und auf der Wiese blüht der Klee.
Und alle freuen sich, juchhe!

Der Sommer – eine schöne Zeit,
Denn die Natur wächst und gedeiht.
Die Kinder schwimmen in dem See.
Und alle freuen sich, juchhe!

Der Herbst ist eine schöne Zeit,
Da steht der Wald im bunten Kleid.
Die Kinder trinken warmen Tee.
Und alle freuen sich, juchhe!

2 Scherz-Zoo

Ein Kranich erzählt.

Lies die Texte und schau dir die Bilder an. Verbinde.

Hallo, mein Name ist Kenny. Ich bin ein Kranich. Ich bin ein Vogel, ein Zugvogel.

A

B

C

D

1. Ich bin 1,20 Meter groß und 6 Kilo schwer. Ich bin auch sehr schön. Ich bin meistens grau, mein Hals ist schwarz, und mein Kopf ist schwarz, weiß und rot.
2. Wir Kraniche leben im Wald und am Wasser. Hier suchen wir unsere Nahrung. Wir essen Fische, Frösche und Schnecken, aber auch Nüsse, Oliven, Bohnen, Erbsen, Kartoffeln oder Salat.
3. Kraniche leben im Norden Europas, in Deutschland, Polen und Skandinavien. Aber im Herbst regnet es und es ist kalt. Dann fliegen wir nach Spanien oder nach Afrika. Aber im Frühling scheint wieder die Sonne und es ist warm. Dann kommen wir zurück.
4. In China und Japan gibt es viele Legenden über Kraniche. Kinder falten Kraniche aus Papier. Sie machen das für den Frieden, gegen den Krieg.

Humor-Labor

Das Wetter ist sehr schön. Anna will auf den Spielplatz gehen. Und Benno?

Hör zu und schau dir die Bilder an.

3 Oje, oje, mein Kopf tut weh

Heute ist Montag. Anna muss in die Schule.
Aber was ist los? Sie hat keinen Appetit. Ist sie krank?

Hör zu und sprich nach.

Was ist los, Anna? Hast du keinen Appetit?

Was hast du denn?

Mama, ich kann nicht essen. Ich bin krank.

Mein Kopf tut weh. Mein Hals tut weh.

Du hast Fieber! Du Arme. Ich rufe den Arzt.

Kinderarzt
Dr. med.
Peter Kleber
(089) 556 677

Mo Di Mi Do Fr Sa So
1 2 3 4 5 6 7

In der Schule begrüßt Frau Kamm die Kinder.
Wer ist heute nicht da?

Hör zu und sprich nach.

Guten Morgen, Kinder. Sind heute alle da?

Nein, Anna ist krank.

Fabian ist auch krank. Er muss zum Arzt. Sein Zahn tut weh.

Und Lisa ist auch nicht da.

Kinder, Lisa war skaten und hatte einen Unfall. Ihr Bein tut weh. Lisa muss ins Krankenhaus.

Mein Körper-Rap

Meine Hände, meine Füße
– jeweils zwei,
Meine Haare, meine Zähne
kariesfrei.
Meine Augen, meine Ohren
oben dran,
Dass ich richtig sehen,
richtig hören kann.
Dazu kommen noch
Kopf, Rücken, Hals und Bauch
Und zwei Beine und zwei Arme hab' ich auch.

Wir spielen und üben

Klopfmassage

Mein Arm klebt

Ich-und-du-Spiel

Nacheinander-Malen

Ballspiel

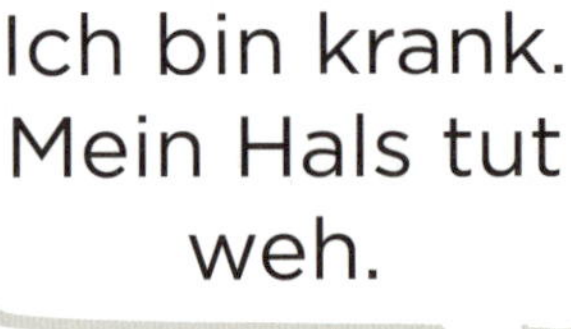

Ich bin auch krank. Mein Bauch tut weh.

Es geht mir nicht so gut

Ich habe Zahnschmerzen. Und wie geht's dir?

Oje!

Hallo, wie geht's?

Mein Rücken tut weh.

Guten Morgen, liebes Bein links

Guten Morgen, liebes Bein links!

Guten Morgen, lieber Arm rechts!

3 Gespräch über Gesundheit

1.52

Der Schularzt Dr. Mette gibt Tipps, wie man gesund durch den Winter kommt.

Hör zu. Wen hörst du?

1.53

Hör das Gespräch noch einmal. Wer findet was wichtig?

Was machst du, um im Winter gesund zu bleiben? Erzähle kurz.

Ich hab' alles, was ich brauch'

Hör zu und sprich nach. Hör zu und sing mit.

Ich hab' alles, was ich brauch',
Einen Kopf, den hab' ich auch.
Heute tut mein Kopf so weh,
Ich kann nicht lernen, oje, oje.

Ich hab' alles, was ich brauch',
Einen Bauch, den hab' ich auch.
Heute tut mein Bauch so weh,
Ich kann nicht essen, oje, oje.

Ich hab' alles, was ich brauch',
Und zwei Beine hab' ich auch.
Heute tut mein Bein so weh,
Ich kann nicht gehen, oje, oje.

Ich hab' alles, was ich brauch',
Gute Laune hab' ich auch.
Mir geht's heute supergut,
Weil mir gar nichts mehr wehtut.

3 Scherz-Zoo

Der kleine Elefant Nuka ist krank.

Lies die Texte und schau dir die Bilder an. Verbinde.

Hallo, mein Name ist Nuka. Ich bin ein kleiner Elefant und lebe in Afrika. Ich habe große Ohren, dicke Beine, eine lange Nase und einen Rüssel. Mit dem Rüssel kann ich atmen, riechen und trinken.

A

B

C

D

1 Das ist meine Mutter. Sie heißt Nona. Sie ist groß und stark. Zusammen gehen wir durch den Dschungel und suchen nach Futter. Wir essen viel: Gras, Blätter und Pflanzen. Und wir trinken viel Wasser.

2 Aber heute kann ich nichts essen. Ich kann nichts trinken. Heute bin ich krank. Mir geht's schlecht. Mein Kopf tut weh. Habe ich vielleicht Fieber, Mama?

3 Meine Mutter sagt: Oje, oje, armer Nuka. Komm, Wasser hilft gegen Fieber und gegen Kopfschmerzen. Danke, Mama, danke.

4 Es geht mir wieder gut. Ich bin wieder gesund und kann spielen und laufen und tanzen. Hurra!

Humor-Labor

Es ist Abend. Benno muss gleich ins Bett. Er putzt sich die Zähne. Möchte er noch etwas essen?

Hör zu und schau dir die Bilder an.

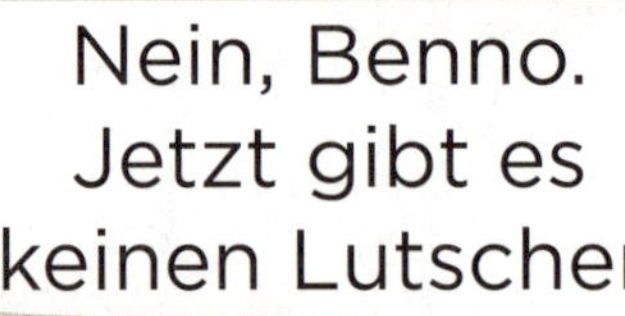

4 Wir machen einen Flohmarkt

Es ist Mitte Dezember und bald ist Weihnachten.
Die Schüler der Klasse 3a organisieren einen Flohmarkt.
Sie verkaufen ihre Sachen, um Geld zu sammeln.
Aber wofür?

Hör zu und sprich nach.

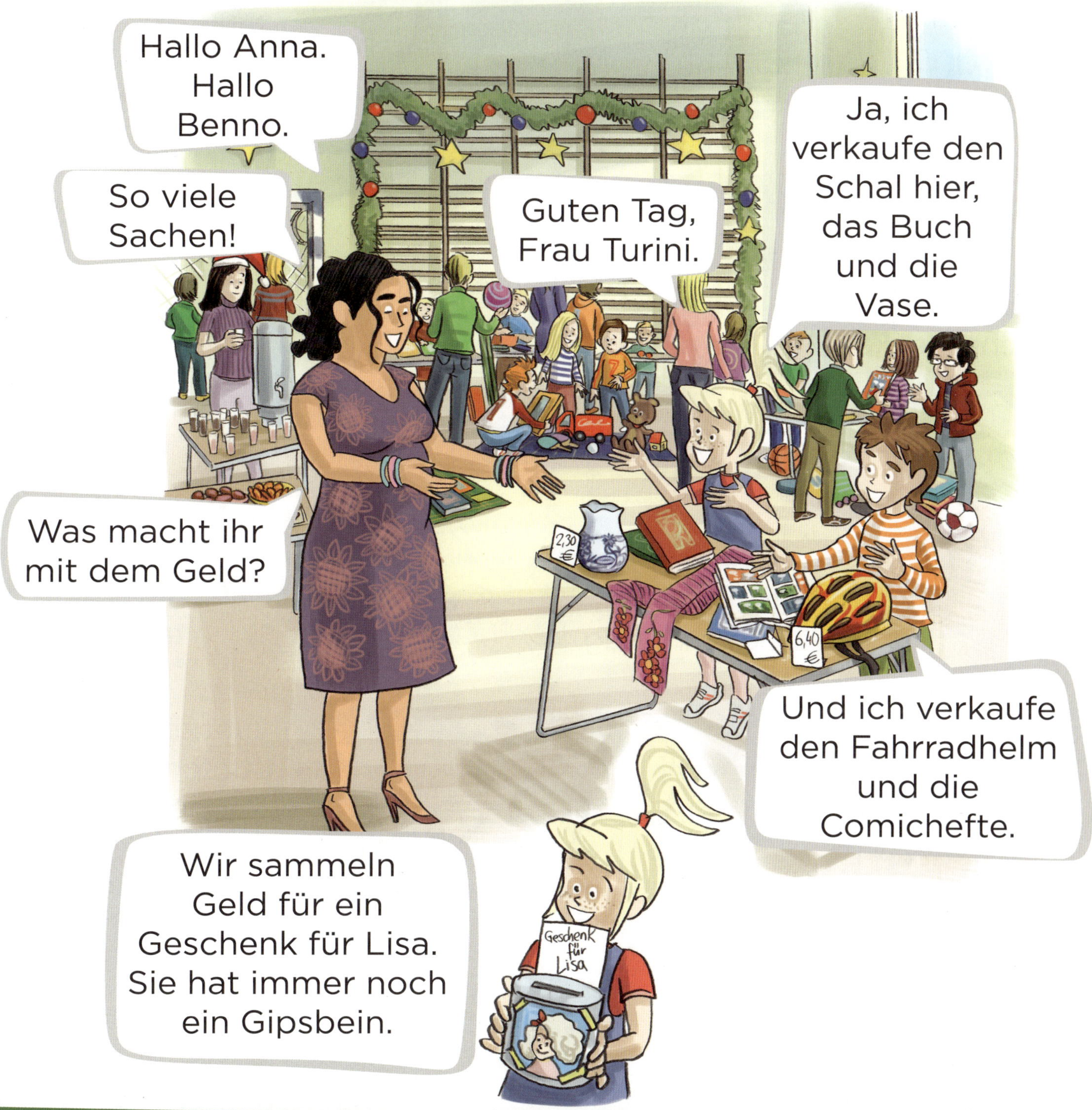

Hallo Anna. Hallo Benno.

So viele Sachen!

Guten Tag, Frau Turini.

Ja, ich verkaufe den Schal hier, das Buch und die Vase.

Was macht ihr mit dem Geld?

Und ich verkaufe den Fahrradhelm und die Comichefte.

Wir sammeln Geld für ein Geschenk für Lisa. Sie hat immer noch ein Gipsbein.

Auch Frau Turini möchte etwas kaufen.

Hör zu und sprich nach.

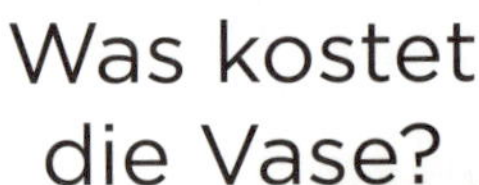

Zahlen-Rap

wenn's mich auch mal wundert,

50 + 50, 60 + 40
70 + 30, 80 + 20

Macht zusammen 100.

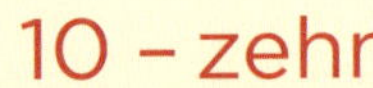

10 – zehn
20 – zwanzig
30 – dreißig
40 – vierzig
50 – fünfzig
60 – sechzig
70 – siebzig
80 – achtzig
90 – neunzig
100 – hundert

4 Wir spielen und üben

Zahlenschlange

10 plus 10 ist 20.

5 plus 5 ist 10.

Komm auf die Hundert!

80 plus 20 ist 100.

Was kostet das?

Das ist aber billig!

Das Buch kostet 5 Euro.

Was kostet das Buch?

Spielsachen-Auktion

Ich gebe zwei Euro zwanzig

Die Maus kostet zwei Euro. Wer gibt mehr?

Ich gebe zwei Euro vierzig.

Zwei Euro vierzig. Zum ersten. Zum zweiten. Und zum dritten! Verkauft!

Im Laden

Tauschspiel

Geräusche-Ratespiel

4 Überraschung für Lisa

Lisa hat keinen Gips mehr, aber sie muss noch zu Hause bleiben. Die Kinder wollen Lisa besuchen. Sie bereiten eine Überraschung vor.

Hör zu. Was wollen die Kinder für Lisa backen?

Hör den Text noch einmal.
Was nimmt Frau Turini für den Kuchen? Markiere.

Auf dem Flohmarkt

Hör zu und sprich nach. Hör zu und sing mit.

Was kostet der Pullover da?
Ich kaufe ihn gern.
Der kostet nur 2 Euro fünfzig.
Und er ist sehr modern.

Ich kaufe die Vase, das Spiel,
das Puzzle und auch den Ball,
Den Fahrradhelm, die Puppe,
das Buch, die Uhr
und auch den Schal.
Die Sachen sind billig,
die Sachen sind toll –
Neu, praktisch, nicht teuer,
bequem, wundervoll!

Was kostet das Computerspiel?
Ich finde es echt cool.
Ich kaufe es für meinen Bruder
Und auch den Kinderstuhl.

4 Scherz-Zoo

Das kleine Eichhörnchen sammelt Futter für den Winter.

Lies die Texte und ordne sie den Bildern zu.

A

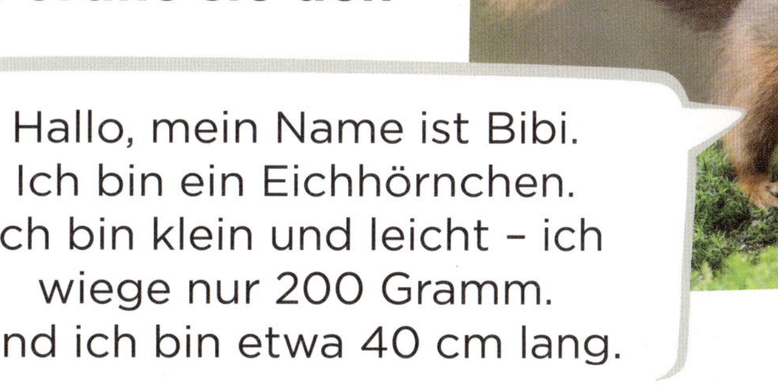

Hallo, mein Name ist Bibi. Ich bin ein Eichhörnchen. Ich bin klein und leicht – ich wiege nur 200 Gramm. Und ich bin etwa 40 cm lang.

B

D

F

C

E

1. Wir Eichhörnchen leben auf Bäumen im Wald oder im Park. Schau mal, das ist mein Haus. Hier wohne ich. Es ist warm und sooo gemütlich.
2. Ich bin sehr schnell. Ich kann sehr gut klettern und von Baum zu Baum springen. Mein Schwanz und meine Krallen helfen mir dabei.
3. Eichhörnchen essen alles, was sie finden: Beeren, Nüsse, Obst und Insekten. Ich mag besonders gern Pilze. Sie sind sehr lecker.
4. Ich mag auch Obst. Das ist gesund. Der Apfel schmeckt mir prima. Mmmm …
5. Heute sammle ich Futter für den Winter. Wow, da sind Eicheln. Sie sind süß. Ich nehme eine Eichel. Ich verstecke sie und habe im Winter genug Essen.
6. Und Nüsse sammle ich auch. Sie sind lecker und haben sehr viele Vitamine. Dann bekomme ich im Winter keinen Hunger!

Humor-Labor

Benno gibt sein Taschengeld für Süßigkeiten aus. Und weiter?

Hör zu und schau dir die Bilder an.

2.12

5 Mein Zimmer

Grazias Schwester Laura studiert und wohnt jetzt in Berlin. Grazia hat jetzt Lauras Zimmer und zeigt es ihren Freunden.

Hör zu und sprich nach.

Wow, dein Zimmer ist groß und hell.

Ja, hier vorne am Fenster ist mein Schreibtisch. Der Stuhl da ist leider nicht modern.

Aber dein Bett ist toll.

Und dein Sessel ist bequem!

O ja. Und hinten ist mein Schrank.

Hier kann man Verstecken spielen.

Für ihr neues Zimmer braucht Grazia eine Lampe. Sie geht mit Laura ins Möbelhaus. Tische, Sofas, Regale – alles ist so schön!

Hör zu und sprich nach.

Möbel–Rap

Der Tisch, die Lampe und der Teppich,
Das Sofa, das Regal und das Bett,
Der Schrank, der Sessel und das Fenster,
Der Stuhl, die Vase: violett.

Mein Zimmer ist schön, mein Zimmer ist klasse!

5 Wir spielen und üben

Möbel-Kettenspiel

In meinem Zimmer sind mein Bett und mein Tisch.

In meinem Zimmer sind mein Bett, mein Tisch und mein Stuhl.

In meinem Zimmer ist mein Bett.

Partnermalerei

Ist das deine Lampe?

Nein.

Ist das dein Schrank?

Ja. Richtig. Das ist mein Schrank.

Wir gehen ins Möbelhaus

Wir gehen ins Möbelhaus und kaufen einen Tisch.

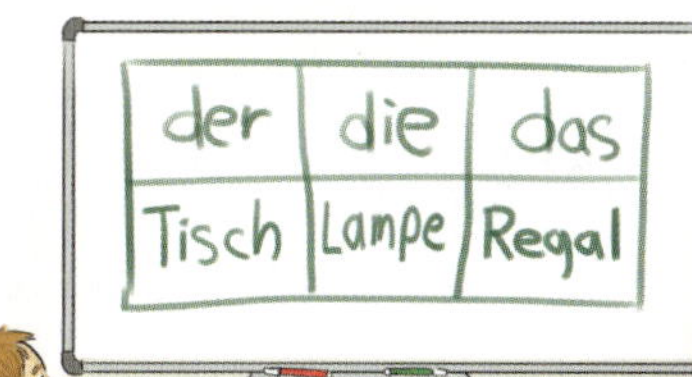

Wir gehen ins Möbelhaus und kaufen einen Tisch und eine Lampe.

Wir gehen ins Möbelhaus und kaufen einen Tisch, eine Lampe und ein Regal.

Klatschspiel

Klatschen, patschen, links.
Klatschen, patschen, rechts.
Klatschen, patschen, links, rechts.
Klatschen, patschen, stopp.

Klatschen, patschen, vorne.
Klatschen, patschen, hinten.
Klatschen, patschen, vorne, hinten.
Klatschen, patschen, stopp.

Möbel versenken

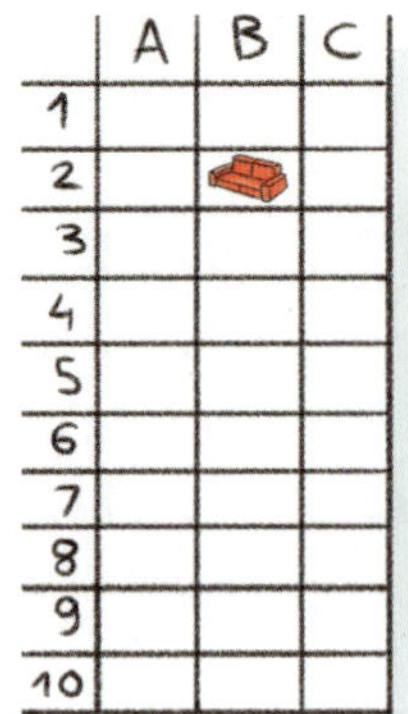

Bewegungsspiel

5 Die Orchidee

Annas Mutter war einkaufen und hat Anna eine schöne Orchidee mitgebracht.

Hör zu. Wo soll die Orchidee stehen? Kreuze an.

Hör noch einmal zu. Warum soll die Orchidee hier stehen?
Anna will zu Benno. Warum? Erzähle kurz.

Im neuen Zimmer

Hör zu und sprich nach. Hör zu und sing mit.

– Guck mal, hier ist mein Zimmer und ich mag es so gern.
– Ja, das Zimmer ist super: hell, groß und modern.

– Und hier vorne am Fenster ist mein Tisch. Ist er fein?
– Ja, der Tisch ist bequem, aber ziemlich klein.

– Hinten rechts an dem Schrank
sind mein Bett und mein Stuhl.
– Schön, modern, sehr praktisch,
und der Stuhl – richtig cool.

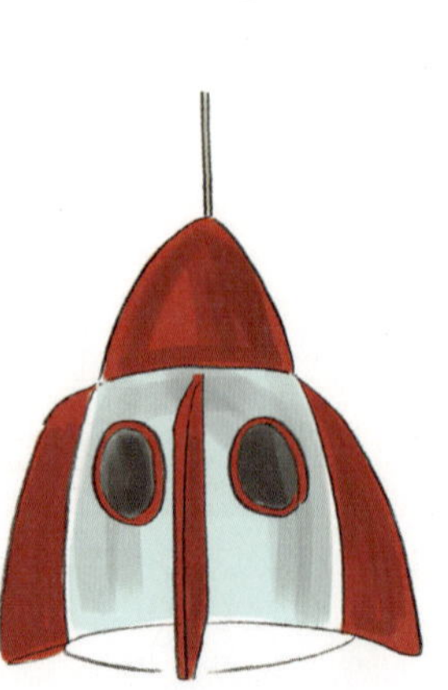

– Und gefällt dir die Lampe? Die ist wirklich nicht schlecht.
– Ja, die Lampe ist schön. Da hast du völlig Recht.

5 Scherz-Zoo

Wo schlafen Katzen am liebsten?

Lies die Texte und schau dir die Bilder an. Verbinde.

1 Hallo, ich heiße Babsi und bin 2 Jahre alt. Ich kann klettern und springen. Ich spiele gern. Aber am liebsten schlafe ich. Ich schlafe gern im Bett. Es ist so warm und bequem.

2 Miau, ich bin Josefine und ich schlafe sehr gern. Wir Katzen schlafen 13 bis 16 Stunden am Tag. Im Winter schlafe ich oft im Schrank, aber im Sommer, wenn es warm ist, schlafe ich gern auf einem Stuhl im Garten.

3 Hallo, miau. Mein Name ist Lulu. Ich mag dieses Sofa. Es ist groß und weich. Das ist mein Lieblingsschlafplatz. Hier kann ich gut schlafen.

4 Hallihallo, mein Name ist Wilfried. Am Abend bin ich sehr aktiv. Ich spiele und klettere und jage. Aber tagsüber schlafe ich viel. Am liebsten auf der Fensterbank. Wenn die Sonne scheint, ist es hier wunderbar warm!

A

B

C

D

Humor-Labor

Benno liest ein Comicheft und merkt nicht, dass sein Zimmer unaufgeräumt ist.

Hör zu und schau dir die Bilder an.

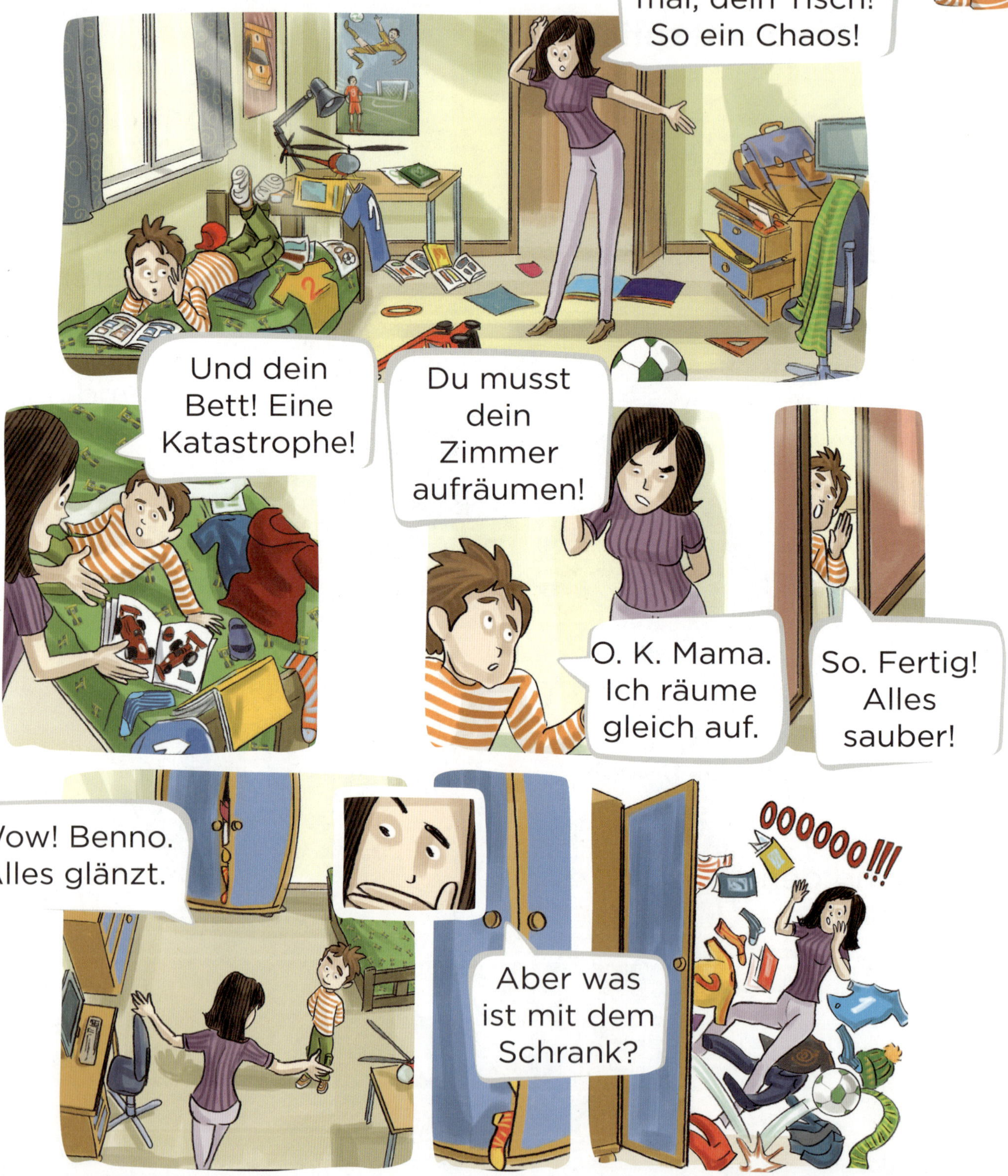

Benno, guck mal, dein Tisch! So ein Chaos!

Und dein Bett! Eine Katastrophe!

Du musst dein Zimmer aufräumen!

O. K. Mama. Ich räume gleich auf.

So. Fertig! Alles sauber!

6 Was ziehe ich an?

Tina hat Anna zu einem Kostümfest eingeladen. Aber was soll Anna anziehen? Geht sie als Fee oder verkleidet sie sich als Prinzessin? Annas Mutter, Anton und Lea haben viele Ideen.

Hör zu und sprich nach.

Vielleicht Prinzessin? Du kannst das Kleid und die Schuhe anziehen!

Nein, ich gehe als Zauberer. Hokuspokus! Ich ziehe die Hose und das Hemd an.

Oder die Bluse und den Rock?

Und wir basteln noch einen Hut aus Papier.

Tinas Party ist sehr lustig. Alle haben viel Spaß. Alle lachen und spielen. Nur Benno ist unglücklich.

2.36-37

Hör zu und sprich nach.

2.38

Klamotten-Rap

Ich habe den Rock an.

Ich ziehe den Rock aus.

Ich ziehe die Hose an

Und gehe aus dem Haus.

das Kleid

die Bluse

die Jacke

den Mantel

das Hemd

den Pulli

Wir spielen und üben

Plätze tauschen

Wer hat einen Pulli an?

Ich habe einen Pulli an.

Wer hat einen Pulli an?

Wäscheklammern-Spiel

Anzieh-und-Auszieh-Spiel

Wie das Wetter, so die Kleidung

Modenschau

6 Ich kann ihn nicht finden

Die Schule ist aus. Alle Kinder gehen nach Hause.
Nur Sara ist noch in der Schule. Was ist los?

Hör zu. Was kann Sara nicht finden?

Hör den Text noch einmal. Wo sucht Sara?
Wo findet sie das Kleidungsstück?

Jahreszeiten im Schrank

Hör zu und sprich nach. Hör zu und sing mit.

Das Hemd, die Hose und die Schuhe –
Das ziehen wir im Frühling an.

Das Kleid, die Bluse, die Sandalen –
Das ziehen wir im Sommer an.

Die Jeans, den Pulli
und das T-Shirt –
Das tragen Kinder
dann und wann.

Den Regenmantel und die Stiefel –
Das ziehen wir im Herbst oft an.

Die Jacke und die warmen Handschuhe –
Das ziehen wir im Winter an.

6 Scherz-Zoo

Tiere tragen keinen Pullover, keine Hose und keine Schuhe. Sie haben ihr schönes Fell.

Lies die Texte und schau dir die Bilder an. Verbinde.

1 Hallo, ich bin Gero. Ich bin noch klein. Mein Fell ist gelb und weiß mit braunen Flecken. Guck mal, meine Mama hat noch mehr Flecken. Die Flecken helfen uns. Wir sehen wie ein Teil der Landschaft aus. So spielen wir Verstecken.

2 Hallo, mein Name ist Mika. Mein Fell ist 15 cm lang und sehr dicht. Es ist sehr warm und funktioniert wie eine Thermojacke. Ich lebe in der Arktis. Im Winter ist es bis zu -50 Grad kalt. Aber für mich ist das kein Problem – ich kann trotz Schnee und Eis draußen spielen.

3 Hey, ich bin Leo. Ich kann sehr schnell laufen, gut springen und klettern und auch schwimmen. Mein Fell ist gelb mit schwarzen Punkten. Ich lebe im Regenwald, in Afrika und in Indien. Die Farben meines Fells sind fast identisch mit dem Waldboden. So können andere Tiere mich fast nicht sehen.

4 Hallihallo. Ich bin Linni. Mein Fell hat weiße und schwarze Streifen. Du glaubst vielleicht, wir alle sehen gleich aus. Aber das stimmt nicht. Die Streifen sind bei jedem Tier unterschiedlich. Meine Mama erkenne ich sofort an ihren Streifen. Und du? Du siehst bestimmt den Zebrastreifen, auf dem du die Straße überquerst.

A

B

C

D

Humor-Labor

Anna will rodeln und Benno kann seinen Pulli nicht finden. Und es wird gleich dunkel!

Hör zu und schau dir die Bilder an.

7 Wir gehen in den Zoo

Heute gehen Frau Kamm und die Schüler aus der 3a in den Zoo. Herr Richter, Daniels Vater, ist Tierpfleger und zeigt den Kindern die Tiere.

Hör zu und sprich nach.

Guck mal, der Löwe!

Und da, der Tiger!

Oh, ein Bär! Der ist süß!

Aber er ist traurig. Ist er krank?

Das ist Dennis. Dennis ist noch klein.

Nein. Bären sind nachts aktiv. Jetzt schlafen sie.

Am Affenhaus bleiben Herr Richter und die Kinder stehen.

Hör zu und sprich nach.

Zoo-Rap

Der Tiger, der Löwe, der Bär und der Affe.
Das Zebra, der Pinguin, der Hund, die Giraffe.
Der Strauß, der Kranich und der Elefant –
Ja, alle diese Tiere sind uns schon bekannt.

Der Wolf, der Fuchs, der Hirsch und der Hase.
Das Krokodil und das Kamel mit seiner Stupsnase.
Das Nilpferd, der Flamingo und das Känguru –
Wir lernen die neuen Tier-Wörter im Nu.

A, B, C, D, der Affe geht im Schnee

Memory

Ratespiel

Kettenspiel nach Fragen

Der Hase kann gut springen.

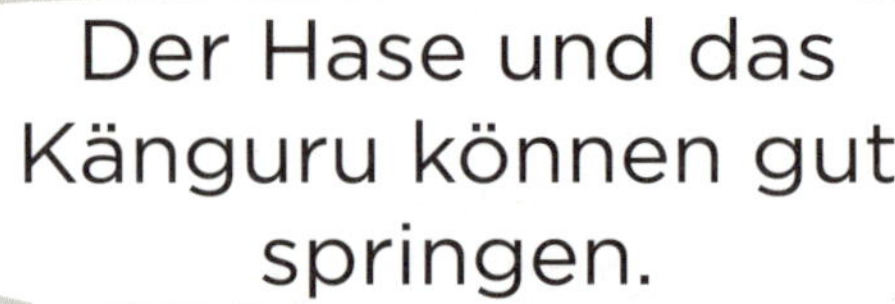

Welches Tier kann gut springen?

Der Hase, das Känguru und der Affe können gut springen.

Aufstehspiel

Das Tier kann schwimmen.

Das Krokodil kann schwimmen.

Dschungel-Turnier

7 Mischka und die Flamingos

Annas Oma kennt viele Geschichten. Anna und Lea hören ihr gern zu.

Hör zu. Nummeriere die Bilder.

1

Schön

Süß

Hör den Text noch einmal. Warum sind die Flamingos rosa?

Die Flamingos fressen …

Karotten

Tomaten

Krebse

Hallo im Zoo

Hör zu und sprich nach. Hör zu und sing mit.

Der Affe lebt in Afrika
Und ist ein schnelles Tier.
Der kann gut klettern,
Springen und malt auf Papier.

Wir gehen in den Zoo
Und wir sind sehr froh.
Wir sagen allen Tieren
Ein freundliches „Hallo".

Im Wasser schwimmt das große
Und schwere Krokodil.
Das ist total gefährlich
Und frisst ja richtig viel.

Weit springen und schnell laufen
Kann auch das Känguru.
Das trägt im Bauchbeutel
Sein Baby immerzu.

7 Scherz-Zoo

Tierbabys im Zoo.

Lies die Texte und schau dir die Bilder an. Wer sagt was?

A

B

C

D

1 Guten Tag, ich heiße Petja. Ich bin erst einen Monat alt. Meine Mama trägt mich drei bis vier Jahre lang mit sich herum. Ich klammere mich an ihren Bauch oder reite auf ihrem Rücken. Das macht Spaß.

2 Wir heißen Leo, Lara und Lia. Wir sind noch klein und nicht gefährlich. Wir spielen gern. Möchtest du mit uns spielen?

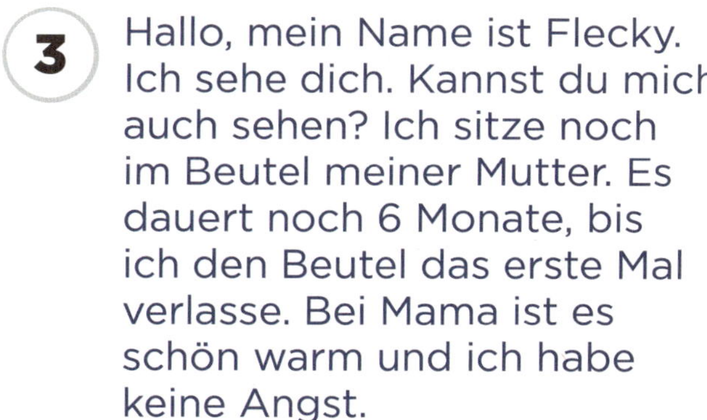

3 Hallo, mein Name ist Flecky. Ich sehe dich. Kannst du mich auch sehen? Ich sitze noch im Beutel meiner Mutter. Es dauert noch 6 Monate, bis ich den Beutel das erste Mal verlasse. Bei Mama ist es schön warm und ich habe keine Angst.

4 Hallo, kennst du mich? Ich heiße Flammi. Leider sehe ich meiner Mama und meinem Papa gar nicht ähnlich. Vogelkinder sind nicht sehr schön. Wir haben einen grauen „Kinderanzug“. Es dauert 3-4 Jahre, bis ich rosa bin. Dann bin ich genauso schön wie meine Eltern.

Humor-Labor

Anna und Benno interessieren sich für Tiere. Wie groß kann eine Giraffe sein?

Hör zu und schau dir die Bilder an.

Anna, guck mal!

Die Giraffe da ist bestimmt 3 Meter groß.

Nein, Benno. Hier steht, die Giraffe ist 5 Meter groß.

Oh, ich bin froh, dass ich keine Giraffe bin.

Wieso das denn?

Stell dir vor, mein Hals ist 5 Meter lang und ich muss ihn jeden Tag waschen!

8 Schöne Ferien!

Das Schuljahr geht zu Ende. Das Wetter ist heute sehr schön. Frau Kamm möchte mit den Kindern in den Park gehen.

Hör zu und sprich nach.

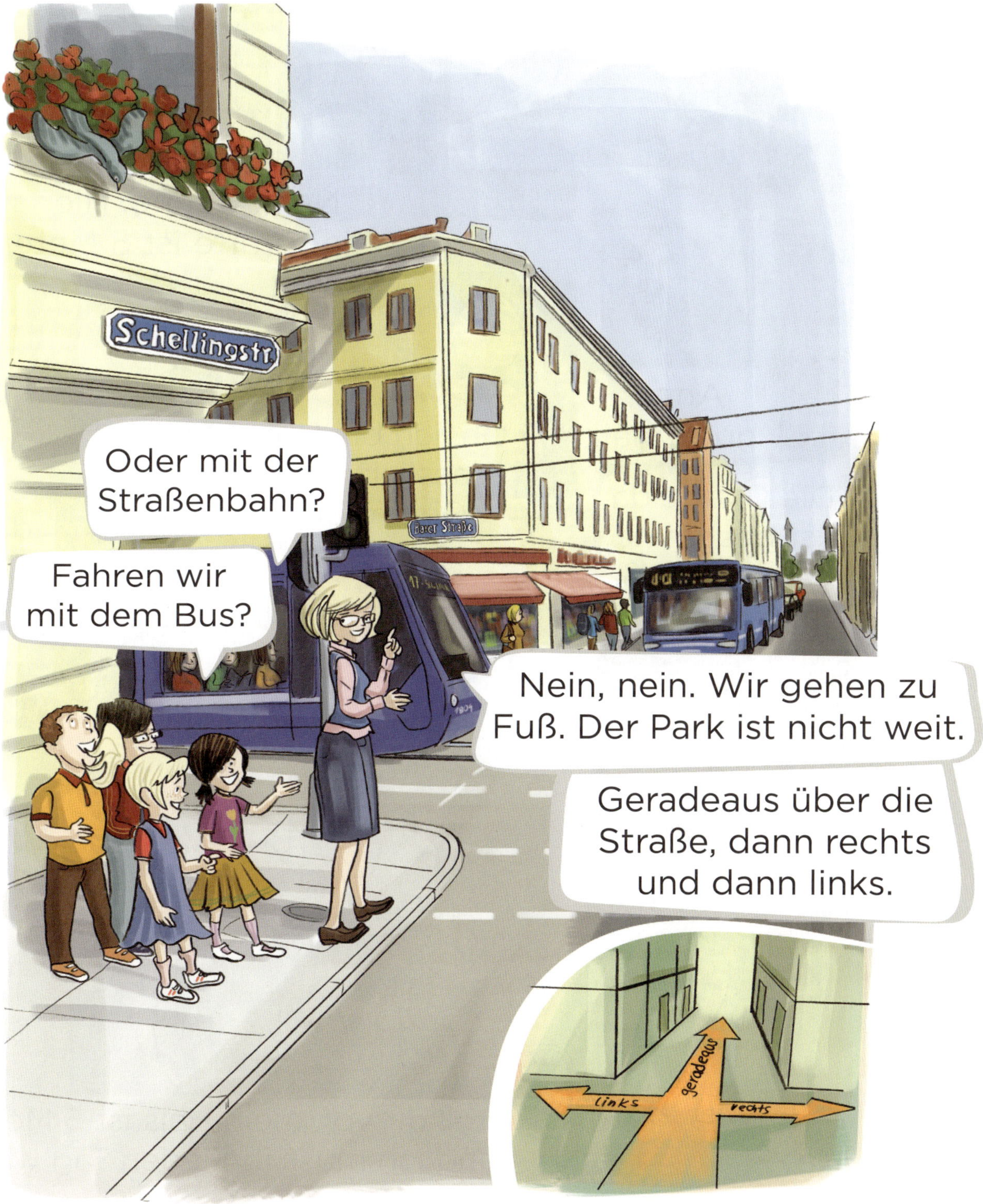

Fahren wir mit dem Bus?

Oder mit der Straßenbahn?

Nein, nein. Wir gehen zu Fuß. Der Park ist nicht weit.

Geradeaus über die Straße, dann rechts und dann links.

Im Park sitzen die Kinder auf einer Wiese und sprechen über ihre Ferienpläne.

Hör zu und sprich nach.

Endlich Ferien! Benno und Grazia verabschieden sich voneinander.

Hör zu und sprich nach.

Mit dem Auto?

Nein, mit dem Zug. Dann kann ich spielen und meine Mutter kann lesen.

Gute Reise und schöne Ferien, Grazia.

8 Wir spielen und üben

Mitfahr-Spiel

Wahr oder gelogen?

Eine lange Reise

Blind gehen

links geradeaus rechts

Wo ist das Kino?

Wohin kann ich reisen?

Nach Deutschland.

In die Berge.

Ans Meer.

Aufs Land.

8 Wie kommst du zur Schule?

Benno und Fabian machen eine Umfrage.

Hör zu. Wer kommt wie zur Schule? Verbinde.

mit dem Fahrrad

mit dem Bus

mit der Straßenbahn

zu Fuß

Hör den Text noch einmal.
Welche Vorteile haben die „Verkehrsmittel"? Ordne zu.

bequem gesund praktisch schnell

Reise-Song

Hör zu und sprich nach. Hör zu und sing mit.

Ich fahre oft und gern.
Ich fahre mit dem Bus.
Denn das geht wirklich schnell,
Viel schneller als zu Fuß.

Ich fahre sehr gern.
Ich fahre mit dem Zug.
Denn das geht auch sehr schnell.
Ja, auch schnell genug.

Gern fahr' ich mit dem Rad.
Das macht gesund und fit.
Ich fahre nicht allein,
Ich nehme Freunde mit.

8 Scherz-Zoo

Hunde auf Reisen.

Lies die Texte und schau dir die Bilder an. Ordne zu.

1. Hallo, mein Name ist Jackie. Ich bin ein Jack Russell Terrier und 2 Jahre alt. Und ich fahre gern mit dem Auto. Das ist bequem. Das macht mir Spaß.

2. Mein Name ist Felix. Ich bin klein und lustig. Und ich fahre gern mit dem Fahrrad. Das ist toll!

3. Hallo Hallo. Wir heißen Chappi, Chippi und Tonny. Wir wohnen in einer großen Stadt. Manchmal müssen wir mit dem Bus oder mit der Straßenbahn fahren. Das geht schnell, aber wir mögen das nicht.

4. Ich heiße Betsi und ich reise gern. Ich fahre oft mit dem Zug. Das ist praktisch und sehr interessant.

A

B

C

D

Humor-Labor

Anna will sich mit Benno im Park treffen. Sie hat eine Überraschung für ihn. Was kann das sein?

Hör zu und schau dir die Bilder an.

Benno, komm um 16 Uhr in den Park.

Ich habe eine Überraschung für dich!

Wie komme ich zum Park?

Mit dem Bus?

Mit dem Fahrrad?

Mit der Straßenbahn?

Ich gehe zu Fuß.

Ufff!

Komm, Benno, schneller!

Gleich beginnt der Kindermarathon. Wir laufen mit.

Was???

9 Einschulungsfest

3.35

In diesem Jahr ist Lea 6 Jahre alt. Sie kommt in die Schule. Wie alle Kinder in Deutschland bekommt sie am ersten Schultag eine Schultüte.

3.36

Willst du wissen, was in der Schultüte drin ist?

Hör zu und sprich nach.

1 die Buntstifte

2 die Trinkflasche

3 die Gummibärchen

4 das Stofftier

5 das Springseil

6 der Schlüsselanhänger

7 der Radiergummi

8 das Mäppchen

9 die Brotdose

Am Nachmittag gibt es ein großes buntes Fest mit Eis und Kuchen. Die ganze Familie gratuliert Lea und wünscht ihr alles Gute.

Du bist groß!

Du bist nun schon ein großes Kind,
Kommst in die Schule, ganz geschwind.
Du bist nicht mehr im Kindergarten,
Ein Ende hat das lange Warten.
Nun beginnt 'ne and're Zeit,
Nun bist du dazu bereit,
Lernst Lesen, Rechnen, vieles mehr,
Ich weiß, dir fällt das nicht sehr schwer.
Hierzu wünsch ich dir viel Glück,
Nun wachse weiter – Stück für Stück!

9 Silvester und Neujahr

Am Silvesterabend dekorieren Anna, Lea und ihre Oma das große Wohnzimmer für die Silvesterparty. Lea schmückt den Tisch mit Luftschlangen und füllt Luftballons mit Konfetti. Anna bläst die Ballons auf und die Oma hängt sie auf.

Und dann gibt es einen Ballon-Countdown. Jede Stunde dürfen die Kinder einen Luftballon platzen lassen. Mit jedem Knall rückt das neue Jahr ein bisschen näher! Toll! Prima!

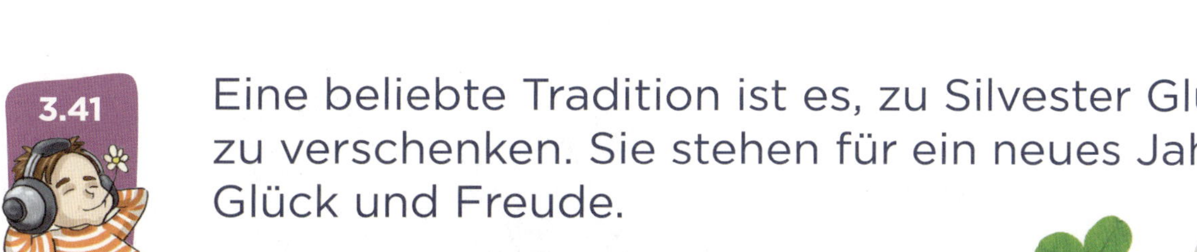

Eine beliebte Tradition ist es, zu Silvester Glücksbringer zu verschenken. Sie stehen für ein neues Jahr voller Glück und Freude.

Hör zu und sprich nach.

1 der Schornsteinfeger

2 der Marienkäfer

3 das Glücksschwein aus Marzipan

4 der Glückspfennig

5 das vierblättrige Kleeblatt

Anna findet Silvester faszinierend und spannend. Heute darf sie mit Anton und Lea lange wach bleiben und mit in das neue Jahr hinein feiern. Mitternacht ist noch weit entfernt. Aber es ist nicht langweilig, denn Mama und Papa haben lustige Silvesterspiele vorbereitet.

Apfelfischen: Ein Apfel schwimmt in einer Schüssel mit Wasser. Man muss den Stiel mit dem Mund schnappen. Anna schafft es zuerst. Hurra!

Wattepusten: Ein Stück Watte liegt in der Mitte des Tisches. Die Kinder stehen um den Tisch herum. Wer pustet die Watte vom Tisch? Anton! Er hat das Spiel gewonnen!

Brezeln schnappen: Kleine Brezeln hängen an einer Schnur. Die Kinder müssen die Brezeln mit dem Mund schnappen, solange die Musik läuft. Sie dürfen dabei keine Hände benutzen. Lea ist am besten darin. Toll!

Die Spiele machen viel Spaß und die Zeit vergeht schnell. Endlich ist Mitternacht. Alle rufen „Guten Rutsch!" und wünschen sich viel Glück.

9 Abschlussfest

Das Schuljahr geht zu Ende. Die Grundschule ist vorbei. Die Viertklässler sagen *Tschüss!*
Anna, Benno und die anderen Kinder verabschieden sich von Frau Kamm und sagen *Danke!* Für die Kinder beginnt im September ein neuer Lebensabschnitt – dann gehen sie alle auf verschiedene Schulen.

In der Turnhalle findet ein großes Abschlussfest statt. Eltern, Großeltern, Freunde und viele Gäste sind da. Es gibt ein buntes Programm. Die Kinder tanzen, singen und zeigen Zaubertricks.

Wir sagen *Tschüss!* Wir sagen *Servus!*
Bis bald! Bis bald! Wir müssen gehen!
Macht's gut! Bye-bye, ade und ciao!
Bis bald! Bis bald! Auf Wiedersehen!

Wir wünschen allen Kindern einen guten Start an der neuen Schule und alles Gute. Aber jetzt heißt es erstmal für alle: SCHÖNE SOMMERFERIEN!!!

10 Wir organisieren Projekttage

Im Juli finden Projekttage zum Thema „Unsere Lieblingsfeste“ statt. Anna, Benno und die anderen Kinder aus der Klasse 3a präsentieren die Ergebnisse auf dem Schulfest.

Zuerst erzählt Sara. Am 25. Januar gibt es ein interessantes Fest: die Vogelhochzeit. Der Winter ist zur Hälfte vorbei und alle warten auf den Frühling. Auch die Vögel! Sara und ihre Mutter backen kleine Vögel aus Hefeteig. Sie sind soooo lecker!

Und Benno und Daniel haben tolle Masken gebastelt.

Lisas Tante Ulrike kommt aus einem kleinen Ort im Fichtelgebirge. Hier feiert man im Februar das Schneemannfest. Der größte Schneemann Deutschlands ist über 10 Meter groß. Am Abend gibt es ein Krapfen-Wettessen. Lisa zeigt viele Fotos.

Und das ist mein Schneemann. Er ist klein, aber so süß!

Lukas präsentiert eine Foto-Collage zum Tag des Baumes am 10. April. Die Kinder gehen an diesem Tag in den Wald und helfen dort. Sie pflanzen kleine Bäume, damit wieder große Wälder entstehen können.

Tag des Baumes

Anna findet das Maibaumfest schön. Vor dem 1. Mai schmücken die Leute den Maibaum – das ist eine Fichte oder Tanne ohne Äste – mit Fahnen, Blumen und Bändern. Dann singen sie und tanzen um den Maibaum.

10

3.55

Am ersten Sonntag im Oktober feiert man Erntedankfest. Dieses Fest ist sehr alt. An vielen Orten gibt es Umzüge und Musik. Erwachsene tragen große Erntekronen, und Kinder tragen kleine Körbe mit Obst und Gemüse. Fabians Familie macht auch mit.

Daniels Onkel Wolfgang wohnt in Hessen. Da gibt es im Oktober das Schubkarrenrennen. Das ist ein lustiges Spiel. Ihr könnt das einfach nachmachen. Viel Spaß!

Im Oktober feiern viele das Kürbisfest. Benno mag das Fest, denn er mag Kürbisfratzen! Man kann Augen, Nase und Mund hineinschneiden oder einen Kürbis einfach mit einem bunten Gesicht bemalen. Lustige Kürbisfratzen lachen die Menschen an, die vorbeigehen.

Ratet mal, was das ist!

Tina erzählt von dem Chrysanthemenfest in einer kleinen Stadt im Schwarzwald. Das Fest findet im Oktober und November statt und dauert drei Wochen. Viele Leute besuchen dann die Stadt und sehen die schönen Dekorationen aus 10.000 Chrysanthemen.

Man kann dort sogar einen Pfau aus Chrysanthemen sehen!

Oh, wie schön! Ich mag Chrysanthemen!

3.59

Im Schloss Monsterstein

Erzähler: Das Schuljahr ist fast zu Ende. Heute ist der letzte Schultag. Das Wetter ist schön und warm, und die Sonne scheint kräftig in Annas Zimmer. „Wach auf, Anna! Wach auf, Schlafmütze!"

Annas Mutter versucht, ihre Tochter aufzuwecken, aber Anna schläft weiter und träumt ... Sie träumt und fliegt davon. Sie fliegt über den Park, über den Spielplatz, über die Straße.

Wo ist sie denn? Au ja! Sie ist in der Schule. Da sind alle ihre Freunde und Frau Kamm. Sie lächelt und macht so ein geheimnisvolles Gesicht.
Hat sie eine Überraschung für die Kinder?

Frau Kamm: Guten Morgen, Kinder. Habt ihr Lust auf einen Ausflug?

Alle: Ja! Toll! Fantastisch!

Grazia: Gehen wir in den Park?

Fabian: Oder auf den Spielplatz?

Frau Kamm: Nein. Wir fahren mit dem Bus zum Schloss Monsterstein.

Benno: Hurra! Ich mag Monster und Gespenster.

Anna: Ich habe Angst vor Monstern.

Erzähler: Die Fahrt dauert eine Stunde. Endlich sind sie da. Das Schloss ist riesig und hat mehrere Türme. Durch den Park gehen die Kinder zum Schloss. Alle bekommen ordentlich Herzklopfen. Plötzlich öffnet sich das Eingangstor und ein großer Mann kommt heraus. Er trägt einen langen Mantel, einen Hut und altmodische Stiefel ...

Frau Kamm: Kinder, ich möchte euch Herrn Troll vorstellen. Er ist Schlossführer und kann uns viel erzählen.

Herr Troll: Hallo, Kinder. Willkommen im Schloss Monsterstein!

Alle: Hallo! Hallo! Guten Tag!

Lukas: Herr Troll? Das ist ja ein komischer Name! Er sieht wie ein Zauberer aus.

Daniel: Ja, schau mal, der Mantel und der Hut!

Herr Troll: Das Schloss Monsterstein ist 500 Jahre alt. Hier haben früher Ritter und Fürsten gelebt.

Lisa: Wirklich? Und wer lebt heute hier?

Sara: Na wer wohl! Gespenster natürlich. Uuuuuuuuh.

Benno: Gleich kommt das große böse Monster, dann der Vampir und dann ...

Erzähler: Herr Troll macht ein ernstes Gesicht und sieht Benno und die Kinder so tadelnd an, dass alle vor Schreck die Köpfe einziehen.

Herr Troll: Das Schloss ist heute ein Museum. Und die Monster und Gespenster sind weg. Denn es gibt viele Touristen. Sie gehen durch das Schloss, sie reden laut miteinander, sie fotografieren – und Gespenster mögen ihre Ruhe.

Benno: Keine Gespenster ... Das ist aber schade.

Tina: So ein Jammer!

Herr Troll: Seid nicht traurig! Ein Gespenst gibt es noch!

Tina: Echt?

Herr Troll: Aber ja. Es heißt Fubius.

Tina: Fu ... Was?

Anton: Wow! Können wir es sehen?

Lea: Hast du keine Angst?

Anton: So ein Quatsch! Natürlich nicht!

Lea: Wir möchten Fubius sehen.

Herr Troll: Also gut. Ich zeige euch Fubius. Seid ihr bereit? Fubiuuuuuus! Komm raus!

Alle: Fu – bi – us! Fu – bi – us!
Fu – bi – us! Komm raus!
Komm raus!

Fubius:	Uuuuu..... Uuuuu..... Uuuuu.....
Anna:	Oh, Fubius, da bist du ja!
Fubius:	Hallo, Kinder!
Benno:	Hallo, Fubius. Wie geht's dir?
Fubius:	Nicht gut. Meine Ohren tun mir weh.
Grazia:	Oje, armer Fubius. Was ist passiert?
Fubius:	Die Touristen machen so viel Lärm.
Fabian:	Nimm bitte diesen Schal. Vielleicht hilft er dir.
Fubius:	Danke. Was kostet das?
Fabian:	Oh, Fubius, das ist ein Geschenk von uns! Lass uns Freunde sein!
Fubius:	Wunderbar! Aber was können wir zusammen machen, liebe Kinder?
Anna:	Zeig uns dein Zimmer!
Fubius:	Nein, mein Zimmer ist nicht hell, nicht groß. Ich habe nur einen alten Schrank. Im Schloss ist es so langweilig.
Benno:	Ich habe eine Idee. Wir können ins Dorf laufen.
Grazia:	Ja, heute ist schönes Wetter. Die Sonne scheint!
Fabian:	Und es ist so warm! Gehen wir zu Fuß!
Fubius:	Ich fliege lieber!
Erzähler:	Die Kinder laufen. Und Fubius fliegt mit ihnen um die Wette! Alle freuen sich, alle lachen. Was für ein Wetter! Was für ein wunderbarer Sommertag! Die Sonne scheint. Der Himmel leuchtet blau!

Lukas: Hier ist es so schön! Wir können laufen, springen und Verstecken spielen!

Sara: Verstecken spielen mit Fubius? Wir haben keine Chance!

Fubius: Doch! Ich kann ein Elefant oder eine Giraffe sein.

Lisa: Was? Zeig mal!

Fubius: Gerne!

Alle: Toll!

Erzähler: Die Zeit ist sehr schnell vergangen. Der Tag war sehr schön. Alle hatten viel Spaß. Aber es ist schon spät. Langsam wird es dunkel. Die Touristen fahren nach Hause. Einige fahren mit dem Bus. Viele fahren mit dem Auto oder mit dem Zug. Das Schloss und der Schlosspark sind fast leer.

Frau Kamm: Kommt, Kinder! Wir müssen los. Es ist schon spät.

Anton: Fubius, wir besuchen dich wieder.

Lea: Jetzt hast du viele Freunde!

Daniel: Du bist nicht mehr traurig!

Fubius: Ihr habt auch einen Freund mehr.

Alle: Mach's gut, Fubius. Tschüss! Bis bald! Auf Wiedersehen!

Herr Troll: Kinder, vergesst nicht, Gespenster mögen Ruhe. Seid still in Museen!

Erzähler: Das Schuljahr ist zu Ende. Heute ist der letzte Schultag. Das Wetter ist schön und warm, und die Sonne scheint kräftig in Annas Zimmer und weckt sie. Aber wo ist sie? Und wo ist Herr Troll? Wo ist Fubius? War das nur ein Traum? Annas Mutter sitzt an ihrem Bett und lächelt ihr zu. „Na, hast du etwas Schönes geträumt?“ Anna schaut sich noch einmal um und sieht ein kleines Stoffgespenst auf ihrem Bett. Und plötzlich ist sie sehr froh.

Alle: Ein altes Schloss steht in dem Wald.
Es ist fünfhundert Jahre alt.
Da lebt nur ein Gespensterkind.
Es fliegt und heult fast wie der Wind.

Magst du das Schloss im Walde suchen
Und das Gespensterkind besuchen,
Dann könnt ihr alle Freunde sein,
Denn niemand ist doch gern allein.

Abschluss-Rap

Wir sagen Tschüss, macht's gut, auf Wiedersehen,
Die Grundschule ist vorbei, wir müssen gehen.
Zu Ende ist der dritte Hallo Anna-Band.
Das Deutschlernen war spannend und interessant.

Tschüss, Anna! Danke, Benno!
Alles prima! Alles klar.
Wir lernen Deutsch auch weiter
Und das ist wunderbar!

Mit Anna haben wir drei Jahre verbracht.
Wir haben gespielt und mit Benno gelacht.
Wir haben gerappt, viele Lieder gesungen,
Beim Singen geklatscht und sind 'rumgesprungen.

Nun müssen wir gehen, der Abschied tut weh.
Wir sagen uns'ren Freunden: Macht's gut und Ade!
Wir lernen weiter Deutsch, das machen wir gern,
Denn Deutsch ist cool, genial und modern!